新农村建设“四节”技术应用指导手册

建筑设计与建筑节能技术

北京市建设委员会　主编

北　京
冶金工业出版社
2006

图书在版编目（CIP）数据

建筑设计与建筑节能技术/北京市建设委员会主编．—北京：冶金工业出版社，2006．7
（新农村建设“四节”技术应用指导手册：2）
ISBN 7－5024－3998－6

Ⅰ．建...　Ⅱ．北...　Ⅲ．①农业建筑—建筑设计②农业建筑—节能　Ⅳ．①TU26②TU111．19

中国版本图书馆 CIP 数据核字（2006）第 049720 号

出版人　曹胜利（北京沙滩嵩祝院北巷 39 号，邮编 100009）
责任编辑　吴肇音
北京义飞福利印刷厂印刷；冶金工业出版社发行；各地新华书店经销
2006 年 7 月第 1 版，2006 年 7 月第 1 次印刷
787mm×1092mm　1/16；　20．75 印张；　593 千字
46．00 元

冶金工业出版社发行部　电话（010）64044283　传真：（010）64027893
冶金书店　地址：北京东四西大街 46 号（100711）　电话：（010）65289081
（本社图书如有印装质量问题，本社发行部负责退换）

新农村建设“四节”技术应用指导手册

编　委　会　名　单

前　言

解决好社会经济的快速发展与能源资源、土地资源、水资源的严重紧缺以及环境保护等之间的问题，是社会主义新农村建设事业中重要的课题之一。

中央 1 号文件《关于推进社会主义新农村建设的若干意见》和《中华人民共和国国民经济和社会发展第十一个五年规划纲要》确立了社会主义新农村建设指导原则和发展目标，为当前和今后一个时期的“三农”工作指明了方向。同时，根据中央提出的大力发展节能省地型住宅和公共建筑，全面推广和普及节能、节水、节地、节材的技术和措施，以科学的发展观统领农村建设事业发展，全面建设小康社会，促进农村经济结构调整和转变经济增长方式，以保证国农能源和粮食安全，全面建设节约型社会的重要举措的要求精神，北京市建设委员会组织专家编写了这套《新农村建设“四节”技术应用指导手册》丛书。

丛书共分为 3 册，分别为《新农村建设“四节”技术应用指导手册——新能源与可再生能源利用技术》、《新农村建设“四节”技术应用指导手册——建筑设计与建筑节能技术》和《新农村建设“四节”技术应用指导手册——节水　节地与节材措施》。本套丛书紧紧围绕中央关于建设社会主义新农村的文件和“十一五规划”精神要求，从农村实际情况出发，按照节能、节地、节水、节材的具体思路，把新农村建设规划、设计、建设、管理等方面的“四节”技术和措施用生动的语言，图、表结合的方式呈现出来，通俗易懂，内容详实，具有很强的实用性和可操作性。

本册——第 2 分册：《新农村建设“四节”技术应用指导手册——建筑设计与建筑节能技术》重点介绍了新农村建设与旧村改造的规划和设计，以改变村容村貌和农村生活环境、节约土地等；同时还重点介绍了适合于新农村的建筑节能技术及施工、质量验收等。包括了新农村建设规划设计的原则、要求和方案；建筑围护结构的保温节能技术——新型结构体系、新型墙体材料施工技术与质量验收、外墙外保温系统工程技术与施工质量验收、建筑门窗的节能技术、屋面保温隔热节能技术等；采暖和通风空调及照明系统的节能技术等内容。

本套丛书既可为广大的农村基层领导干部和群众提供了具有实践、指导意义的技术参考资料，以及解决问题的方法以及相关的知识；也可作为社会主义新型农民、职工的培训等学习教材使用。本套丛书还可作为建筑设计单位、新型建筑材料生产厂商、建筑施工单位、监理单位以及所有参与社会主义新农村建设的单位或个人学习、应用和参考。

本套丛书在编写过程中得到了北京市建设委员会、北京城建科技促进会的有关领导以及很多的专家、学者的关心、大力支持和指导，在此表示衷心的感谢！本书在编写过程中还参阅了一些公开发表的文献资料，在此向作者表示深深的谢意！

由于编者水平有限以及时间仓促，书中难免存在一些不足和谬误之处。同时，节能、节水、节地与节材是综合性很强的技术与措施，涉及的范围广泛，书中有疏漏之处，恳请广大读者批评指正。

编　者

2006 年 7 月　北京

目　录

第1章　新农村住宅建筑规划与设计

1.1　新农村建设规划设计原则

1.1.1　新农村建设规划设计的基本原则

1. 要体现乡村特色

(1) 户类型多。一、二、三产业多业并存，种植业、农副产品加工业、工业、商业、服务行业等不同类型住户对住宅有各自不同的需求；

(2) 多种燃料，多种能源。这对厨卫空间尺度、功能布局和设备设施配置带来一定的影响；

(3)“两小”、“两大”。住区规模小，居住密度小，相对于城市而言，其户均宅基地大，户均建筑面积大；

(4) 人口规模小，但服务功能应基本配置齐全，故公共建筑及设施宜采用多功能综合体，如一店多用，一厅多用，一站多用，一场多用等等；

(5) 浓郁的民俗风情、宗教信仰和亲密的邻里关系对住宅建筑的住栋围合、公共空间的构成及形态提出了特定的要求；

(6) 伦理道德观念强，“尽孝”仍不失为一种主导的社会风尚，多代同堂屡见不鲜，家庭人口多、辈份多、户结构繁、户规模大等等。

2. 要解决现存的主要问题

这些问题是：住户分散，住区规模无定式，生产生活交混，功能紊乱，设施残缺不全，环境质量低劣；住宅多为独立式的一、二层建筑，占地过多，建筑面积大但功能不全，不适用，设备设施奇缺，功能及环境质量差；多进行无规划设计的自发建设，科技含量低，技术落后，构造不合理，隐患多，事故时有发生；原有住宅绝大部分为砖混结构类做法，灵活性、可改性差，满足不了现代生活方式及不断发展变化的家居功能的需要；住宅功能空间的专用性不明确，不合理使用；建筑空间三维尺寸过大，与人体尺度和使用要求脱节。从房屋、设备到家具的尺寸既不符合模数制，也没有彼此间的尺寸协调等等。

3. 要贯彻节地节能政策

通过对人均用地、建筑物层数及体形系数、容积率等指标的控制，通过墙体材料改革，并合理利用地方性建材资源，通过提高外围护结构的热工性能、外门窗的气密性以及对能耗的合理调控等手段，来达到节地（包括防止毁坏耕地）节能的目的。

4. 要把握村与镇各自的特点

村镇住区的称谓、构成及规模，应根据各自的情况自成体系；村镇住区的公用工程设施和公共建筑应根据村镇各自的使用要求及自身的环境条件配置（定项目、定规模）；村级住区（中心村庄）应尽可能采用天然能源及再生能源（如太阳能、天然气、生物质气化、煤制气和沼气等）；村与镇各自的住户构成有较大差异，其住宅的类别和套型应根据各自的户类型、户结构、户规模系列对应安排；鉴于镇区比村庄人口密度高，故镇小区住宅一般应比村庄住宅层数多，人均用地及户均建筑面积应比村庄住宅小；由于镇区公建多集中于镇中心，故仅为镇住宅小区服务的公建可视具体情况从简配置，而作为中心村级的公建往往与为本村庄居民服务的公建合二为一，故其项目配置一般应较齐全。

5. 可操作性要强

规划设计是建设的龙头，以规划设计作为一种手段，来提高村镇住宅和小区的建设质量，这就要求规划设计成果具有切实、方便的可操作性，即：观点清新，措施具体，方法步骤明确，对有关形态模式及定额指标等具体技术经济问题，尚要采用定格、定位、定性、定量和图表解析等方法加以阐明，以便广大规划设计工作者应用推广。

1.1.2 新农村居住体系及规划布局

1. 确立新农村居住体系

新农村居住体系是指县域范围内村镇不同等级、不同规模居民点系列有机构成的定式。它除了居民点等级结构自身外，还包括各级对应的商业服务、医疗卫生、文化教育、娱乐活动等点网体系。确立一个科学合理的新农村居住体系，对于提高新农村居民的生活质量，加速乡村城市化进程，改善农村的生活环境和村容村貌、节约土地，乃至促进社会经济的协调发展都具有积极的意义。

(1) 居住规模

据相关资料和测算，未来中心村平均规模为1000人左右，特大村庄约3000人。即最小规模约150～300户左右，最大规模400～700户左右。村庄居住用地面积规模按《村镇规划标准》规定，主干道间距一般为300～500m；次干道间距一般为100～250m；其围合居住（镇小区）面积分别为3～5公顷及7～12公顷；相应的人口规模则分别为500～1500人和2000～3000人。上述中心村庄与镇小区的人口规模和占地面积，有利于公共设施配套设置和采取节地措施，而且对行政和物业管理也比较方便。

(2) 居住形态模式

因为村镇人口集聚规模远比城市小，所以各级居住单元可采取小规模系列制式，即一个镇区分为若干个住宅小区，各小区设居委会，其下设居民小组，每个小组是一个住宅组群。

一个中心村一般相当于一个镇小区，由村委会直接管理，个别特大型的中心村庄有可能分为两个或两个以上住宅小区，下设村民小组，小组亦以住宅组群界定。

(3) 居住体系构架

依据《村镇规划标准》，参考各省市的村镇规模等级的划分及村镇住区建设投资来源、投资方式等因素，确定新农村居住区规模按三级设置为较好，即住宅小区、组群、院落。同时，中心村庄作为一个独立的住宅小区，其人口规模差异悬殊，村镇住宅小区又分为Ⅰ、Ⅱ、Ⅲ三个级别，以提高其适用性。具体构架参见表1-1。

镇区的住宅小区一般为Ⅰ级（或Ⅱ级）小区；中心村庄一般为Ⅱ级（或Ⅲ级）小区；村小区（中心村庄）公共建筑一般与中心村公共建筑合并进行建设，既为本村居民服务，同时也为邻近基层村的居民服务。其规划组织结构一般采用小区－组群－院落或小区－院落等类型，见图1-1所示。

2. 合理协调新农村居住区生活与生产功能的关系

新农村居住区生活功能是指符合新农村居民的生活、风俗习惯，以及适应当地气候地理环境、社会经济发展水平的居住功能；生产功能指的是允许纳入住宅内的户产业。村镇住区的生活功能与生产功能的融合与分离是对应于当地社会经济发展水平而逐步演变的。一般可

表 1-1　新农村住宅小区规模等级构架表

序号	名称	对应行政单位	小区级别	人口规模/人	户数/户
1	村镇住宅小区	镇小区:居委会 中心村庄:村委会	Ⅰ级	3000～6000	800～1500
			Ⅱ级	1500～2500	400～700
			Ⅲ级	600～1000	150～300
2	组群	镇小区:居民小组		400～800	100～200
		中心村庄:村民小组		200～600	50～150
3	院落	—		—	—

注：Ⅰ级小区相当于《村镇示范小区规划设计导则》里的住宅小区级；
Ⅱ级小区相当于《村镇示范小区规划设计导则》里的住宅组群级；
Ⅲ级小区相当于《村镇示范小区规划设计导则》里的住宅院落级。

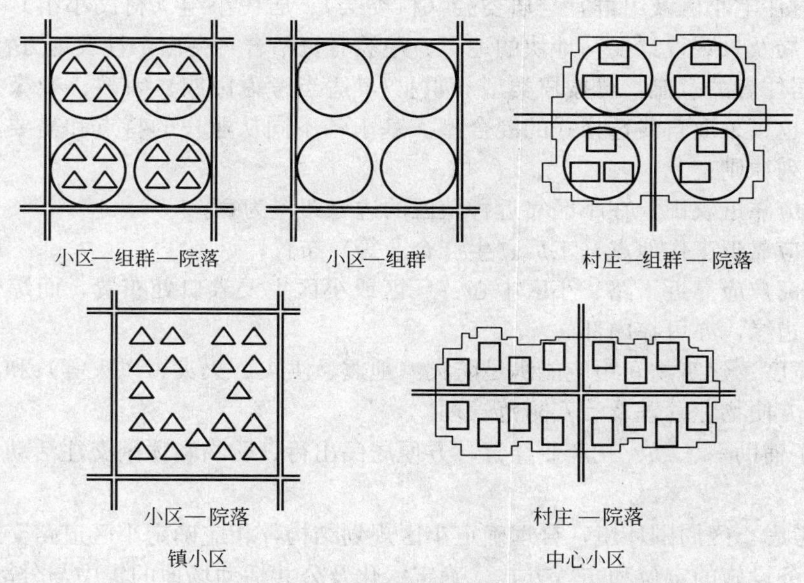

图 1-1　村镇小区规划组织结构类型示意图

分为三个不同的标准：一般居住标准、推荐居住标准和理想居住标准。在当地社会经济发展水平较低，即一般居住标准时，允许生活与生产有一定程度的结合，如允许无污染的家庭手工业、商业、农产品加工、庭院经济甚至庭院微型养殖（要隔离、圈养、卫生）等在住宅小区内存在；而对于社会经济发展水平有进一步的提高，生活水平的也相应进一步提高，即推荐居住标准时，生活与生产则基本分离，不允许饲养家禽（畜）等影响环境卫生的庭院经济，住区就是以居住为主，确保环境的文明卫生；在理想居住标准阶段，则允许部分知识密集型为主的工作场所进入村镇小区之内，形成近似城市型的综合住宅小区。新农村居住标准的不同层次与小区内可否包容生产功能的规定，参见表 1-2。

3. 新农村居住区规划布局

一个完整的新农村住宅小区是由住宅、公共建筑、绿化与户外公共活动场所、道路、交通设施、公用工程设施等多项实体和空间，经过综合规划设计建设而形成的。为了摆脱农村村镇住区无序、无机的状况，合理设计住区规划布局，主要是要立足于满足新农村居民生产、

表 1-2　新农村居住标准的不同层次与小区内可否包容生产功能的规定

标准层次	可否包容生产	备注
理想居住标准	与部分知识密集型生产高层次结合	标准的划分也可参照《村镇小康住宅居住标准》。本表中的一般标准相当于《标准》中所述的一般标准；本表中的理想标准相当于《标准》中的理想标准；介于二者之间的即为推荐标准
推荐居住标准	生产、生活原则上分离，但可容纳对环境无害的生产	
一般居住标准	生产、生活可结合，但对产生异味、振动、噪声、粉尘的小型生产，要严加控制，确保环境基本不受污染	

生活需求，体现各村镇特点和地方特色，结合当地气候与地理环境特征，因地制宜地融入居住者与农业及土地千丝万缕的联系，适当超前和走可持续发展之路，并通过精心规划设计，以区别于城市居住小区，达到新农村居住小区体现生态、节约土地和可持续发展的风貌。

（1）新农村规划布局原则

1）新农村住宅小区及组群宜与居委会（村委会）、居民小组（村民小组）等行政管理体制相对应；布局及景观设计要与地块的地形、地貌有机结合，突出个性及地方特色。

2）征求居住者的意愿，可按户类型（职业），适当考虑民族、宗教、亲缘关系划分住宅组群或院落，也可采取自我选择式的混合型。基于各不同从业户的特点和需要，规划布局定位时可参考下列原则：

①农业户应靠近农田，在小区靠近种植区的边缘布置为宜；

②职工户应靠近工作地点（工厂、生产企业等）布置；

③个体工商户应靠近干路、小区中心、厂区或小区主要入口处布置，而综合户的定位较为随意，可在边缘，亦可在内部。

3）道路宽度、建筑物间距应能满足防灾（地震、洪灾、火灾、风灾等）和救灾运输及疏散等要求，要方便物业管理及治安防范管理。

4）有利于辅助一、二、三产业经营，方便居民出行、购物和休闲交往活动，有利于密切邻里关系。

5）综合考虑小区周围环境，合理确定小区规划结构，相应确定小区道路交通系统、基础设施和公共服务设施的定位和布置方式，确定绿化及公共活动场地的集中与分散布置等。

（2）新农村住宅小区合理用地构成

新农村住宅小区的用地构成，应符合表 1-3 所规定的范围。

表 1-3　新农村住宅小区用地构成表（%）

用地构成	镇小区		村庄		组群
	Ⅰ级	Ⅱ级	Ⅱ级	Ⅲ级	
1. 住宅用地	55～65	55～68	60～70	65～75	75～85
2. 道路用地	10～15	10～15	8～13	6～12	2～7
3. 公共建筑用地	12～15	8～12	13～16	10～13	0～3
4. 公用工程及环卫设施用地	4～7	4～6	4～6	3～5	1～2
5. 公共绿地	8～13	7～12	8～12	7～10	0～4
小区总用地	100	100	100	100	100

注：1. 表中第 3、4 两项用地即为《村镇示范小区规划设计导则》中的“公共建筑用地”；

2. 表中数据系根据实态调查及多个小区规划设计实践综合分析确定。

(3) 新农村住宅小区布局手法

新农村住宅小区一般是由若干住宅组群，配以相应的公共服务设施和公共活动场所构成的。要想构建好的小区，则既要有好的住宅组群，又要有一个各类设施项目齐全、有机有序有效的组合。

1) 住宅院落及组群的组合原则。

①在保证日照、采光、通风的前提下，户外空间可采取多种形式的向心式围合，其尺度大小应视活动人数的多少确定；其空间形状则可根据居民户外活动行为规律安排；

②住栋布置既要有适度的规律性，又要有因地制宜、随机灵活的变化，做到疏密有致，层次分明；

③户外公共活动场所定位要适中，设施分级配置要得当，力争周边住户享用机会均等；

④道路网络要密切结合地形，因地、因周边条件制宜布置，做到安全、便捷，运行通畅，必要时可将车行和人行道路系统分开设置；

⑤建筑物、构筑物、小品、绿地、水体及道路等环境要素的布置要有利于动态整体景观的组织，并尽可能地显现出自身的可识别的个性；

⑥要赋予建筑群和空间形态以鲜明的向心力和凝聚力、亲和性及领域感，以利于强化区观念。

2) 住宅组群布置的多样化。

①组群的不同规模及不同属性。根据人口规模的不同，以低层住宅为主的村镇住宅小区而言，一般认为：

5～10 户　邻里半私密领域；

10～30 户　邻里半公共领域；

40～100 户　邻里公共领域。

②住宅楼的朝向及间距的可变性。住宅的朝向一般以南北向为最理想，但由于受地形、地物等条件的限制，可放宽到南偏东或偏西 30°以下；对北纬 35°以上地区，偏角宜限制 15°以内。住宅建筑之间间距，其最小值以保证规定的日照要求（冬至日底层住宅日照不低于 1 小时）为原则，考虑到救灾、公共交往及绿化等需要，间距尚可视具体条件适当放宽。

③出入口的合理定位。无论院落还是组群，其出入口的位置应当适中，争取至所居各个住户的距离差不要太大。此外，出入口尚要起到内外道路交通的起承转合的作用。

④多种户型及楼型。一是住宅类型多样化，多型并举。包括：垂直分户的农业户和专（商）业户住宅，水平分户的多层单元式职工住宅，特定需要的独立式住宅；二是住宅体形多样化（长短、高低、退台、错层、吊脚楼、过街洞口以及细部和色彩变化等）；第三是住宅不同的拼接方式。

(4) 居住组群空间围合的基本手法

住宅群体的空间布局组合就是运用建筑空间构图的规律以及建筑空间构图的手段将住宅、公共建筑、绿化种植、道路和建筑小品等有机地组成完整统一的建筑群体。在新农村住宅规划设计中，院落和组团可以在组合形式、规模、人口特征及其环境特色方面形成多样化。组团的组合方法可以分为同一法、对比法和向心法等基本形式。

1) 同一法。

同一形体的有规律的重复和交替使用所产生的空间效果，有如节奏和韵律。同一法又可分为重复设置和母题法两种，前者是指小区采用相同形式与尺度的组合空间重复设置，从而制约空间的统一性和节奏感。小区基本单元的重复组合便于在组团之间布置公共绿地、公共服务设施，并容易从整体上组织空间层次。母题法则要求在小区空间各构成要素的组织中，采用共同的母题形式或符号，以形成主旋律，从而达到整体空间的协调统一。在母题的基础上，可随地形、环境及其他因素作适当的变异。

2）向心法。

将小区的各组团和公共建筑围绕着某个中心（如小区公园、村委会、文化娱乐中心等）来布置，使它们之间彼此呼应而产生向心和内聚的态势，以及相互间的连续性和整体感，从而达到空间的协调统一。

3）对比法。

在空间组织中，任何一个组群的空间形态，常可以采用与其他空间进行对比予以强化。在空间环境设计中，除考虑自身尺度比例与变化外，尚要考虑各空间之间的相互对比与变化，包括空间的大小、方向、色彩、形态、虚实、围合程度、气氛等对比。如行列式、周边式、连廊体量的对比，低层与多层的对比，联立与联排的对比，点式与板式的对比；庭院、里弄、院落、连廊式等空间组织的对比。对比的手法是空间组织中的一个重要和常用的手段，通过对比可以突出主体建筑或使建筑群体空间富于变化，从而打破单调，沉闷和呆板的感觉。

（5）住宅单元的不同拼接方式

将住宅单元进行不同形式的拼连，可以形成不同的建筑体型、外观，组成不同的空间形态。通过灵活多变的拼连，还可以更好地结合地形和环境，形成丰富的建筑天际线和建筑特色。同时，也能达到节约用地、合理提高容积率的目的。当然，住栋形式的多样化应以保证每一住套的主要功能空间具有良好的朝向为前提。

住宅单元的拼连方式，通常有并列拼连、转角拼连、对角拼连、锯齿错接等，还可以采用混合拼连方式。

1）并列拼接。

并列拼连是最常用的一种住宅拼连形式，可以根据地形环境将住宅单元进行等长或不等长的拼连以达到活跃住宅组团的目的，见图 1-2 和图 1-3。

图 1-2　住宅单元的不等长拼接

图 1-3　住宅单元的等长拼接

2）转角拼接。

转角拼接大多是通过改变其内部某一功能空间（厅、卧室、厨、卫）或在住套与楼梯间之间嵌入一异型连接体来实现的，见图 1-4。具体来说，就是要突破四方形这一传统模式而代之以五边形、扇形（梯形）等异型空间。从而形成围合式的庭院，这对空间领域的界定、居民活动范围的引导、邻里社交空间的形成以及半公共环境的创造，起到了积极的有效的作用。组合单元个数的多少，决定着所围合的庭院空间的围合程度，组合单元的数目越多，则其闭合度越大，反之，则闭合度越小。或大或小，可根据需要或具体环境条体决定。

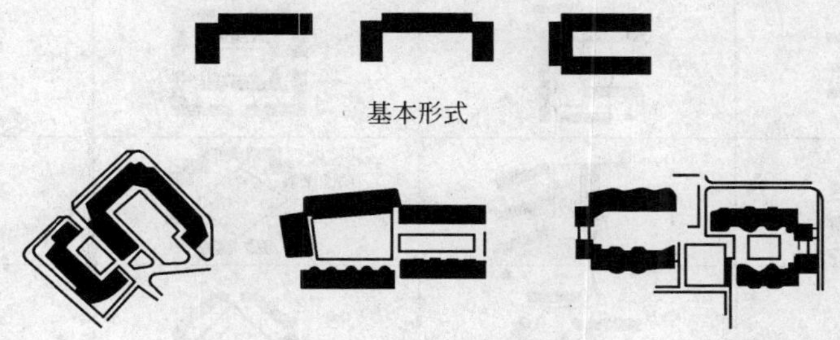

图 1-4　住宅单元的转角拼接

3）锯齿形拼接。

通过对常规四边形单元采用规律性和非规律性的错位或正斜拼接等组合手法可以丰富住栋形体的变化，见图 1-5。用最简单的四方块体附加一个条状梯间错位排列组合，亦可得出体形多变的住栋来，诸如锯齿形、“V”形、“L”形以及“山”字形等。方块形体的结构和构造相对简单，施工方便，但将其错位组合，仍能获得如此多样化的体型，是一种最佳选择。

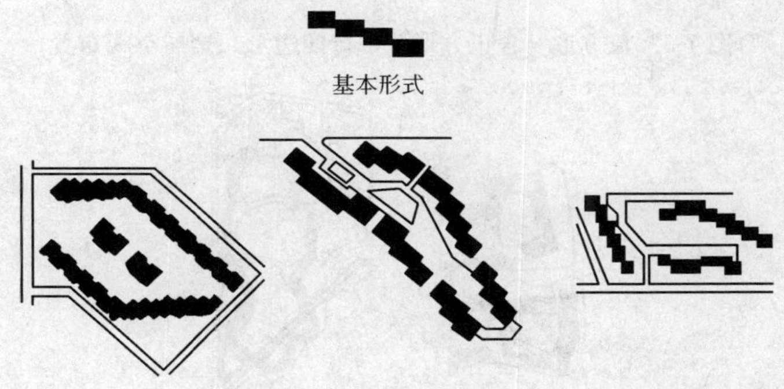

图 1-5　锯齿形拼接

（6）居住组群围合空间的基本形式

在现代新农村住宅的规划设计中，应科学地继承我国民居传统的院落式布局设计手法，从住宅类型、社区构成和周边环境实际出发，研究组成这一小型居住环境的居民数、人口规模与建筑单体栋数，合理设置出入口，做好交通组织，形成内向的庭院步行系统，并在庭院设计中考虑儿童、老人、成人的人际交往空间、户外活动空间、绿化。

在新农村住宅组团的规划设计中，由于受生产经营方式及其居住习惯的影响，以低层和多层住宅围合成封闭或半封闭的院落，再以若干个院落组合成不同规模的组团，其院落的特色更为鲜明。院落的布局类型，主要分为开敞型、半围合型和围合型确定。

1）长方形聚居空间布置，见图 1-6；

2）自由式聚居空间布置，见图 1-7；

3）三角形聚居空间布置，见图 1-8；

4）梯形聚居空间布置，见图 1-9；

5）其他形状聚居空间的围合，见图 1-10；

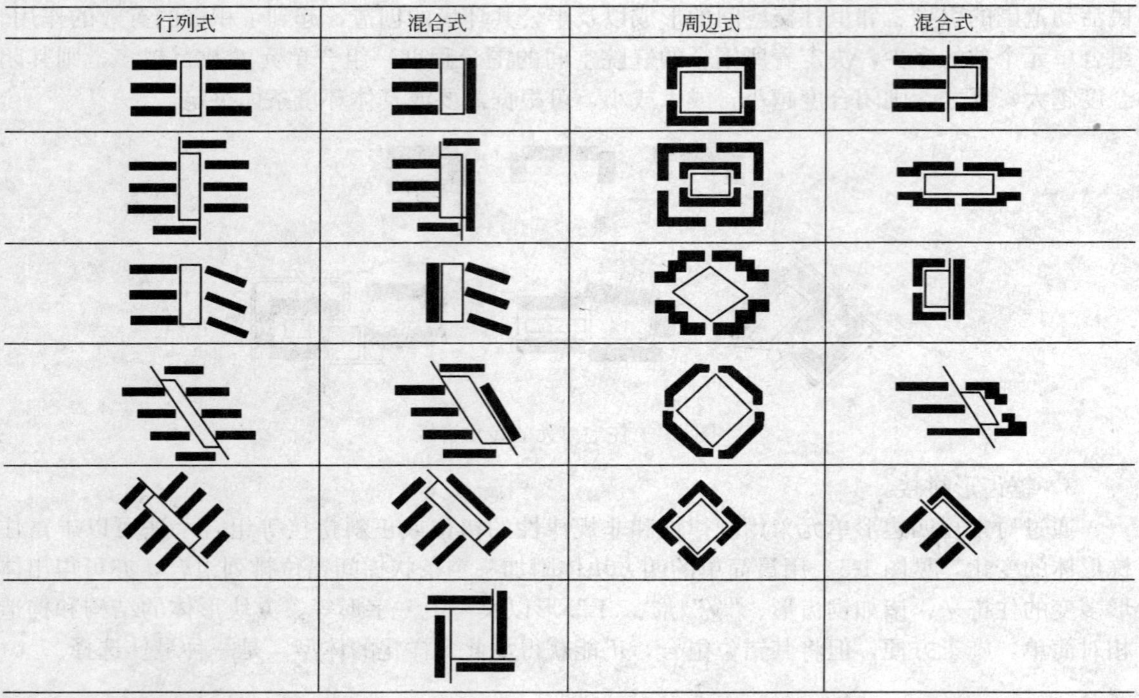

行列式	混合式	周边式	混合式

图 1-6　长方形（含正方形、平行四边形）聚居空间布置

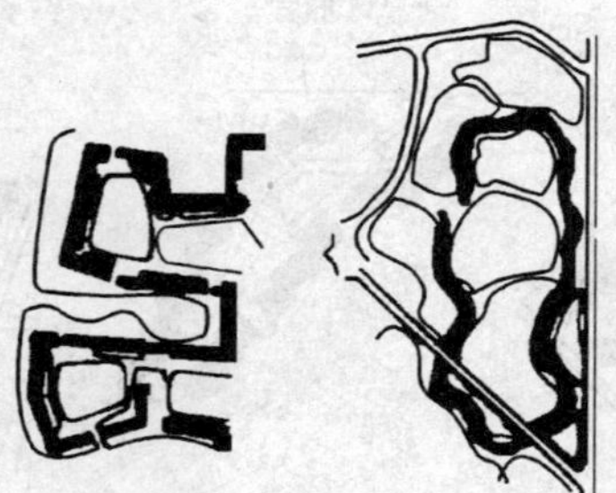

图 1-7　自由式聚居空间布置

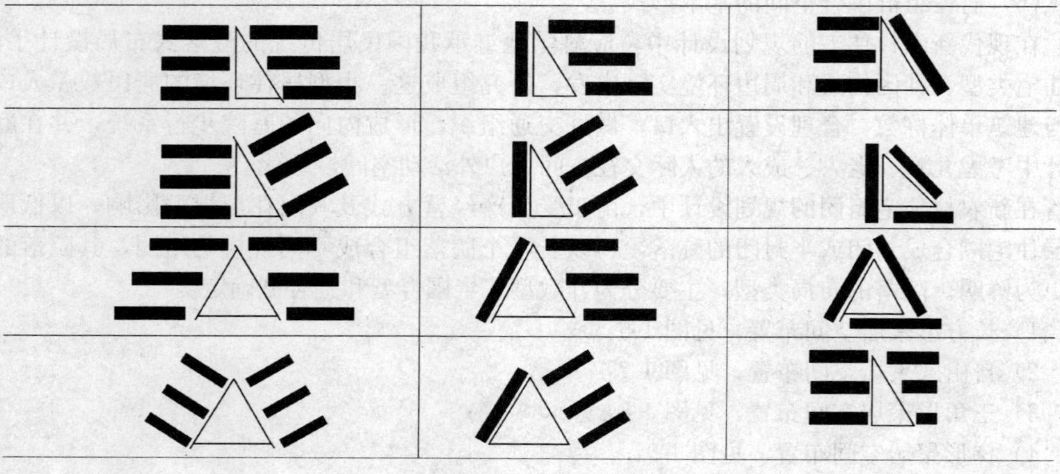

图 1-8　三角形聚居空间布置

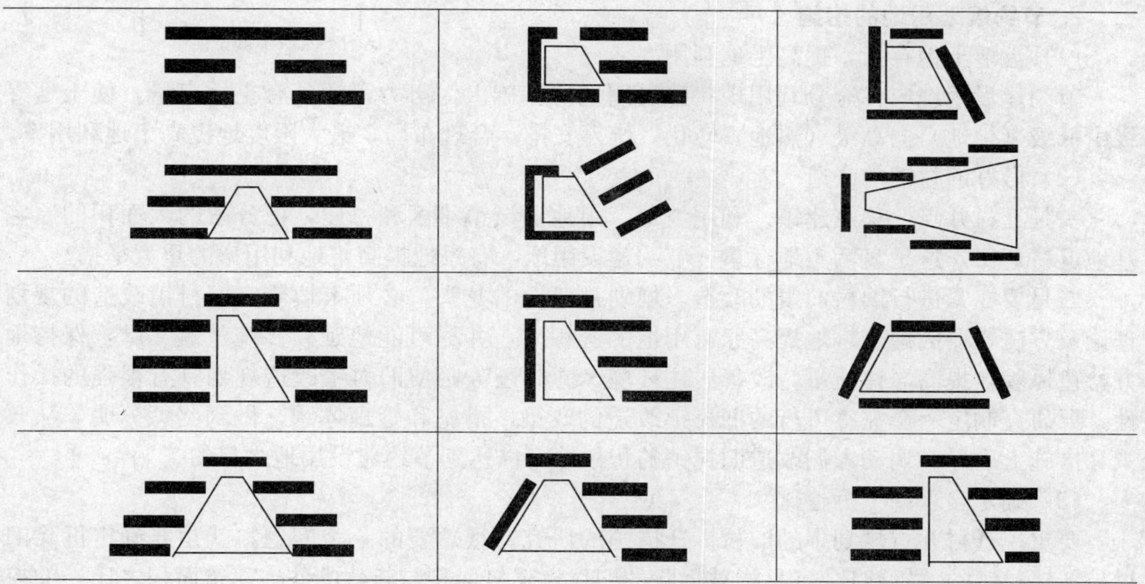

图 1-9　梯形聚居空间布置

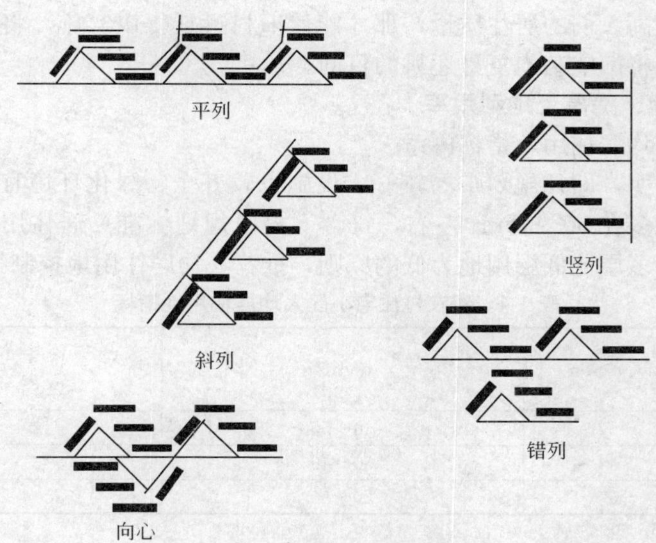

图 1-10　居住建筑群体的组合

1.1.3　新农村规划建设中节约用地措施

1. 节约用地的内涵

对于节约用地，不能仅仅从字面上狭义地去理解，首要的是搞清楚节约用地的真正内涵。节约用地，不等于仅仅是建设用地的减少，更不能以牺牲环境质量、牺牲人民的生活水准和舒适度为代价，片面地追求“节约”建设用地。而要用可持续发展的眼光，从提高环境质量、提高综合效益的角度，从土地总量动态平衡和用地性质的相互转化，来综合地理解节约用地的确切内涵及其价值所在。

2. 节约规划用地的措施

（1）盘活土地存量，提高土地利用率

节约建设用地应在充分利用现状建设用地的基础上，努力盘活现有土地存量，使土地等级由低级（生地）向高级（熟地）转化，统筹安排，合理布局，最大限度地提高土地利用率。

（2）做好旧村镇的改造

一是迁村并点，移民建镇。利用坡地、山地建设镇小区和村庄，把分散的大面积的原宅基地退耕还田，这是盘活土地存量，节约建设用地，有效地提高土地利用率的重大举措。

二是要抓紧进行旧村旧镇的改造。规划是建设的龙头，必须审慎研究旧村镇改造的规划理论及方法，要因地制宜地提高原有用地的容积率，并尽可能地延续传统建筑文脉，保持地方特色风貌，提高居住质量，改善居住环境。同时还务必使旧村镇改造规划具有很强的操作性，要研究制定一套完整可行的旧村镇改造的政策、措施和管理体系，做到奖惩分明，从政策和措施上引导和调动人们改造旧村镇的积极性，以达到节约建设用地之目的。

（3）确定合理的“拆建比”

要重视迁村并点规划中的旧村拆迁措施的研究。很重要的一个问题，就是要确定拆除旧村与新建村镇的“拆建比”（是指被拆除的旧住宅建筑面积与新建的住宅建筑面积之比）的控制指标。拆建比应视原有居住条件合理确定。就新农村住宅而言，新建住宅人均使用面积（不包括手工作坊、店铺、粮仓及各类贮藏室、库房等）的高限可按 20～25m^2 计算。只有使拆旧建新真正能够提高人们的居住质量，那才能使旧村拆迁得以实施，将迁村并点节约土地落到实处，最终达到将旧宅基地复垦还耕的目的。

3. 节约建设用地、提高土地利用率

（1）建立控制人均居住用地指标体系

规划设计实践表明，即凡规划布局较好、设施也较齐全、绿化环境宜人的村镇住区，折算人均居住用地面积多在 50～75m^2 左右，符合《村镇规划标准》居住用地比例近。根据镇比村用地指标较低、多层比低层用地为低的原则，推荐人均居住用地控制指标参见表 1-4。

表 1-4　新农村住宅小区人均居住用地指标

住宅层数 \ 人均用地（m^2/人） \ 所在地	镇小区	中心村庄
低层	40～55	50～70
低层多层	30～40	35～50
多层	20～30	30～40

（2）村镇用地构成合理化

要根据对所建住区自身特点（区位条件、公建配置、住户类型、住宅层数、交通设施等）及建设场地的实态调查进行深入分析研究，参照《村镇小康住宅示范小区规划设计导则》中“用地平衡控制指标”确定小区各类用地合理比例，可参见表 1-3。

（3）提倡多层单元式住宅，控制低层住宅建设

在人口规模相对集中的村镇居住小区建多层公寓式住宅和低层联排式住宅是合适的、可行的。一般说来，镇小区可以 4～5 层为主，中心村可以 2～3 层为主，一定要严格控制平房和独立式住宅，不得随意兴建。

（4）严格控制宅基地的划拨与管理

新建村镇住宅小区要有人均用地控制指标，不提倡划分宅基地的作法，要严格控制宅基

地的规模（一般不得大于 2.5 分/户）。宅基地的大小可参照人均耕地多少适当调整，但决不允许由于当地人均耕地多，就提高户均（或人均）居住建设用地。综合考虑各方面的因素，建议参考表 1-5 所示的对应关系。

表 1-5　人均耕地与宅基地的对应关系

人均耕地/(亩/人)	宅基地/(分/户)
≤0.5	≤1.5
0.5～1	1.5～2
≥1	2～2.5

（5）对现有宅基地的利用与改进

现有宅基地过大，主要是各家的宅院地占地面积较大，因此对这样的宅基地的利用和改进，应在缩小建筑基底占地面积上下功夫，建筑向空中、地下、半地下发展。一般住宅建筑基底面积占宅基地面积比例宜控制在 0.40～0.50 之间，充分利用余下的宅院搞庭院绿地或庭院经济（水果、药材），提高绿地率。拆除实围墙及不必要的辅助用房，宜采用绿篱或通透式围墙来扩大视野，从而达到空间共享，变私有宅院为半私有、半公共空间，增加交流空间的目的，使现有封闭宅院变成田园气息浓厚的、半开敞的共享空间，赋予宅基地以新的使命。

（6）合理提高土地容积率和建筑密度

1）新村建设及旧村改建时，在保证小区环境质量和挖潜利旧的前提下，应合理提高其容积率。新农村住宅小区容积率可参考表 1-6 所示。

表 1-6　新农村住宅小区容积率控制指标

住宅层数	镇小区	中心村庄
中高层	1.0～1.5	—
多层	0.90～1.05	0.85～1.0
多层低层	0.70～0.90	0.65～0.85
低层	0.50～0.70	0.45～0.65

注：1. 表中的低层为 2 层、2.5 层、3 层；多层为 4 层、4.5 层、5 层、5.5 层；中高层为 7～9 层左右。
2. 表中“中高层”系发达地区富裕镇的镇小区所用，但为数较少。

2）在保证日照和防灾、疏散等要求前提下，适当压缩建筑间距，以提高建筑密度，并可利用屋顶平台来补充室外活动场地不足。新农村住宅小区建筑密度可参考表 1-7 所示。

表 1-7　新农村住宅小区建筑密度控制指标　　（%）

住宅层数	镇小区	中心村庄
中高层	15～25	—
多层	18～25	17～22
多层低层	20～29	18～26
低层	20～35	20～32

注：表中建筑密度控制指标采用了一个幅度，可根据不同纬度选用。

（7）合理布置道路系统，减少道路占地精心布置路网，在确保车行、人行安全并满足消防要求的前提下，应尽量缩短道路长度，并根据通行量适当缩小道路红线宽度。

（8）复合空间的利用

1）将自行车、机动车停车场（库）与建筑、绿地和休闲交往空间相结合，亦可布置在地下和半地下；

2）住宅底层布置公共建筑或储存空间，见图 1-11；

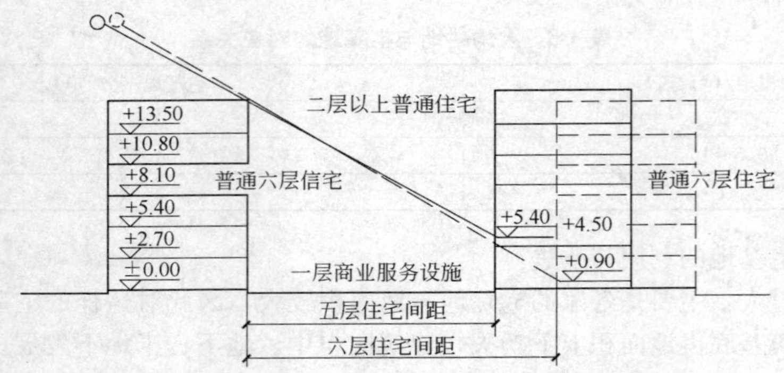

图 1-11　底层商业住宅建在北侧缩小日照间距

3）利用屋顶平台扩大绿化面积和室外活动场所；

4）将坡屋顶的屋顶空间用作设备间或其他功能空间；

5）住宅与低层公共建筑结合，将其置于住宅建筑之底层；

6）借用道路、场地、河流等空间作为阴影区；

7）建设“综合体”，将性质近似的公共服务设施按照各自要求水平或垂直地组合在一起；

8）不同层数住宅的混合布置。

（9）建筑单体的节地措施

1）在保障使用要求和不影响建筑物的灵活性和可改造性的前提下，缩小建筑面宽，加大进深；

2）改进墙体材料，限制使用黏土砖；减少墙体厚度；

3）合理确定建筑物体形系数，尽量减少建筑物外围面积；

4）充分利用建筑物室内空间，采用“复式”方法，来达到提高空间的利用率亦即提高土地利用率的目的；

5）降低层高、增加层数，略偏向东西向布置（可缩减日照间距），以及采用“北退台”住宅等方法均能节约用地，见图 1-12。

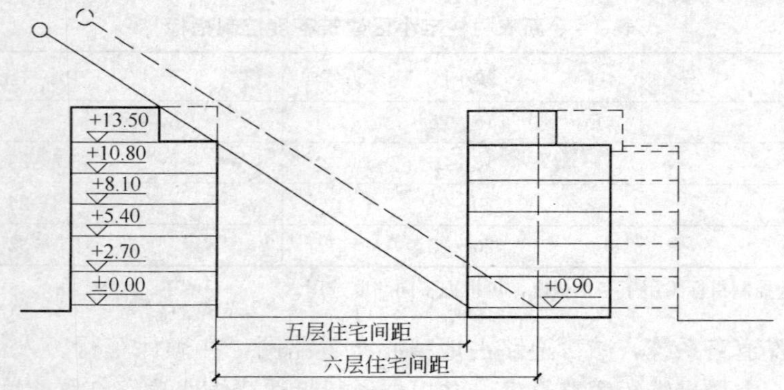

图 1-12　北退台式住宅缩小日照间距

注：实线为北退台式住宅，虚线为普通六层住宅。

1.1.4　道路系统及交通设施配置

1. 新农村住宅小区道路交通特点

(1) 物流、车型多样

由于第一产业的存在，不可避免地使一些小型农机具和农副产品进入新农村住宅小区。再加上住区内容纳的手工业和商业服务业的货运，就使得新农村住宅小区的物流和车流构成要比城市居住区物流和车流构成复杂。

(2) 人流量小

新农村住宅小区相对于城市居住小区而言，其规模小，居住密度也较小，因此人口相对少，人流量也相对小。居民生活方式、生活水平虽有差异，但由于有相当一部分人在家操持家务或就近在村办企业工作，故其出行频率均较城市居民略低。

(3) 中心村庄独立性较强

中心村庄与其他城镇相距较远，因而其内在联系较多，对外联系方面不及城市居住小区那样频繁和密切；此外，中心村庄尚有一个服务于整个村域人口的职能，不得不自成体系，故其独立性较强。

(4) 村庄出入口直接与过境交通衔接

由于人流和车流量较小，中心村庄的主要出入口一般直接与过境交通线路相连接（其间应有一段缓冲距离）。

2. 村镇小区道路设计规定与原则

(1) 村镇道路设计规定

1) 小区干路与对外交通干线相交时其交角不宜小于75°，且有不应小于12m的缓冲距离，以避免对对外交通的干扰，保证安全；

2) 在小区的公共活动中心内，应设置为残疾人通行服务的无障碍通道，通行轮椅的坡道宽度不应小于2.5m，纵坡不应大于2.5%；

3) 小区内尽端路长度不宜超过120m，在尽端应设置不小于12m×12m的回车场地；

4) 当小区内用地坡度大于8%时，应辅以梯步解决竖向交通，并宜在梯步旁附设自行车推车道；

5) 在多雪地区，应考虑堆积清扫道路积雪面积，小区内道路可酌情放宽；

6) 新农村小区内道路纵坡控制指标，见表1-8；

7) 新农村小区道路缘石半径控制指标，见表1-9；

表 1-8　新农村住宅道路纵坡控制指标　(%)

道路类别	最小纵坡	最大纵坡	多雪严寒地区最大纵坡
小区级道路	≥0.3	≤8.0 L≤200m	≤5.0 L≤600m
组团级道路	≥0.3	≤3.0 L≤50m	≤2.0 L≤100m
宅间(巷)路	≥0.5	≤8.0	≤4.0

注：L为坡长。

表 1-9　新农村小区道路缘石半径控制指标

道路类别	缘石半径/m	道路类别	缘石半径/m
小区级道路	≥9	宅间(巷)路	—
组团级道路	≥6		

注：地形条件困难时，除陡坡处外，最小转弯半径可减少 1m。

8）新农村小区道路边缘至建、构筑物最小距离（m），见表 1-10；

表 1-10　新农村小区道路边缘至建、构筑物最小距离　(m)

与建构筑物关系 \ 道路类别		小区级道路	组团路及宅间(巷)路
建筑物面向道路	无出入口	3	2
	有出入口	5	2.5
建筑物山墙面向道路		2	1.5
围墙面向道路		1.5	1.5

注：建构筑物为低多层。

9）新农村小区道路最小视距，见表 1-11。

表 1-11　新农村小区道路最小视距　(m)

视距类别	最小视距	视距类别	最小视距
停车视距	15	交叉口停车视距	20
会车视距	30		

(2) 道路系统设计原则

1）因地制宜地确定道路等级及红线宽度。

一般说来，由于新农村住宅小区规模小、住宅层数少、建筑物高度低等特点，因此小区内道路等级宜简化，道路红线宽度亦可相应减少。若个别道路尚有附加的为生产服务功能，则道路宽度可根据需要适当放宽。

2）妥善确定道路系统。

新农村小区道路网络类型，应依据地形地貌特点、规划组织结构、周围的交通联系（对外公路、田间道路等）、出入口的数量和位置，因条件制宜确定。最主要应考虑居民的出行规律（出行时间、出行方式、出行频率），并以方便居民的出行为原则来确定道路网络及道路类型，力求路网简洁顺畅。对山地、丘陵和河网地区的住宅小区，在保证使用要求前提下，应尽可能使路网依山就势，顺应等高线走向，减少交叉，减少越水跨度，节约土方，降低造价。

建立和完善村镇小区的道路系统及其交通设施的配置，并应满足残疾人的无障碍通行及其他要求。

3）考虑农用车辆对道路的特定要求。

村镇小区内间或有小型农用车辆通行，而小型农用车的特点是体量小、灵活、车轮不全是轮胎，故其车行道的宽度、坡度、转弯半径及路面做法应与此相适应。

4）合理利用与改造原有道路。

旧区道路网的改造，其规划应综合考虑原有地上地下建筑、公用工程设施和原有道路特点（指走向、线型、功能等），进行适当的调整和必要的改造；要尽量保留那些有历史文化价值的街道、建筑物及景点，予以开发利用，不要因为修建道路图方便而肆意拆除。

3. 道路等级划分及其功能

（1）道路等级划分

村镇住宅小区内部道路宜分为三级，即干路、支路和宅前路（相关资料表明，村镇小区道路采取三级制者 73%）。其中Ⅰ级小区和部分Ⅱ级小区道路可为三级设置，而Ⅲ级小区和部分Ⅱ级小区的道路为二级设置即可，即干路和宅前路。

（2）道路功能

1）干路。

为连接小区主要出入口的道路，其人流和交通运输较为集中，是沟通全小区性的主要道路。道路断面以一块板为宜，辟有人行道。在内外联系上要做到通而不畅，控制外部车辆的穿行，但应保障对外联系安全便捷。

2）支路。

小区各组群之间相互沟通的道路，重点考虑消防车、救护车、住户小汽车、搬家车以及行人的通行。道路断面一块板为宜，可不专设人行道。在道路对内联系上，要做到安全快捷地将行人和车辆分散到各组群内并能安全快捷地集中到干路上。

3）宅前路。

为进入住栋或独院式各住户的道路，以人行为主，还应考虑少量住户小汽车、摩托车的进入。在道路对内联系中要做到能简捷地将行人输送到支路上和住宅中。

（3）道路宽度控制指标

通常村镇住区一级道路（即干路）路宽为 8～20m 者，占 51%；二级道路（支路）路宽为 5～8m 者，占 54%；三级道路（宅前路）路宽为 3～5m 者，占 44%。设定各级道路宽度，可参见表 1-12。

表 1-12　新农村住宅小区道路宽度控制表　　(m)

道路类别	道路红线宽度	路面宽度	每侧人行道宽度
干路	14～18	6～8	2～3
支路	10～14	4.0～6.0	1～1.5
宅前路	—	2.0～4.0	—

（4）小型广场的设置及道路铺装要求

新农村住宅小区的道路、广场及道路铺装的要求一般应高于现有村镇住区，但其设置和铺装标准应与所在地区的经济发展水平相适应，不宜过分强调高标准。

1）小型广场的设置。

小型广场应与村镇小区内的商业文化福利设施、娱乐活动场地、物业管理和小区户外集聚空间结合设置，为少年儿童和老年人的休憩、邻里交往、社区公益活动提供场所，丰富居民的物质文化生活。

2）道路路面铺装的最低要求，见表 1-13。

表 1-13　新农村居住小区道路路面铺装最低要求

道路类别	一般居住区标准	推荐居住区标准	理想居住区标准
干路	较高级路面	高级路面	高级路面
支路	一般硬化路面	较高级路面	高级路面
宅前路	禁用土路	禁用沙石路	较高级路面

注：硬化路面种类很多，包括混凝土路面、柏油沥青路面和各种砖、石材料铺装的路面等等。其高、中、低标准的区别应根据其材质、性能及造价等综合指标来划分。

(5) 村镇小区道路网类型

道路网的布置，应避免往返迂回及过路车辆穿行，既要方便外来人员寻访，又要利于安全防范。最主要的是利于居民的出行，符合居民的出行规律。

平原地区道路布置灵活性较大，路网类型较为丰富，应结合住栋类型及组群结构随机布置，如环型（内环、半环等）、风车型、折线型、尽端式、方格网式等，可结合实际情况灵活运用，见图 1-13。山地、丘陵地区的路网布置则应顺应地形，沿等高线走向设定；水网地区则要注意道路和水体的关系，两者走向一般是一致或垂直。

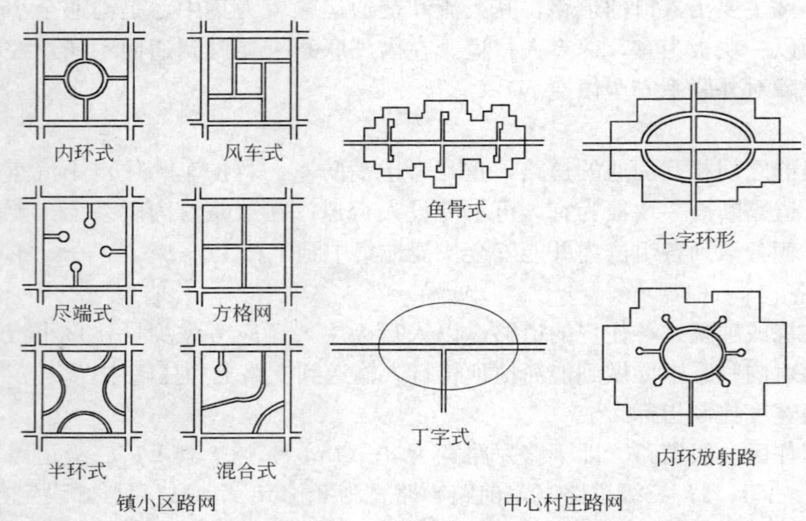

图 1-13　村镇小区道路网类型示意举例

(6) 道路布置方式

1) 车行道、人行道并行布置。

① 微高差布置：人行道与车行道的高差在 30cm 以下，如图 1-14 所示。

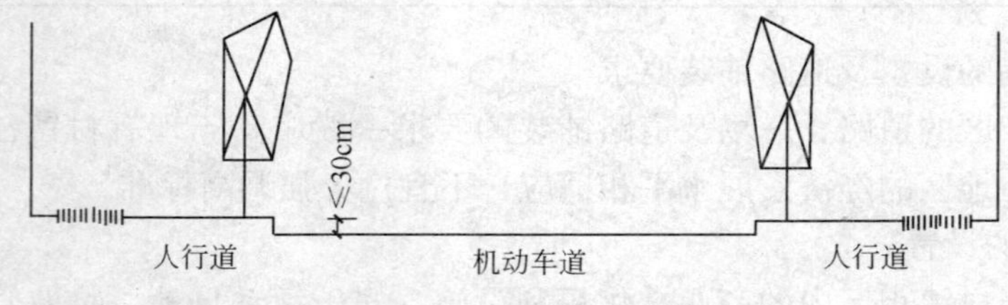

图 1-14　微高差布置示意

优点：行人上下车较为方便；道路的纵坡比较平缓。

缺点：大雨时，地面迅速排除雨水有一定难度。

适用范围：地势平坦的平原地区及水网地区。

② 大高差布置：人行道与车行道的高差在 30cm 以上，隔适当距离或在合适的部位应设梯步将高低两路联系起来，如图 1-15 所示。

优点：能充分利用自然地形，减少土石方量，节省建设费用，形式生动活泼，并利于地面排水。

缺点：行人上下车不方便；道路曲度系数大，不易形成完整的小区道路网络。

适用范围：山地、丘陵地的村镇小区。

③ 无专用人行道：人车混行路在农村较为普遍使用。

优点：是一种常见的交通组织形式，比较经济与简便。

缺点：不利于管线的敷设和检修，车流人流多时不太安全。

适用范围：人口规模小的村镇小区干路或人口规模较大的村镇小区支路。

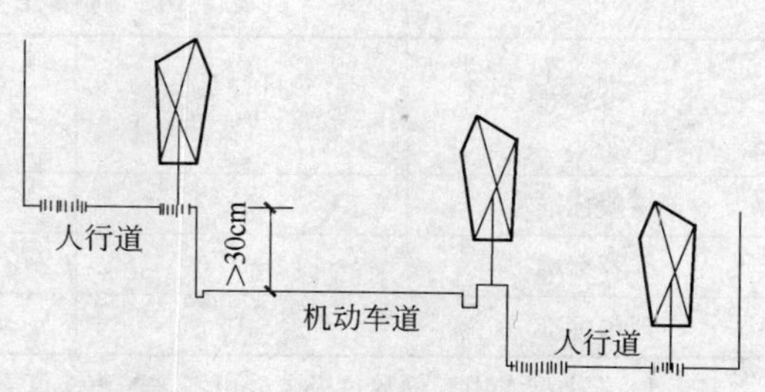

图 1-15　大高差布置示意

2）车行道、人行道独立布置。

① 独立布置原则：应尽量减少车行道和人行道的交叉，减少相互间的干扰。在村镇小区，应以并行布置和步行系统为主来组织道路交通系统。在（私人）车辆较多的住区，应按人车分流的原则进行布置；当地势起伏不平高差较大时，亦应采取人车分流的布置原则。

② 步行系统：由各组群住栋之间及其与公共建筑、公共绿地、活动场地之间的步行道构成，路线应简洁、无车辆行驶。

优点：较为安全随意，便于人们购物、交往、娱乐、休闲等活动。

适用范围：（中）高级居住标准，人口规模较多的镇小区。

③ 车行系统：道路断面无人行道，不允许行人进入。车行道是专为机动车和非机动车通行的，且自成独立的路网系统。当有步行道跨越时，应采取信号装置或其他管制手段，以确保行人安全。

优点：保证交通畅通，减少人流干扰。

缺点：步行受到了一定的限制，建设投资多。

适用范围：（中）高级居住标准，人口规模较大的镇小区。

4. 交通设施配置原则

（1）住宅小区交通设施构成

1）道路标志、路灯、指示灯、指示牌等。

2）停车场库等。

（2）交通设施配置原则

1）小区内应安排必要的小汽车、自行车、摩托车、小型农用车的停车场库，并合理确定停车场库位置。要做到使用方便安全，减少对居民的干扰。

2）根据经济发展水平及车辆拥有量，合理确定停车泊位指标体系。

3）小区道路应命名并设置交通标志，同时还应为住宅建筑编排楼门号以便于寻访和识别。

（3）村镇住宅小区停车泊位指标

村镇住宅小区停车泊位控制指标，见表 1-14。

（4）停车场（库）布置方式

1）集中布置。

应以方便、安全、减少干扰、便于管理为原则。对小区生活干扰较大的车辆，如运输车、农用车、大中型汽车等，宜集中停放在公共停车场内，并布置在小区的主要出入口处。而与小区生活联系密切且干扰较小的车辆（如小汽车、摩托车、自行车）可在一个或几个组群的适中位置或其出入口处相对集中布置，见图 1-16。

表 1-14　村镇住宅小区停车泊位控制指标

居住标准 \ 车辆类型	自行车 /(车位/户)	摩托车 /(车位/户)	小汽车 /(车位/百户)	小型农用车 /(车位/百户)
一般标准	1.5～2	0.5	20～40	10～20
推荐标准	1～1.5	0.5～1	40～50	5～10
理想标准	1	1～1.5	50～100	0～5

注：1. 若小型农用车辆数目极少，可考虑与汽车库合并设置；自行车可与摩托车库合并设置。
2. 考虑到远期的发展，停车泊位指标应留有扩展余地。

优点：可减少车辆对小区干扰和影响，小区的环境较为安全、安静、整齐，同时也便于车辆的管理。

缺点：不能很好地满足居民的行为习惯、活动规律和心理状态，会使人感到使用上不方便。

适用范围：适用于集体经济较强、管理较好的村镇小区。自行车库的服务半径控制在100m 以内。汽车停车场的服务半径控制在 150～200m 之内为宜。

2）分散布置。

私家车库、住宅楼底层（层高一般 2.2m）地下或半地下车库，以及位于住栋庭院和住栋间的潜空间地段上的小型分散式停车库及露天停车位，见图 1-17。

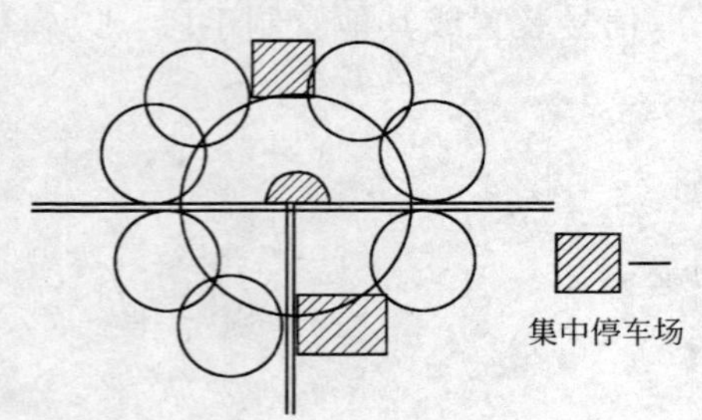

图 1-16　集中布置示意

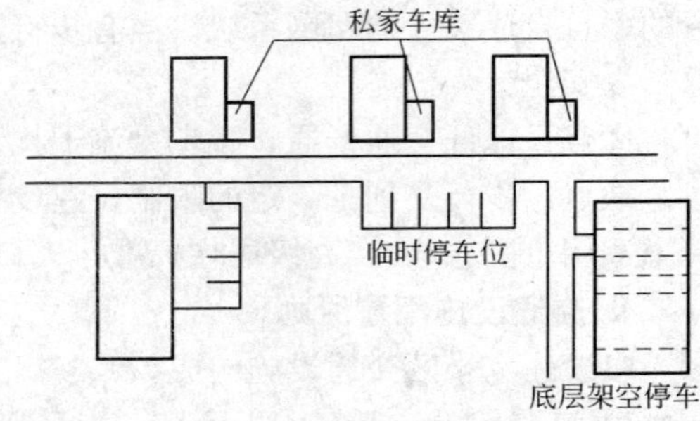

图 1-17　分散布置示意

优点：可独家享受或离住家较近，使用方便。

缺点：对小区邻近停车位的住户有一定的干扰，对小区的安全、安静及环境面貌上将会带来一定影响，同时在车辆管理上也不及集中停放那么方便。

适用范围：适合于人车分流、私家车库较多的中高级居住标准村镇小区。山地与丘陵地区的村镇小区亦较为适宜。

3）集中分散混合布置。

视具体条件可采取大部分或部分机动车集中停放，并视小区面积大小及有关条件，分1～3 处场（库）位布置；其余部分可分散就近布置，但要尽量减少对住户的干扰。

优点：可选择性强，能满足多数居民需要，使用方便。

缺点：对小区有一定的干扰和影响，车辆管理上有一定难度。

适用范围：适用性较强，对规模较大的小区较为适宜。

4）停车场（库）平面布置。

① 小型机动车停车方式与基本尺寸，见图 1-18 所示；小型车停车设计指标，见表 1-15。

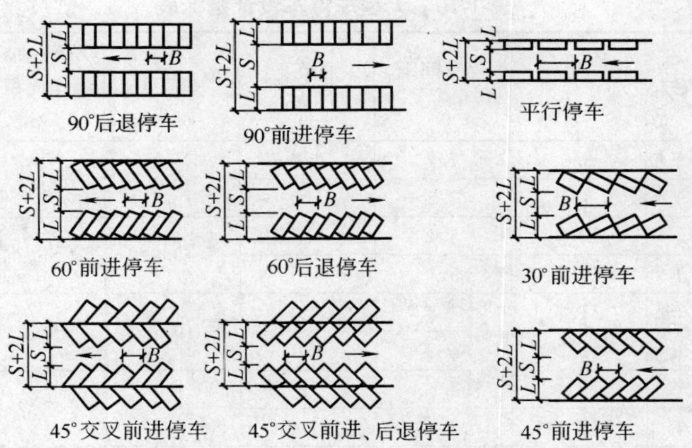

图 1-18　小型机动车停车方式与基本尺寸

表 1-15　小型车停车设计指标

车类	停车角	停车方法	停车带宽 L/m	停车间距 B/m	通道宽 S/m	单位停车宽度 W/m	单位停车面积 V/m²	计算公式
小型车类Ⅰ	30°	前进停车	6.1	6.6	5.0	17.2	56.8	$W=S+2L$ $V=\frac{W}{2}\times B$
	40°	前进停车	6.9	4.7	5.0	18.8	44.2	
	45°交叉	前进停车	5.8	4.7	5.0	16.6	39.0	
	60°	前进停车	7.3	3.8	6.0	20.6	39.1	
	60°	后退停车	7.3	3.8	5.5	20.1	38.2	
	90°	前进停车	6.5	3.3	10	23	38.0	
	90°	后退停车	6.5	3.3	7.0	20	33.0	
	平行	前进停车	3.3	9.5	4.0	10.6	50.4	
小型车类Ⅱ	30°	前进停车	5.2	5.6	4.0	14.4	40.3	$W=S+2L$ $V=\frac{W}{2}\times B$
	45°	前进停车	5.9	4.0	4.0	15.8	31.6	
	45°交叉	前进停车	4.9	4.0	4.0	13.8	27.6	
	60°	前进停车	6.2	3.2	5.0	17.4	27.8	
	60°	后退停车	6.2	3.2	4.5	16.9	27.0	
	90°	前进停车	5.5	2.8	9.5	20.5	28.7	
	90°	后退停车	5.5	2.8	6.0	17	23.8	
	平行	前进停车	2.8	7.5	4.0	9.6	36.0	

② 大型车停车方式与基本尺寸，见图 1-19 所示；大型车停车设计指标，见表 1-16。

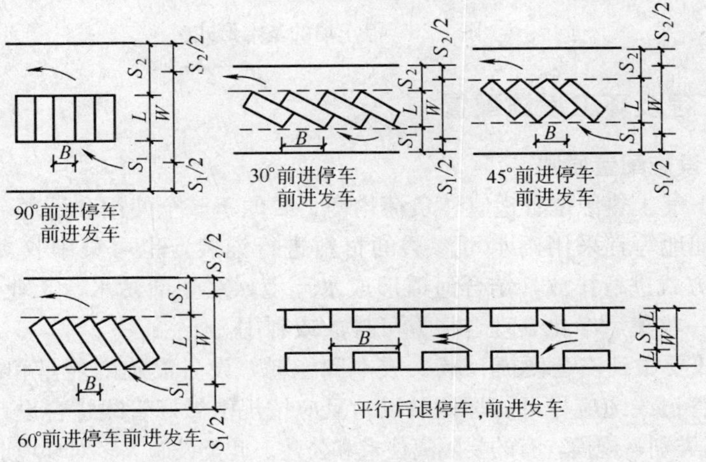

图 1-19　大型车停车方式与基本尺寸

表 1-16　大型车停车设计指标表

车类	停车角	停车方法	停车带宽 L/m	停车间距 B/m	通道宽 S/m	单位停车宽度 W/m	单位停车面积 V/m²	计算公式
大型车类Ⅲ	30°	前进停车	8.8	7.2	4.0	13.6	97.9	$W=\frac{S_1+S_2}{2}+L$ $V=W\times B$ $W=S+2L$ $V=\frac{W}{2}\times B$
		前进发车	8.8	7.2	5.5			
	45°	前进停车	10.6	5.1	6.5	16.9	86.2	
		前进发车	10.6	5.1	6.0			
	60°	前进停车	11.7	4.2	9.0	19.7	82.7	
		前进发车	11.7	4.2	7.0			
	90°	前进停车	11.4	3.6	12	23.4	84.2	
		前进发车	11.4	3.6	11.9			
	平行	后退停车	3.6	15.4	4.5	11.7	90.1	
		前进发车	3.6	15.4	4.5			
大型车类Ⅳ	30°	前进停车	7.6	7.0	4.0	12.1	84.7	$W=\frac{S_1+S_2}{2}+L$ $V=W\times B$ $W=S+2L$ $V=\frac{W}{2}\times B$
		前进发车	7.6	7.0	5.0			
	45°	前进停车	9.0	4.95	6.0	14.8	73.3	
		前进发车	9.0	4.95	5.5			
	60°	前进停车	9.75	4.0	8.0	17.0	68.0	
		前进发车	9.75	4.0	6.5			
	90°	前进停车	9.2	3.5	10	19.1	66.9	
		前进发车	9.2	3.5	9.7			
	平行	前进停车	3.5	13.2	4.5	11.5	75.9	
		后退发车	3.5	13.2	4.5			

注：平行停车按小型车计算公式。

③ 停车场的基本形式，见图 1-20 所示

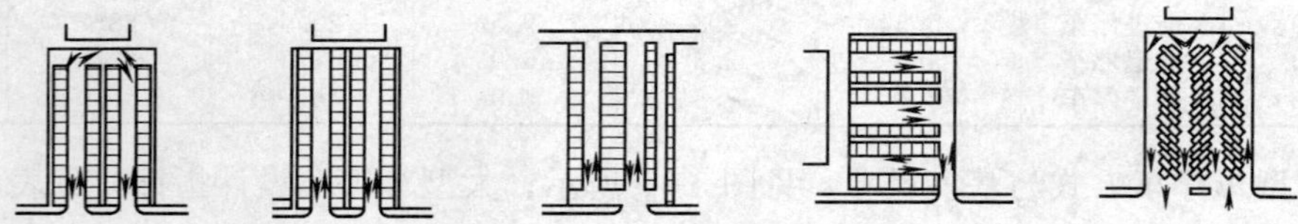

图 1-20　停车场的基本形式

1.1.5　公用工程及环卫设施配置

1. 常规公用设施配置原则

(1) 水、电、气、热源位置适宜，负荷均衡，要便于安全使用和管理。

(2) 路面、铺地等宜采用雨水可渗透的材料进行铺装，也可集中收集并加以蓄存利用。雨水可采用明沟方式进行排放，结合河道形成水环境；对生活污水、工业废水应单独设计成为一个系统，统一收集后净化处理合格方可排放或利用。

(3) 各种管线要做到安全便捷、减少成本和能耗，设备设施的能量和容量应满足可持续发展要求。所有管道线缆应尽可能埋地敷设，且应按规范做好管线综合设计。

(4) 根据设施类别、规模，有的要隔离住宅和公建。此类设施大多对环境造成负面影响，应置于相对独立地段，有的需与绿化结合布置，将其围裹隐蔽，必要时尚需设置卫生防护绿带。

(5) 要适当美化。对公厕、垃圾站、沼气池一类建筑物和构筑物，除了要创造条件确保其清洁卫生外，尚应从造型、材料和色彩处理上，尽可能予以美化，以便从心理上缓解其负面影响。

(6) 要就地取材。对道路、管沟、沼气发酵池等基础设施，应就地采用性能及强度均相当的代用材料或工业废料。

2. 新农村管线设计

(1) 各种管线的埋设顺序

1) 离建筑物的水平排序，由近及远的埋设顺序宜为：电力管线或电信管线、煤气管、热力管、给水管、雨水管、污水管；

2) 种类管线的垂直排序，由浅入深的埋设顺序宜为：电信管线、热力管、电力管线、煤气管、给水管、雨水管、污水管；

3) 电力电缆与电信管缆宜远离，并按照电力电缆在道路东侧或南侧，电信管缆在道路西侧或北侧的原则布置。

(2) 各种管线之间处理原则

1) 临时管线避让永久管线；

2) 小管线避让大管线；

3) 压力管线避让重力自流管线；

4) 可弯曲管线避让不可弯曲管线。

(3) 管线间距

地下管线不宜横穿公共绿地和庭院绿地。各种地下管线之间的最小水平及垂直净距及管线及建、构物之间的最小水平间距、管线与绿化树种间的最小水平间距、管线与绿化树种间的最小水平净距等可参照城市居住区管线综合设计而进行，见表 1-17～表 1-20。

表 1-17　各种地下管线之间最小水平净距　(m)

管线名称		给水管	排水管	煤气管			热电管	电力电缆	电信电缆	电信管道
				低压	中压	高压				
给排水管		1.5	1.5	—	—	—	—	—	—	—
煤气管	低压	1.0	1.0	—	—	—	—	—	—	—
	中压	1.5	1.5	—	—	—	—	—	—	—
	高压	2.0	2.0	—	—	—	—	—	—	—
热力管		1.5	1.5	1.0	1.5	2.0	—	—	—	—
电力电缆		1.0	1.0	1.0	1.0	1.0	2.0	—	—	—
电信电缆		1.0	1.0	1.0	1.0	2.0	1.0	0.5	—	—
电信管道		1.0	1.0	1.0	1.0	2.0	1.0	1.2	0.2	—

注：1. 表中给水管与排水管之间的净距适用于管径小于或等于 200mm，当管径大于 200mm 时应大于或等于 3.0m；

2. 大于或等于 10kV 的电力电缆与其他任何电力电缆之间应大于或等于 0.25m，如加套管，净距可减至 0.1m；小于 10kV 电力电缆之间应大于或等于 0.1m；

3. 低压煤气管的压力为小于或等于 0.005MPa，中压为 0.005～0.3MPa，高压为 0.3～0.8MPa。

表 1-18　各种地下管线之间最小垂直净距　(m)

管线名称	给水管	排水管	煤气管	热水管	电力电缆	电信电缆	电信管道
给水管	0.15	—	—	—	—	—	—
排水管	0.4	0.15	—	—	—	—	—
煤气管	0.1	0.15	0.1	—	—	—	—
热力管	0.15	0.15	0.1	—	—	—	—
电力电缆	0.2	0.5	0.2	0.5	0.5	—	—
电信电缆	0.2	0.5	0.2	0.15	0.2	0.1	0.1
电信管道	0.1	0.15	0.1	0.15	0.15	0.51	0.1
明沟沟底	0.5	0.5	0.5	0.5	0.5	0.5	0.5
涵洞基底	0.15	0.15	0.15	0.15	0.5	0.2	0.25
铁路轨底	1.0	1.2	1.0	1.2	1.0	1.0	1.0

表 1-19　各种管线与建、构物之间的最小水平间距　(m)

		建筑物基础	地上杆柱（中心）	铁路（中心）	村镇道路侧石边缘	公路边缘	围墙或篱笆
给水管		3.0	1.0	5.0	1.0	1.0	1.5
排水管		3.0	1.5	5.0	1.5	1.0	1.5
煤气管	低压	2.0	1.0	3.75	1.5	1.0	1.5
	中压	3.0	1.0	3.75	1.5	1.0	1.5
	高压	4.0	1.0	5.00	2.0	1.0	1.5
热力管		—	1.0	3.75	1.5	1.0	1.5
电力电缆		0.6	0.5	3.75	1.5	1.0	0.5
电信电缆		0.6	0.5	3.75	1.5	1.0	0.5
电信管道		1.5	1.0	3.75	1.5	1.0	0.5

注：1. 表中给水管与村镇道路侧石边缘的水平间距 1.0m 适用于管径小于或等于 200mm，当管径大于 200mm 时应大于或等于 1.5m；

2. 表中给水管与围墙或篱笆的水平间距 1.5m 是适用于管径小于或等于 200mm，当管径大于 200mm 时应大于或等于 2.5m；

3. 排水管与建筑物基础的水平间距，当埋深浅于建筑物基础时应大于或等于 2.5m；

4. 表中热力管与建筑物基础的最小水平间距对于管沟敷设的热力管道为 0.5m，对于直埋闭式热力管道径小于或等于 250mm 时为 2.5m，管径大于或等于 300mm 时为 3.0m，对于直埋开式热力管道为 5.0m。

表 1-20　管线与绿化树种间的最小水平净距　(m)

管线名称	最小水平净距	
	乔木（至中心）	灌木
给水管、闸井	1.5	不限
污水管、雨水管、探井	1.0	不限
煤气管、探井	1.5	1.5
电力电缆、电信电缆、电信管道	1.5	1.0
热力管	1.5	1.5
地上杆柱（中心）	2.0	不限
消防龙头	2.0	1.2
道路侧石边缘	1.0	0.5

1.1.6　新农村公共建筑配置

新农村的公共建筑是指为新农村住宅小区居民生活服务的文化教育、商业服务、医疗卫生、娱体活动等具有公共性的各类建筑物。

1. 新农村公共建筑配置原则

（1）确立新农村住宅小区公共建筑的合理构成

依据市场经济的客观规律，新农村住宅小区公共建筑的构成，可分为两类。一类是由政府重点抓的社会公益型公共建筑；另一类是社会民助型公共服务建筑。

（2）树立重点建设镇区中心的观念

随着交通体系的不断完善，缩短了镇与城、村与镇时空距离，而且村庄人口有向城市、镇区集聚的趋势，因此，要树立重点建设以公共建筑为主的镇区公共中心的观念，而对于镇属各居住小区，其公共建筑配置应予适当控制，包括公共建筑的规模数量和等级。

（3）按规模等级和环境条件配置公共建筑

镇小区公共建筑不包括镇级公共建筑，其配置项目规模等级应参照本小区人口规模确定，项目配置从简，主要依靠并集中于镇中心。村小区（当中心村为一个小区时）配置的公共建筑就是中心村庄级公共建筑，配置相对较全，除为本中心村庄服务外，还要为周围基层村服务。

（4）原有公共建筑改造利用

若建设区已有可利用的建成项目，则可视具体情况对该项目作适当调整，加以利用。特别是要注意保留和改造现存具有传统民俗特色的公共建筑项目，如茶馆、酒楼、戏台、书场等。

（5）建设多功能综合体

新农村公共建筑本身的特点是面积小、功能全。因此，提倡开发综合体建筑，或将同一场所在同一时间派不同用场；或将同一场所在不同时间派不同用场。如一店多用、一厅多用、一站多用等。

（6）教育设施设置

为了适应社会经济发展变化的趋势，若条件许可，小学校宜按完全小学规模设置。这样，有利于教学质量的提高和教育管理的完善。校舍宜设置在独立地段，以减少与其他建筑间声音和视线等方面的相互干扰。规模较小的非完全小学可与托幼联建，以方便管理。

2. 新农村公共建筑配置指标

（1）公共建筑项目构成及面积指标

在市场经济条件下，新农村住宅小区公共建筑，将由社会公益型公共建筑和社会民助型公共建筑两部分组成。从居民的使用频率来衡量，可将其分为日常式和周期式两种，见图 1-21。

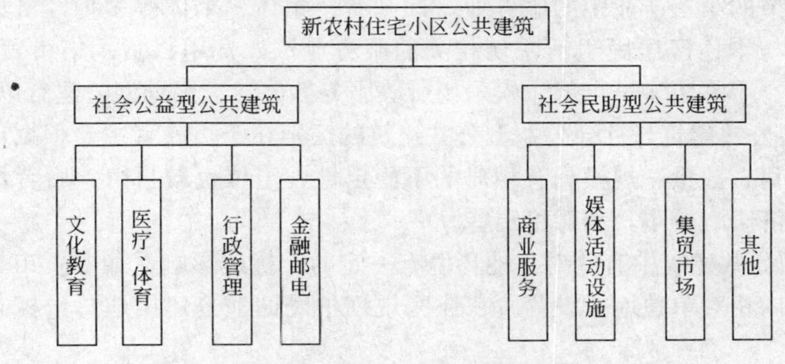

图 1-21　新农村住宅小区公建构架图

新农村住宅小区公共建筑一般不分级设置，只有一级即小区级或村级公共建筑。

1）社会公益型公共建筑。

即主要由政府部门主抓的文化、教育、行政管理、医疗卫生、体育场馆等项公共建筑。这类公共建筑主要为小区（村庄）自身的人口服务，也同时服务于周围村庄的居民。

① 社会公益型公共建筑项目配置规定，见表 1-21。

表 1-21　社会公益型公共建筑项目配置

公共建筑项目	镇小区		中心村庄			
			近郊型		远郊型	
	Ⅰ	Ⅱ	Ⅱ	Ⅲ	Ⅱ	Ⅲ
1. 居委会 村委会	●	●	●	○	●	○
2. 小学	○		○	○	○	○
3. 幼儿园、托儿所	●	●	●	●	●	●
4. 灯光球场	●	○	●	○	○	○
5. 文化站（室）	●	○	●	○	○	○
6. 公用礼堂			○	○	○	○
7. 卫生所、计生站	●	●	●	●	●	●

注：●—应设置，○—可设置。

② 社会公益型公共建筑配置控制指标，见表 1-22。

表 1-22　社会公益型公共建筑配置控制指标

项目	用地规模/m²	服务人口	备注
1. 居委会	50	行政管辖范围内人口	可与其他建筑联建
村委会	50～500	同上	指独立设置
2. 完全小学	6000～8000	2500～6000	6～12 班
3. 幼儿园、托儿所	600～900	所在小区人口	2～4 班
4. 灯光球场	600	同上	
5. 文化站（室）	200～400	同上	可与绿地结合建设
6. 公用礼堂	600～1000	同上	可与灯光球场、文化站（室）建在一起
7. 卫生所（室）、计生站	50	同上	可设在居委会、村委会内

2）社会民助型公共建筑

是指可市场调节的第三产业中的服务业，即国有、集体、个体等多种经济成分，根据市场的需要而兴建的与本住区居民生活密切相关的服务业。如日用百货、集市贸易、食品店、粮店、综合修理店、小吃店、早点部、娱乐场所等服务性公建。民助型公建有以下特点：

① 社会民助型公共建筑与社会公益型公共建筑的区别在于，前者主要根据市场需要决定其存在与否，其项目、数量、规模具有相对的不稳定性，定位也较自由，后者承担一定的社会责任，受市场经济影响较小，相对稳定些。

② 社会民助型公共建筑中有些对其他环境有一定的干扰或影响，如农贸市场、娱乐场所等建筑，宜在住区内相对单独地段设置。在住区规划中民助型公建用地总量控制指标，参见表 1-23。

表 1-23　社会民助型公共建筑用地总量控制指标

村镇小区级别	Ⅰ	Ⅱ	Ⅲ
用地面积/m²	700～1000	600～700	500～600

民助型公共建筑还可设立物业管理服务公司，负责民助型公共建筑及社区服务，包括房屋及设备维修、收发信函报刊、代购车船（机）票、自行车存放、汽车场库管理以及公厕经营管理等，既方便居民，还能获取收益。

（2）公共建筑配置规模因素

1）公共建筑配置规模与所服务人口规模相关，服务的人口规模越大，公共建筑配置规模就越大。

2）小区公共建筑配置规模与距城市及镇区距离相关，距城市、镇区的距离越远，小区公共建筑配置规模相应越大。

3）公共建筑配置规模与产业结构及经济发展水平相关，第二、第三产业比重越大，经济发展水平越高，公共建筑配置规模就相应大些。

3. 新农村公共建筑项目定位与布局

公共建筑项目的定位与布局应依公共建筑项目性质与服务对象而定，亦与小区规模有关，旨在方便居民使用。因此，其规划布局应以符合居民的行为规律和能获得好的经营效果为原则来进行。

（1）公共建筑项目合理定位

1）新建小区使用的定位方式。

① 在小区地域几何中心成片集中布置，见图 1-21。

优缺点：服务半径小，便于居民使用，利于小区内景观组织，但购物与出行路线不一致，因为位于住区内部不利于吸引过路顾客，一定程度上影响经营效果。

适用范围：主要适合于远离交通干线，对外联系较少的中心村庄，这种定位布局方式，更有利于为本小区居（村）民服务。

② 沿小区主要道路带状布置，见图 1-22。

优缺点：兼为本区及相邻居民和过往顾客服务，经营效益好，有利于街道景观组织。但小区部分居民购物行程长，对交通也有干扰。

适用范围：主要适合于镇区主要街道两侧的小区，或沿公路建成的中心村。

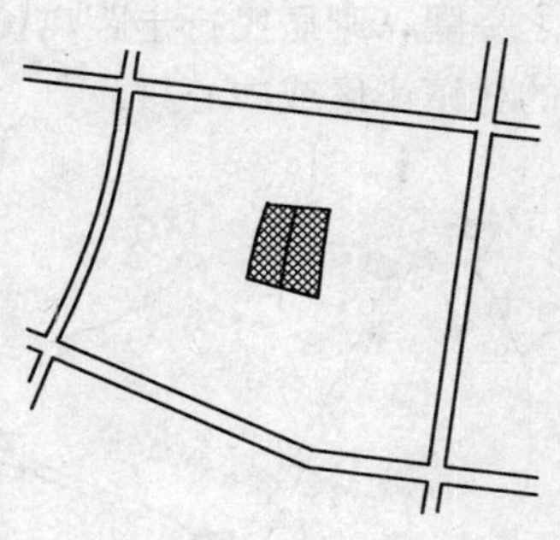

图 1-21　在小区地域几何中心成片集中布置示意

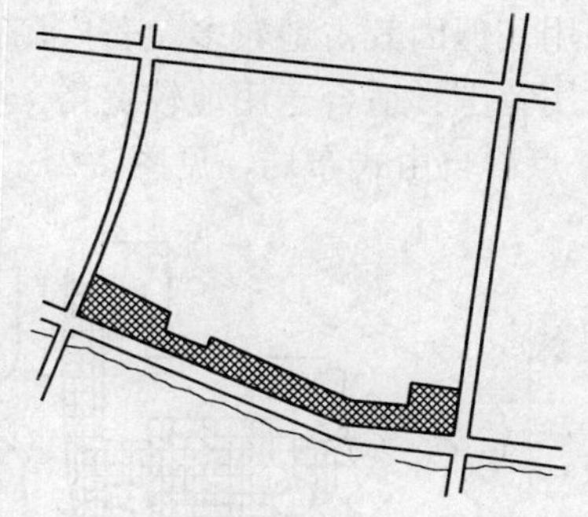

图 1-22　沿小区主要道路带状布置示意

③ 在小区道路四周分散布置，见图 1-23。

优缺点：兼顾本小区和其他居民，使用方便，可选择性强。但布点较为分散，难以形成规模。

适用范围：主要适合于四周为镇区道路的镇小区。

④ 在小区主要出入口处布置，见图 1-24。

优缺点：便于本小区居民上下班使用，也兼为小区外就近居民使用，经营效益好，便于

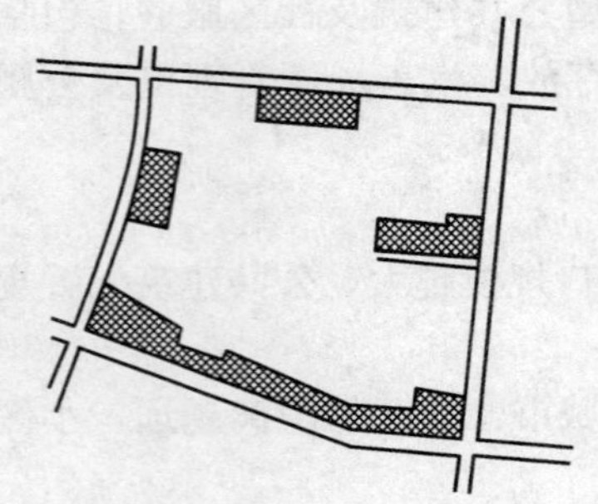

图 1-23　分散在小区四周布置示意

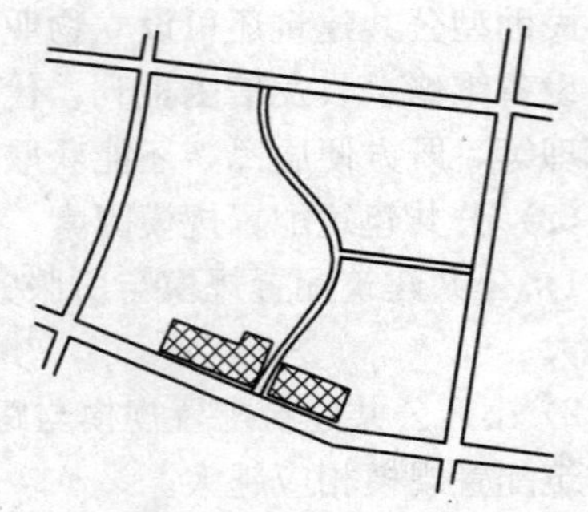

图 1-24　在小区主要出入口处布置示意

交通组织。但偏于一隅，对规模较大小区来说，居民至公共建筑中心远近不一。

2）旧村镇改建的公共建筑定位。

旧的村镇住区若改建，则可参照上述四种定位方式，对原有公共建筑项目布局作适当调整，并加上部分改建和扩建后定案，布局手法要有适当灵活性，以方便居民使用为原则。

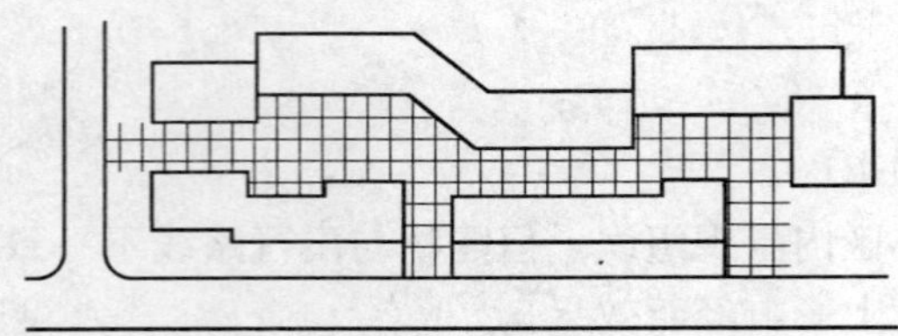

图 1-25　带状式步行街示意

（2）公共建筑项目布局形式

在公共建筑项目合理定位的基础上，应视住区的具体环境条件对公共建筑群作有机有序有效的安排。

1）带状式步行街，见图 1-25。

优缺点：经营效益好，有利于组织街景，购物时不受交通干扰。但较为集中，不便于就近零星购物。

适用范围：适合于商贸业发达、对周围地区有一定吸收力的镇小区，或有集贸传统的中心村序。

2）环广场周边庭院式布局，见图 1-26。

优缺点：有利于功能组织、居民使用及经营管理，易形成良好的步行购物和游憩环境，较多采用。但因其占地较多，若广场偏于规模较大的小区之一隅，则居民行走距离长短不一。

适用范围：适合于用地较宽裕、且广场位于小区中央的村镇小区或中心村庄。

3）点群自由式布局，见图 1-27。

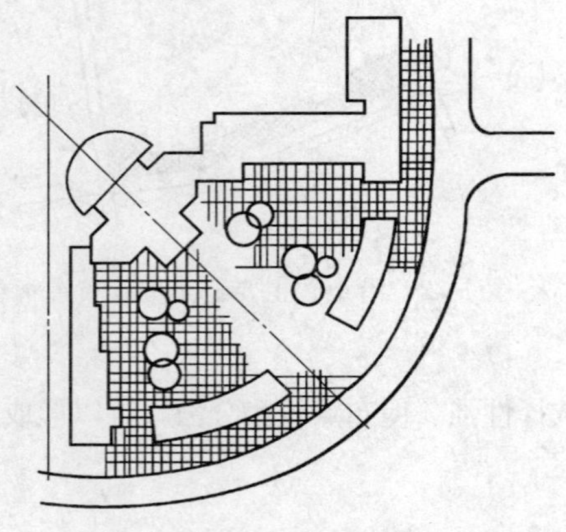

图 1-26　环广场周边庭院式布局示意

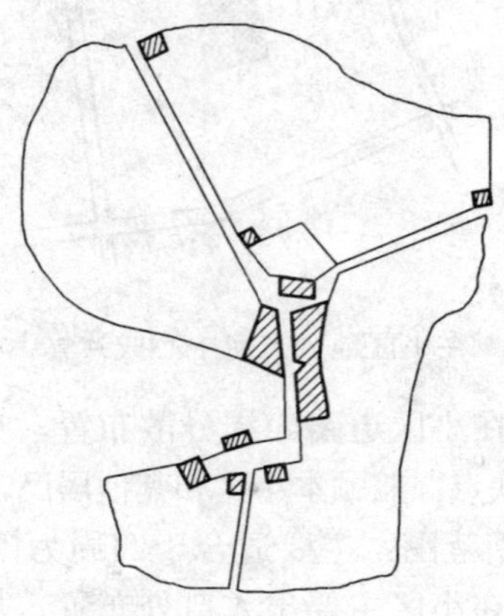

图 1-27　点群自由式布局示意

一般说来，此种布局随机灵活，可选择性强，经营效果好，但分散，难以形成一定的规模、格局和气氛。除特定的地理环境条件外，一般情况下不多采用。

1.1.7　新农村室外环境景观

室外环境质量是指构成村镇住区户外空间机理及形态的各种要素及其彼此之间的内在关系的优劣程度。主要包括决定室外空间机理的四大要素即环境的美化、绿化、亮化和净化等方面内容。

1. 室外环境质量设计原则

(1) 搞好室外环境的总体设计

注重环境的整体美，从全局出发，结合地形、地貌、地物，处理好小区外部环境的空间布局及景观。

(2) 美化主要景观路线和景观节点

对小区的主要街道、河道的景观进行规划设计，对住区入口、街心广场、道路交叉口等主要景观节点做重点处理。

(3) 提供良好的户外交往空间

根据村镇居民的生活习惯和活动规律，设置多层次的户外交往空间，满足休憩交往需要，使农村传统的亲密乡情和睦邻观念得以更好地继续发扬。

(4) 做好环境的绿化、美化工作

从绿化布局、绿化方式、绿化构成等多方面人手，分级进行绿化，充分发挥绿色空间的环保、美化作用，提高小区环境质量。

(5) 加强相关设施建设

合理配置各项设施，方便服务和管理，适应新农村（镇）居民的生活需求，从而达到美化、亮化、净化的目的。

2. 室外环境设计手法和措施

(1) 外部空间环境总体布局

1) 因地制宜，灵活布置外部空间。平原地带——应注意运用建筑物的布局来围合、界定外部空间和院落。山地（丘陵地带）——结合地形，运用建筑物垂直于等高线的布局手法，形成地面高低起伏的外部空间；也可运用建筑物平行于等高线的布局手法形成向心式或开放式的外部空间，见图 1-28。水乡（河湖地带）——结合水网河道形成自然流畅的带状、网状外部空间、营造宜人的亲水环境。

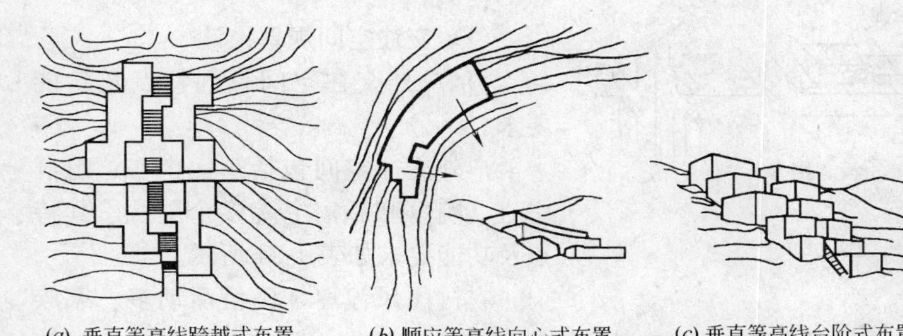

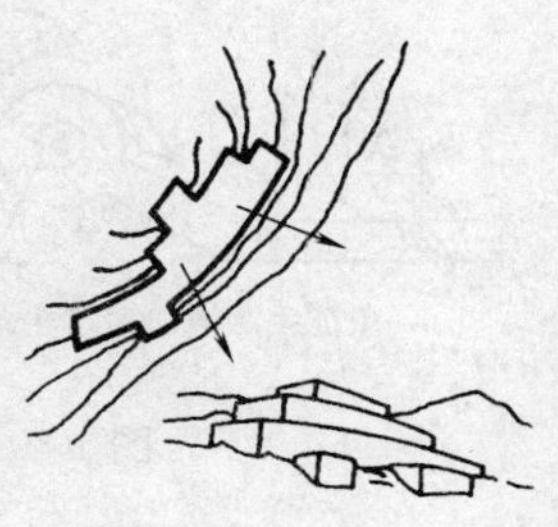

(*a*) 垂直等高线跨越式布置　(*b*) 顺应等高线向心式布置　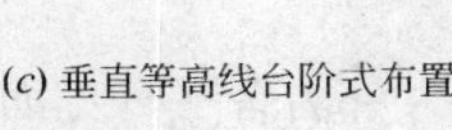(*c*) 垂直等高线台阶式布置　(*d*) 顺应等高线开放式布置

图 1-28　结合山地地形灵活布置外部空间

2）将点状的宅院空间、带状的道路空间和块状的广场、庭院空间结合在一起，形成疏密有致，多层次的外部空间体系。

3）参照人们户内外活动的行为规律，应妥善利用半室外空间如建筑的外廊、敞厅、架空层、亭子、过街楼、骑楼等丰富外部空间的层次。

4）建筑布局和单体设计应避免形成外部阴角空间，特别是面积较小的阴角空间以及人的视线不易看到的空间，以减少脏乱和不安全隐患。

（2）美化景观路线和景观节点

1）组织好景观路线的空间序列。

通过街道空间的收放、转折及地面的高低使景观路线富于变化，见图 1-29；运用虚实对比、高低错落、曲直进退、疏密相间等手法组织沿街建筑；利用对景、借景、框景等手法，随道路走向设定观赏对象，达到步移景异；利用树木、花坛、椅凳及广告牌、宣传橱窗等丰富美化街道的景观；山地住区的景观路线应对仰视（或俯视）景观和第五立面的景观效果进行规划设计。

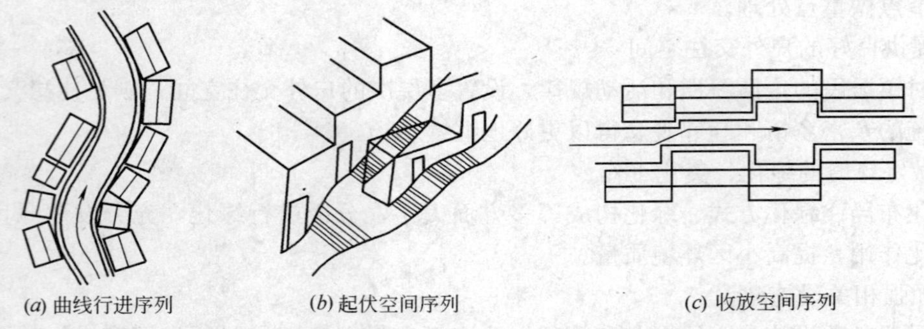

图 1-29　景观路线的空间序列示意

2）景观节点是景观路线的高潮，应重点设计、美化。

运用象征、对比等手法突出景观节点（住区的入口、道路的交叉口或中心广场）的标志性和可识别性（见图 1-30）。结合现状地形、地貌、地物突出节点特征，如村前的古树、碑亭或地形起伏、凹凸的变化等等。运用具有传统空间象征意义的构筑物如钟楼、牌楼、照壁等丰富景观节点的构成。

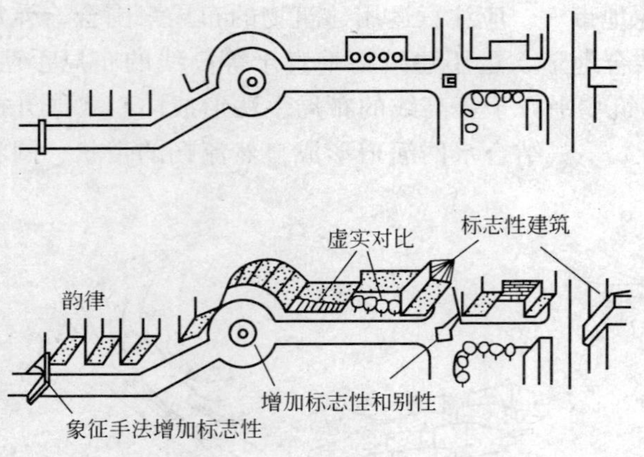

图 1-30　景观节点示意

（3）交往空间规划设计

1）户外交往空间系列特点及功能要求。

户外交往空间包括小区中心、组群中心、院落和私家宅院多个层次，其特点及功能要求如表 1-24 所示。

农村民风淳厚、民俗活动多、家族观念重、邻里关系密切。左邻右舍平日见面交谈，逢年过节走亲访友，人情味浓厚。在村镇外部环境设计中，应多为居（村）民创造用于集会、交往休闲的活动场所。

表 1-24　不同层次交往空间的特点及功能要求

交往空间分级	村镇住宅小区		住宅组群中心	院落	私家宅院（露台）
	镇小区中心	中心村庄中心			
使用对象	镇小区居民	中心村村民	组群内居民	院内居民	独户居民
使用对象关系	乡里		邻里	邻居	家人
使用频率	周期式		日常式		日常式
功能属性	交往休闲、娱体活动	集会、观演、民俗活动、娱体活动、交往休闲	交往休闲、老人、儿童活动	邻居交谈休闲，老人、幼儿活动	家人休闲聊天，个人休闲
活动场地和设施	运动场地如篮球场、排球场及民间娱乐体育活动设施，供老人、儿童活动的场地；游戏器械设施；供休息的台桌、椅凳、花架、凉亭、宣传栏等小品及绿地	集会广场（可设舞台、戏台）；运动场地，如篮球场、排球场及民间娱乐体育活动设施；供老人、儿童活动的场地；游戏器械设施；供休息的台桌、椅凳、花架、凉亭、宣传栏等小品及绿地	运动场地及设施，如乒乓球台等；供老人和儿童活动场地；儿童游戏器械；台桌、椅凳（结合花架、凉亭等小品布置）、绿地	供老人、幼儿活动的场地（有日照，以平地为主，减少高差）；台桌、椅凳、绿地	铺地、桌凳、花架
空间的公共与私密程度	公共		半公共	半私密	私密

2）交往空间的设计要点。

环境清洁、舒适、优美；具有安全感，不受交通的干扰；有必要的消闲、交往设施；交往空间多和绿地结合布置。

3）设置不同层次的交往空间。

根据居民户外活动的范围、频率和内容的不同，村镇住区应分级设置交往空间，使之具有不同的功能属性。交往空间的分级可结合村镇住区规划组织结构进行划分。

提倡私家宅院不设封闭式围墙。必要时可设绿篱或以空透围栏相隔，总之，内外空间要彼此勾通，互为渗透，利于交往。

不同层次的交往空间，其规划布局手法、设施配置和场地面积，均各有不同，参见表 1-25。

表 1-25　不同标准交往空间应达到的基本要求

基本要求 / 类别 / 居住标准分级	交往空间设置	布局	活动场地和设施
一般居住标准	有小区级交往活动中心	结合公共建筑中心布置	有铺地、桌凳
推荐居住标准	有住宅小区中心和住宅组群中心两个层次	布局较灵活；小区级交往空间有一定的功能分区；并划分出儿童活动区域	有基本的娱乐、体育设施和儿童游戏设施；有绿地和桌凳、宣传栏、花架等小品
理想居住标准	住宅小区中心、住宅组群中心和院落三个层次	布局方式灵活多样；小区级交往空间有明确的功能分区，划分不同年龄段居民的活动区域，如幼儿、少年儿童、成人和老年人的活动场地。以下各级依次从简	有完善的运动、娱乐、休闲设施；地面铺装，桌椅设置较精致且有丰富优美的绿化和小品

4）交往空间的位置选择。

交往空间常结合公共建筑群或绿地布置在地域（如镇小区、住宅组群）的中心地带。可与公共建筑群结合布置成中心广场；或结合自然景观和古迹布置，如村中的池塘边、碑亭、寺庙、祠堂旁，参天古树下，以及山地村镇的台地或盆地上等等；交往空间还可设置在居民生活中常去活动、相聚的地方或必经之处，如天然小树林、芳草地以及住区出入口和道路交叉口的就近地段等，见图 1-31。

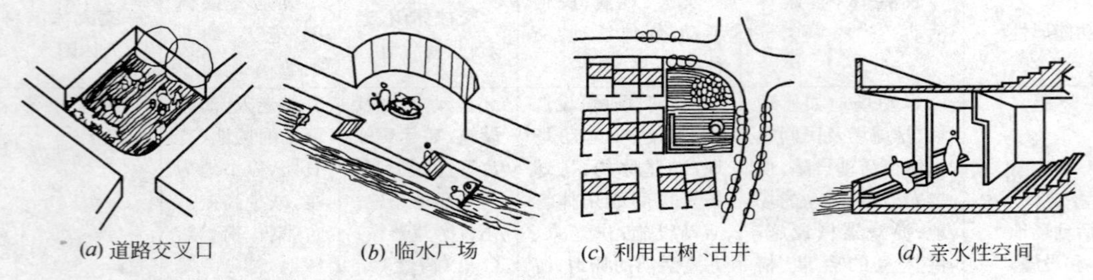
(*a*) 道路交叉口　(*b*) 临水广场　(*c*) 利用古树、古井　(*d*) 亲水性空间

图 1-31　交往空间位置选择举例

5）交往空间的领域划分。

交往空间的领域划分，宜根据空间的使用对象、使用要求、公共与私密程度等因素区别对待。如小区中心的交往空间应设计得较开敞；儿童活动场地要保证安全、设施尺度小；私家宅院私密性较强，可适当象征性闭合。其具体的划分手法有：以建筑构件如外墙、院墙等实体围合、分隔出明确的交往空间领域；以道路、绿化、水体及地面的变化为手段，形成无形界面，灵活划分领域；或以牌楼、门垛、门洞自身或彼此联合等虚拟界面限定空间领域，见图 1-32。

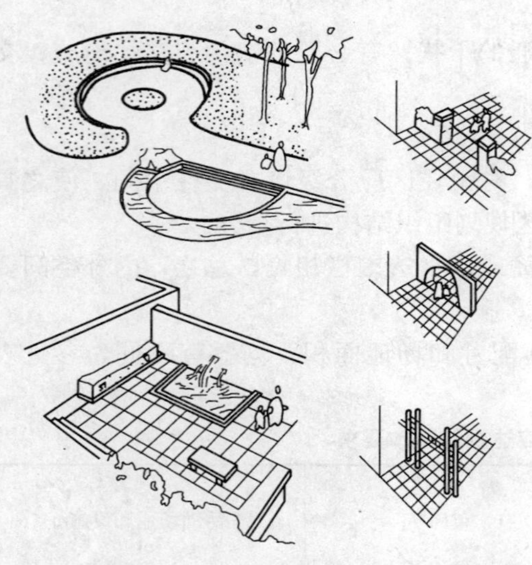
图 1-32　交往空间领域划分手法举例

（4）多途径地搞好绿化布置

1）新农村住宅小区绿地的功用。

利用各种环境设施如树木、草地、花卉、水体、铺地、小品等手段创建美好的户外环境；构建居民户外生活空间，满足休息、散步、游览等活动需要；净化空气、水质、土壤，减低噪声，起到环境保护作用；种植经济作物，既起到绿化的作用，又能增加经济收益。

2）绿化构成及绿化指标。

新农村住宅小区的绿化构成可分为两类：一类是景观植物绿化，另一类是既能观赏又有经济价值的植物绿化，如苗圃、果树、药材、花卉和藤架等，后者正是村镇绿化构成的一大优势，应大力提倡。在具体布置时，两类绿化可相对区分，也可穿插相间或结合在一起布置。

新农村住宅小区的绿化应纳入规划统一布置，合理安排公共绿地。小区绿地率不低于30%，镇住宅小区公共绿地指标应≥2.5m^2/人，中心村庄公共绿地（纯观赏植物）指标≥1.5m^2/人。

3）绿化方式。

①“点”、“线”、“面”相结合：

就新农村住宅小区而言，点为公共绿地，线为路旁绿化及沿河绿化等绿化带，面为所有住宅建筑的宅旁和宅院绿化。绿化布置应根据住区的环境特点，采用集中与分散相结合，点、线、面相结合的方式，使其形成网络，有机地分布于住区环境之中，形成完整的体系。

小区绿化中点、线、面三者之间的比例与居住标准有着密切的关系：居住标准越高，称之为“点”式的集中公共绿地的比重也就越大。对一般居住标准来说，绿地率可相对较低，但不小于 30%。集中公共绿地较少，而以庭院宅旁绿地为主。居住标准越高，绿地率也就越大，集中的公共绿地所占比重也就越大，参见表 1-26。

表 1-26　点、线、面绿化所占比例与居住标准的对应关系

居住标准 / 所占比例 / 绿化形式	一般居住标准	推荐居住标准	理想居住标准
面（宅旁宅院绿化）	40%～50%	30%～40%	20%～30%
线（路旁及沿河绿化）	20%～30%	20%～30%	20%～30%
点（公共绿地）	20%～30%	30%～40%	40%～60%
绿地率	30%～32%	30%～35%	33%～40%
绿地总量	100%	100%	100%

注：1. 本表所列数据系根据实态调查资料统计测算所得，供参考。
2. 表中绿地率包括观赏绿地和经济作物绿地在内。

还需说明的是：属于“点”式的公共绿地，其指标尚应符合最低标准的要求。

② 平面绿化与立体绿化相结合：

立体绿化的视觉效果非常引人注目，在搞好平面绿化的同时，也应加强立体绿化，如对院墙、屋顶平台、阳台的绿化，棚架绿化以及篱笆与栅栏绿化等。立体绿化可选用地绵、爬藤类及垂挂植物。

③ 绿化与水体（道）结合布置，营造亲水环境：

应尽量保留、整治利用小区内的原有水系，包括河、渠、塘、池。尚应充分利用水景条件，在小区的河流、池塘边种植树木花草，修建小游园或绿化带；处理好岸形，岸边宜设让人接近水面的小路、台阶、平台，还可设置花坛、坐椅等设施；水中养鱼、水面可种植荷花。在有条件的河网地区，还可设小型码头、游船，以增加水体的旅游功能，丰富居民生活。

④ 绿化与各种用途的室外空间场地、建筑及小品结合布置：

结合建筑基座、墙面布置藤架、花坛等，丰富建筑立面，柔化硬质景观；将绿化与小品融合设计，如坐凳与树下、池边结合，铺地砖间留出缝隙植草等，以丰富绿化形式，获得彼此融合的效果，见图 1-33；利用花架、树下空间布置停车场地；利用植物间隙布置游戏空间，等等。

图 1-33　绿化和室外空间场地、小品结合布置

⑤ 观赏绿化与经济作物绿化相结合：

镇住宅小区及中心村庄的绿化，特别是宅院和庭院绿化，除种植观赏性植物外，尚可种植一些诸如药材、瓜果和菜蔬类的花卉和植物。

⑥ 绿地分级设置：

村镇小区内的绿地应根据居民生活需要，与小区规划组织结构对应分级设置，分为集中公共绿地、分散公共绿地、庭院及宅旁绿地等四级，见表 1-27。

表 1-27　绿地分级设置要求

分级	属性	绿地名称	设计要点	最小规模/m²	最大步行距离/m	空间属性
一级	点	集中公共绿地	配合总体，注重与道路绿化衔接； 位置适当，尽可能与小区公共中心结合布置； 利用地形，尽量利用和保留原有自然地形和植物； 布局紧凑，活动分区明确； 植物配植丰富、层次分明	≥750	≤300	公共
二级	点	分散公共绿地	有开敞式或半封闭式； 每个组团应有一块较大的绿化空间； 绿化以低矮的灌木、绿篱、花草为主，点缀少量高大乔木	≥200	≤150	公共
二级	线	道路绿化	乔木、灌木或绿篱			公共
三级	面	庭院绿地	以绿化为主； 重点考虑幼儿活动场地	≥50	酌定	半公共
四级	面	宅旁绿化和宅院绿化	宅旁绿地以开敞式布局为主； 宅院绿地可为开敞式或封闭式； 注意划分出公共与私人空间领域； 院内可搭设棚架、布置水池，种植果树、蔬菜、芳香植物； 利用植物搭配、小品设计增强标志性和可识别性		酌定	半私密

(5) 净化住区环境、亮化村镇夜晚

1) 净化居住区环境。

① 村镇居住区要远离有污染的村镇企业，要确保居住区的大气质量达到国家大气环境质量二级标准；

② 管线埋入地下，保证环境的整洁；污水经处理达标后方可排放，禁止明渠排放污水；

③ 取缔旱厕，公厕应为粪便无害化处理的卫生厕所，位置应设在隐蔽而易找到的地方；

④ 在公共活动场所和住宅组群设置垃圾箱或收集点，推行垃圾分类收集的方式，垃圾箱（收集点）的设置距离不大于 80m；

⑤ 家禽家畜应在住区外一定距离的地段圈地集中饲养。

2) 配置照明设施，亮化村镇夜晚。

① 主路和干道应设置路灯，路灯应明亮整齐；宅前路或巷路的照明灯可附墙设置；

②公共中心和主要街道可增加静态或动态的广告灯、霓虹灯；

③ 茶楼酒肆、饭馆门前可采用灯笼光环、光柱等装饰性照明，突出村镇和地方特色；条件许可的地方，逢年过节可用轮廓灯、探照灯等勾画、突出小区中心和主要景观。

1.2　新农村住宅建筑设计要求

1.2.1　确立科学合理的新农村家居功能模式

新农村住宅设计不仅要符合村镇总体规划设计的需要，节约土地、节能、环保，而且还要满足农村经济发展状况和生产、生活的要求以及风俗习惯等，切忌盲目性建房，追求高、大、洋，要有预见性和长远规划。确立一个科学、合理的新农村家居功能模式，是指导新农村住宅建筑设计的科学依据。

科学合理的新农村家居功能模式，主要包括两个方面的内容：一是要确立一个适用、安全、方便、卫生、舒适的生活程式，包括户内外空间过渡、宅内的合理功能分区、各专用功能空间的界定及彼此适度变通的可行性等等，这些统称为基本功能需求。二是要顾及到新农村家居功能的多样性，即不同职业和较高经济收入的住户，均有其超越于上述基本生活程式之外的特殊家居功能需要，诸如农具粮食贮藏、手工作坊、营业店铺、仓库，以及专用的书房、客厅、客卧、健身娱乐活动室等等，这些则统称为辅助功能需求。

将上述基本的和辅助的两项功能需求加以合成，从而得出一个科学合理的新农村家居功能模式（见图 1-34），以表现新农村住宅构成的全部内涵以及各组成部分彼此之间的关系，这个模式框架是新农村住宅的内核，按照这个模式框架并遵循科学的设计程序去深化新农村住宅设计，妥善解决套型种类问题、套内功能布局问题、各专用功能空间项目的合理配置与自身构成问题，还有设备设施的配置标准问题等等。

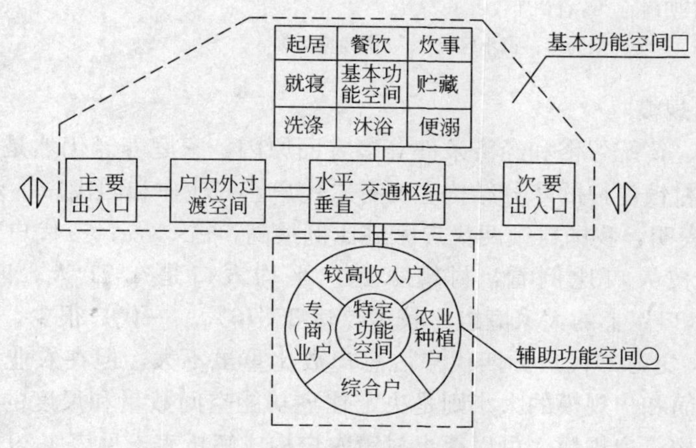

图 1-34　家居功能模式

注：1. 框图中的基本功能空间用 □ 表示；辅助功能空间用 ○ 表示；

2. 基本功能空间指家居生活必不可缺的；辅助功能空间系指因住户所从事职业的特定需要或提高生活质量所添加的功能空间；

3. 本框图仅表示各功能空间的大致关系，不反映其数量、确切位置及水平或垂直划分；

4. 垂直分户的住宅，一般均有条件设置主次两个出入口；水平分户的住宅可视条件设一个或两个出入口。

1.2.2 新农村住宅户型确定

新农村的住宅要求其功能与农村生产生活的特定要求相适应，符合基本功能和辅助功能的需要，适合当地的气候地理环境，不能生搬硬套城市或外地住宅模式，因此，套型设计十分重要。住宅套型由户类型、户结构、户规模等三个要素决定。新农村的住宅设计要以科学合理的家居功能模式为依据，从以上三个要素考虑进行住宅套型设计。

1. 户类型及其特定功能空间

由于农村生活生产方式的多样化，导致了户类型的多样化。除每个住户均必备的基本生活空间外，各种不同的户类型（不同职业）还要求不同的特定辅助功能空间，参见表1-28。

表1-28　户类型及其特定功能空间

序号	户类型	与家居功能有关的生产经营活动	特定功能空间	备注
1	农业户	种植粮食、种植疏莱果木、饲养家禽家畜	小农具贮藏、粮仓、菜窖、微型鸡舍、猪圈等	少量家禽饲养要严加管理，应确保环境卫生
2	专（商）业户	竹藤类编织、刺绣、服装、雕刻、书画等	小型作坊、工作室、商店、业务会谈室、小库房	垂直分户，联立式或联排式建造。多为下店（坊）上宅
3	综合户	以从事专（商）业为主，早晚兼种自家的口粮田或自留地	兼有1、2类功能空间，但规模稍小，数量较少	在经济发达地区，此类户型所占与比重较一般地区更大
4	职工户	在机关、学校或企事业单位上班，以工资收入为主	以基本家居功能空间为主，较高经济收入户可增设客厅、书房、阳光室、客卧、家务室、健身房、娱乐活动室等	一般采用单元式多层住宅

注：1. 从事第一产业的农业户占40.23%（其中近一半为农业兼营户）；专业个体户占26.25%；职工户占31.79%；其主要职业不明确的“综合户”仅占1.73%。
2. 中心村庄以1、3类户型为多；镇小区以2、4类户型为多。

2. 户结构与户规模

由于道德观念、传统习俗和经济条件等多方面原因，家庭养老仍然是我国农村住户的一种主要养老形式。村镇住户的辈分结构主要有二代户、三代户和四代户，人口规模大多为4～6人。据有关资料表明，我国村镇两代户家庭比例最高，占63%；三代户家庭占32%；四代户家庭占2.1%。按人口比例看，村镇家庭户平均人口是4.71人。四口之家稍多，占32.24%；五口及六口以上的大家庭也比较多，达35.76%。一代户很少，为过渡户型，一般约1～2年之后即演变为二代户。四代户占总户数比重虽不大，但在农业户中的比重却相当高。而户结构的繁简和户规模的大小则是决定住宅功能空间数量和尺度的主要依据，综合分析村镇住户的户结构、户规模，可以得出村镇农户构成解析表，见表1-29。

3. 户类型、套型系列与住栋类型选择

为了更好地做到既满足住户使用要求，又达到节约用地的目的，在根据不同户类型、不同户结构和不同户规模确定了新农村住宅套型系列的基础上，尚应恰当地选择住栋类型，以便更好地处理建筑物的上下左右关系，随机妥善处理住栋的水平或垂直分户，联立、联排和层数等问题，详见表1-30。

表 1-29　常见户结构、户规模构成解析表

户结构名称	户人口数	户人口构成解析	备注
一代户	2 人	一对夫妇	过渡户型
两代户	3 人	一般为夫妇,一个孩子	此种结构、规模所占比重最大
	4 人	一般为夫妇,两个孩子	
三代户	4 人	祖辈 1 人,父辈 2 人,子辈 1 人	
	5 人	祖辈 1(或 2)人,父辈 2 人,子辈 2(或 1)人	
	6 人	祖辈 2 人,父辈 2 人,子辈 2 人	
四代户	5 人	祖辈 1 人,父辈 1 人,子辈 2 人,孙辈 1 人	典型的多代同堂住宅农业户为多
	6 人	祖辈 1 人,父辈 2(或 1)人,子辈 2 人,孙辈 1(或 2)人	
	7 人	祖辈 1 人,父辈 2 人,子辈 2 人,孙辈 2 人	
	8 人	祖辈 2 人,父辈 2 人,子辈 2 人,孙辈 2 人	

表 1-30　不同户类型、不同套型系列的住栋类型选择

户类型 / 套型系列 / 选择建议 / 住栋类型	农业种植户、综合户			专(商)业户		职工户	
	一户一套型	一户两套型	一户三套型	一户一套型	一户两套型	一户一套型	一户两套型
垂直分户	中心村庄居住密度小,建筑层数低,用地规定许可时,可采用垂直分户	建造在中心村庄的一户两套型,可采用垂直分户	无论该型住宅建造在中心村庄或镇小区,均宜采用垂直分户	此种户类型的附加生产功能空间较大,几乎占据整个底层,生活空间安排在二层以上,故宜垂直分户	必须采用垂直分户,理由同左	基本上与城市多层单元式住宅相同,不可能采用垂直分户	不采用垂直分户,理由同左
水平分户	在确保楼层户在地面层有存放农具和粮食专用空间的前提下,可采用水平分户(上楼),但层数最多不宜超过四层	可采用水平分户,其要求同左。必要时,楼层户可采用内楼梯跃层式以增加居住面积	不宜采用水平分户	为保证附加生产功能空间使用上的方便并控制建筑物基底面积,不可能采用水平分户	不可能采用水平分户理由同左	为节约用地,住宅一般均建楼房少则 3、4 层,多达 5、6 层采用水平分户	采用水平分户,但要保证两个套的相对独立性

1.2.3　新农村住宅功能布局

住宅功能布局是新农村居住建筑设计的关键，以科学合理的新农村家居功能模式，使住宅设计尽可能合理化、功能化，解决旧村镇住宅生产、生活功能混杂，家居功能未按生活规律分区，功能空间的专用性不确定以及功能布局不当等缺点。

1. 新农村家居功能及其相互关系

根据新农村村镇住户一般家居功能规律及不同户类型的特定功能需求和按村镇家居功能的有关内容、活动规律及其相互关系，可以分解出新农村家居功能的综合解析图式，见图 1-35。

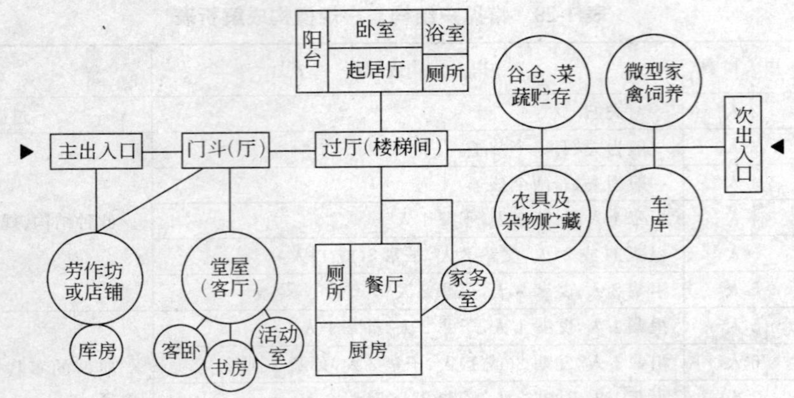

图 1-35　新农村家居功能要素及其相互关系综合解析图

注：1. 图中基本功能空间用 □ 表示，辅助功能空间用 ○ 表示；

2. “—”表示彼此有联系；“□□”及“○○”表示彼此联系更紧密。

家居功能要素及相互关系综合解析图展示出了新农村住宅合理的功能分区平面布局的雏形，其要点是：

(1) 强调了设置室内外过渡空间及家务室和次要出入口，以改善家居环境卫生，加强安全保障，有利于灾险疏散；

(2) 考虑到新农村住宅的节能、节地、节材的特性，为提高生活质量和家居的私密性，将对内的起居厅与对外的客厅分设；

(3) 随着新农村居民收入和生活水平的提高，解析图示中增设了书房（工作室）、健身活动室和车库等高层次的功能空间；

(4) 同时由于村镇第二、三产业的蓬勃发展和市场经济的繁荣，解析图中为专业户和商业户开辟加工间、店铺及其仓库等专用空间；

(5) 根据新农村及其中心村庄农业户的实际需要，解析图中配置了农具及杂物贮藏、粮食菜蔬贮藏以及微型封闭式禽舍等等。

2. 新农村住宅功能布局原则

新农村住宅功能布局一是要做到生产与生活区分。凡是对生活质量有影响的生产功能，一般应拒之于住宅乃至住区之外；若受经济水平限制或出于特定条件的需要，可以允许某些无污染的生产功能及虽有轻度污染但采用“微型”、“分区”、“严控”等手段能确保环境不受污染的部分生产功能纳入住宅或住区。

二是要做到内与外区分，即：(1) 由户内到户外，有一个更衣换鞋的户内外过渡空间；(2) 客厅、客房及客流路线应尽量避开家庭内部生活领域。

三是要做到“公”与“私”区分：“公”即是公共活动房间，如起居、餐厅、过厅（道）等应与私密性强的卧室、梳洗间等分离，避免“公”对“私”的干扰。从一定意义上说，若做到了“公”与“私”的区分，基本上也就是做到“动与静的区分”了。

四是要做到“洁”与“污”区分：诸如烹调、洗涤、便溺、农具、燃料、杂物贮藏，特别是禽舍等是有不同程度污染的，应远离清洁功能区。

五是要做到生理分室：生理分室是新农村居住文明的一项重要标志，它包括如下几个方面的内涵，即 5～7 的儿童应与父母分寝；7～9 岁的异性儿童应予分寝；10 岁以上的异性少儿应予分室；15～19 岁青少年应有自己的专用卧室。

六是要继承农居功能布局的合理传统，诸如以“堂屋”为中心的功能布局格局，对内与对外分开，“正房”与“杂屋”分开，“正房”及对外区在前，杂屋和对内区在后等等。

这些布局手法均经过科学的调整之后，可应用于新农村住宅功能布局设计。

3. 新农村住宅功能布局方法

根据村镇住宅户类型多、户结构繁、户规模大，以及户均建筑面积大等特点，为了确保贯彻上述功能布局合理设计，必须因条件制宜地采取有效的途径和相应的措施。总的说来，有水平布局、垂直布局和空壳体内灵活布局等三种方法，这里重点介绍前两种。

（1）水平布局

整套住宅均在同一层平面上，此种方法一般用于职工户多层单元式住宅。其水平功能布局，均以厅为中心向外围展开，并按各功能空间自身的特性及相互关系定位。各个不同的套型可根据各自不同要求选择适合于自己的围合方式，见图 1-36。

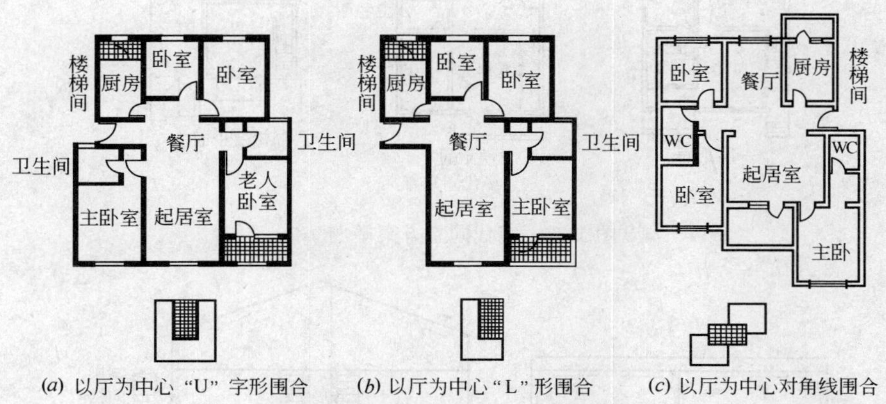

(*a*) 以厅为中心“U”字形围合　(*b*) 以厅为中心“L”形围合　(*c*) 以厅为中心对角线围合

图 1-36　多层组合型住宅方案

（2）垂直布局

将同一住户的各功能空间分布在两层或两层以上的楼层，多用于农业种植户、专业户、商业户或综合户［即亦专（商）亦农户］等户类型。尤其适合于这些户类型中那种多代同堂或雇佣工人（保姆）的多辈分、多人口的大家庭住宅。其通常的布局方法是附加功能空间在下、生活功能空间在上、对外部分在下、对内部分在上，见图 1-37。

垂直布局的优点是，必要时各层均可配置厨房、卫生间，且有各自的起居厅，亦可相应配置户外活动场所（楼层为大阳台或屋顶平台），具有相对的独立性。它以各层的厅为中心，以垂直交通枢纽——楼梯间为纽带，将各层联成一个统一体，整体性亦强，可分可合，十分方便，见图 1-38。此种垂直布局方法可分为整层跃层式和整半复合式两种。根据村镇住区的具体情况，垂直分户套型可采用两层半至四层半不等。垂直分户套型可两户联立或多户联排建造，每两个单元共用一个外楼梯，在保障外楼梯顺利通行的前提下，其上、下空余空间可加以利用，作为各层的辅助用房。

4. 新农村住宅功能布局与住栋组合

住宅套内功能布局设计的途径有两个：一是合理调整不同功能空间的区位，使之各得其所；二是通过改变住套平面形状来进一步完善或优化住宅套内的功能布局。而住套平面形状的变化，又必然带来住栋组合的变化，即改变住栋外形，达到住栋形式多样化的目的。当然，住栋形式的多样化应以保证每一住套的主要功能空间具有良好的朝向为前提。

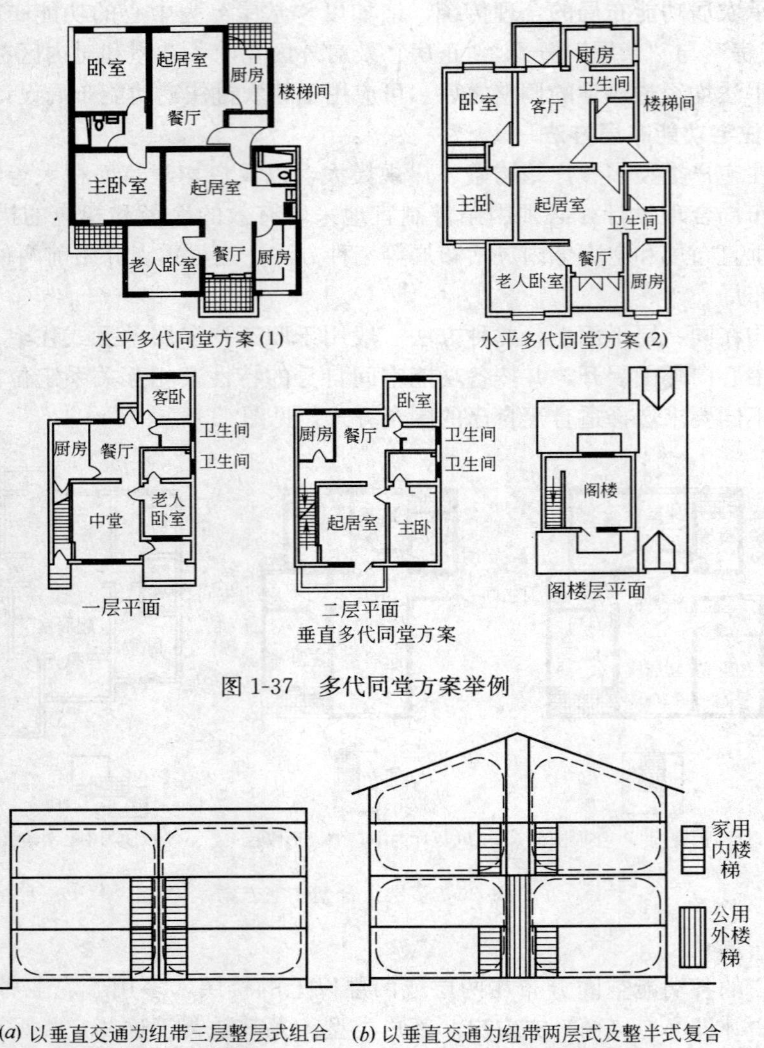

图 1-37　多代同堂方案举例

图 1-38　垂直布局举例

住套平面形状的改变，大多是通过改变其内部某一功能空间（厅、卧室、厨、卫）或在住套与楼梯之间嵌入一异型连接体来实现的。具体来说，就是要突破四方形这一世传统式而代之以五边形、扇形（梯形）和“Z”形等异型空间。此外，尚可通过对常规四边形单元采用规律性和非规律性的错位或正斜拼接等组合手法来丰富住栋形体的变化。

（1）多边形插入法

通过用两个正反毗连多边形空间的过渡，改变了拼接体的朝向，从而形成了一个围合式的庭院，这对空间领域的界定、对居民活动范围的引导、对邻里社交空间的形成、对半公共环境的创造都起到了积极有效的作用。组合单元个数的多少，决定着所围合的庭院空间的围合程度。组合单元的数目越多，则其闭合度越大；反之，则闭合度越小。或大或小，可根据需要或具体环境条件决定，见图 1-39。

（2）扇形插入法

采用扇形转角单元作为插入体，可形成一个“L”形的圆弧形拐角住栋。若插入体为 1/4

圆的扇形，则连成的住栋将是一个直角（90°）“L”形；若插入体扇形小于 1/4 圆，则所连成的住栋将是一个钝角（>90°）“L”形；若插入体扇形大于 1/4 圆，那所连成的住栋将是一个锐角（<90°）“L”形。可根据具体情况确定住栋形式，见图 1-40。

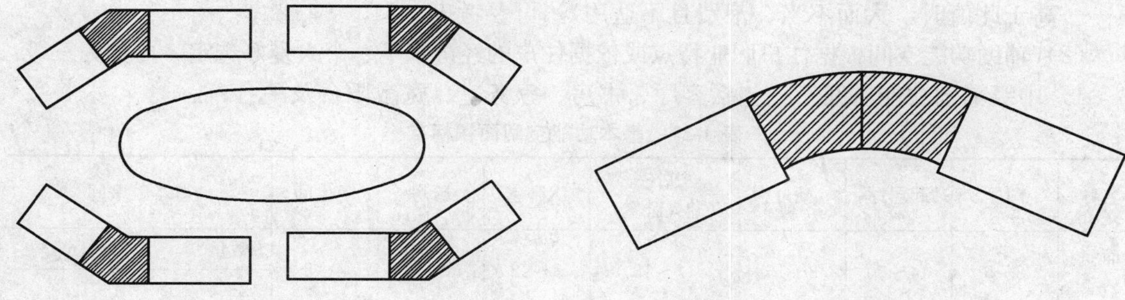

图 1-39　多边形插入法举例　　图 1-40　扇形插入法举例

（3）“Z”字形插入法

将两个方块形彼此上下对角部位重叠所形成的“Z”字形块体，对活化住栋形式效果显著。重叠部分可布置成两个相邻方块住户共用的楼梯间，此种布局平面紧凑合理，交通流线顺畅。若采用不同数目单元正反随机组合，能使住栋平面紧凑合理，交通流线顺畅；若采用不同数目单元正反随机组合，能使住栋型体变换多端，此种布置方法对美化建筑、活跃空间十分有效，见图 1-41。

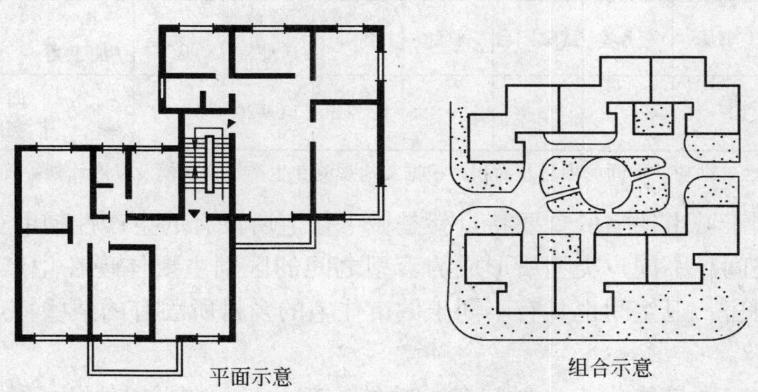

图 1-41　“Z”字形插入法举例

（4）方块错位组合法

用最简单的四方块体附加一个条状梯间错位排列组合，亦可得出体型多变的住栋来，诸如锯齿形、“V”形、“L”形以及“山”字形等等。方块型体的结构和构造相对简单，施工方便，但将其错位组合，仍能获得如此多样化的体型，可以说是一种最佳选择，见图 1-42。

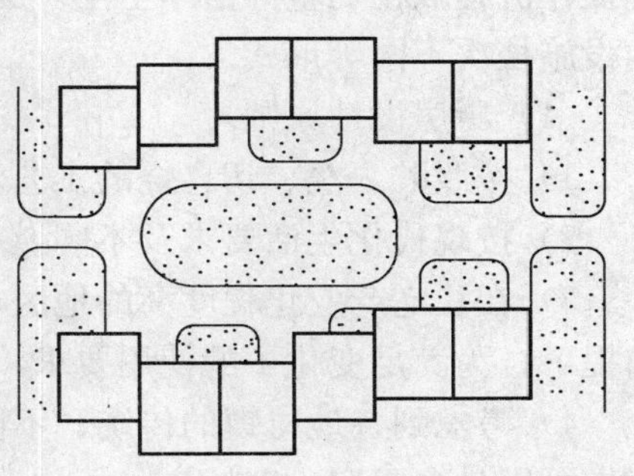

图 1-42　方块错位组合法举例

1.2.4　基本功能空间设计

1. 专用功能空间的划分

新农村住宅的建筑设计要建立起“专用功能空间”的概念，即基本功能空间与辅助功能空间的专用功能分离。

（1）基本功能空间

新农村住宅的基本功能空间包括：门厅、起居厅、餐厅、卧室（含老人卧室）、厨房、卫生间及贮藏间等。各基本功能空间面积标准（低值——低于此值时不能满足使用要求；高值——高于此值时，大而不当、浪费且不适用），可参考表1-31。

（2）辅助功能空间根据住户职业特点或依据住户的经济水平、个人爱好选定，可分为三级：

1）中级辅助功能空间——包括客厅、书房、家务室、宽敞阳台及平台；

表1-31　基本功能空间面积标准

名称	门厅	起居厅	餐厅	主卧室（老人卧室）	次卧室	厨房	卫生间	基本贮藏间	
								数量	总面积（m^2）
面积/m^2	3～5	14～30	8～15	12～18	8～12	6～10	4～8	2～4	4～12

注：次要卧室、卫生间及贮藏间的数量，视具体情况确定。

2）高级辅助功能空间——包括健身娱乐活动室和阳光室（封闭起来的阳台或屋顶平台）；

3）生产性辅助功能空间包括加工间、库房、商店、粮仓、菜窖、农具库以及宅院等。

4）各级辅助功能空间面积值，可参见表1-32所示。

表1-32　辅助功能空间面积标准参考值

类别	中级					高级			生产经营性辅助功能空间		
名称	客厅	书房	家务室	宽敞阳台	平台	客卧	健身活动室	阳光室	生产加工类	书画刺绣类	店铺
面积/m^2	16～30	10～16	8～12	4～8	12～20	12～15	14～20	8～12	面积大小根据实际需要确定		

注：表内生产经营性辅助功能空间的项目及面积，根据实地观测和生产经营规模及发展计划等确定。

村镇住宅有别于城市住宅的首要特点就是城市住宅所没有的生产性辅助功能空间和粮食、农具一类的贮藏空间。不同户类型所形成的套型之间的区别主要体现在生产性辅助功能空间上，村镇住宅的厨房、卫生间也具有不同于城市住宅的乡村所固有的某些特点。

2. 厨房

厨房是村镇住宅中最能代表乡村特色的功能空间之一，结合农村生活中多种燃料并存，双灶台（大、小灶台）、双厨房等的使用情况；由于气候差别和生活习惯的不同、对布置方式的要求不同以及等特殊情况的存在等种种因素的并存，厨房应在总体布局上做好设计，以达到操作流程顺畅、整齐洁净卫生。厨房可独立设置，应考虑不同生活习惯而设施的不同和室内设施档次不同等形式。

（1）厨房设计原则

1）按照贮、洗、切、烧的工艺流程进行设施布置；

2）按现代化生活要求及不同燃料、不同习俗等具体条件配置厨房设施；

3）在住宅产业化程度高的地区，空壳体与填充体可分别对待，在能利用同一下水系统的前提下，为满足变化了的使用要求，厨房设施可就近成套移动；

4）考虑到各地村镇的传统、不同年龄段生活习惯的差异以及燃料互补等因素，在一户多套内可以是多厨房、多灶台。

（2）厨房设施的分级设置

根据村镇经济发展水平的高低和地方传统特点及建筑面积的大小，将厨房设施按二级进行分级设置。一级（基本设置）是：过渡性的煤灶台或燃气灶台、案板台、洗菜池（无家务室时，可利用厨房的“潜空间”设拖布池）、吊碗柜、排油烟机、电源插座等，操作台延长线长度≥3.0m（见图 1-43）。二级（高级设置）是：燃气灶台、案板台、洗菜池、吊碗柜、排油烟机、电冰箱、拖布池、微波炉，其他电器设备等，操作台延长线长度≥3.3m。

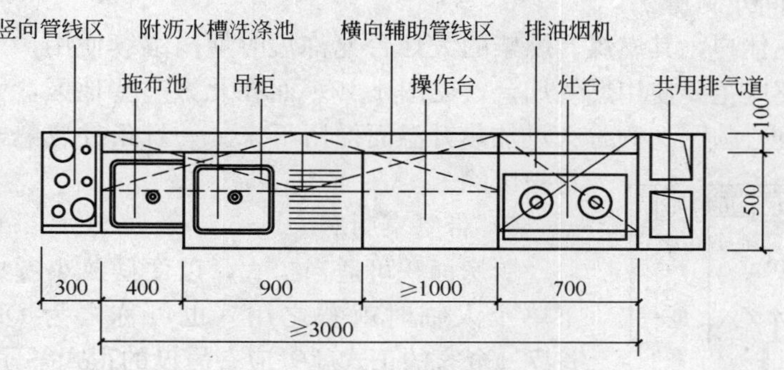

图 1-43　厨房设施设置及尺寸要求

（3）厨房平面及空间布局形式

作为洗切、烹调等主要操作空间外，厨房宜设有附属贮藏间，包括粮食、蔬菜及燃料的贮藏等。其功能布局可视具体条件采取多种形式，即：

1）双排布置平面，见图 1-44。

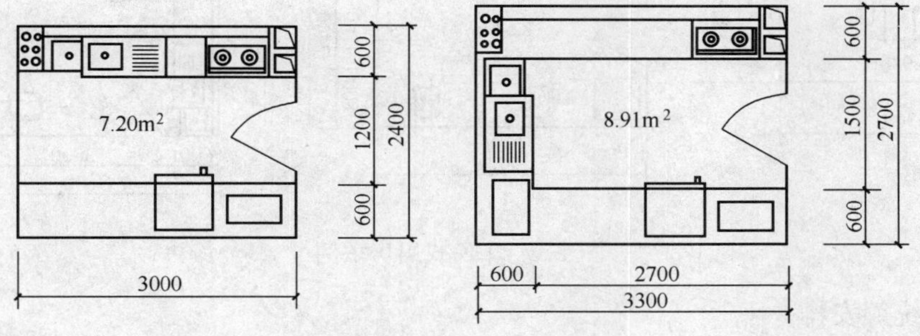

图 1-44　双排布置平面示例

2）单排布置平面，见图 1-45。

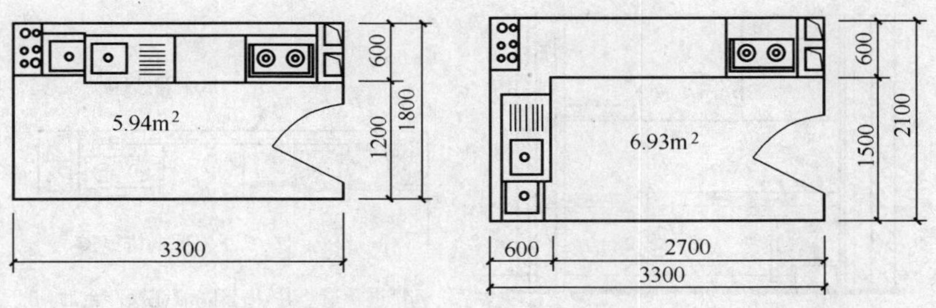

图 1-45　单排布置平面举例

3）双厨房。

多代同堂户一户可用两套甚至多套厨房。楼上设年轻人厨房、楼下设老人厨房。上下对齐，共一个上下水管道系统。水平分户单元式住宅，两套可毗连布置，即共用一个上下水系统。

个别地方由于受燃料问题的影响，一定时期内，允许其设置冬夏分别使用的厨房；一个在本体住宅里，供春、冬、秋使用；另一个在院内附属房内，供夏天使用。

4）双灶台（间）厨房。

对于中心村庄住户，其燃煤、燃柴的大灶台允许短时期内继续使用，作为就餐人多时的应急补充，平时还应主要使用燃气灶台，见图 1-46。而在北方一些地区，大灶台一般常用作火炕加热升温而保留下来。一旦条件成熟，燃煤、燃柴灶台将被废除。

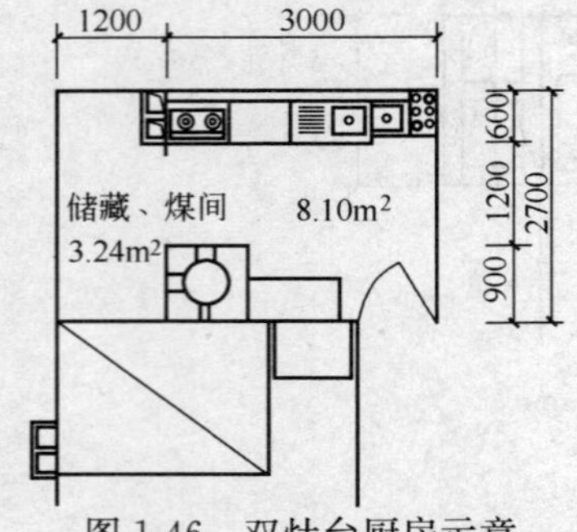

图 1-46　双灶台厨房示意

5）带餐桌厨房。

厨房面积可适当扩大，以便摆放小餐桌，作为特殊情况下单个人临时就餐之用（也可称之为 DK 式厨房），见图 1-47。全家的正式就餐应有另设的正式餐厅。

6）开敞式厨房。

开敞式厨房要求设施水平高，机械排风能力强，对烹调方式最好也有所限制。因此，一般不宜全开敞，可代之以玻璃隔断。

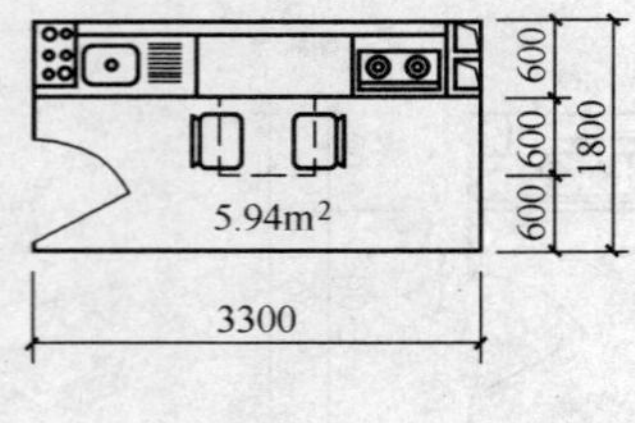

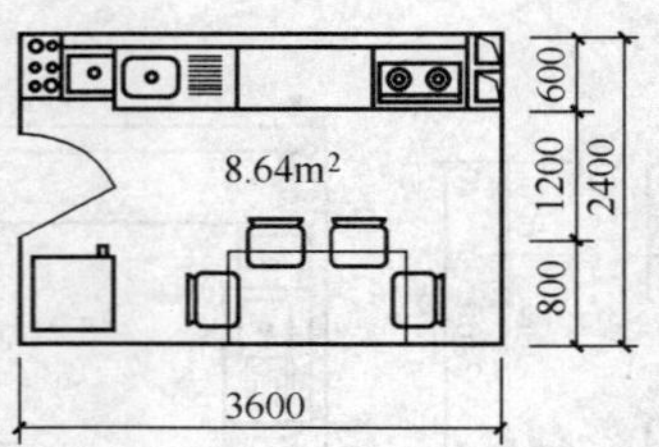

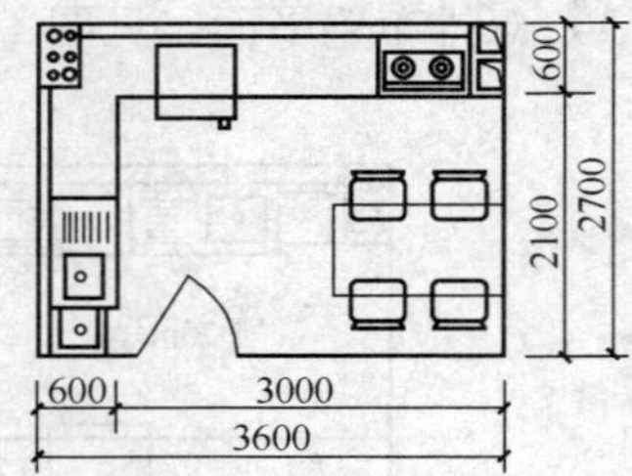

图 1-47　DK 式厨房举例

7）空间统筹安排

厨房内灶具、洗涤池、工作台和煤气热水器等设备的定位安装及其上、下部空间的利用，还有垂直管道井、水平管道带等的走向及定位，都应细致、周到、统筹安排，做到适用、方便、安全和美观，见图 1-48。

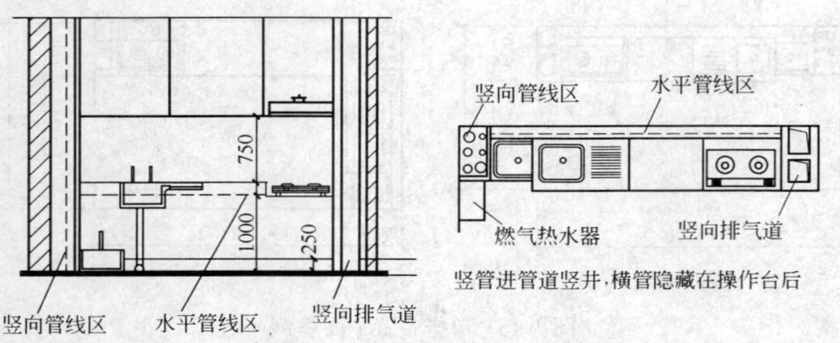

图 1-48　厨房管线系统综合示例

3. 卫生间

和厨房一样，卫生间既是住宅的关键部位之一，同时也是衡量文明居住的一个重要尺度。新农村住宅设计应取缔旱厕，在住宅内设卫生间，并有合理的排污管道系统。数量合适、卫生设施功能齐全、面积合理，力求达到新农村文明居住标准。

（1）卫生间设计

按照适用、卫生、舒适的现代文明生活准则，卫生间设计应考虑到功能齐全、标准适当、布局合理、方便使用。洗面、梳妆、洗浴、便溺、洗衣等五大功能要求做到按不同情况下可分可合。垂直独户式住宅每层至少应有一个卫生间。主卧宜有专用卫生间。如设有老人卧室，则应设老人专用卫生间，并配置相应的安全保障设施；单元式多层住宅，每套（3 个卧室以上）应有两个卫生间；考虑到各地村镇不同的卫生习惯，应因地因条件制宜地安排卫生间的位置及其设施；为保障住宅的可改性，在技术经济条件允许的情况下，宜将空壳体与填充体分离，必要时卫生间设施设备可成套移动、可分离置换。

（2）分级配置卫生间设备、设施

一级配置（基本配置）：蹲便器（坐便器）、面盆、淋浴器、镜箱、通风道、地漏、电源插座、洗衣机。

二级配置（高级配置）：坐便器、洗面台、浴缸、梳妆台、通风道、地漏、电源插座、洗衣机。

特殊配置：如有老年人或残疾人，要考虑其特殊使用要求，配置相应的设备及安全和无障碍设施。诸如防滑地面、浴盆及坐便器旁设把手、地面高差采用磋斜坡联系、对卫生设备及内墙的阳角给予“圆”、“软”处理以及门洞口宽度便于轮椅通过等等。

（3）卫生间平面布局形式

广义的卫生间应包括：A—洗面、B—梳妆、C—洗衣、D—洗浴、E—便溺等五个部分。在按分级配置原则确定设备设施项目后，再选定相应的面积并进行平面布局。其布局组合方案有多种，见图 1-49 示例：

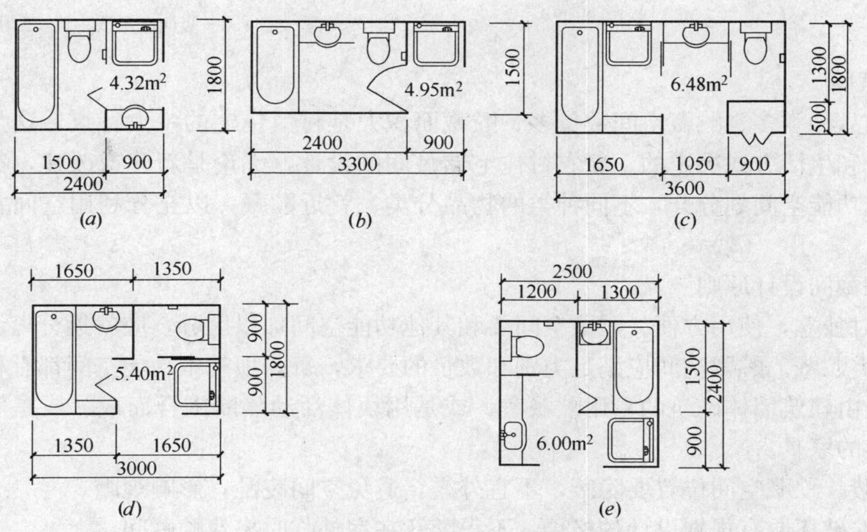

图 1-49　卫生间布局组合方案举例

1）｜A+B+C｜+｜D+E｜，见图 1-51（*a*）。

2）｜A+B+D+E｜+｜C｜，见图 1-51（*b*）。

3）｜A+B｜+｜C+D｜+｜E｜，见图 1-51（*c*）。

4）｜A+B+D｜+｜C｜+｜E｜，见图 1-51（*d*）。

5）｜A+B｜+｜A+D｜+｜C｜+｜E｜，见图 1-51（*e*）。

对于较高经济收入的家庭，尚可将卫生间所包容的洗衣功能独立出来，再加上衣服烘干、熨烫、拖布和抹布的洗涤、吸尘器和其他清洁工具的贮存，而成为一个独立的家务劳动室，见图 1-50。

（4）管道综合设计

管道布置的原则是管线要短捷、集中、隐蔽、少占空间；依附墙角或柱子设立集中管道井；综合水平管道带的布置，应与操作台、低柜或吊柜结合布置，隐藏其后；水、电、气三表实行户外计量：视具体条件或将三表安装在户门外之楼梯间（见图 1-51），或采用电子管理系统进行远程计量。

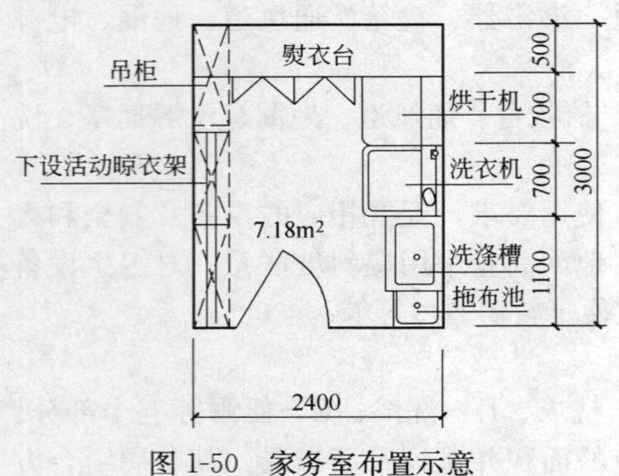

图 1-50　家务室布置示意

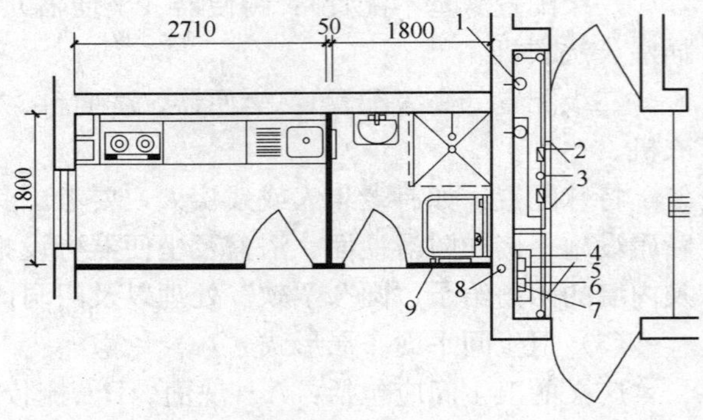

图 1-51　管道综合设计示意

1—硬塑料排水立管；2—分户水表；3—硬塑料给水立管；4—配电箱；5—电度表；6—照明及插座支路；7—空调支路；8—竖向电源线；9—三用排水器

3. 贮藏间

贮藏物品种类多、贮藏空间数量多、贮藏面积大是村镇住宅的一大特点，这是由于村镇居民的生产和生活方式决定的。新农村住宅储藏间的设计，无论是新建或改建，都必须把贮藏室和其他功能空间划分开，不同种类的物品分类、就近贮藏，以充分利用空间及使用上的方便。

（1）贮藏间设计原则

1）相对独立，使用方便。贮藏空间要和其他功能空间加以区分，应就近分离设置。

2）分类贮藏。贮藏空间应满足类别和数量的要求，每一项基本功能空间都有相应的贮藏空间，或是由建筑墙体砌筑的专用贮藏室、或是用块体活动隔断围合而成、或是用来配置用以贮藏物品的家具。

3）隐蔽。贮藏空间位置要隐蔽，不宜外露，避免空间凌乱，影响观瞻。

4）不准破坏原有规划设计的格局，不得随意在室外临时搭建贮藏间。

（2）贮藏间分类、分项

按贮藏间的种类、要求和所服务的对象，将贮藏间分为两项十类，两项为基本贮藏空间和附加贮藏空间。基本贮藏空间是各种不同户类型所共有的，而附加贮藏空间一般是不同户类型所特有的。贮藏空间的分类、分项见表 1-33。

（3）开拓贮藏空间

积极利用建筑物的有利部位开拓新的贮藏空间和将零散消极的空间充分利用，具体措施有：

1）底层架空（2.2m）作贮藏间；

表 1-33　贮藏空间的分类、分项

类别	（一）基本贮藏空间						（二）附加贮藏空间				
项目	被服细软贮藏	外出用品贮藏	食品餐具贮藏	燃料贮藏（过渡型）	杂物贮藏	车库	粮食种子贮藏	蔬菜水果贮藏	小型农具设备贮藏	仓库	车库
贮藏物品名称	被服、鞋帽、床上用品、首饰化妆品	雨衣雨鞋及其他雨具、大衣、棉帽等	成品及半成品、食品碗、筷杯	煤或炭	家务劳动用品	小汽车	米面及粮食、菜蔬、瓜果、种子	过冬菜蔬、过冬瓜果	锄、耙镐、铲农药喷雾器	专业户各种产品，商业户各类商品	运输车
所在位置	卧室就近	门厅	厨房、餐厅就近	厨房就近（底层）	过道楼梯间	底层	底层	底层或地下	底层	底层店铺或作坊附近	底层

注：在不能供气的条件下，配置煤炭一类的过渡型燃料贮藏。

2）提高基座（1.2m 室内外高差）作贮藏空间；

3）底层梯段下部及梯间顶部空间利用；

4）阁楼作为贮藏空间；

5）利用管井、通风道及其他设备就近的零星空间设置壁橱用作杂物贮藏；

6）按使用要求及尺度设计专设衣柜间、专设贮藏间；

7）用壁柜作隔墙分隔房间（适合框架结构）；

8）过道人行高度以上的空间用作吊柜，窗台及家具下部空间的利用（装修时做出贮藏空间）等，见图 1-52。

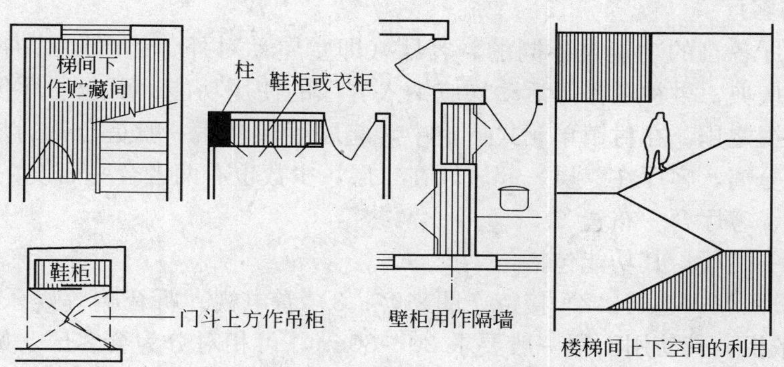

图 1-52　开拓储藏空间手法示例

5. 卧室

卧室是家庭成员休息、睡眠的场所。在一套住宅中通常设置一至多间卧室以满足家庭各成员的需要。卧室应能单独使用，不许穿套，以免相互干扰。避免起居社交活动及家务劳动的影响，保证卧室空间的充分利用和生活质量，明确卧室的功能，且应做到生理分室，做到各种类型的卧室有其相应的特点，以满足不同使用者的要求。

（1）主卧室

面积在 12～18m² 之间较为合适。有专用卫生间，专用壁柜贮存衣物，应有好的朝向。

庭院式住宅的主卧，宜布置在二层，单元式住宅的主卧，则布置在住套的尽端为好，见图 1-53。

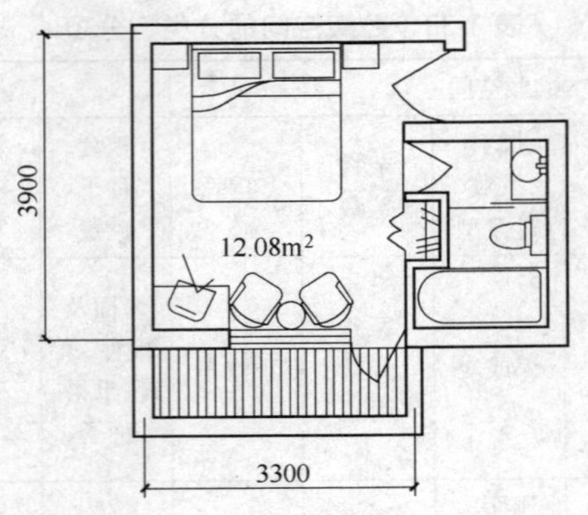

图 1-53　主卧室布置举例

（2）老人卧室

家庭养老、多代同堂，是村镇家庭的一大特点，因此，在三代、四代同堂的住户中必须设置老人卧室。老人卧室最好在一层，朝南，阳光充足，有利于老人的健康。老人卧室还应邻近出入口使之出入方便，利于交往。此外，尚应设专用卫生间，适合老年人使用。

老人卧室面积 13～15m² 即可（不包括专用卫生间）。应为圆角低矮家具，保持传统的为老人喜闻乐见的风格。老人卧室还应靠近客厅（起居室），以利老人看到厅堂，便于来到厅堂和家人或来客聊天，去除孤独感。为尊重老人传统生活习惯。在天气严寒地区，最好视具体条件采用火炕或作成仿火炕形式（暖气片搁置其下）的床铺，以满足老年人的需要。

6. 起居厅与客厅

客厅与起居厅各自的功能是不同的，客厅（即堂屋）对外、起居厅对内。凡邻里社交、来访宾客、婚寿庆典、供神敬祖等活动均应纳入客厅的使用功能；而起居厅仅供家人团聚休息、交流和看电视之用。在村镇单元式住宅中，起居厅和客厅一般是合一的。而在庭院式住宅中，二者一般分离，客厅在一层，起居厅在二层，少数也有两者合一而设在一层的。

（1）起居厅、客厅合一布置

这种合二为一的厅，其功能包括：

1）家庭成员团聚、起居；2）接待亲朋来客；3）看电视、听音响等娱乐活动；4）庆典宴请；5）供神敬祖。其使用面积一般要求 20～30m²，可相对分为会客区、娱乐区、祭祀区等。由于村镇居民有在家中宴请亲朋的习惯，故起居厅的面积要求较大，最好与餐厅毗连隔而不断，厅内家具可移动，可与餐厅一起连成大空间。由于家人起居、团聚活动一般和会客不同时进行，故可不设家人团聚起居区，利用会客区即可。两厅合一，其面积稍大一些为好。

鉴于敬祖供神是村镇生活的一大特点，故在堂屋（客厅）要专门辟出空间供放祖宗牌位或遗像、骨灰盒之用的“神龛”，供家人缅怀祭祀，称为祭祀区，此亦系客厅、起居厅不可分割的重要组成部分，见图 1-54。

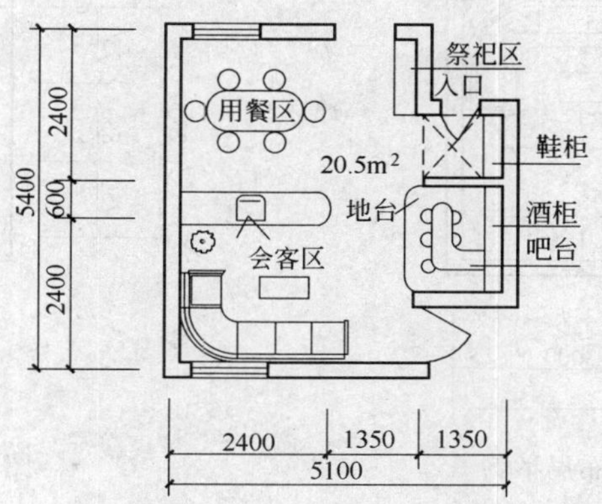

图 1-54　客厅、餐厅、祭祀区等大空间布局举例

（2）客厅、起居厅独立布置

起居厅一般布置在二层，功能较单一，专为家人起居团聚和看电视而设，面积为 15～18m^2即可，由于活动频繁，利用率高，故朝向要好，厅内空间要相对完整，切忌搞成四角（或四面）开门的过厅，以确保起居空间的有效使用。客厅布置在一层，基本功能如前所述以接待宾朋、祭祀宴请为主，此外尚可兼做家人起居之用。

在一些民俗传统意识较浓的地方，堂屋传统的内涵特征（如中堂正座对称布置，当中设壁龛，供设财神、佛像或祖宗牌位等）符合当地村镇居民的风俗习惯，可予保留。

7. 门厅

村镇住宅设门厅的不多，进门直接是堂屋、起居厅，没有空间的过渡。按照合理的、文明的居住行为，应设门厅（斗），作为户内外的过渡空间，在此换鞋、更衣、脱帽以及存放雨具、大衣等，同时还起到屏障及缓冲的使用。

门厅的面积以 3～5m^2 较为合适，其地面做法应以容易打扫和清洗且耐磨为原则。门厅最好单独设置，或是大空间中的相对独立的一部分。鞋架（柜）、大衣柜和雨具柜应统一考虑，最好为一个整体，且顺应进出流线，见图 1-55。

8. 餐厅

餐厅是新农村住宅中十分必要的功能空间，随着生活水平的提高，餐厅不仅是供全家日常共同进餐、交流感情的场所，更是对外宴请亲朋好友的地方。餐厅应有良好通风和采光。

（1）独立设置的餐厅。面积一般较大（8～15m^2），可供 6～10 人用餐，应和厨房、起居厅（客厅）联系紧密，要求功能明确、单一，但必要时有与客厅连通使用的可能。此种独立式餐厅，多为垂直分户及独户式住宅采用，见图 1-56。

（2）就餐空间和起居厅（客厅）是一个大空间，前者相对独立，两者可分可合，灵活性强，有利于多人用餐或举办其他活动时所需大空间的形成，见图 1-55。

（3）在厨房一隅设小餐桌供特殊情况下单独就餐之用。这是一种辅助就餐位，较随意、方便。这在垂直分户及水平分户的单元式住宅中均可采用。

（4）设酒吧餐饮区。经济发展水平较好的面积餐厅可大些，约为 42～50m^2，酒吧包括在内，经济条件较好的独户式住宅采用此种餐厅者为多，参见图 1-54。

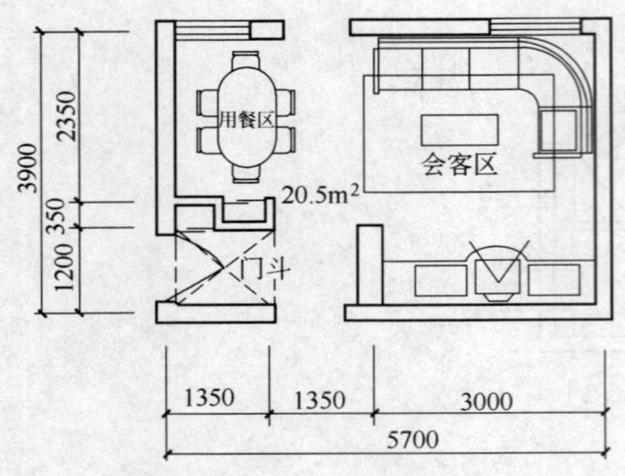

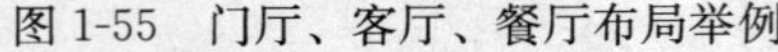

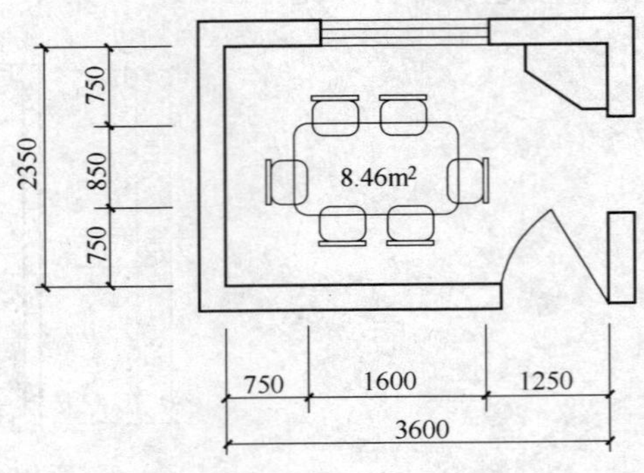

图 1-55 门厅、客厅、餐厅布局举例

图 1-56 独立餐厅举例

起居厅（客厅）、餐厅、过厅三者的关系密切，应做到既相互独立，又可互为联通，以达到更高、更好的使用效果。

1.2.5 新农村住宅建筑节能设计要求

和城市建筑一样，新农村住宅建筑的节能也是从建筑物自身（围护结构）、供热（或制冷）系统和运行管理等三个方面采取措施进行实现的。建筑物自身（围护结构）的节能保温措施主要包括从建筑设计时考虑体形系数和朝向、外围护结构（墙体、地面、屋面、门窗）的保温隔热性能、窗墙面积比以及外门窗的气密性、建筑物遮阳等。供热（或制冷系统）的节能措施主要包括室内采暖空调系统合理设置、管道线路长短及其保温隔热措施不同所产生的能耗等。运行管理的节能主要包括新型能源和可再生能源在新农村生产及生活中的利用、供热（送冷）方式及计费方式等。

1. 合理控制建筑物体形系数

在其他条件相同情况下，建筑物耗热量指标是随体形系数的增长而增长的。为有利节能起见，在保证室内热环境质量和经济适用的前提下，体形系数应尽可能小些。近年来由于要求住宅建筑形式多样化和房间尽量多争取通风、采光口等原因，建筑物体形变得越来越复杂，这是不利于节能的。因此在进行住宅的平面和空间设计时，应全面考虑，综合平衡，合理掌握住宅建筑的体形系数。其数值一般不宜超过 0.30，对于体形系数超过 0.30 的住宅建筑，应对其外墙和屋顶加强保温措施，以便将建筑物耗热量指标控制在规定额度以下，达到总体上实现新农村住宅建筑节能达到国家建筑节能标准的要求。

$$\text{建筑物体形系数}=\frac{\text{建筑物与室外大气接触的围护结构面积 } F}{\text{外围护结构所包围的体积 } V_0}$$

注：面积中不包括地面面积和不采暖楼梯间隔墙面积与户门面积。

2. 合理选择建筑物朝向

建筑物朝向对太阳辐射得热量和空气渗透耗热能量有影响。在其他条件相同情况下，东西向多层住宅建筑的传热耗热量要比南北向的高 5%左右，若建筑物主立面朝向冬季主导风向，会使空气渗透耗热量增加。村镇住区的建筑层数及容积率均比城市为低，上述影响定比城市更为显著。因此，在兼顾其他因素的同时，应力争把建筑物南北向布置。若由于条件限制房间必须布置在东西向时，其窗户应采用热反射玻璃或设置有效的遮阳措施，且外墙面宜采用浅色饰面。

3. 合理确定窗墙面积比

由于玻璃的热传导系数大，无论就采暖还是空调来说，均应严格控制窗墙的面积比。不同朝向的窗墙面积比不应超过表 1-34 规定的数值。

若窗墙面积比超过表 1-34 规定的数值，则应调整外墙和屋顶等围护结构的传热系数，使建筑物耗热量指标达到规定要求。

表 1-34　窗墙面积比

朝　向	窗墙面积比	朝　向	窗墙面积比
北	0.25	南	0.30
东　西	0.30		

4. 提高外围护结构的热工性能

（1）采用单一的新型墙体材料以及在墙体中夹芯保温材料可在很大程度上提高建筑物墙体的保温隔热性能。

技术上比较成熟，且适应于新农村住宅建设的主体墙墙体材料主要有：轻集料小型混凝土空心砌块、模数（KP1）多孔砖、加气混凝土砌块、非蒸压粉煤灰空心砌块等几种。这几种墙体材料的材质自身或砖块内的孔洞加大了热阻值，以及可在孔洞内或芯孔内填加保温材料，因而有效地提高了保温隔热性能。

（2）随着农村经济生活水平的提高，对居住空间的热环境质量要求也越来越高，农村建筑墙体正向高效保温节能的复合保温墙体发展。较为经济性的、技术上比较成熟，适应于新农村住宅建设的外墙保温材料主要有：

纤维增强聚苯或水泥聚苯板、钢丝网水泥岩棉板、钢丝网水泥聚苯板、胶粉聚苯颗粒、硬泡聚氨酯等，这几种保温隔热材料都是以主体墙墙体为依托，在内侧或外侧贴（或机械固定）等高效保温材料。外保温构造时，最外层贴增强耐候饰面层，节能效果比内保温构造要好。

（3）技术上比较成熟，且适应于村镇住宅建设的屋面保温材料有防水珍珠岩保温块，其块型设计新颖，带排气孔，表观密度轻，不含水，憎水率高，强度高，施工方便，冷作业，不污染环境，保温性能好，9cm 厚的防水珍珠岩屋面保温块则相当于 25cm 厚的加气混凝土块的保温性能。其次，现喷硬质聚氨酯泡沫塑料、聚苯乙烯泡沫塑料等新型保温材料因其保温性能好、施工方便，同时结合屋面防水层可设计施工成倒置式屋面等使屋面保温隔热层保护了防水层的功能。越来越广泛地应用在屋面工程中。另外，架空屋面、蓄水屋面、种植屋面等应用也越来越多。

5. 提高外门窗保温隔热性能和气密性

建筑物门窗缝隙的空气渗透耗热量和门窗面积传热耗热量约占建筑物耗热总量的 50%，因此，外门窗是建筑节能的重要部位之一。

门窗框材料主要是木材、钢、铝合金材料、塑料以及不同材料复合而成等，不同的门窗框材料的导热系数有很大的差别，其密封性能也有很大的不同。目前，保温隔热性能达到要求、密封性能好的主要门窗框材料有塑料、塑钢复合材料、断热铝合金材料等，节能效果都很明显。门窗镶嵌材料主要是玻璃，不同功能的玻璃品种很多。不同的玻璃以及不同的组合，其保温隔热性能和遮阳性能也不同，中空玻璃、镀膜玻璃、热反射玻璃等的节能效果较好。

6. 采暖空调系统及供暖送冷方式节能

住宅建筑采暖上“大马拉小车”低能高耗、效率很低的现象，系统垂直和水平失调，造成各房间冷热不均以及管网热损失大问题，立足于新农村住宅建筑规划设计节能这一出发点来考虑。可采取如下两个措施：

（1）室内采暖系统按南北朝向分开环路设置。特别是北方高纬度地区，冬至日前后太阳高度角很小，南墙吸收太阳辐射热量大，室内温度高；北墙由于基本上见不到阳光，故室内温度低，南北房间温差甚大。因此，供暖系统按南北朝向分开环路设置，不仅有利于系统的调节与平衡，更便于朝向附加系数的修正，是节能的有效措施之一。

（2）因地、因条件制宜地确定供热管道敷设方式及保温措施。对于一、二次热水管网应采取经济合理的敷设方式。即庭院管网和二次网，宜采用直埋管敷设；一次管网，当管径较大且地下水位不高时，可采用地沟敷设，采暖供热管道保温材料，可根据因条件制宜和就近的原则，分别选用矿棉管壳、玻璃棉管壳以及聚氨酯硬质泡沫保温管（直埋管）等三种保温管壳，这样，就能大大减少管道输热过程中的热损失。

7. 新能源利用以及改善采暖管理方式

（1）新能源利用

新型能源的利用是解决常规能源紧缺的最好方法。太阳能、风能、生物质能源转化利用等能促进农业生产和直接减轻农民的生活负担和改善生活环境质量。太阳能的利用方式主要有太阳能热水系统、太阳灶、太阳房等；风力发电和小水电代燃料工程可在一定范围内大力推广；生物质能源的转化利用主要有沼气利用、生物质气化等技术，不仅能解决农村能源问题，在很大程度上也改善了农村生活环境。

（2）要实行按户热表计量和分室温度控制

1）从按采暖面积计费逐步过渡到按用热量计费。分室温度控制所需的散热器恒温阀，还有热量分配表及热（量）表（即智能型采暖系统量化仪表）等的应用，实现真正按户热表计量和分室温度控制，才能达到节能的目的。

2）采用连续供暖辅以间歇调节的运行制度。间歇调节可改变锅炉低负荷不合理运行，提倡采用严寒期 24h 连续供暖，初寒期、末寒期则采用连续供暖和辅以间歇调节的既保温又节煤的住宅合理供暖制度。

1.3 节约型新农村规划设计方案

1.3.1 节约型新农村规划设计方案内容

1. 新农村规划设计基本特点和原则

新农村规划主要包括村庄、集镇规划，所涉及的对象主要是我国城乡划分中的“乡”这一部分，这些居民点的共同特点是在广大的农村地域集聚，其中村庄基本上是以农业生产活动人口集聚为主的居民点，而集镇则具有明显的城乡交错、以“农”为主的特征。在实际工作中村庄的规划内容可进行适当简化。

（1）基本特点

村庄、集镇规划在我国的具体情况下有其独特的背景。在我国工业化、现代化、信息化的发展进程中，由于受长期的城乡分割二元社会经济结构的影响，城乡居民点之间衍生出了诸多差别，主要表现在土地政策、户籍制度、社会保障和就业机会等方面。这种差别造成了集镇、村庄规划既保留着城市、镇规划的基本要素与方法技术，又使乡村规划还包含了山、水、林、田、路、宅等特定因素。

村庄、集镇规划的目的就是要告诉农民要哪里盖房、哪里修路、哪里建工厂，告诉他们如何建、建多大；同时也是规范（镇）乡政府各部门、工商企业和外来投资者在乡村进行有序的建设。

具体来说，村庄、集镇规划必须兼顾以下两个目的：第一要符合绝大多数人的利益，妥善处理好农户的宅基地、建筑朝向、通风、卫生环境以及享用各类公共设施、交通便利等。核心是要为最多数的人创造有利生产、方便生活的环境。第二，要紧密结合当地农村发展的实际，符合乡村的长远发展需要。乡村规划必须有利于当地经济社会发展，增加就业机会，提高经济收入；有利于改善农村生态环境质量；有利于农村社会安定和生活水平的提高；有利于合理用地和节约用地。

（2）基本原则

第一，要坚持与当地经济发展水平相适应的原则。既要因地制宜、量力而行，又要考虑适度超前，同时还要为促进当地经济的进一步发展创造条件。第二，要坚持可持续发展原则。合理利用土地、水等各类自然资源，特别要注意保护耕地。第三，要坚持生态环境建设优先的原则。环境质量的好坏已经逐步成为衡量农村人居生活水平的一个重要指标，经济条件再好、建设水平再高，如果环境质量不好，就不会有人愿意居住。因此，不论是发展经济，还是搞建设，都不能以牺牲环境作为代价。第四，要坚持紧凑布局、适当集中的原则。在条件允许的情况下，提倡乡镇企业向工业小区集中、住宅向居住小区集中和过于分散的村庄向中心村集中。第五，要坚持科学合理布局，提高土地利用效率的原则。我国的基本国情是人多地少、用地紧张，特别是东部沿海地区矛盾更加突出，因而必须强调合理布局，严格控制人均建筑面积和人均建设用地，尽可能提高建设用地效率。第六，要坚持以人为中心的原则。乡村规划必须自始至终都以为乡村居民创造有利生产、方便生活的人居环境为中心目标，各种建设项目特别是基础设施和各类社会服务设施的布局，都要综合考虑所有居民的实际需要。

2. 新农村规划设计主要内容

新农村规划主要包括：村庄、集镇总体规划，村庄、集镇建设规划。

村庄、集镇总体规划和建设规划的期限一般为 10 年至 20 年。

（1）村庄、集镇总体规划

在编制集镇总体规划前，可以制订规划纲要，作为进一步编制集镇总体规划的依据。村庄不必编制总体规划纲要。

1）集镇总体规划纲要的主要内容。

① 根据县（市）域，城镇体系规划所提出的要求，确定集镇（乡）的性质和发展方向，明确长远发展目标；

② 根据农业现代化、产业化建设的需要，提出调整村庄布局的建议，原则确定乡村体系的结构和布局；

③ 预测人口的规模；

④ 提出基础设施与主要公共建筑的配置建议；

⑤ 原则确定建设用地标准与主要用地指标，选择建设发展用地。

2）村庄、集镇总体规划主要内容。

① 对现有居民点与生产基地进行布局调整，确定各个主要居民点与生产基地的性质和发展方向，明确它们在村镇体系中的职能分工；

② 确定乡域内主要居民点的人品发展规模和建设用地规模；

③ 安排交通、供水、排污、供电、通信等基础设施，确定工程管网走向和技术造型等；

④ 安排卫生院、学校、文化站、商店、农业生产服务中心等对全乡有重要影响的主要公共建筑和其他社会服务设施；

⑤ 确定环境保护、自然与历史文化遗产保护、防灾抗灾的措施；

⑥ 提出实施规划的政策措施和主要项目的建设次序。

（2）新农村建设规划

村庄、集镇建设规划是新农村总体规划的深化和具体化。它的主要内容是：

1）确定人均建设用地指标，计算用地总量，确定各项用地的构成比例和具体数量。

2）确定居住、公建、生产、公用设施、道路交通系统、仓储、绿地等建筑与设施建设用地的空间布局，做到联系方便、分工明确，划清各项不同使用性质用地的界线。

3）对规划范围的供水、排水、供热、供电、通信、燃气等基础设施进行统筹安排。

4）提出农民建设和宅基地指标，容积率和建设管理要求。

5）确定旧镇区、旧村改建、用地调整的原则、方法和步骤。

6）对中心地区和其他重要地段的建筑体量、体型、色彩提出原则性要求。

7）确定道路红线宽度、断面形式和控制点坐标标高，进行竖向设计，保证地面排水顺利，尽量减少土石方量。

8）综合安排环保和防灾等建设方面的设施。

9）编制近期建设规划。

近期建设规划要达到直接指导建设或工程设计的深度。建设项目应当落实到指定范围，有控制点坐标、标高。近期建设项目较集中时，可以采用较大比例尺编制详细规划图；近期建设项目比较分散时，可以将近期建设项目表示在建设规划图上，不另画图纸。近期建设规划必须安排好近期建设项目的建设次序，并列出项目概算，确定年度投资。近期建设规划的期限一般为 3 年至 5 年。

3. 新农村住宅设计要求

（1）新农村住宅设计方案要紧紧围绕以人为本，以环境为中心的理念，适应新时期农民的需要，便于实施，布局合理。外观设计新颖、美观，体现现代气息和现代文明，同时兼顾农村特色。在推进新农村住宅建设中，既要搞好住宅单体建筑的设计，也要兼顾村镇规划设计，改变过去传统的“兵营式”建房的习惯，在保护耕地、节约耕地的前提下，村镇规划建设尽量做到多样化，抓好村镇的环境建设和管理，引导农民群众不仅要注重室内环境、自家院落的整洁，也要注重整个村镇环境优美。要彻底改变当前农村住宅建筑总体建设水平较低，功能不全，外观单调呆板，基础设施不配套，居住环境“脏、乱、差”等问题，切实帮助农民提高生活质量。

（2）在单体设计上要借鉴国内外的先进经验，既突出特色，又方便农民生活。在农村住宅建设中，不仅仅是为了改变农村的面貌，更要注重引导农民转变生活方式，建设高质量、有特色、舒适实用的住房。

（3）新农村住宅设计要环保、节能（墙体采用内、外保温均可，同时考虑利用太阳能）。住宅设计方案不仅总体要水平高，节能、节地、节约资源，而且造价不能太高，经济实用，农民可以接受，便于实施，极大地提高农民的生活品质，成为真正意义上的现代新农村建筑。尽可能地采用新技术，使用新型建筑材料和能够就地取材。贯彻适用、经济、安全、美观、紧凑、合理、卫生、新颖的原则，符合国家和北京市有关节约资源、抗御灾害的规定及推广新技术、新材料的要求，适合当地自然条件、经济发展状况和风俗习惯。

（4）新农村民居用地面积宜按≤200m²/户，建筑面积按 120～280m²/户设计，小户型可考虑双拼独院或联排独院式设计，层数按二至三层设计，层高不大于 3.5m。强调成本原则，新住宅造价要结合农民生活水平的实际。要考虑机动车的停放。院落设计既要满足私密性、安全性的要求，又要体现邻里交流、绿化美化的需要。同时，院落地面的铺装要考虑花卉等的种植。上下水按管道式设计。考虑地下空间的利用。

（5）新农村新民居建设要布局合理，街、巷、道路满足交通组织要求，可适当考虑室外的景观及配套设施的布置，体现生态和可持续发展的新型农村的风貌。

1.3.2　节约型新农村建筑设计方案

1. 北京传统特色住宅设计

新农村的规划建设，应当强调传统风格和地方特色，要有区别于其他村镇的自身特点。

“合院”是在庭院中及其四周布置功能性房屋，作为中国传统建筑主要类型之一模式，是一种以体现“自然”要素的院落，配合周围不同功能和规格等级的建筑，构成一种内敛沉静、自然与人工水乳交融的理想人居环境。北京地区明清时期的四合院民居建筑在其空间组合形式、建筑材料、结构、外观乃至内部装修等方面都堪称中国北方地区最具代表性的合院式建筑。北京四合院住宅建筑将自然因素与居住建筑有机融合，蕴含了丰富的中国传统文化内涵。

北京新农村民居建筑设计以及旧村改造，在很大程度上应仍是以一户一宅为原则，保留村民的原貌居住空间形态、保留每户的独立院落，进而保留农村的特有景观结构，通过合理的规划设计，解决土地浪费的问题，提高建筑质量、居住品质，改善建筑面貌，营造美丽的北京新农村。发扬北京四合院住宅的优秀传统，结合现代生活需要，设计出既具有传统风貌又符合现代生活的北京新农村住宅。

新北京农村四合院住宅应以空间结构的传承与创新为主线，辅以细节特征的表现；建筑主体运用现代材料和结构，尽可能简化和取消单体建筑造型上的一些繁复要素（如折曲屋面、排山勾滴、传统瓦件等），同时，借鉴北京传统民居和商业建筑中坡顶与平顶（拍子房）结合的经验，以简洁的双直坡顶结合平屋顶构成丰富而具有传统意味的体量组合，在提炼传统的基础上，穿插运用一些如钢结构走廊等现代手法表现现代主题。在外观和装饰层面上，重点运用门、窗等建筑要素表现传统细节，同时还可以如墀头、影壁、廊心墙、漏窗、槛墙、栏杆、挂落、小木作装修等可供个性化表现的装饰要素，通过各种不同的表现个性化设计，可以满足住宅主人个性化的审美和精神需要，展现新四合院住宅的传统文化底蕴和现代气息。

（1）北京传统四合院户型说明

北京传统四合院户型以单层与楼层结合的独立四合院型，有利于建筑的整体功能和节约土地。户型设计，具有现代住宅套内交通联系，利于采光节能的特点，同时又重点提炼了北京传统四合院建筑几大空间特点（如曲折的入口动线、主次院落、独立走廊等），结合现代生活需要，在村镇住宅的各种限制之内，表现了北京传统四合院建筑的空间韵味，占地规模适中，主要适用于宅基地较为宽松的平原地区。

（2）技术经济指标

每户总占地面积：223.6m²　　二层建筑面积：71.7m²

总建筑面积：245.3m²　　院落面积：37.2m²

一层建筑面积：173.6m²

(3) 北京传统四合院平面图

1) 一层平面图，见图 1-57。

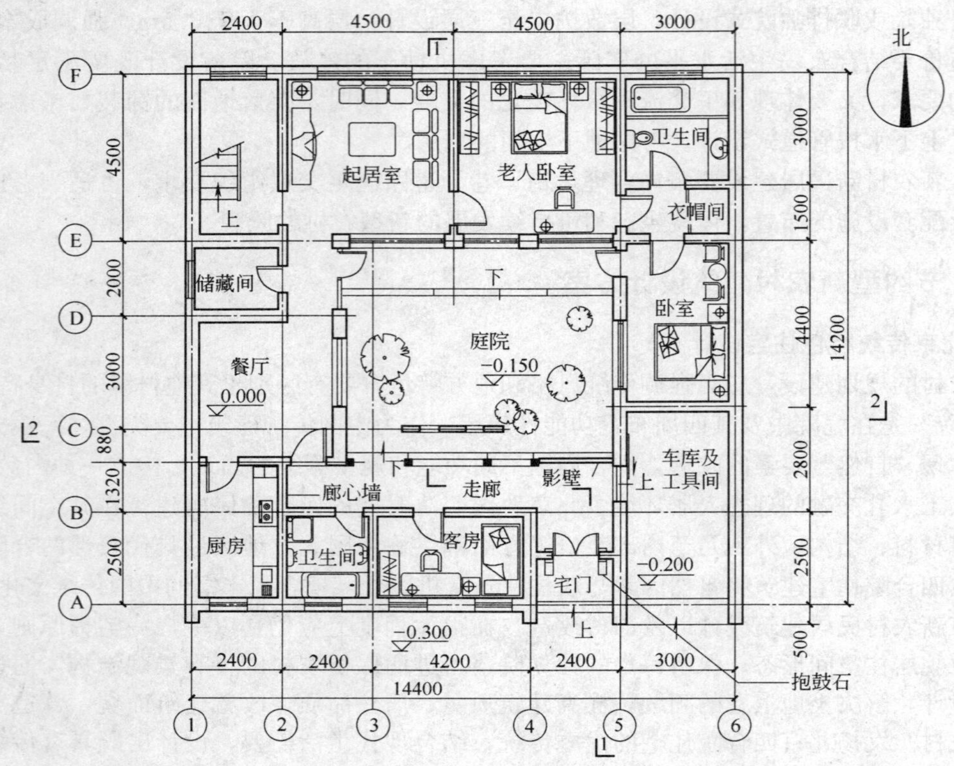

图 1-57 一层平面图

注：1—1 和 2—2 剖面图见图 1-61。

2) 二层平面图，见图 1-58。

3) 屋顶平面图，见图 1-59。

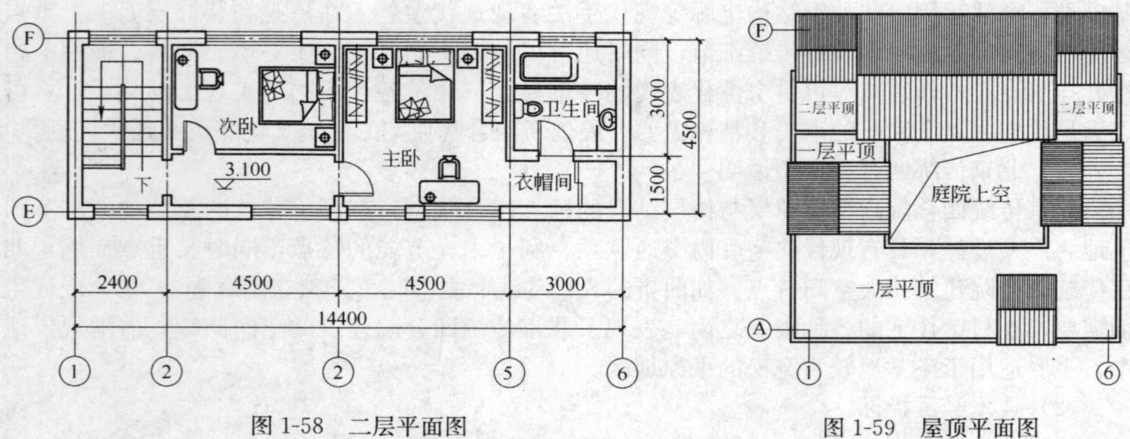

图 1-58 二层平面图

图 1-59 屋顶平面图

(4) 立、剖面图

1) 立面图，见图 1-60。

2) 剖面图，见图 1-61。

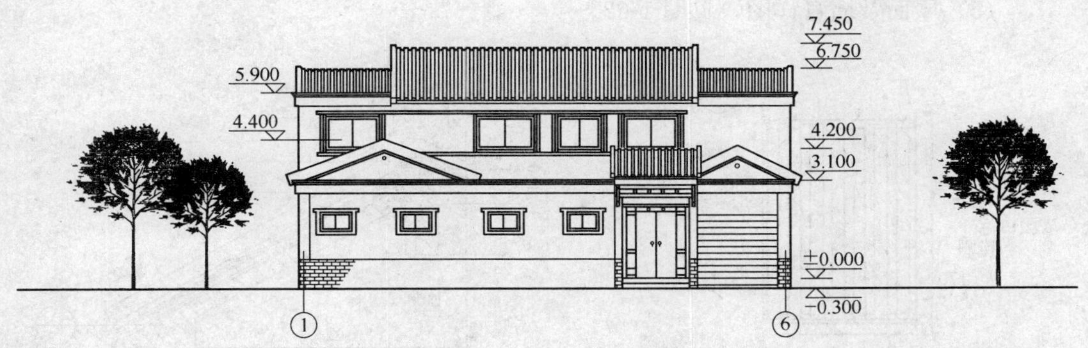

南立面图

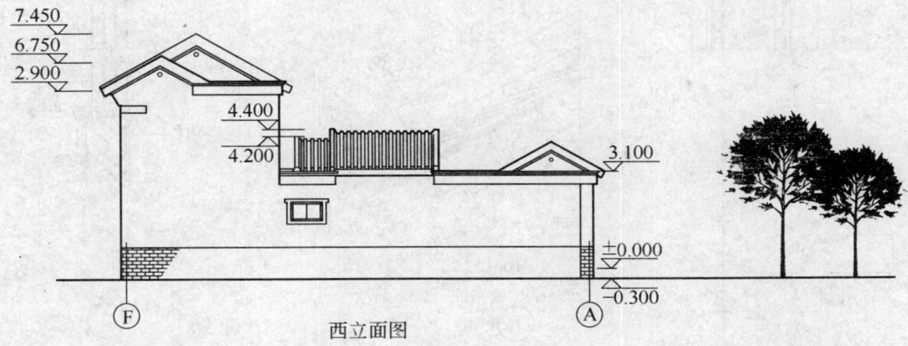

西立面图

图 1-60　立面图

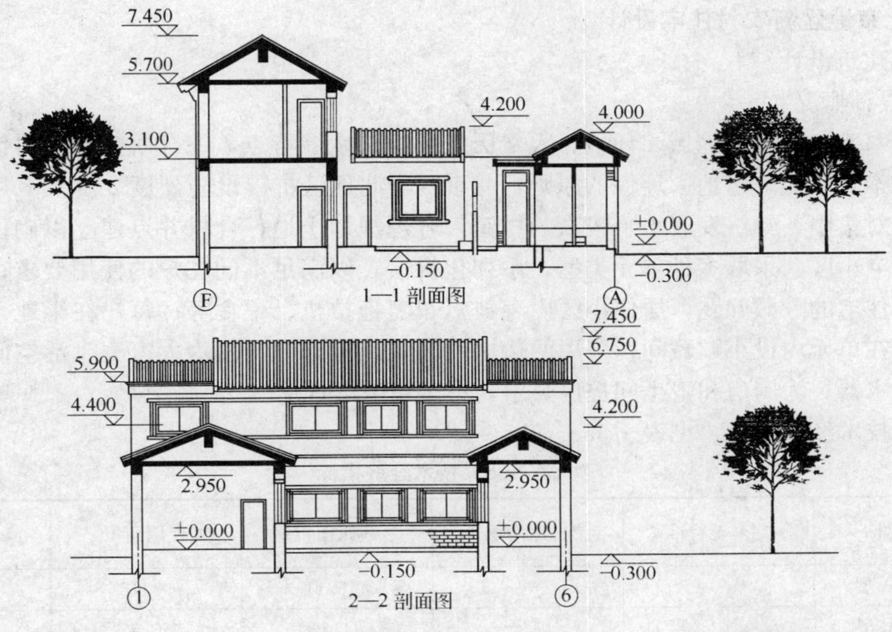

图 1-61　剖面图

（5）屋面及墙身详图，见图 1-62。

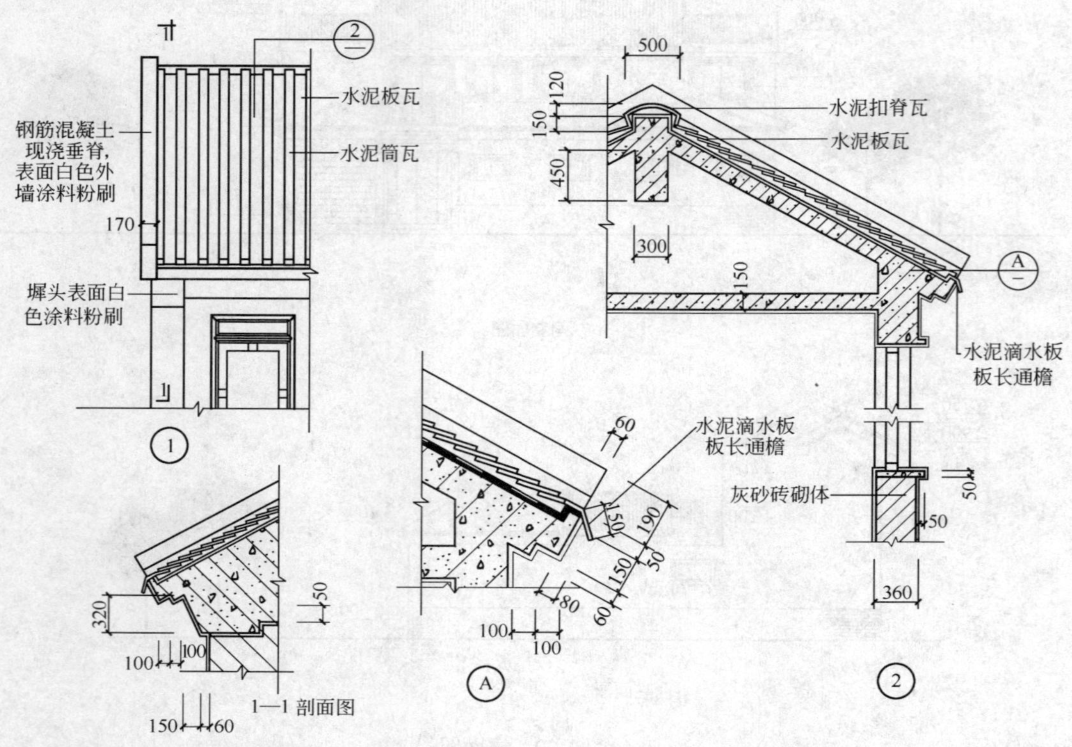

图 1-62　屋面及墙身构造

2. 北京地区新农村住宅设计

（1）建筑设计

1）设计概况。

针对寒冷气候区的地域、环境、人文历史及经济发展特点，综合研究当地村镇住宅的共性特征，本着节能、省地、环保的原则，北京、华北地区抗震设防烈度 8 度及 8 度以下的人口规模相对集中，经济发展水平较高的村镇，合理规划土地，合村并点建立以砌体结构为主的多层住宅小区。采取多种单元类型，系列化拼接，以满足不同住户的使用要求；为解决多层公寓式住宅的贮藏问题，居住小区内存放汽车、拖拉机、粮食等；每户在半地下室有一间贮藏间并在单元内设小贮藏间；采用两代居住模式，打开分户门为大家庭生活空间；每户设太阳能集水器，为厨房和卫生间提供热水，小区集中供暖及燃气。

相关技术经济指标，见表 1-35。

表 1-35　技术经济指标　（m^2/户）

户类型	宅基地标准	占地面积	建筑面积	使用面积	面积系数/%
农业户 A 型			115.11	95.75	83.00
农业户 B 型			84.32	55.95	79.00
农业户 C 型			99.90	83.37	83.00

建筑层数 5 层，建筑耐久年限为 3 类、50 年，建筑耐火等级为二级，抗震设防烈度为 8 度，结构类型为砌块墙承重。工程设计标高±0.000 由选用者自定。

2）墙体。

内外墙墙体全部采用 190（90）mm 厚小型混凝土空心承重砌块，±0.000 以下墙体为（钢筋）混凝土，外贴聚苯板保温层。

3）屋面。

防水等级为Ⅱ级，设计年限 15 年。

屋面做法 1：彩色水泥瓦屋面（不上人屋面）——防水层为 4mm 厚聚酯胎 SBS 改性沥青防水卷材，保温层为 80mm 厚聚苯板。

屋面做法 2：彩色水泥砖面层屋面（上人屋面）——防水层为 4mm＋3mm 聚酯胎 SBS 改性沥青防水卷材，保温层为 80mm 厚聚苯板。

风道、烟道、雨缝小屋面为 30mm 厚防水砂浆单面或向落水口找 1%坡。

4）门窗。

① 内门窗用户自理；

② 门窗加工尺寸要按门窗洞口尺寸减去相关外饰面的厚度；

③ 外窗采用断桥铝合金中窗玻璃窗；

④ 各类玻璃门窗均应符合《建筑玻璃应用技术规程》（JGJ 113—2003）和《建筑安全玻璃管理规定》（发改委［2003］2116 号）的要求。

⑤ 外窗的物理性能：抗风压性能不低于 4 级（大于 2.5K_{pa}）；水密性能不低于 4 级（大于 350Pa）；气密性能不低于 4 级［单位缝长指标值 q_1 小于 1.5m^3/（m^2·h），单位面积指标值 q_2 小于 4.5m^3/（m^2·h）］；保温性能不低于 7 级［小于 2.8W/（m^2·K）］；沿街窗的空气隔声性能不低于 4 级（大于 35dB）。

5）内装修。

根据《关于加强新建商品住宅家庭居室装饰装修管理若干规定（试行）》，施工只做基层，不做面层，精装修由住户自理。

6）室内防水。

① 卫生间楼地面采用 1.5mm 厚聚氨酯防水层。

② 卫生间楼地面的防水涂料应沿四周墙面高起 1800mm。

7）其他。

① 油漆：

室内外露明钢构配件均刷防锈漆二道后再刷同墙面颜色的醇酸磁漆二道，特需要求除外。

② 预埋木砖均须做防腐处理；露明铁件均须做防锈处理。

③ 两种材料的墙体交接处，在做饰面前须加钉 300mm 宽、1mm 厚钢板网防止裂缝。

④ 凡设地漏，排水沟的房间，楼地面必须按设计坡度坡向地漏或明沟。

⑤ 应采用安全玻璃部位：建筑的出入口、门厅，单块＞1.5m^2 的窗玻璃和落地窗，阳台玻璃和落地窗，阳台玻璃门、玻璃栏板及易受撞击的部位。

（2）结构设计要求

1）建筑选址时，应避开地震时可能发生滑坡、崩塌、地陷、地裂、泥石流等及发震断裂带上可能发生地表位错的部位。

2）建筑场地应尽量避开回填土厚度较大（＞4.0m）或地表水容易集积的低洼场地。

3）地基和基础设计时，同一结构单元的基础不宜设置在性质截然不同的地基上；同一结构单元不宜部分采用天然地基另一部分采用桩基；地基为软弱黏性土、液化土、新近填土和严重不均匀土时，应估计地震时地基不均匀沉降或其他不利影响，并采取增大基础圈梁刚度等相应措施。

4）结构设计时应优先采用横墙承重或纵横墙共同承重的体系，同一房屋不得采用不同材料混砌的承重墙体；纵横墙的布置宜均匀对称，沿平面内宜对齐，沿竖向应上下连续，同一轴线上的窗间墙宽度宜均匀；楼梯间不宜设置在房屋尽端和转角处；多层房屋层高不应超过3.6m，单层房屋层高不应超过4.5m。KP1多孔砖、蒸压粉煤灰砖和灰砂砖承重墙厚度为240mm、370mm，模数多孔砖和混凝土小型空心砌块承重墙厚度为190mm。

（3）构造措施

1）砌体房屋构造柱。

① 砖砌体构造柱的设置部位应符合表1-36的要求。

表1-36　构造柱设置要求

烈度及层数	设置部位
非抗震设计及6度地区一至三层，7、8度地区单层	外墙四角，错层部位横墙与外纵墙交接处，大房间内外墙交接处与洞口两侧
7、8度地区二、三层	同上，楼、电梯间的四角；隔15m或单元横墙与外纵墙交接处

② 构造柱最小截面为240mm×180mm，最小配筋为纵筋$\phi 4$，箍筋$\phi 6@250$。且在柱上下端加密至$\phi 6@100$，在纵筋搭接长度范围内也应加密至$\phi 6@100$。构造柱可不单独设置基础，但应伸入室外地面下500mm或与埋深小于500mm的基础圈梁相连。

③ 砖墙构造柱布置及示意：

a. KP1多孔砖、蒸压灰砂砖、蒸压粉煤灰砖墙构造柱布置及示意，见图1-63。

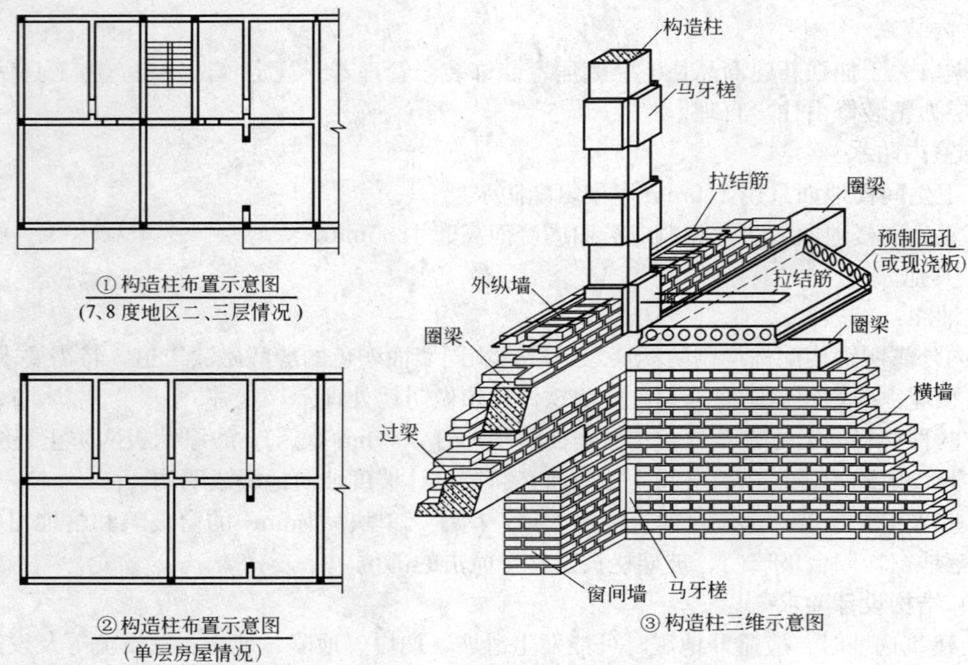

图1-63　构造柱布置示意图

b. 模数多孔砖墙构造柱布置及示意，见图 1-64。

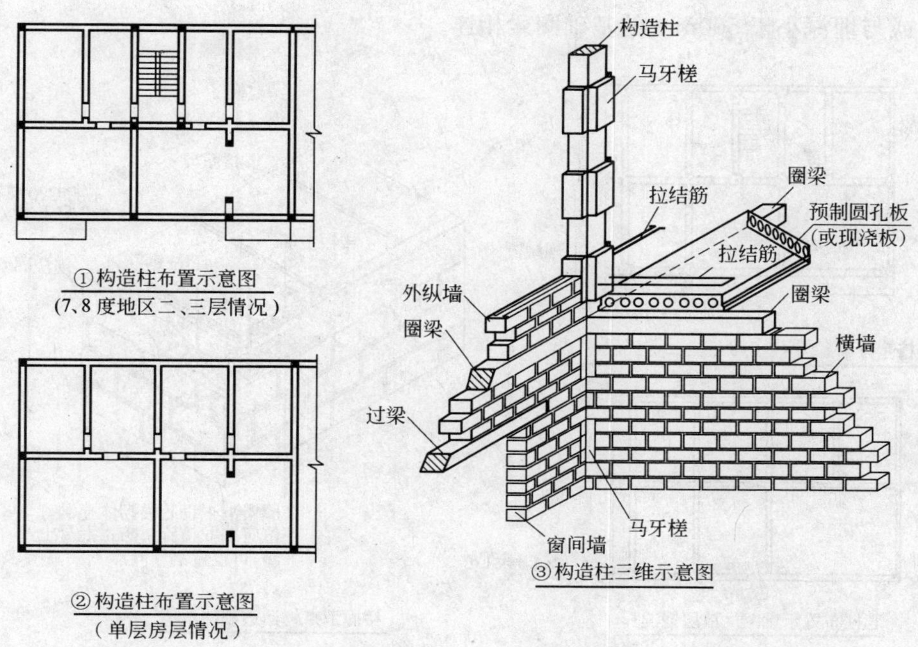

图 1-64　构造柱与墙身、基础连接剖面

2）混凝土小型空心砌块房屋芯柱和构造柱。

① 芯柱的设置部位应符合表 1-37 要求。

表 1-37　芯柱的设置要求

烈度及层数	设置部位	芯柱类型
非抗震设计	外墙转角，楼梯间四角	素混凝土芯柱
6 度地区一至三层及 7、8 度地区单层		钢筋混凝土芯柱
7、8 度地区二、三层	同上，大房间四角以及隔 15m 或单元横墙与外纵墙交接处	钢筋混凝土芯柱

注：在外墙转角处应灌实三个孔，内外墙交接处应灌实四个孔。

② 芯柱截面尺寸不宜小于 120mm×120mm，沿房屋全高贯通墙身并与各层圈梁整体现浇，钢筋混凝土芯柱每孔竖向钢筋不应小于 1ϕ12。芯柱应伸入室外地面下 500mm，或与埋深小于 500mm 的基础圈梁相连，芯柱布置及楼面构造，见图 1-65。

③ 混凝土小型空心砌块房屋同时设置构造柱和芯柱时，构造柱的设置部位应符合表 1-38 要求。

④ 构造柱最小截面可采用 190mm×190mm，纵向钢筋不宜小于 4ϕ12，箍筋间距不宜大于 200mm，且在柱上下端宜适当加密；构造柱可不单独设置基础，但应伸入室外地面下 500mm，或与埋深小于 500mm 的基础圈梁相连。

③ 混凝土小型空心砌块房屋同时设置构造柱和芯柱时，构造柱的设置部位应符合表 1-38 要求。

④ 构造柱最小截面可采用 190mm×190mm，纵向钢筋不宜小于 4ϕ12，箍筋间距不宜大于 200mm，且在柱上下端宜适当加密；构造柱可不单独设置基础，但应伸入室外地面下 500mm，或与埋深小于 500mm 的基础圈梁相连。

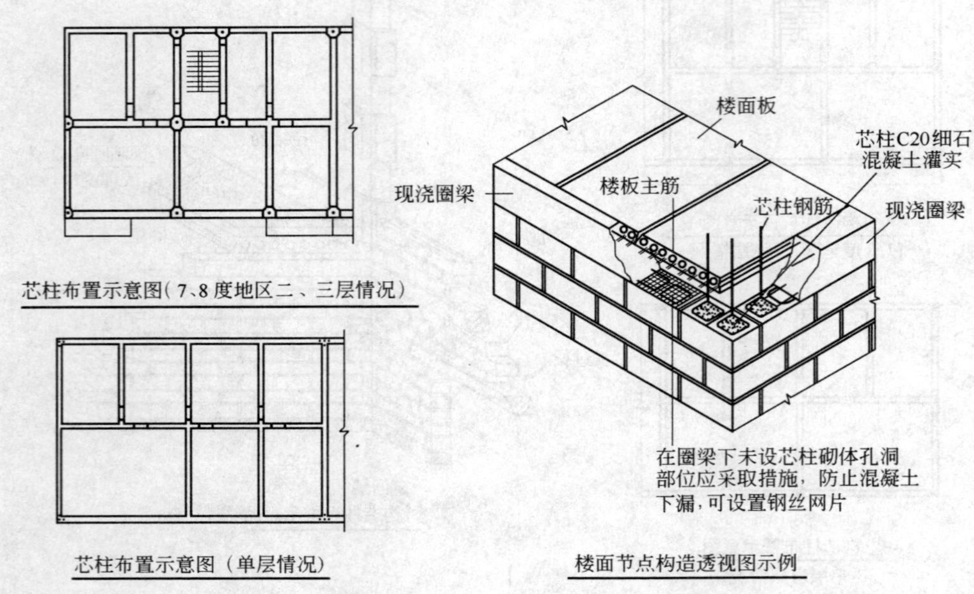

图 1-65　芯柱布置示意图

表 1-38　构造柱的设置要求

烈度及层数	设置部位
6 度地区一至三层及 7、8 度地区单层	外墙转角，楼梯间四角
7、8 度地区二、三层	同上、大房间四角以及隔 15m 或单元横墙与外纵墙交接处

3）砖砌体房屋圈梁。

① 砖砌体房屋圈梁的设置部位应符合表 1-39 的要求。

表 1-39　砖砌体房屋现浇钢筋混凝土圈梁设置要求

墙类	烈　度		
	非抗震设计	6、7 度	8 度
内横墙	檐口标高处	同上；屋盖处间距不应大于 7m；楼盖处间距不应大于 15m；构造柱对应部位	同上；屋盖处沿所有横墙且间距不应大于 7m；构造柱对应部位

② 圈梁与楼（屋）面板应设在同一标高或紧贴板底，圈梁截面高度不应小于 120mm，最小配筋要求：非抗震设计及 6、7 度抗震设防地区纵筋 4ϕ10，箍筋 ϕ6@250；8 度抗震设防地区纵筋 ϕ4@200。

4）混凝土小型空心砌块房屋圈梁。

① 混凝土小型空心砌块房屋圈梁的设置部位应符合表 1-40 的要求。

表 1-40　混凝土小型空心砌块房屋现浇钢筋混凝土圈梁设置要求

墙类	烈　度		
	非抗震设计	6～7 度	8 度
外墙	屋盖及隔层楼盖处	屋盖及每层楼盖处	屋盖及每层楼盖处
内横墙	屋盖处必须设置，间距不大于 7m；楼盖处隔层设置，间距不大于 15m	同上；屋盖处沿所有横墙；楼盖处间距不应大于 7m；构造柱对应部位	同上；各层所有横墙
内纵墙	屋盖处必须设置。楼盖处：房屋总进深小于 10m 者，可不设置；房屋总进深大于等于 10m 者，宜隔层设置	屋盖及每层楼盖处	屋盖及每层楼盖处

② 圈梁与楼（屋）面板应设在同一标高或紧贴板底，圈梁截面高度不应小于 190mm。最小配筋要求：纵筋 4ϕ12，箍筋 ϕ6@200。

5）圈梁宜连续地设在同一水平面上，并形成封闭状；当不能在同一水平面上闭合时，应增设附加圈梁，其搭接长度不应小于两倍圈梁的垂直距离，且不小于 1m。

6）构造柱和圈梁纵筋的混凝土保护层最小厚度在室内正常环境下为 25mm，露天和室内潮湿环境下为 35mm。

7）钢筋锚固长度、搭接长度应符合表 1-41 的要求。

表 1-41　钢筋锚固长度、搭接长度

钢筋	ϕ10	ϕ12	ϕ10	ϕ12
混凝土强度等级	C20	C20	C20	C20
锚固长度 l_a	300	360	380	460
搭接长度 l_l	360	440	460	560
锚固长度 l_{aE}	350	420	400	480
搭接长度 l_{lE}	420	500	480	580

注：1. 钢筋锚固长度 l_a、搭接长度 l_l、用非抗震设计；
2. 钢筋锚固长度 l_{aE}、搭接长度 l_{lE}、用于抗震设计。

3. 新农村住宅设计方案

（1）住宅小区总平面布置，见图 1-66。

（2）标准层平面图，见图 1-67。

（3）单元组合平面图，见图 1-68。

（4）剖面图，见图 1-69。

（5）单元组合立面图，见图 1-70。

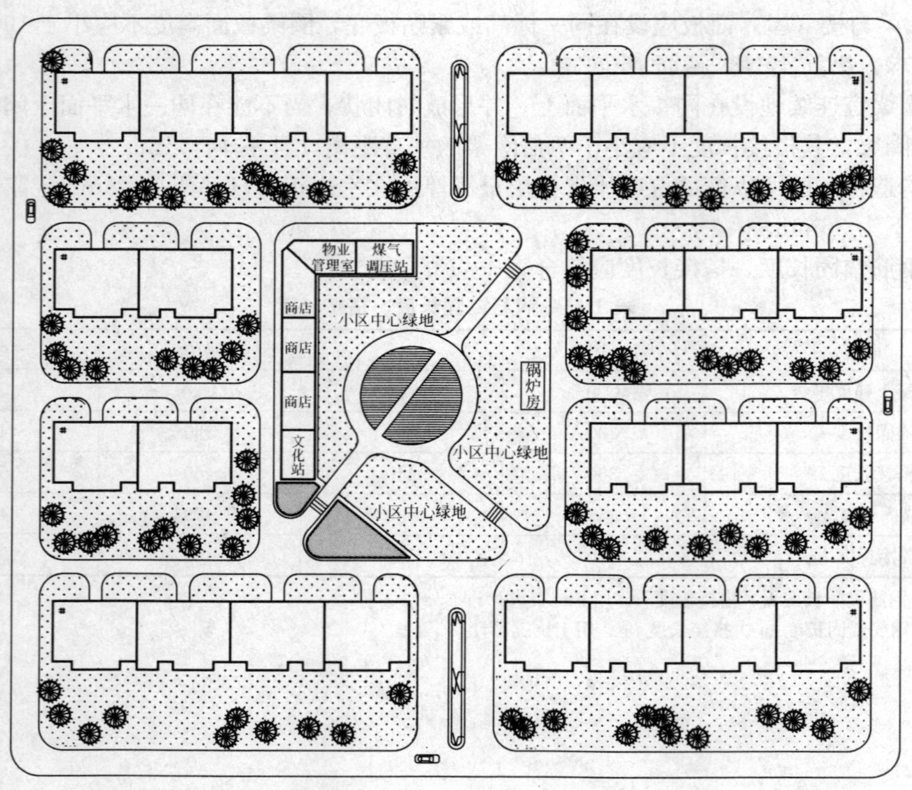

图 1-66　小区总平面布置

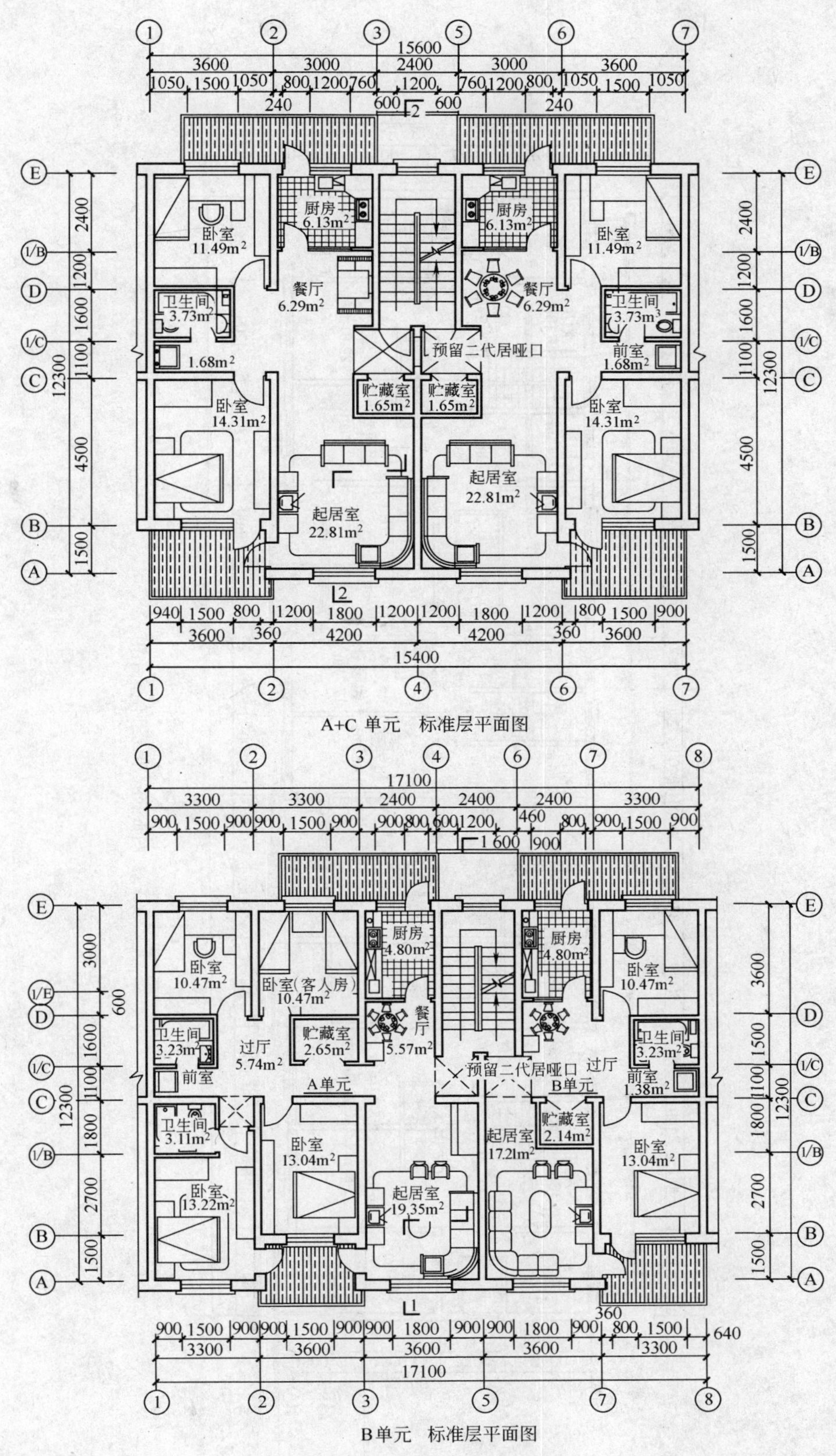

A+C 单元　标准层平面图

B单元　标准层平面图

图 1-67　标准层平面图

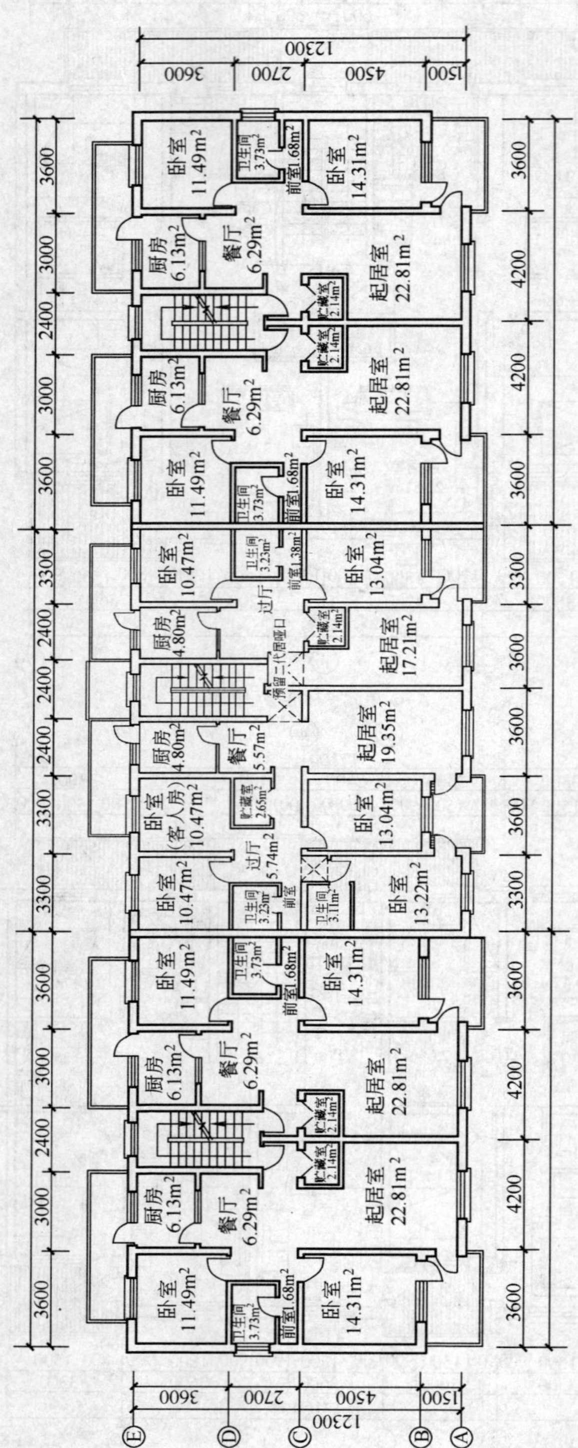

图 1-68　单元组合平面图

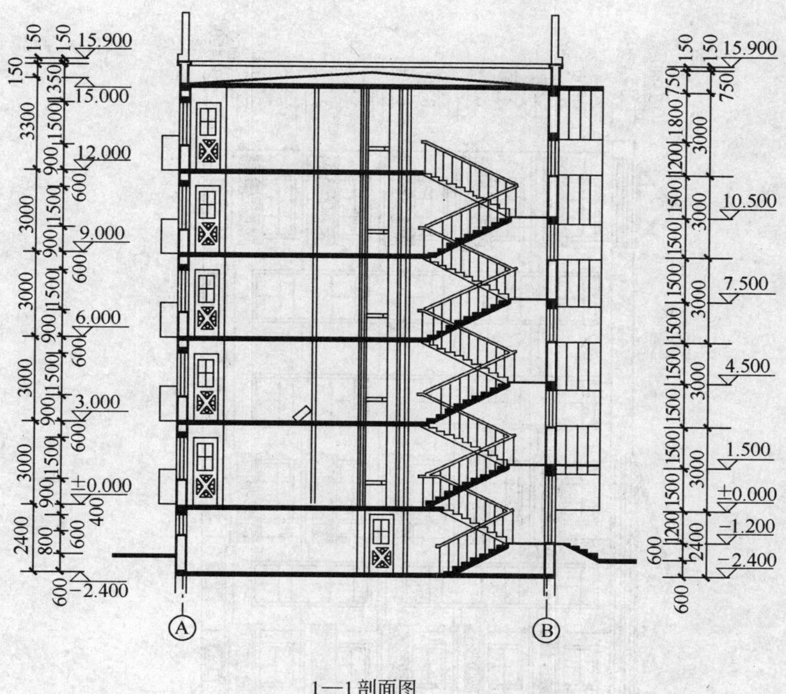

1—1剖面图

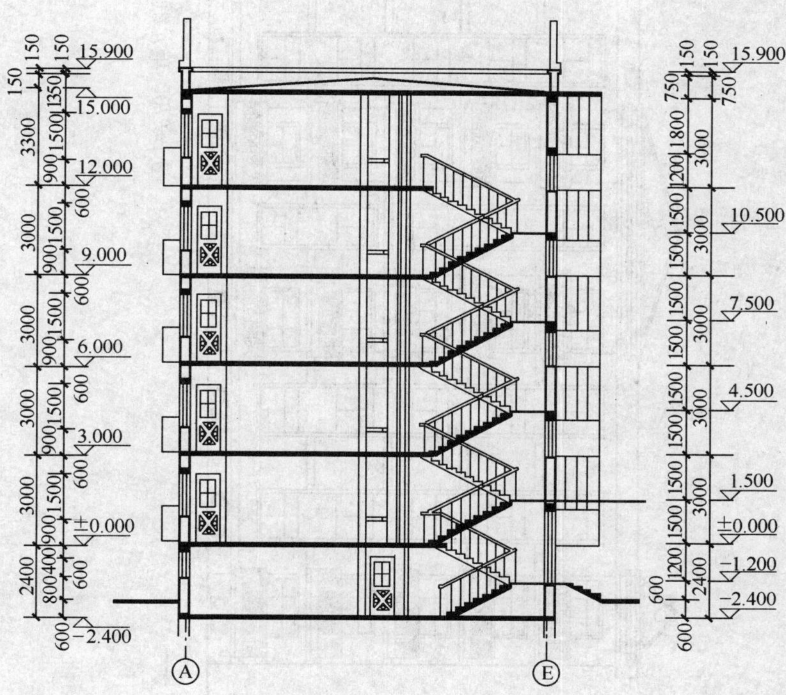

2—2剖面图

图 1-69　剖面图

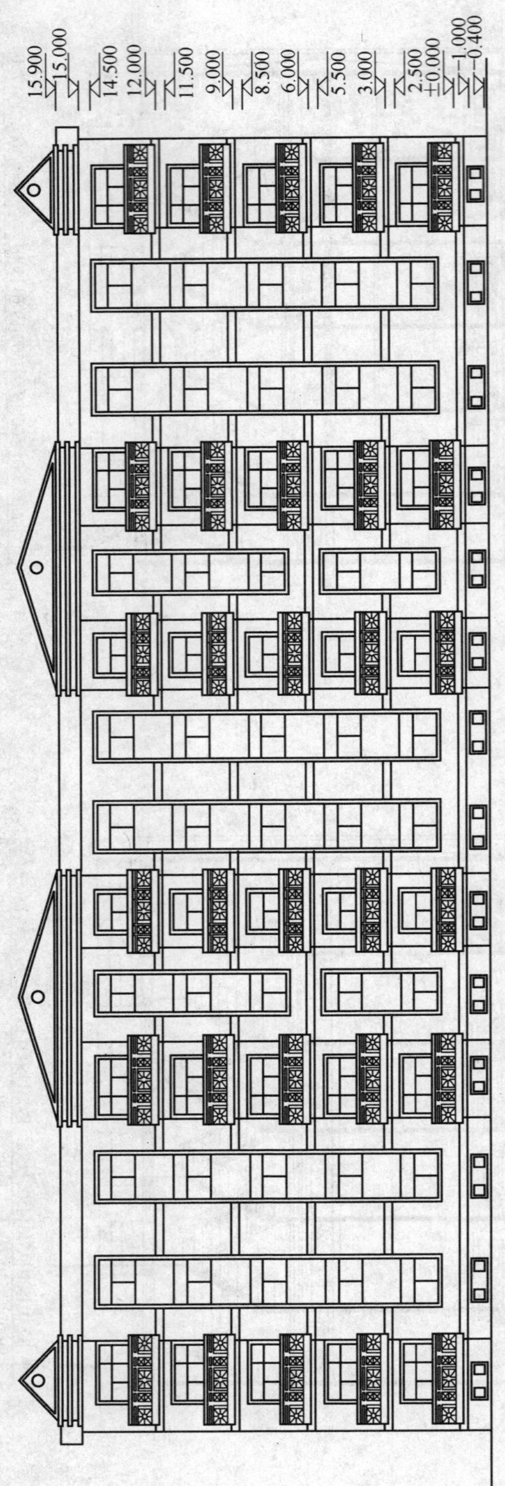

图1－70　单元组合立面图

第 2 章　建筑围护结构保温节能

2.1　新型建筑结构体系

2.1.1　3Z 新型混凝土砌块建筑体系

3Z 新型混凝土砌块建筑体系是一种适应村镇建设条件，集承重、保温隔热、防渗漏和装饰美于一身的砖混结构的最佳建筑体系。除标准砌块外，尚有装饰承重砌块、装饰砌块和保温空心砌块三大系列。3Z 砌块已通过部级监定并获准“多功能装饰砌块及砌体实用新型专利”。与砌墙比，其优点是：（1）墙体自重可减轻 12%～15%；（2）产品生产能耗可减少 20%～40%；（3）可增大住宅使用面积 5%；（4）与黏土砖墙化，每砌筑 1m^3 墙体，可减少取砖挂灰的劳动量 90%；（5）便于就地取材及利用工业废料，从而降低产品成本。（6）节约燃料，不破坏农田；（7）砌块的质感和色泽多样，有利于建筑美观。

1. 砌块尺寸系列及建筑物开间进深参数系列

（1）砌块尺寸（长×宽×高）系列：

1）装饰承重或承重砌块 90 系列（单位：mm）：

390×190×190　390×190×90——主砌块；

290×190×190　290×190×90——辅砌块；

190×190×190　190×190×90——辅砌块；

90×190×190　90×90×90——辅砌块。

2）装饰砌块 90 系列（单位：mm）：

390×90×190　390×90×90——主砌块；

290×90×190　290×90×90——辅砌块；

190×90×190　190×90×90——辅砌块。

（2）建筑开间进深参数系列，见表 2-1。

表 2-1　建筑开间进深参数系列　(m)

参数 名称 / 序号	开间	进深	说　明
1	6.6	5.1	综合结构上的安全要求和建筑上方便使用要求，高限取值为 6.6m、5.1m，低限取值为 6.0m、4.5m
2	6.3	4.8	
3	6.0	4.5	

2. 3Z 新型混凝土砌块体系主要技术规定

（1）上述 3Z 新型砌块尺寸系列符合我国建筑平面网格 3M 及竖向网格 1M 的规定。若平面网格改用 2M，则可减少砌块的产品规格，方便设计和施工。

（2）建筑物高度低于 15m 时，承重墙厚一律为 190mm。通过在墙体转角、相交、开口部位设置蕊柱，每层设置圈梁，以及配咬网片等措施，其抗震设防烈度可达 6～8 度。

（3）保温空心砌块主要用于屋顶保温、隔热；装饰承重砌块与内保温墙板复合；装饰砌块与保温板及承重普通砌块复合应用于寒冷地区外墙；装饰砌块与承重普通砌块复合应用于夏热冬冷地区外墙。

（4）基于不同色泽水泥及砂石的选配，通过生产过程中的劈裂、浮雕等多种表面处理，可生产出数十种色泽和质感各异的砌块产品，这就为创造丰富多彩的建筑美提供了有效的手段和条件。

3. 3Z 新型混凝土砌块体系平面网格大参数住宅方案示例

3Z 新型混凝土砌块体系平面网格大参数住宅方案示例（图 2-1）方案（*a*）～（*f*）具有与框架结构同样的灵活性和可变性。

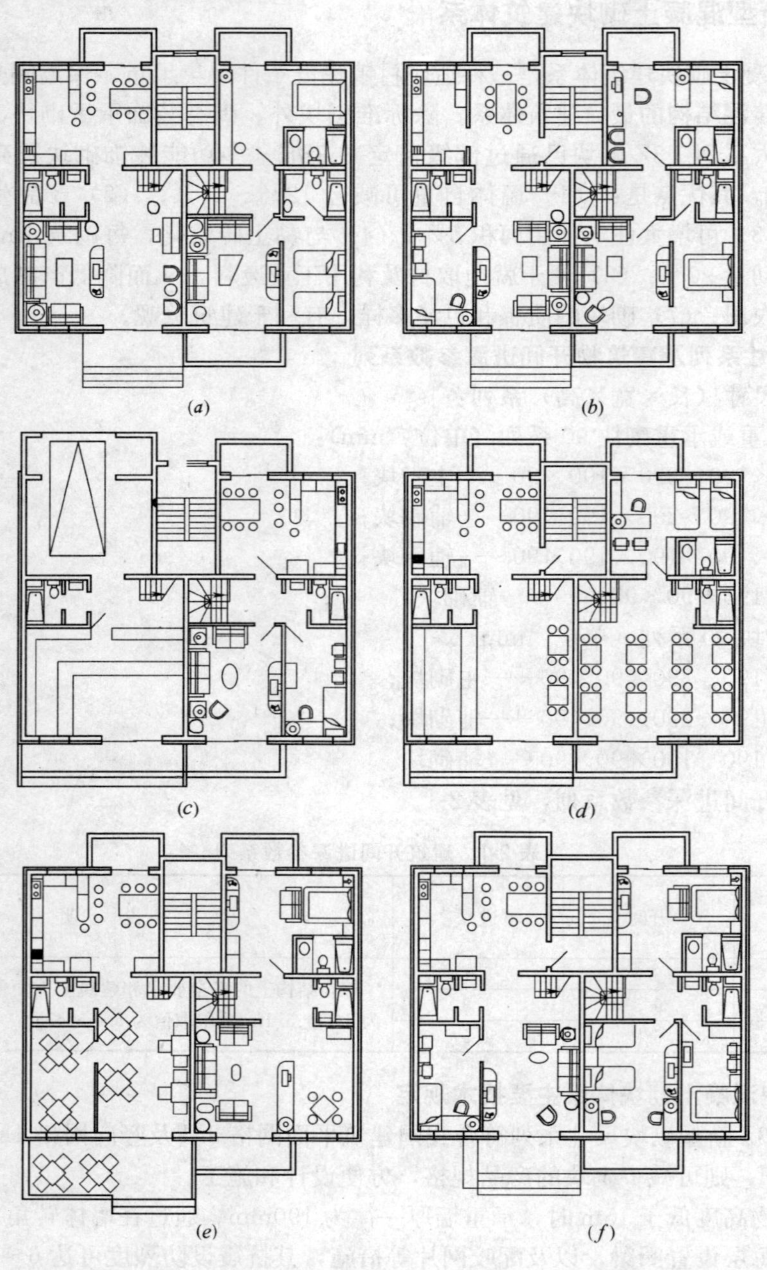

图 2-1　3Z 新型混凝土砌块体系住宅方案灵活可变性举例

2.1.2　钢结构绿色节能住宅建筑体系

1. 钢结构建筑的优点

(1) 抗震性能优于钢筋混凝土结构和砖混结构。混凝土属脆性材料，延性差，混凝土构件开裂后的承载力和变形能力将迅速降低。钢材具有良好的延性，在地震作用下钢结构的延性不仅能减弱地震反应，而且属于较理想的弹塑性结构，具有抵抗强烈地震的变形能力。

(2) 自重轻，能降低基础工程造价。与钢筋混凝土结构相比，两类结构的结构自重的比例为 2∶1，全部重力荷载的比例约为 1.5∶1，荷载值的差异很大，相应的地震作用数值也大为减少，基础荷载大为减轻，基础技术处理的难度以及基础工程造价等均得到很大减少。

(3) 可增加户内有效使用面积。与砖混结构和钢筋混凝土结构相比，钢结构的柱截面小，可增加使用面积 3%～5%，这对投资方来说将产生不小的经济效益。

(4) 建筑风格灵活、丰富。大开间设计，户内空间可多方案分隔，且充分的自然采光、通风以及合理的空间组织，满足用户的不同要求。

(5) 节能效果好。墙体采用轻型节能标准化预制墙板代替黏土砖，保温性能好，绿色环保。

(6) 施工周期短。钢结构的施工特点是钢构件在工厂制作，然后在现场安装，不需要大量支模、绑扎钢筋。钢结构的施工速度比砖混结构和钢筋混凝土快 30%～50%，施工周期短，投资回报早，资金利用率高。

(7) 环保型建筑，可再生利用。钢结构可回收再生利用，且施工现场湿作业少，噪声小，有利于环境治理和环保。

2. 钢结构住宅建筑节能性

钢结构住宅建筑设计能达到节能 65%的要求，具体设计时可从方案上遵循以下几条原则。

(1) 平面布置有利于自然通风，因此，条式建筑要比点式建筑好。

(2) 建筑物朝向可采用南北和接近南北向。

(3) 建筑物体形系数（即建筑物室外大气接触的外表面与其包围的体积之比）条形建筑不应超过 0.35，不宜超过 0.3；点式建筑不应超过 0.4，这就要求住宅平面设计时尽量减少凹凸部分。实测资料表明：当建筑物体型系数小于或等于 0.3 时，无论是采用内保温还是外保温墙体，都能实现 65%的节能要求。当体型系数大于 0.30 而达到 0.35 时，采用外墙外保温也能实现节能 65%的目标。

(4) 窗的面积不应过大，不同朝向有不同的窗墙比要求。最小热阻的维护结构窗墙比上限值为：北向为 0.20，东西向为 0.25（单层窗）或 0.30（双层窗），南向为 0.35。

(5) 多层住宅外窗采用平开，可设置活动外遮阳。

(6) 多层住宅的外窗及阳台门的气密性不应低于 3 级，高层不应低于 4 级，参见表 2-2。

(7) 围护结构各部分的传热系数 K 和热惰性指数 D 应符合不同地区节能指标，如表 2-3。

表 2-2　空气渗透性能的分级

空气渗透性能等级	1	2	3	4	5
空气渗透量 q[m³/(m·h·10Pa)]	$6.0 \geqslant q \geqslant 4.0$	$4.0 \geqslant q \geqslant 2.5$	$2.5 \geqslant q \geqslant 1.5$	$1.5 \geqslant q \geqslant 4.5$	$q \leqslant 0.5$

表 2-3 围护结构各部分热功指标

部位 \ 指标 \ 地区	严寒及寒冷地区	夏热冬冷地区	夏热冬暖地区
外墙	$K \leqslant Q$	$K \leqslant 1.5, D \nless 3.2$	$K \leqslant 2.2, D \nless 3.2$
屋顶		$K \leqslant 1.1, D \nless 3.2$	$K \leqslant 1.5, D \nless 3.2$
门窗		$K \leqslant 4.5$	$K \leqslant 4.5$

注：其中 Q 为严寒及寒冷地区各节能指标。

（8）对钢结构的热桥要阻隔。主要措施有：对建筑周边的梁柱要包敷，不要外露，要做隔热设计。

3. 钢结构住宅的围护结构

钢结构住宅的墙体应该是轻质材料组成的非承重的围护结构，它不仅要有一定的强度和耐久性，而且还要有保温、隔热、隔声和防潮等主要功能。

（1）轻质砌块填充墙体

钢框架结构采用轻质砌块填充作为围护结构，不仅技术可行，而且也最经济。

砌块填充钢框架时，要尽量减少钢构件的热桥效应，砌筑时沿钢柱（梁）外皮向外至少砌筑 50mm 以满足隔热要求，若做墙体外保温则更好。目前，可选用的轻质砌块有加气混凝土砌块、各种空心砖等。为防止墙体收缩裂缝，可布置钢丝网格和纤维网格于墙体表面，然后抹灰。

（2）复合型外墙板

复合外墙板要安全可靠、保温隔热、经久耐用、技术成熟、经济许可。安装接口错边咬槎，避免产生贯通裂缝；节点三向可调，配件标准化生产。

另外，楼板还是现浇钢筋混凝土为好，包括预制装配叠合楼板。它们不需要次梁和吊顶，又能免支模，既经济又能满足隔声和防火要求。低层住宅也可用 C 型钢搁栅加轻板。屋面宜为坡形。

4. 钢结构住宅体系

（1）低层建筑 C 型钢结构住宅体系

冷弯薄壁型钢结构装配式住宅体系主要由墙体、楼盖、屋盖及围护结构组成，一般适用于三层以下的独立或联排住宅。

冷弯薄壁型钢结构装配式住宅的构件采用 U 形（普通槽形）、C 形（卷边槽形）和 L 形（角形）截面形式。U 形截面用作顶梁、底梁或边梁，C 形截面用作梁柱构件，L 形截面用作连接件和过梁。冷弯薄壁型钢构件的截面形状合理，材料利用率高，用钢量省。

楼盖由密梁和楼面板组成，墙体结构由密柱和墙板组成，墙板为墙体提供侧向支撑作用，必要时应设置 X 形剪力支撑系统。屋盖也采用密梁体系，上铺屋面板，屋架由屋面斜梁和屋面横梁组成。为了保持屋架在安装和使用时的稳定性和整体性，屋架横梁和屋架斜梁均设置水平支撑，在屋架横梁和斜梁之间还设置斜支撑。构件连接的紧固件包括螺钉、普通钉子、射钉、拉铆钉、螺栓和扣件等。

（2）多层建筑 H 型钢框架体系

钢框架结构体系的节点必须是刚接的，若确实需要，内部的个别节点可以做成铰接，但必须有足够的刚性节点保持结构稳定。这些刚性节点将梁柱构成纵横的多层多跨刚架来传递水平力。水平力使柱产生弯矩，因此，框架柱的基础一定要做得牢固，且要具有整体性，如果是独立柱基，则应设置地梁将各独立基础联系在一起，不仅有利于抗倾覆，而且还有利于调节不均匀沉降。

有时候（或地区）水平力较大，使框架产生较大的侧向位移，如果用继续加大构件截面的方法来提高框架抗侧刚度则不经济。因此纯钢框架结构体系一般只适宜用做多层建筑（4～6 层）。

根据建筑平面图，结构构件布置应将梁柱沿墙走向，尽量使梁柱隐藏起来，使房间内不露或少露梁柱轮廓。尤其是在起居室（客厅）内不要横架一道钢梁。

在结构竖向布置时，可以考虑变截面柱，以节省用钢量。水平构件梁的大小沿高度各层基本不变，柱截面可仅变板厚而不变截面高度，从而避免了柱竖向偏心。

5. 钢结构住宅用钢量

用钢量参考指标，如表 2-4 所示（型钢）：

表 2-4　用钢量参考指标　　(kg/m^2)

设防烈度	6 层	12 层	18 层
6、7 度	40	45	50
8 度	45	50	55

6. 钢结构的防腐与涂装

（1）长效防腐

作为住宅建筑，不存在腐蚀性气体，因此，钢结构的防腐主要是做好防潮，并用涂层保护法加以限制钢材的锈蚀。设计中不应因考虑锈蚀而加大钢材截面的厚度。

涂层由防锈底漆和防腐面漆组成。防锈底漆最好用含金属的材料，例如富锌类漆，因为锌的电极电位比铁高，锌是个阳极，被电腐蚀，铁是阴极得到保护，即使不慎划伤漆膜，划痕处锈蚀可自己修复。防腐面漆能隔绝空气，保护底漆常效持久。再加上防火涂装层，室内钢结构的防腐能起到长效作用。在地基基础部分，把钢柱脚埋入混凝土中也是一种被动的保护形式之一。另外，从设计上防腐，在钢结构详图设计时，应优先采用表面平坦光滑的简单形状，便于防腐涂装的施工，也避免潮气易于集中的凹坑。对空心管材应设有封头板，而内部不要求防腐。

另外，也可用混凝土包裹或用热浸镀锌的方法防腐。

（2）表面处理

涂层的防护作用程度和防护时间长短取决于涂层质量，而涂层质量受到表面处理（防锈质量）、涂层厚度（涂装道数）、涂料品种、施工质量等因素的影响，这些因素的影响程度大致如表2-5所示。

表 2-5　各因素对涂层的影响　　(%)

因　素	影响程度	因　素	影响程度
表面处理(除锈)	49.5	涂料品种	4.9
涂层厚(涂装道数)	19.5	施工质量	26.5

钢材只有经过表面彻底清理去除铁锈、轧屑和油类等污染物，底层涂料才能永久地附着于钢材上并对它起有效的保护作用。除锈方法和等级见表 2-6。

表 2-6 除锈方法和除锈等级

除锈方法	除锈等级		质量标准
喷砂或抛丸除锈	Sa1	轻度除锈	只除去疏松轧制氧化皮、锈和附着物，无油脂或污垢
	Sa2	彻底除锈	轧制氧化皮、锈和附着物几乎都被除去，至少有 2/3 面积无任何可见残留物，无油脂和污垢
	Sa2.5	非常彻底除锈	轧制氧化皮、锈和附着物残留在钢材表面的痕迹已是点状或条状的轻微污痕，至少有 90%面积无任何可见残留物，无油脂或污垢
	Sa3	除锈出白	无可见的油脂、污垢、氧化皮、铁锈和附着物，表面显示出均匀的金属光泽
手工工具或手工机械除锈	St2	彻底除锈	同 Sa2
	St3	非常彻底除锈	同 Sa2.5

作为设计，首先要考虑与底漆相适应的除锈等级。各种底漆或防锈漆要求最低的除锈等级，见表 2-7。

表 2-7 底漆要求最低的除锈等级

涂料种类	除锈等级
油脂酚醛、醇酸类底漆或防锈漆	St2
高氯化聚乙烯、氯化橡胶、氯磺化聚乙烯、环氧树脂、聚氨酯等底漆或防锈漆	Sa2
无机富锌、有机硅、过氯乙烯等底漆	Sa2.5

国家规范规定将喷射除锈作为首选的除锈方法，而手工和动力工具除锈仅作为喷射除锈的补充手段。

(3) 涂料选用

涂料的品种繁多，性能和用途各异，涂料选用的正确与否对钢材防护效果影响很大。在进行涂装设计时应了解和掌握各类涂料的基本性能和适用条件，合理选用涂料的品种，一般原则是：

1) 底漆应选用防锈性能好、渗透性强的品种，且适用于除锈质量较低的涂装工程。我国目前工程上大量采用的是醇酸类和红丹类（包括铁红）防锈漆，也有少数使用富锌类防锈漆。富锌类漆是由大量的微细锌粉与少量的成膜基料组成。锌的电化学活性比钢铁高，在受到腐蚀时，有自我牺牲的作用，使钢铁受到保护，腐蚀产生的氧化锌又填充了空隙，使涂层更加致密，是目前较好的底漆品种，但价格也较贵，且除锈要求 Sa2 级（无机富锌为 Sa2.5 级）。面漆应选用光泽好、耐候性优良、施工性能好的品种，一般只有在钢构件外露时采用，室内有装修层或防火层可不用面漆。常用面漆种类有各色调和漆、磁漆、氯化橡胶和沥青漆等。

2) 选用面漆时要注意与底漆的配套性。防止发生互溶或咬底现象，如油性红丹漆不能以过氯乙烯漆作为面漆。

3) 要注意面漆的硬度应与底漆基本一致或略低些，否则会引起面漆的早期裂开。还要注意底漆耐高温性应高于或接近面漆的烘干温度。

(4) 涂层厚度

设计上一般规定两遍底漆、两遍面漆，干膜总厚度应为 100～150μm。涂层厚度应适当，过厚虽然可以增加防护能力，但附着力和力学性能有所降低，且费用过高；过薄易产生肉眼看不见的针孔和其他缺陷，起不到隔离环境的作用。涂层厚度用磁性测厚仪测定。

有防火要求的钢结构，钢结构表面可仅涂两遍防锈底漆，干膜总厚度应在 75～100μm，然后在其表面涂装防火涂料，起防火作用，也可保护底漆。

钢结构的有些部位是禁止漆装的，在设计图纸上应予以注明，如地脚螺栓和底板、高强螺栓摩擦接触面、埋入混凝土的部位。现场焊接部位及两侧 100mm 且要满足超声波探伤要求的范围。

7. 钢结构防火

钢结构耐火性能较差，与混凝土结构的耐火性能比较如表 2-8 所示。钢结构的耐火强度比钢筋混凝土结构低，且刚度下降较多，在发生火灾时，火场温度高达 800～1000℃，裸露的钢结构会发生较大的塑性变形而致使结构倒塌。因此，对钢结构必须加以保护以提高耐火时间从而把火灾损失降到最小。

表 2-8　钢、混凝土结构的耐火性能比较　℃

性能 \ 温度 \ 材料	钢材	混凝土
强度开始下降	300	300
强度下降到 50%	500	600(钢筋受热膨胀、混凝土剥落)
强度下降到 30%	600	700

（1）钢结构的防火性能

《高层民用建筑钢结构技术规程》（JGJ 99）将构件的耐火极限按其所在的高度位置提出不同的要求：下面的柱支撑上面的结构，如果下面的柱过早发生意外，则影响上面的结构安全，因此下面的柱要比上面的柱更重要。提出高层建筑钢结构构件的燃烧性能和耐火极限不应低于表 2-9 的规定：

表 2-9　建筑构件的燃烧性能和耐火极限

构件名称		燃烧性能和耐火极限/h	
		一级	二级
墙	防火墙	不燃烧体，3.00	不燃烧体，3.00
	承重墙、楼梯间墙、电梯井墙及单元之间的墙	不燃烧体，2.00	不燃烧体，2.00
	非承重墙、疏散走道两侧的隔墙	不燃烧体，1.00	不燃烧体，1.00
	房间的隔墙	不燃烧体，0.75	不燃烧体，0.50
柱	自楼顶算起(不包括楼顶的塔形小屋)15m 高度范围内的柱	不燃烧体，2.00	不燃烧体，2.00
	自楼顶以下 15m 算起至楼顶以下 55m 高度范围内的柱	不燃烧体，2.50	不燃烧体，2.00
	自楼顶以下 55m 算起在其以下高度范围内的柱	不燃烧体，3.00	不燃烧体，2.50
其他	梁	不燃烧体，2.00	不燃烧体，1.50
	楼板、疏散楼梯及吊顶承重构件	不燃烧体，1.50	不燃烧体，1.00
	抗剪支撑、钢板剪力墙	不燃烧体，2.00	不燃烧体，1.50
	吊顶(包括吊顶隔栅)	不燃烧体，0.25	难燃烧体，0.25

目前按现行国家防火规范设计的钢结构是完全可以满足实际防火能力的。

（2）钢结构的防火措施

一般来说，依靠适当的保护手段，钢结构构件可以达到任意要求的防火等级。

1）防火保护材料。

① 防火涂料：钢结构防火涂料是专门用于喷涂钢构件表面、能形成耐火隔热的保护层、以提高钢结构耐火极限的一种耐火材料。按其阻燃作用的原理可分为膨胀型和非膨胀型两种。

膨胀型防火涂料又称为薄涂型涂料，涂层厚度一般为 2～7mm，有一定的装饰效果，所含树脂和防火剂只有在受热时才起防护作用。

② 由厚板或薄板构成的外包层防火：这种防火板材常用的有石膏板、水泥蛭石板，硅酸

钙板和岩棉板等。使用时通过胶粘剂或紧固件固定在钢构件上，胶粘剂应在预计耐火时间内受热而不失去粘结作用。用板材包覆具有干法施工、不受气候条件限制、融防火保护和装修为一体的优点。但板的裁剪加工、安装固定，接缝处理等技术要求较高。

③ 外包混凝土保护层：它可以现浇成型，也可用喷涂法。通常要求在外包层内埋设钢丝网或用小截面钢筋加强，以限制收缩裂缝和遇火爆裂。H 型钢中若在翼缘间用混凝土或砖块填实，可大大增加钢构件的热容，火灾中可充分吸收热量，减慢钢柱的升温速度。

2）防火保护层厚度

防火保护材料选好后，确定保护层的厚度就显得十分重要。影响保护层厚度的因素很多，如钢构件的种类、截面形状和尺寸大小以及要求的耐火极限等，可参照有关规范或规程选用。

① 薄涂型和厚涂型防火涂料的耐火极限，如表 2-10 所示。

表 2-10 防火涂料耐火极限

耐火性能	防火涂料类别							
	有机薄涂型			无机厚涂型				
涂层厚度/mm	3	5.5	7	15	20	30	40	50
耐火极限/h	0.5	1.0	1.5	1.0	1.5	2.0	2.5	3.0

防火涂料产品应具有消防部门认可的、国家技术监督局检测机构检测后的耐火极限检测报告和理化性能检测报告，生产厂方须有消防监督部门核发的生产许可证、产品合格证和详细的使用说明。涂料的喷涂，应由经过培训合格的专业施工队伍进行施工。

② 有关钢构件的保护层厚度和耐火极限，见表 2-11。

表 2-11 钢构件保护层厚度和耐火极限

构件名称		耐火极限/h
无保护层的钢柱		0.25
有保护层的钢柱：		
(1)用普通黏土砖作保护层，其厚度为：	12cm	2.85
(2)用陶粒混凝土作保护层，其厚度为：	10cm	3.00
(3)用 C20 混凝土作保护层，其厚度为：		
	10cm	2.85
	5cm	2.00
	2.5cm	0.80
(4)用加气混凝土作保护层，其厚度为：		
	4cm	1.00
	5cm	1.40
	7cm	2.00
	8cm	2.30
(5)用金属网抹 M5 砂浆作保护层，其厚度为：		
	2.5cm	0.80
	5cm	1.30
无保护层的钢梁		0.25
(1)用厚涂型钢结构防火涂料保护的钢梁，其保护厚度为：		
	1.5cm	1.0
	2cm	1.5
	3cm	2.0
	4cm	2.5
	5cm	3.0
(2)用薄涂型钢结构防火涂料保护的钢梁，其保护厚度为：		
	0.55cm	1.00
	0.70cm	1.50

由于新型防火材料和新技术的引进和开发，钢构件防护保护层厚度的设计，宜直接采用试验构件的耐火试验数据。

2.2　新型墙体材料工程施工技术与质量验收

2.2.1　适用于新农村建设的新型墙体材料

新型墙体材料是指近年来生产的用于承重和非承重墙体，用以替代传统的既毁耕地耗能又高的黏土实心砖（普通砖）和以黏土为主要原料的墙体材料。新型墙体材料产品不仅要适应建筑功能的改善和建筑节能的要求，还应能满足不同建筑结构和不同档次建筑的需要，低能耗、低污染、高性能、高强度、多功能、系列化、能够提高施工效率。

适用于新农村房屋建筑的新型墙体材料，主要有 KP1（模数）多孔砖、空心砖、蒸压加气混凝土砌块、轻集料混凝土小型空心砌块、混凝土夹心聚苯板和填充保温材料的夹心砌块等。

新型墙体材料具有重量轻、力学性能好、保温隔热性能优的特点，同时用于生产新型墙体材料的原材料大部分是工业废料或其他非黏土资源，在建筑使用中也基本接近黏土实心砖（普通砖）。新型墙体材料的保温隔热性能基本上都能满足目前节能标准要求。在建筑构造中还可以采用夹心墙填充保温材料或采用外墙外保温等结构方式，以进一步提高其保温节能的性能。

2.2.2　新型墙体材料的技术性能

1. KP1（模数）多孔砖

KP1（模数）多孔砖是以黏土、页岩、煤矿石、粉煤灰等为主要原料，经过焙烧而成，孔多小而密，孔洞率≥25%，可用于承重墙体，是一种替代黏土实心砖（普通砖）的新型产品，具有节约土地资源，减轻墙体自重和减少能耗的功效。适用于多层住宅及相近似的建筑工程。

目前北京和华北、西北地区有 KP1（P 型）多孔砖和模数（DM 型或 M 型）多孔砖两大类。KP1 多孔砖在使用上更接近普通砖，模数多孔砖则在推进建筑产品规范化、提高效益等方面具有优势。用户可在建筑中根据实际情况选用。

（1）模数多孔砖和 KP1 多孔砖的性能指标，见表 2-12、表 2-13。

表 2-12　模数多孔砖砖型系列及主要性能指标

砖　型	规格/mm	孔洞率/%	强　度	重量/kg	平均导热系数/（W/m·K）
DM1—1	190×240×90	29.5	MU10 MU15	5.3	<0.60
DM1—2		30.5	MU10 MU15	5.2	<0.60
DM2—1	190×190×90	27.4	MU10 MU15	4.3	<0.60
DM2—2	190×190×90	32.3	MU10 MU15	4.0	<0.60
DM3—1	190×140×90	28.1	MU10 MU15	3.2	<0.60
DM3—2		28.6	MU10 MU15	3.1	<0.60
DM4—1	190×90×90	25.0	MU10 MU15	2.1	≤0.61
DM4—2		28.5	MU10 MU15	2.0	<0.60
DMP	190×90×40	0		1.9	（配砖）

表 2-13　KP1 多孔砖砖型及主要性能指标

砖　型	规格/mm	孔洞率/%	强　度	重量/kg	平均导热系数/（W/m·K）
KP1—1	240×115×90	25.1	MU10 MU15	3.4	≤0.60
KP1—2		29.1	MU10 MU15	3.2	<0.60
KP—P1	180×115×90	25.7	MU10 MU15	2.6	<0.60
KP—P2		27.7	MU10 MU15	2.5	<0.60

注：1. 砖的外观质量与物理、力学性能应符合《烧结多孔砖》GB 13544 的要求；

2. 模数多孔砖 190mm 厚墙体耐火极限>2h，空气隔声>45dB；

3. 表中：—1 为圆形孔，—2 为长方形孔。

（2）模数多孔砖和 KP1 多孔砖的砖型，见图 2-2。

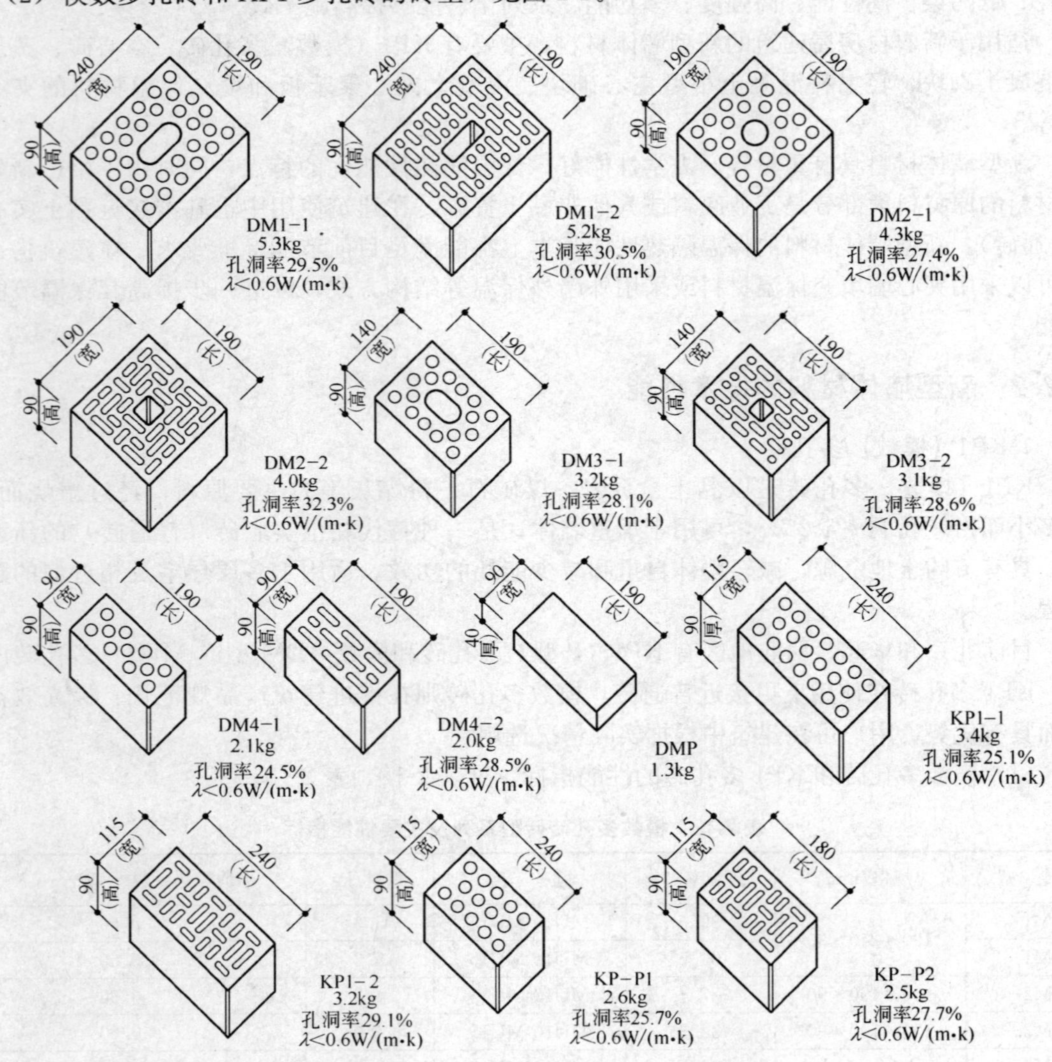

图 2-2　模数、KP1 多孔砖砖型

注：1. 模数多孔砖有四种砖型、两种孔型，即 DM1、DM2、DM3、DM4；—1 为圆孔，—2 为长方形孔；DMP 为配砖。KP1 型多孔砖有两种孔型，—1 为圆孔，—2 为长方形孔；KP-P 为“七分砖”，应优先选用长孔型砖；

2. 图中每块黏土多孔砖重量为估重；λ 为平均导热系数；

（3）模数多孔砖墙体热工性能指标，见表 2-14。

表 2-14　模数多孔砖墙体冬季夏季热工性能指标

墙厚/mm	砖型	砌法	孔洞率/%	图例	单面抹灰		双面抹灰	
					保温性能	隔热性能	保温性能	隔热性能
200	DM2-2	单砌	31.5	①　②　④	$\sum R=0.37$ $R_{\text{o夏}}=0.53$ $R_{\text{o冬}}=0.52$ $K_{\text{夏}}=1.89$ $K_{\text{冬}}=1.92$	$\sum D=2.97$ $V_o=10.88$ $\zeta_o=7.36$ $V_i=1.89$ $\zeta_i=1.49$	$\sum R=0.39$ $R_{\text{o夏}}=0.55$ $R_{\text{o冬}}=0.54$ $K_{\text{夏}}=1.82$ $K_{\text{冬}}=1.85$	$\sum D=3.20$ $V_o=13.28$ $\zeta_o=7.98$ $V_i=1.89$ $\zeta_i=1.49$
250	DM4-2 DM3-2 DM1-2 DM2-1	组合 单砌	26.6 29 30.9	①　②　④	$\sum R=0.45$ $R_{\text{o夏}}=0.61$ $R_{\text{o冬}}=0.60$ $K_{\text{夏}}=1.64$ $K_{\text{冬}}=1.67$	$\sum D=3.68$ $V_o=17.73$ $\zeta_o=9.73$ $V_i=1.89$ $\zeta_i=1.49$	$\sum R=0.47$ $R_{\text{o夏}}=0.63$ $R_{\text{o冬}}=0.62$ $K_{\text{夏}}=1.59$ $K_{\text{冬}}=1.61$	$\sum D=3.83$ $V_o=19.8$ $\zeta_o=9.68$ $V_i=1.89$ $\zeta_i=1.49$
300	DM2-2 DM4-2	组合	31.5 26.6	①　②　④	$\sum R=0.55$ $R_{\text{o夏}}=0.71$ $R_{\text{o冬}}=0.70$ $K_{\text{夏}}=1.41$ $K_{\text{冬}}=1.43$	$\sum D=4.40$ $V_o=29.6$ $\zeta_o=11.22$ $V_i=1.89$ $\zeta_i=1.49$	$\sum R=0.57$ $R_{\text{o夏}}=0.73$ $R_{\text{o冬}}=0.72$ $K_{\text{夏}}=1.37$ $K_{\text{冬}}=1.39$	$\sum D=4.63$ $V_o=35.4$ $\zeta_o=11.84$ $V_i=1.89$ $\zeta_i=1.49$
350	DM2-2 DM3-2 DM4-2 DM1-2	组合 组合	31.5 29 26.6 30.9	①　②　④	$\sum R=0.66$ $R_{\text{o夏}}=0.82$ $R_{\text{o冬}}=0.81$ $K_{\text{夏}}=1.22$ $K_{\text{冬}}=1.23$	$\sum D=5.27$ $V_o=55.69$ $\zeta_o=13.75$ $V_i=1.89$ $\zeta_i=1.49$	$\sum R=0.68$ $R_{\text{o夏}}=0.84$ $R_{\text{o冬}}=0.83$ $K_{\text{夏}}=1.19$ $K_{\text{冬}}=1.20$	$\sum D=5.50$ $V_o=64.21$ $\zeta_o=14.28$ $V_i=1.89$ $\zeta_i=1.49$
400	DM3-2 DM1-2	组合	29 30.9	①　②　④	$\sum R=0.86$ $R_{\text{o夏}}=1.02$ $R_{\text{o冬}}=1.01$ $K_{\text{夏}}=0.98$ $K_{\text{冬}}=0.99$	$\sum D=3.85$ $V_o=170.22$ $\zeta_o=17.84$ $V_i=1.89$ $\zeta_i=1.49$	$\sum R=0.88$ $R_{\text{o夏}}=1.04$ $R_{\text{o冬}}=1.03$ $K_{\text{夏}}=0.96$ $K_{\text{冬}}=0.97$	$\sum D=7.08$ $V_o=196.25$ $\zeta_o=18.55$ $V_i=1.89$ $\zeta_i=1.49$
360	DM4-2　90 保温层 30 DM1-2　240	复合	26.6 30.9	①②③　②　④	$\sum R=1.26$ $R_{\text{o夏}}=1.42$ $R_{\text{o冬}}=1.41$ $K_{\text{夏}}=0.70$ $K_{\text{冬}}=0.71$		$\sum R=1.28$ $R_{\text{o夏}}=1.44$ $R_{\text{o冬}}=1.43$ $K_{\text{夏}}=0.69$ $K_{\text{冬}}=0.70$	
390	DM4-2　90 保温层 60 DM1-2　240	复合	26.6 30.9	①②③　②　④	$\sum R=1.74$ $R_{\text{o夏}}=1.90$ $R_{\text{o冬}}=1.89$ $K_{\text{夏}}=0.53$ $K_{\text{冬}}=0.53$		$\sum R=1.76$ $R_{\text{o夏}}=1.92$ $R_{\text{o冬}}=1.91$ $K_{\text{夏}}=0.52$ $K_{\text{冬}}=0.52$	

注：1. 外墙隔热设计标准：在房间自然通风情况下，建筑物的东、西外墙的内表面最高温度应满足下式要求：

$$\theta_{i.\max}\leqslant t_{e.\max}$$

式中：　$\theta_{i.\max}$—内表面最高温度（℃）；

$t_{e.\max}$—夏季室外计算温度（℃），见《民用建筑热工设计规范》(GB 50176)。

2. 表中符号：R—热阻（$m^2\cdot K/W$）；R_o—传热阻（$m^2\cdot K/W$）；K—传热系数（$W/m^2\cdot K$）；D—热惰性指标；V_o—衰减倍数；ζ_o—延迟时间（h）；V_i—内表面衰减倍数；ζ_i—内表面延迟时间（h）。

3. 图中代号：①—外 20mm 厚水泥砂浆；　②—多孔砖；　③—岩棉、聚苯板等保温层（$\lambda\leqslant 0.045$）；　④—内 20mm 厚石灰砂浆。

（4）KP1 多孔砖墙体热工性能指标，见表 2-15。

表 2-15　KP1 多孔砖墙体冬季夏季热工性能指标

墙厚 /mm	砖型	砌法	孔洞率 /%	图例	单面抹灰		双面抹灰	
					保温性能	隔热性能	保温性能	隔热性能
240	KP1-1 KP1-2 KP3-3	组合	25.1 25.8 27.1	①　②　④	$\sum R=0.43$ $R_{o\text{夏}}=0.59$ $R_{o\text{冬}}=0.58$ $K_{\text{夏}}=1.69$ $K_{\text{冬}}=1.72$	$\sum D=3.45$ $V_o=15.38$ $\zeta_o=8.66$ $V_i=1.89$ $\zeta_i=1.49$	$\sum R=0.45$ $R_{o\text{夏}}=0.61$ $R_{o\text{冬}}=0.60$ $K_{\text{夏}}=1.64$ $K_{\text{冬}}=1.67$	$\sum D=3.68$ $V_o=17.73$ $\zeta_o=9.37$ $V_i=1.89$ $\zeta_i=1.49$
370	KP1-1 KP1-2 KP1-3	组合	25.1 25.8 27.1	①　②　④	$\sum R=0.66$ $R_{o\text{夏}}=0.82$ $R_{o\text{冬}}=0.81$ $K_{\text{夏}}=1.22$ $K_{\text{冬}}=1.23$	$\sum D=5.27$ $V_o=55.69$ $\zeta_o=13.57$ $V_i=1.89$ $\zeta_i=1.49$	$\sum R=0.68$ $R_{o\text{夏}}=0.84$ $R_{o\text{冬}}=0.83$ $K_{\text{夏}}=1.19$ $K_{\text{冬}}=1.20$	$\sum D=5.50$ $V_o=64.21$ $\zeta_o=14.28$ $V_i=1.89$ $\zeta_i=1.49$
405	KP1 115 保温层 50 KP1 240		25.8 27.1	①　②　③　②　④	$\sum R=1.42$ $R_{o\text{夏}}=1.58$ $R_{o\text{冬}}=1.57$ $K_{\text{夏}}=0.63$ $K_{\text{冬}}=0.64$		$\sum R=1.44$ $R_{o\text{夏}}=1.60$ $R_{o\text{冬}}=1.59$ $K_{\text{夏}}=0.62$ $K_{\text{冬}}=0.63$	

注：1. 外墙隔热设计标准：在房间自然通风情况下，建筑物的东、西外墙的内表面最高温度应满足下式要求：

$$\theta_{i.max} \leqslant t_{e.max}$$

式中：$\theta_{i.max}$—内表面最高温度（℃）；

$t_{e.max}$—夏季室外计算温度（℃），见《民用建筑热工设计规范》（GB 50176）。

2. 表中符号：R—热阻（$m^2 \cdot K/W$）；R_o—传热阻（$m^2 \cdot K/W$）；K—传热系数（$W/m^2 \cdot K$）；D—热惰性指标；V_o—衰减倍数；ζ_o—延迟时间（h）；V_i—内表面衰减倍数；ζ_i—内表面延迟时间（h）。

3. 图中代号：①—外 20mm 厚水泥砂浆；②—多孔砖；③—岩棉、聚苯板等保温层（$\lambda \leqslant 0.045$）；④—内 20mm 厚石灰砂浆。

2. 蒸压加气混凝土砌块

蒸压加气混凝土砌块主要是将 70%左右的粉煤灰与定量的水泥、生石灰胶结料、铝粉、石膏等按配比混合均匀，加入定量水，经搅拌成浆后注入模具发气成型，经静停固化后切割成坯体，再经高压蒸养固化而成制品，是一种新型多孔轻质墙体材料。

蒸压加气混凝土砌块的特点是热阻大、重量轻，具有良好的防火、隔热、保温、隔声性能；同时该产品表面平整，尺寸精准，可大大节省砌筑砂浆，提高施工质量和施工速度，可以作为承重和非承重的墙体结构材料。由于蒸压加气混凝土产品的原材料 70%是粉煤灰，是工业废料，因此，蒸压加气混凝土制品在实现保护环境、节约能源、改革墙体、提高室内环境舒适度的建筑业持续发展战略目标中起着重要的作用。

（1）适用范围

1）适用于工业与民用建筑，用作非承重墙体。如多层住宅的外墙、框架结构的填充墙以及各种建筑体系的非承重内隔墙。

2）作保温材料，适用于以下部位：屋面、地面、楼面以及与易于产生“热桥”部位的构件复合，也可用作墙体的外保温材料。

3）加气混凝土砌块如不采取有效的措施，不宜在以下部位使用：

① 长期浸水或经常干湿循环交替的部位；

② 受化学环境侵蚀，如强酸、强碱或高浓度二氧化碳等的环境；

③ 制品表面经常处于 80℃以上的高温环境；

④ 易受局部冻融部位。

（2）适用地区

1）适用于全国各气候区，如用做单一墙体材料或保温隔热材料，其厚度应根据当地节能标准要求，经计算决定。

2）适用于 6～8 度地震设防区和非地震地区。

（3）产品规格

蒸压加气混凝土砌块的规格尺寸，见表 2-16，

表 2-16　砌块公称尺寸　(mm)

<table>
<tr><th colspan="3">砌块公称尺寸</th><th colspan="3">砌块制作尺寸</th></tr>
<tr><th>长度 L</th><th>宽度 B</th><th>高度 H</th><th>长度 L_1</th><th>宽度 B_1</th><th>高度 H_1</th></tr>
<tr><td rowspan="2">600</td><td>100
125
150
200
250
300</td><td rowspan="2">200
250
300</td><td rowspan="2">$L-10$</td><td rowspan="2">B</td><td rowspan="2">$H-10$</td></tr>
<tr><td>120
180
240</td></tr>
</table>

加气混凝土砌块按尺寸偏差与外观质量、体积密度和抗压强度分为优等品、一等品和合格品三个等级。表 2-17 列出了加气混凝土砌块对尺寸偏差和外观的要求。

表 2-17　加气混凝土尺寸偏差和外观

<table>
<tr><th colspan="3" rowspan="2">项　目</th><th colspan="3">指　标</th></tr>
<tr><th>优等品(A)</th><th>一等品(B)</th><th>合格品(C)</th></tr>
<tr><td rowspan="3">尺寸允许偏差/mm</td><td>长度</td><td>L_1</td><td>±3</td><td>±4</td><td>±5</td></tr>
<tr><td>宽度</td><td>B_1</td><td>±2</td><td>±3</td><td>±3
−4</td></tr>
<tr><td>高度</td><td>H_1</td><td>±2</td><td>±3</td><td>±3
−4</td></tr>
<tr><td rowspan="3">缺棱掉角</td><td colspan="2">个数，不多于/个</td><td>0</td><td>1</td><td>2</td></tr>
<tr><td colspan="2">最大尺寸不得大于/mm</td><td>0</td><td>70</td><td>70</td></tr>
<tr><td colspan="2">最小尺寸不得大于/mm</td><td>0</td><td>30</td><td>30</td></tr>
<tr><td colspan="3">平面弯曲不得大于/mm</td><td>0</td><td>3</td><td>5</td></tr>
<tr><td rowspan="3">裂　纹</td><td colspan="2">条数(不多于)/条</td><td>0</td><td>1</td><td>2</td></tr>
<tr><td colspan="2">任一面上的裂纹长度不得大于裂纹方向尺寸的</td><td>0</td><td>1/3</td><td>1/2</td></tr>
<tr><td colspan="2">贯彻一棱二面的裂纹长度不得大于裂纹所在面的裂纹方向尺寸总和的</td><td>0</td><td>1/3</td><td>1/3</td></tr>
<tr><td colspan="3">爆裂、黏模和损坏深度(不得大于)/mm</td><td>10</td><td>20</td><td>30</td></tr>
<tr><td colspan="3">表面疏松、层裂</td><td colspan="3">不允许</td></tr>
<tr><td colspan="3">表面油污</td><td colspan="3">不允许</td></tr>
</table>

(4) 抗压强度

蒸压加气混凝土可按抗压强度和体积密度分级。按强度分为七个级别，按体积密度分为六个级别。砌块的抗压强度应符合表 2-18 的规定，砌块的强度级别应符合表 2-19 的规定。

表 2-18 砌块的抗压强度 (MPa)

强度级别	立方体抗压强度	
	平均值不小于	单块最小值不小于
A1.0	1.0	0.8
A2.0	2.0	1.6
A2.5	2.5	2.0
A3.5	3.5	2.8
A5.0	5.0	4.0
A7.5	7.5	6.0
A10.0	10.0	8.0

表 2-19 砌块的强度等级

体积密度级别		B03	B04	B05	B06	B07	B08
强度级别	优等品(A)	A1.0	A2.0	A3.5	A5.0	A7.5	A10.0
	一等品(B)			A3.5	A5.0	A7.5	A10.0
	合格品(C)			A2.5	A3.5	A5.0	A7.5

(5) 密度

砌块的干体积密度应符合表 2-20 的规定。

表 2-20 砌块的干体积密度 (kg/m^3)

体积密度级别		B03	B04	B05	B06	B07	B08
体积密度	优等品(A)≤	300	400	500	600	700	800
	一等品(B)≤	330	430	530	630	730	830
	合格品(C)≤	350	450	550	650	750	850

(6) 干燥收缩、抗冻性和导热系数

砌块的干燥收缩、抗冻性和导热系数（干态）应符合表 2-21 的规定。

表 2-21 干燥收缩、抗冻性和导热系数

体积密度级别			B03	B04	B05	B06	B07	B08
干燥收缩值	标准法≤	mm/m	0.50					
	快速法≤		0.80					
抗冻性	质量损失(%)≤		5.0					
	冻后强度(MPa)≥		0.8	1.6	2.0	2.8	4.0	6.0
导热系数(干态)W/(m·K)≤			0.10	0.12	0.14	0.16	—	—

注：1. 规定采用标准法、快速法测定砌块干燥收缩值，若测定结果发生矛盾不能判定时，则以标准法测定的结果为准。

2. 用于墙体的砌块，允许不测导热系数。

(7) 热物理系数

加气混凝土的热物理参数见表 2-22。

表 2-22　蒸压加气混凝土材料导热系数和蓄热系数计算值

围护结构类别		干密度 ρ_0 /（kg/m³）	重量含水量（6%条件下）		灰缝影响系数	灰缝及潮湿影响系数	计算值	
			导热系数 λ /（W/m·K）	蓄热系数 S_{st} /（W/m²·K）			导热系数 λ /（W/m·K）	蓄热系数 S_{st} /（W/m²·K）
单一结构		B03	0.12	2.03	1.25	—	0.15	2.54
		B04	0.13	2.42	1.25	—	0.16	3.03
		B05	0.16	2.81	1.25	—	0.20	3.51
		B06	0.19	3.20	1.25	—	0.24	4.00
		B07	0.22	3.59	1.25	—	0.28	4.49
复合结构	铺设在密闭屋面内	B03	0.12	2.03	—	1.5	0.18	3.05
		B04	0.13	2.42	—	1.5	0.20	3.63
		B05	0.16	2.81	—	1.5	0.24	4.22
		B06	0.19	3.20	—	1.5	0.29	4.80
		B07	0.22	3.59	—	1.5	0.33	5.39
复合结构	浇注在混凝土构件中	B03	0.12	2.03	—	1.6	0.19	3.23
		B04	0.13	2.42	—	1.6	0.21	3.87
		B05	0.16	2.81	—	1.6	0.26	4.50
		B06	0.19	3.20	—	1.6	0.30	5.42
		B07	0.22	3.59	—	1.6	0.35	5.74

注：1. 该表系根据《加气混凝土砌块产品标准》提供的数据得出；
2. 蒸压加气混凝土砌块热物理参数以系统检测数据为准；
3. 该表数据适用于满足《加气混凝土砌块产品标准》要求的加气混凝土砌块产品。

（8）耐火性能

加气混凝土耐火性能，见表 2-23。

表 2-23　加气混凝土耐火性能

材　料	规格/mm	耐火评定
加气混凝土砌块	厚度 75	2.50h
	厚度 100	3.75h
	厚度 150	5.75h
	厚度 200	8.00h
加气混凝土墙板	6000×150×600	1.25h
	3300×150×600	1.25h

注：以上容重为 500kg/m³ 水泥、矿渣、砂、加气混凝土的耐火性能。

（9）不同级别砌块复合外墙保温做法选用，见表 2-24～表 2-27。

表 2-24　B03 级蒸压加气混凝土砌块应用于空心砖外墙外保温

保温层厚度 /mm	外墙总厚度 /mm	主体热阻 /(m²·K/W)	主体传热系数 /(W/m²·K)	热惰性指标	构　造　做　法
100	370	1.27	0.79	5.34	1. 15mm 厚水泥砂浆抹灰(内表面)； 2. 240mm 厚 KP1 或其他非黏土空心砖； 3. B03 级加气混凝土砌块； 4. 15mm 厚专用砂浆抹灰(外表面)
150	420	1.60	0.63	6.19	
200	470	1.93	0.52	7.03	
250	520	2.27	0.44	7.88	
300	570	2.60	0.88	8.73	

注：本表按 B03 级蒸压加气混凝土导热系数计算值 0.15W/m·K 计算。

表 2-25　B04 级蒸压加气混凝土砌块应用于空心砖外墙外保温

保温层厚度/mm	外墙总厚度/mm	主体热阻/(m^2·K/W)	主体传热系数/(W/m^2·K)	热惰性指标	构造做法
100	370	1.22	0.82	5.54	1. 15mm 厚水泥砂浆抹灰(内表面)； 2. 240mm 厚 KP1 或其他非黏土空心砖； 3. B04 级加气混凝土砌块； 4. 15mm 厚专用砂浆抹灰(外表面)
150	420	1.53	0.65	6.49	
200	470	1.85	0.54	7.43	
250	520	2.16	0.46	8.38	
300	570	2.47	0.40	9.33	

注：本表按 B04 级蒸压加气混凝土导热系数计算值 0.16W/m·K 计算。

表 2-26　B03 级蒸压加气混凝土砌块应用于混凝土空心砌块墙外保温

保温层厚度/mm	外墙总厚度/mm	主体热阻/(m^2·K/W)	主体传热系数/(W/m^2·K)	热惰性指标	构造做法
100	320	1.05	0.95	2.63	1. 15mm 厚水泥砂浆抹灰(内表面)； 2. 190mm 厚混凝土空心砌块； 3. B03 级加气混凝土砌块； 4. 15mm 厚专用砂浆抹灰(外表面)
150	370	1.38	0.72	3.48	
200	420	1.72	0.58	4.33	
250	470	2.05	0.49	5.17	
300	520	2.38	0.42	6.02	

注：本表按 B04 级蒸压加气混凝土导热系数计算值 0.15W/m·K 计算。

表 2-27　B04 级蒸压加气混凝土砌块应用于混凝土空心砌块墙外保温

保温层厚度/mm	外墙总厚度/mm	主体热阻/(m^2·K/W)	主体传热系数/(W/m^2·K)	热惰性指标	构造做法
100	320	1.01	0.99	2.83	1. 15mm 厚水泥砂浆抹灰(内表面)； 2. 190mm 厚混凝土空心砌块； 3. B04 级加气混凝土砌块； 4. 15mm 厚专用砂浆抹灰(外表面)
150	370	1.32	0.76	3.78	
200	420	1.63	0.61	4.73	
250	470	1.94	0.51	5.68	
300	520	2.26	0.44	6.62	

注：本表按 B05 级蒸压加气混凝土导热系数计算值 0.16W/m·K 计算。

(10) 蒸压加气混凝土砌块屋面保温做法及性能，见表 2-28。

表 2-28　蒸压加气混凝土砌块复合屋面保温性能

构造做法	保温材料厚度/mm		传热阻/(m^2·K/W)	传热系数/(W/m^2·K)	热惰性指标
	加气块	聚苯板			
1. 防水层； 2. 20mm 厚 1∶3 水泥砂浆找平层； 3. 保温层(B03 蒸压加气混凝土砌块)； 4. 15mm 厚水泥砂浆面层； 5. 平均 80mm 厚轻骨料混凝土找坡层； 6. 110mm 厚钢筋混凝土屋面板	100	40	1.79	0.56	4.73
	100	50	2.00	0.50	4.81
	100	60	2.21	0.45	4.88
	100	70	2.42	0.41	4.96
	100	80	2.63	0.38	5.03
	100	100	3.04	0.33	5.18

注：本表按蒸压加气混凝土砌块 $\lambda=0.12\times1.5=0.18$ 计算，适用于寒冷及严寒地区。

3. 轻集料混凝土小型空心砌块

轻集料混凝土小型空心砌块是以水泥作胶凝材料，骨料是以各种陶粒、陶砂、煤渣、浮石、自然煤矸石等为粗骨料，加入适量的掺合料、外加剂，用水搅拌经机械振动成型的新型墙体材料。产品具有重量轻、力学性能好、保温隔热性能好等特点。适用于全国不同气候区，一般可用来做框架结构填充的内隔墙和外填充墙。

(1) 轻集料混凝土小砌块及配套规格

1) 290mm 宽系列砌块规格，见表 2-29。

表 2-29 290mm 宽轻集料混凝土小型空心砌块规格

砌块系列	规格编号	代号	规格尺寸/mm (长×宽×高)	单排孔块形示意	三排孔块形示意	备注
290宽度系列	K432A	432A	390×290×190	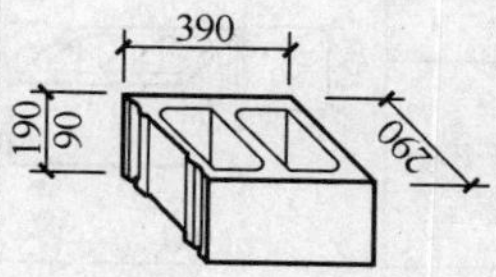 390, 190, 90, 290	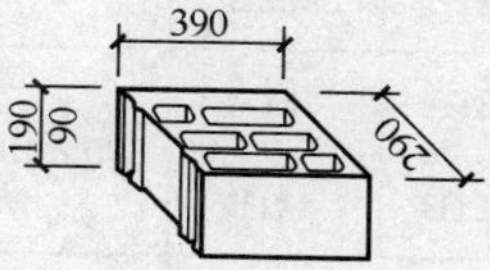 390, 190, 90, 290	一端面设槽
	K432B	432B				二端面设槽
	K431A	431A	390×290×90			一端面设槽
	K431B	431B				二端面设槽
	K332A	332A	290×290×190	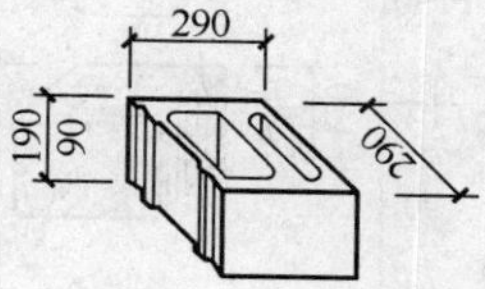 290, 190, 90, 290	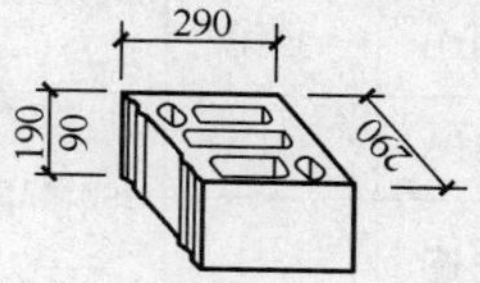 290, 190, 90, 290	一端面设槽
	K332B	332B				二端面设槽
	K331A	331A	290×290×90			一端面设槽
	K331B	331B				二端面设槽
	K232A	232A	190×290×190	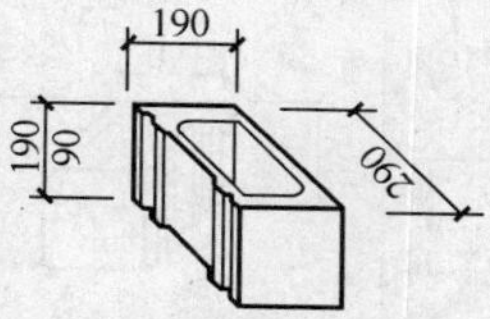 190, 190, 90, 290	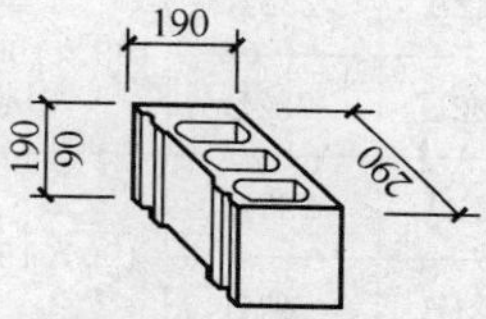 190, 190, 90, 290	一端面设槽
	K232B	232				二端面设槽
	K231A	231A	190×290×90			一端面设槽
	K231B	231B				二端面设槽

注：1. 小砌块的长，宽，高在规格编号中按标志尺寸（构造尺寸加砌筑灰缝厚度）确定；

2. 290 宽度的单排孔系列规格宜用于砌筑防火墙。

2) 240mm 宽系列砌块规格，见表 2-30。

表 2-30 240mm 宽轻集料混凝土小型空心砌块规格

砌块系列	规格编号	代号	规格尺寸/mm (长×宽×高)	单排孔块形示意	三排孔块形示意	备注
240宽度系列	K42.52A	42.52A	390×240×190	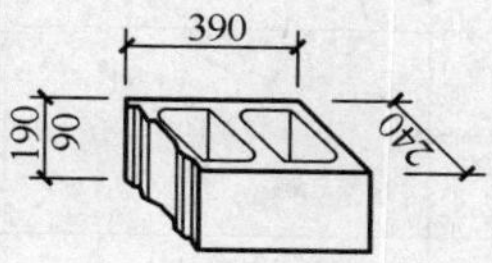 390, 190, 90, 240	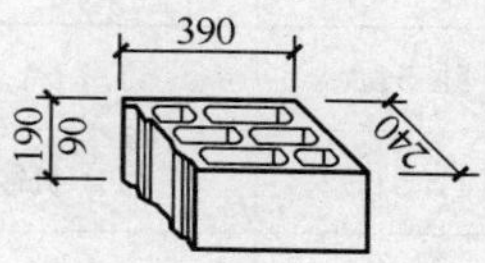 390, 190, 90, 240	一端面设槽
	K42.52B	42.52B				二端面设槽
	K42.51A	42.51A	390×240×90			一端面设槽
	K42.51B	42.51B				二端面设槽
	K32.52A	32.52A	290×240×190	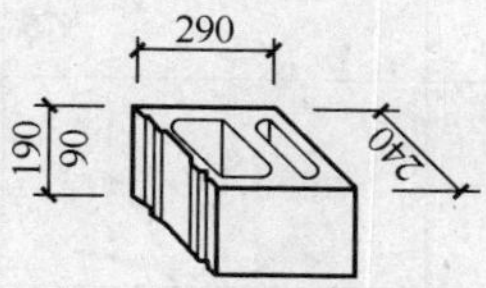 290, 190, 90, 240	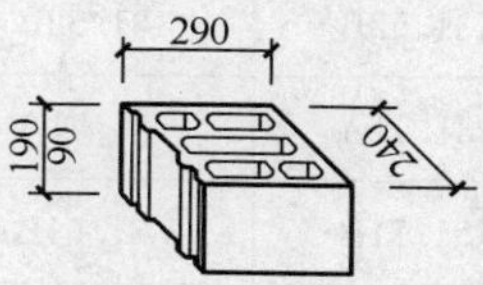 290, 190, 90, 240	一端面设槽
	K32.52B	32.52B				二端面设槽
	K32.51A	32.51A	290×240×90			一端面设槽
	K32.51B	32.51B				二端面设槽
	K22.52A	22.52A	190×240×190	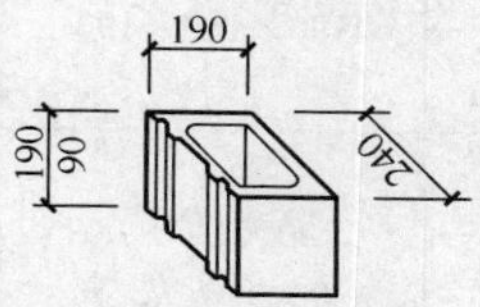 190, 190, 90, 240	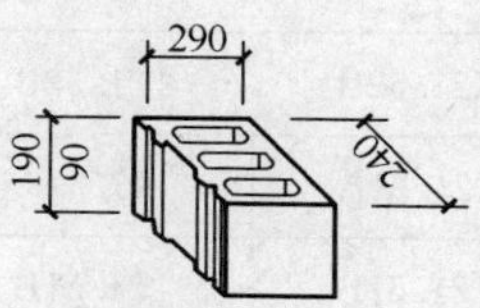 290, 190, 90, 240	一端面设槽
	K22.52B	22.52B				二端面设槽
	K22.51A	22.51A	190×240×90			一端面设槽
	K22.51B	22.51B				二端面设槽

注：例如规格编号内的 K42.5A 中，数字 2.5 为 240 宽度系列小砌块的标志尺寸。

3）190mm 宽系列砌块规格，见表 2-31。

表 2-31　190mm 宽轻集料混凝土小型空心砌块规格

砌块系列	规格编号	代号	规格尺寸/mm（长×宽×高）	单排孔块形示意	二排孔块形示意	备注
190宽度系列	K422A	422A	390×190×190	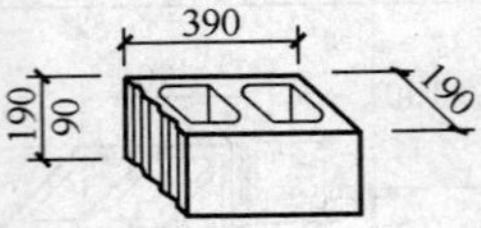	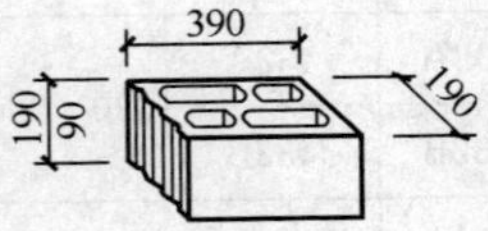	一端面设槽
	K422B	422B				二端面设槽
	K421A	421A	390×190×90			一端面设槽
	K421B	421B				二端面设槽
	K322A	322A	290×190×190	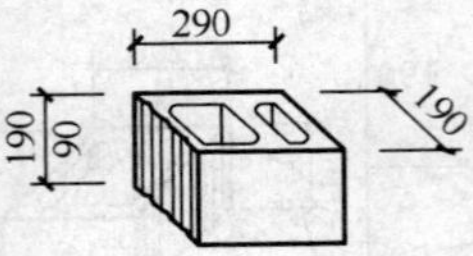	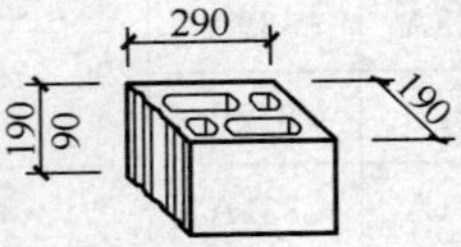	一端面设槽
	K322B	322B				二端面设槽
	K321A	321A	290×190×90			一端面设槽
	K321B	321B				二端面设槽
	K222A	222A	190×190×190	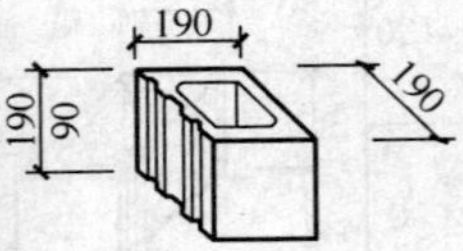	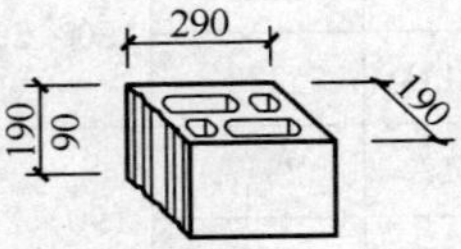	一端面设槽
	K222B	222B				二端面设槽
	K221A	221A	190×190×90			一端面设槽
	K221B	221B				二端面设槽

4）140mm 宽系列砌块规格，见表 2-32。

表 2-32　140mm 宽轻集料混凝土小型空心砌块规格

砌块系列	规格编号	代号	规格尺寸/mm（长×宽×高）	块形示意	备注
140宽度系列	K41.52A	41.52A	390×140×190	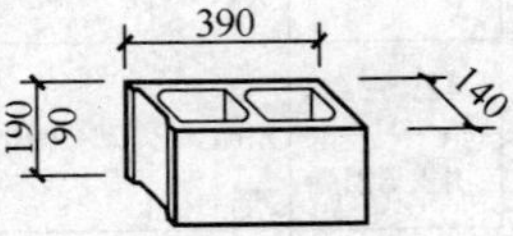	一端面设槽
	K41.52B	41.52B			二端面设槽
	K41.51A	41.51A	390×140×90		一端面设槽
	K41.51B	41.51B			二端面设槽
	K31.52A	31.52A	290×140×190	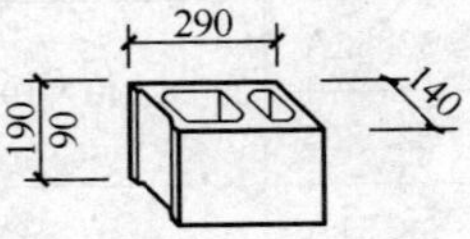	一端面设槽
	K31.52B	31.52B			二端面设槽
	K31.51A	31.51A	290×140×90		一端面设槽
	K31.51B	31.51B			二端面设槽
	K21.52A	21.52A	190×140×190	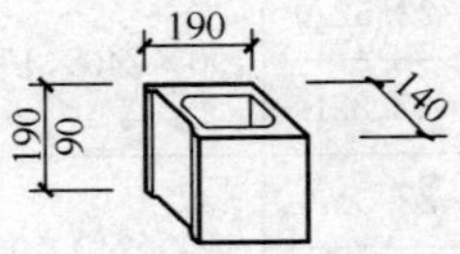	一端面设槽
	K21.52B	21.52B			二端面设槽
	K21.51A	21.51A	190×140×90		一端面设槽
	K21.51B	21.51B			二端面设槽

注：例如规格编号的 K41.52A 中数字 1.5 为 140 宽度系列小砌块的标志尺寸。

5）90mm 宽系列砌块规格，见表 2-33。

表 2-33　90mm 宽轻集料混凝土小型空心砌块规格

砌块系列	规格编号	代号	规格尺寸/mm（长×宽×高）	块形示意	备注
90宽度系列	K412A	412A	390×90×190	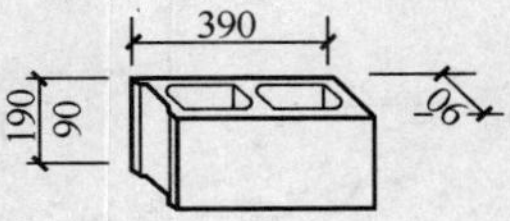 390; 190; 90; 90	一端面设槽
	K412B	412B			二端面设槽
	K411A	411A	390×90×90		一端面设槽
	K411B	411B			二端面设槽
	K312A	312A	290×90×190	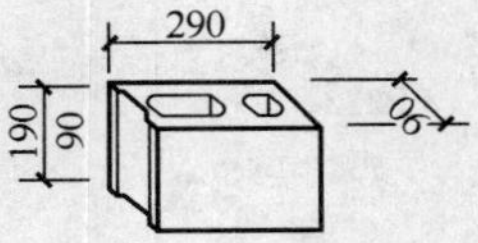 290; 190; 90; 90	一端面设槽
	K312B	312B			二端面设槽
	K311A	311A	290×90×90		一端面设槽
	K311B	311B			二端面设槽
	K212A	212A	190×90×190	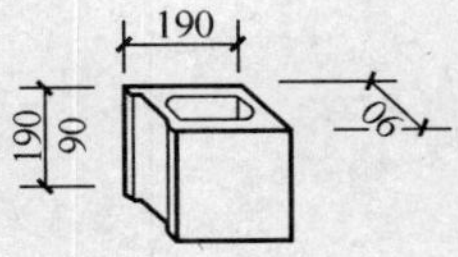 190; 190; 90; 90	一端面设槽
	K212B	212B			二端面设槽
	K211A	211A	190×90×90		一端面设槽
	K211B	211B			二端面设槽

6）190mm 砌块配套块（芯柱块）规格，见表 2-34。

表 2-34　190mm 宽配套块（芯柱块）规格

砌块系列	规格编号	代号	芯柱块块形示意
190宽度系列配套块（一）	X422	X4	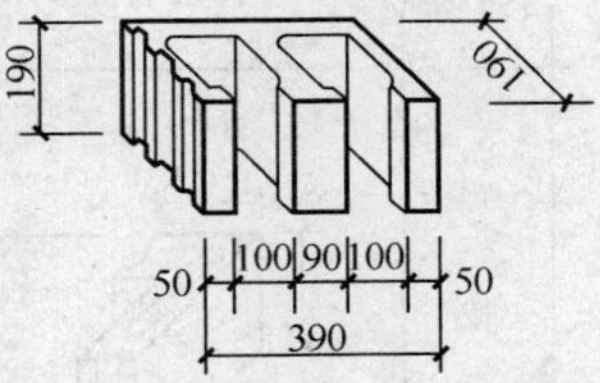 190; 190; 50; 100; 90; 100; 50; 390
	X422A	X4A	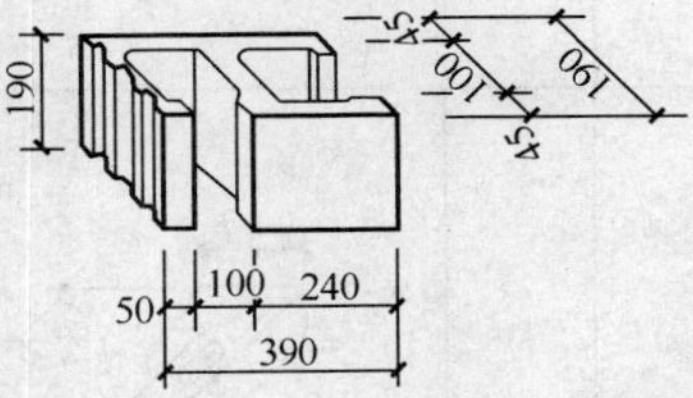 190; 45; 100; 45; 190; 50; 100; 240; 390
	X222	X2	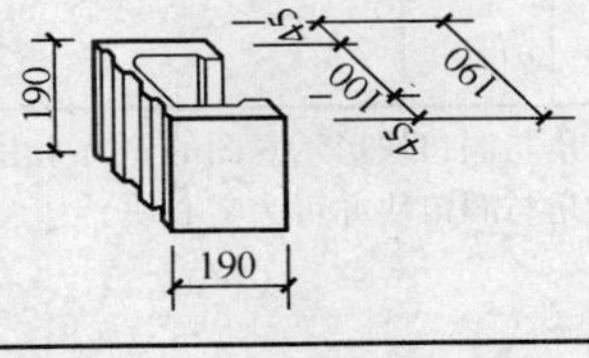 190; 45; 100; 45; 190; 190

7）190mm 宽砌块配套块（配筋带块）规格，见表 2-35。

表 2-35　190mm 宽配套块（配筋带块）规格

砌块系列	规格编号	代号	配筋带块块形示意
190宽度系列配套块（二）	P422	P4	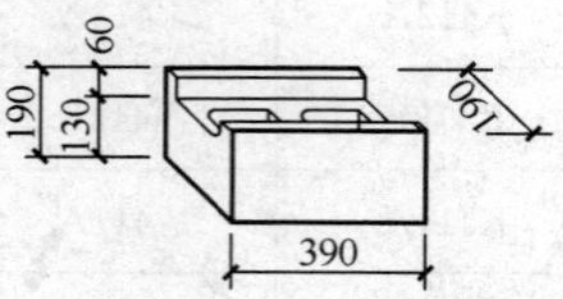 60 190 130 190 390
	P322	P3	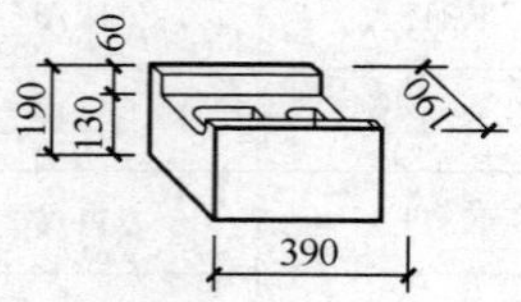 60 190 130 190 390
	P222	P2	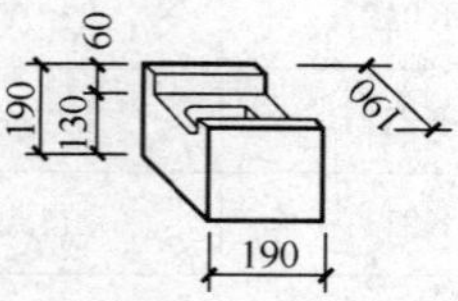 60 190 130 190 190

注：配筋带块可以在施工现场根据需要采用不同宽度系列的小砌块切割肋而成；

8）90mm 宽砌块配套块（转角块和洞口块）规格，见表 2-36。

表 2-36　90mm 宽配套块（转角块和洞口块）规格

砌块系列	规格编号	代号	转角块块形示意	规格编号	代号	洞口块块形示意
90宽度系列配套块	J312	J2	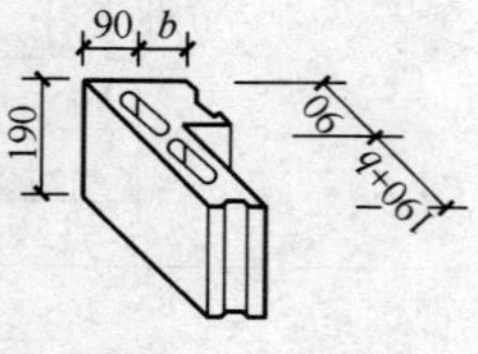 90 b 190 90 190+b	D412	D4	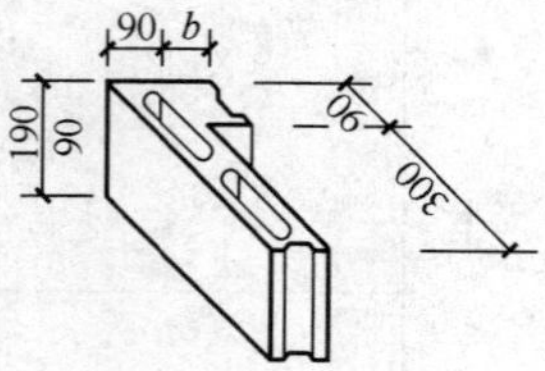 90 b 190 90 90 300
	J311	J1	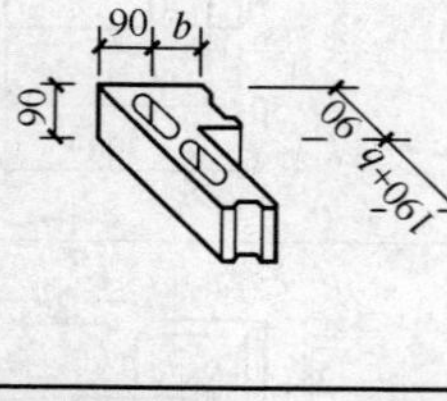 90 b 90 90 190+b	D211	D2	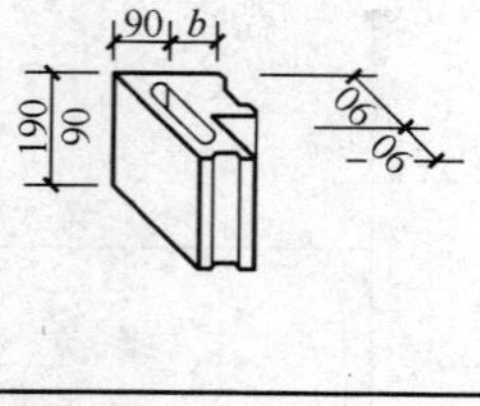 90 b 190 90 90

注：1. 转角与洞口块形示意图的 b 尺寸由各地外墙保温或隔热要求确定；

2. 转角与洞口块亦可为实心块。

（2）轻集料混凝土小砌块技术指标，见表 2-37

表 2-37　轻集料混凝土小砌块性能技术指标

砌块宽度 /mm	空心率 /%	强度等级 /Mu	主体传热系数 /(W/m²·K)	主体热阻 /(m²·K/W)	隔声量 /dB	耐火极限 /h
90	22.3	3.5	2.67	0.224	46	1.42
140	36.9	3.5	2.51	0.282	48	1.98
190	50.4	5.0	1.54	0.5	50	2.25
240	47.9	3.5	4.23	0.66	45	2.92
290	50.4	3.5	1.25	0.65	54	>4.0

注：1. 各项测试值除砌块厚 240mm 的为三排孔外，其他均是单排孔。
2. 隔声、耐火极限测试值包括砌体内外 20mm 厚抹灰层。

（3）轻集料混凝土小砌块外墙热工性能，见表 2-38

表 2-38　轻集料混凝土小砌块外墙热工性能

序号	外墙构造图	砌块宽度 /mm	外墙计算厚度 /mm	主体热阻 $/R_P$	主体传热系数 $/K_P$	外墙平均传热系数 $/K_m$	热惰性指标 $/D$	备注
1	外 内 3 2 1 1. 10mm 厚保温砂浆 2. 二排孔砌块 3. 20mm 厚水泥砂浆	190	220	0.61	1.32	1.40	2.0	外露柱（梁、柱等冷桥部位内抹保温砂浆 20mm 厚）
2	外 内 3 2 1 1. 20mm 厚石灰砂浆 2. 三排孔砌块 3. 20mm 厚水泥砂浆	240	280	0.71	1.17	1.31	2.7	外露柱（梁、柱等冷桥部位内抹保温砂浆 20mm 厚）
3	外 内 3 2 1 1. 20mm 厚保温砂浆 2. 三排孔砌块 3. 20mm 厚水泥砂浆	290	330	0.95	0.91	1.16	2.6	外露柱（梁、柱等冷桥部位内抹保温砂浆 20 厚）
4	外 内 3 2 1 1. 20mm 厚石灰砂浆 2. 三排孔砌块 3. 20mm 厚水泥砂浆	240	280	0.71	1.17	1.22	2.7	半包柱（梁、柱等冷桥部位内抹保温砂浆 10mm 厚）

续表

序号	外墙构造图	砌块宽度/mm	外墙计算厚度(mm)	主体热阻/R_P	主体传热系数/K_P	外墙平均传热系数/K_m	热惰性指标/D	备注
5	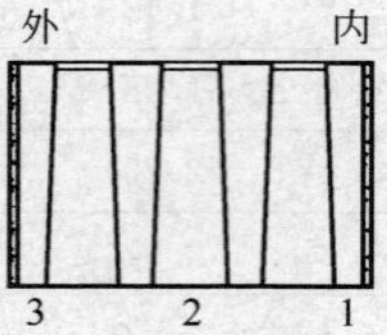 外 内 3 2 1 1. 20mm 厚保温砂浆 2. 三排孔砌块 3. 20mm 厚水泥砂浆	290	330	0.95	0.91	1.03	2.6	半包柱(梁、柱等冷桥部位内抹保温砂浆15mm厚)
6	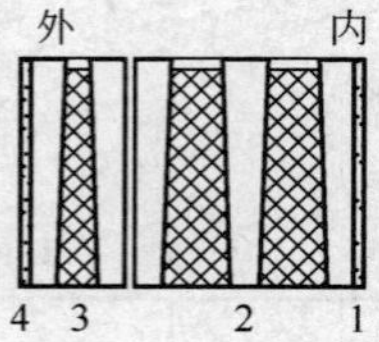 外 内 4 3 2 1 1. 20mm 厚石灰砂浆 2. 二排孔砌块 3. 一排孔砌块 4. 20mm 厚水泥砂浆	插聚苯 190+10+90 不插聚苯	330	1.50 0.74	0.61 1.12	0.79 1.18	4.1 3.2	半包柱(梁、柱等冷桥部位内抹保温砂浆10mm厚)
7	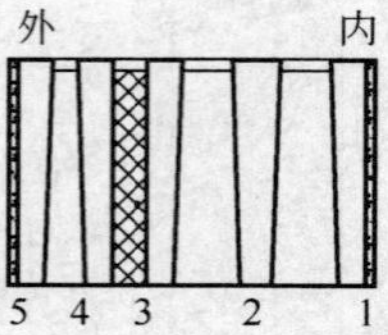 外 内 5 4 3 2 1 1. 20mm 厚石灰砂浆 2. 二排孔砌块 3. 60mm 厚聚苯板 4. 一排孔砌块 5. 20mm 厚水泥砂浆	190+60+90	380	2.05	0.46	0.48	3.7	
8	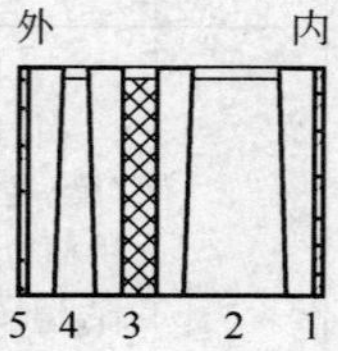 外 内 5 4 3 2 1 1. 20mm 厚石灰砂浆 2. 一排孔砌块 3. 40mm 厚发泡材料 4. 一排孔砌块 5. 20mm 厚水泥砂浆	140+40+90	310	1.89	0.49	0.49	3.3	
9	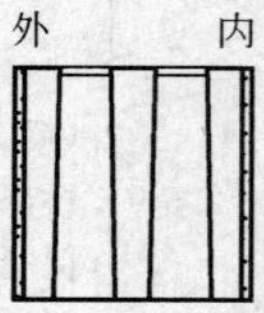 外 内 1. 10mm 厚保温砂浆 2. 二排孔砌块 3. 20mm 厚水泥砂浆	190	220	0.61	1.32		2.0	全包柱
10	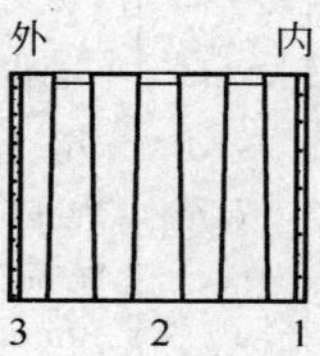 外 内 3 2 1 1. 20mm 厚石灰砂浆 2. 三排孔砌块 3. 20mm 厚水泥砂浆	290	330	0.72	1.15		2.6	全包柱

续表

序号	外墙构造图	砌块宽度/mm	外墙计算厚度/mm	主体热阻/R_P	主体传热系数/K_P	外墙平均传热系数/K_m	热惰性指标/D	备　注
11	外　内 1. 20mm 厚石灰砂浆 2. 二排孔砌块 3 一排孔砌块 4. 20mm 厚水泥砂浆 4　3　2　1	插聚苯 190＋10 ＋90 不插聚苯	330	1.50 0.74	0.61 1.12		4.1 3.2	半包柱
12	外　内 1. 20mm 厚石灰砂浆 2. 一排孔砌块 3. 40mm 厚发泡材料 4. 一排孔砌块 5. 20mm 厚水泥砂浆 5　4　3　2　1	发泡材料 140＋40 ＋90 聚苯板	310	1.89 1.43	0.49 0.63		3.3 2.9	半包柱

注：1. 外墙热工性能计算是以盲孔轻集料混凝土小砌块示例的密度 $\gamma=750\sim800\text{kg/m}^3$，抗压强度为 3.5MPa，$\lambda=0.53\text{W/(m·K)}$，$S=7.25\text{W/(m}^2\text{·K)}$。

2. 保温砂浆采用胶粉聚苯颗粒保温材料，密度＜230kg/m^3，$\lambda_{干}\leqslant0.06\text{W/(m·K)}$，$\lambda_{计算}=0.08\text{W/(m·K)}$，$S=0.964\text{W/(m}^2\text{·K)}$

3. 外墙的砌块强度等级应选用≥Mu5.0。

4. 聚苯板的密度为 $18\sim20\text{kg/m}^3$，$\lambda_{计算}=0.046\text{W/(m·K)}$，$S=0.4\text{W/(m}^2\text{·K)}$

5. 发泡材料为氮尿素发泡保温材料，$\gamma=12\text{kg/m}^3$，$\lambda_{计算}=0.03\text{W/(m·K)}$，$S=0.2\text{W/(m}^2\text{·K)}$。

6. 计算时，平均传热可取主体传热系数。

3. 混凝土小型空心砌块及夹心砌块

普通混凝土小型空心砌块是以水泥、砂、碎石或卵石、水等预制而成，其主规格尺寸为 390mm×190mm×190mm，单排孔（一般为单排孔）或多排孔，通孔或盲孔，孔洞率在 25%～50%，可用作内外承重与非承重墙体的多层住宅。

但是，由于单一的普通混凝土小型空心砖块的热导率大，保温隔热性能差，其建筑热工性能达不到建筑节能设计标准。因此，普通混凝土小型空心砌块作为墙体材料时，一般通过在外层增加聚苯板保温层或在混凝土砌块的空心处放入发泡聚苯乙烯板、发泡聚苯乙烯颗粒或其他保温材料，使混凝土砌块在具有承重和装饰功能的基础上增加砌块的热阻，具有保温隔热的功能，可广泛应用于工业与民用建筑的承重结构，完全替代实心黏土砖（烧结普通砖）。

（1）普通混凝土空心砌块技术性能，见表 2-39。

表 2-39　普通混凝土小砌块性能技术指标

砌块宽度/mm	空心率/%	强度等级/Mu	主体传热系数/(W/m²·K)	主体热阻/(m²·K/W)	隔声量/dB	耐火极限/h
90	22.3	15.3	3.13	0.17	40	1.37
140	36.9	10.0	2.63	0.23	45	1.65
190	47.4	10.0	1.82	0.40	52	2.93
290	50.4	10.0	1.67	0.45	52	4.00

注：1. 各项测试值除砌块厚 240mm 的为三排孔外，其他均是单排孔。

2. 隔声、耐火极限测试值包括砌体内外 20mm 厚抹灰层。

(2) 混凝土夹心聚苯砌块技术性能

混凝土夹心聚苯砌块是在混凝土砌块空心处插入或填入保温材料，砌块的力学性能指标应符合国家标准要求，其热阻（单排孔 190mm）应大于 0.31m²·K/W，以提高混凝土小型空心砌块砌体的保温隔热性能，混凝土夹心聚苯砌块砌体热工性能，见表 2-40。

表 2-40 混凝土夹心砌块砌体热工性能

孔中材料		孔中材料导热系数/(W/m·K)	孔型	厚度/mm	热阻/(m²·K/W)	热惰性指标/D_b
插入	25mm 模塑聚苯板	0.04	单排孔	190	0.32	1.66
	25mm 硬质矿棉板	0.05	单排孔	190	0.33	1.70
	30mm 矿棉毡	0.05	单排孔	190	0.31	1.66

(3) 砌体结构夹心发泡保温材料

在砌筑好的普通混凝土空心砌块墙中（可以是双层砌块夹层墙或其他形式的夹层墙）注入发泡绝缘材料，使混凝土砌块墙体具有保温隔热作用。发泡绝缘材料的主要成分是氮尿素、树脂和发泡乳液，产品阻燃性能好，不含或释放对人体健康有害的氯氟碳。

适用于砌块结构的民用和工业建筑的保温隔热，隔声和防火工程，以及用于各种工业与民用建筑的框架结构的外墙和填充墙。设计或施工时将砌块的热工性能与发泡材料的热工性能综合考虑，以保证墙体的保温隔热性能达到国家节能标准要求。发泡材料的技术性能指标见表 2-41。

表 2-41 发泡保温材料技术性能指标

导热系数/(W/m²·K)	密度/(kg/m³)	耐火极限/h	隔声/dB
0.0298～0.045	12.2～13	＞4	53

(4) 普通混凝土空心砌块外墙保温构造，见表 2-42。

表 2-42 普通混凝土空心砌块外墙构造及热工指标

序号	外墙构造	保温层厚度 δ/mm	外墙总厚度/mm	热惰性指标/D	外墙主体部位 热阻/R_p	外墙主体部位 传热系数/K_p	外墙平均传热系数/K_m
1	5δ 190 20 1. 水泥砂浆 2. 单排孔砌块 3. 聚苯板 4. 增强层 4 3 2 1 聚苯板外保温	30	245	1.81	0.88	0.97	0.98
		40	255	1.89	1.10	0.80	0.81
		50	265	1.97	1.32	0.68	0.69
		60	275	2.05	1.54	0.59	0.59
		70	285	2.13	4.76	0.52	0.53
		80	295	2.21	1.98	0.47	0.47
2	10δ 190 20 1. 水泥砂浆 2. 单排孔砌块 3. 水泥聚苯板 4. 增强层 4 3 2 1 水泥聚苯板外保温	50	270	2.47	0.71	1.16	1.18
		60	280	2.65	0.81	1.04	1.06
		70	290	2.83	0.91	0.94	0.95
		80	300	3.01	1.01	0.86	0.87
		90	310	3.19	1.11	0.79	0.80
		100	320	3.37	1.21	0.74	0.75

续表

序号	外墙构造		保温层厚度 δ /mm	外墙总厚度 /mm	热惰性指标 /D	外墙主体部位		外墙平均传热系数 /K_m
						热阻 /R_p	传热系数 /K_p	
3	20δ 190 20 4 3 2 1 加气混凝土外保温	1. 水泥砂浆	125	355	3.57	0.71	1.16	1.17
		2. 单排孔砌块	150	380	3.97	0.81	1.04	1.05
		3. 加气混凝土	175	405	4.37	0.91	0.94	0.95
		4. 水泥砂浆	200	430	4.77	1.01	0.86	0.86
4	20 90 δ_2 δ_1 190 20 6 5 4 3 2 1 夹芯保温		δ1　δ2					
		1. 水泥砂浆	30　70	420	2.87	1.10	0.80	0.87
		2. 单排孔砌块	40　60	420	2.99	1.30	0.69	0.76
		3. 岩棉板	50　50	420	3.11	1.50	0.61	0.68
		4. 空气层	60　40	420	3.23	1.70	0.54	0.62
		5. 单排孔砌块	70　30	420	3.35	1.89	0.49	0.57
		6. 水泥砂浆	80　20	420	3.46	2.08	0.45	0.53
			100　0	420	3.70	2.32	0.40	0.48

注：1. 表中单排孔，双排孔砌块外墙中，砌块本身的热阻分别为 0.17 和 0.20（$m^2 \cdot K/W$）。其中各项数据供比较用。

2. 表中外墙平均传热系数指考虑了抗震柱，圈梁等周边热桥影响后的外墙传热系数。

3. 表中夹芯空间宽度以 100mm 为例，不需异形砌块配合，但设置了空气层。也可以保温材料厚度作为夹芯空间宽度，不设空气层，但需异形砌块配合。

2.2.3　新型墙体材料施工技术及质量验收

1. 砌体工程构造

(1) KP1（模数）多孔砖墙体组砌形式

1) 墙体排砖，见图 2-3～图 2-6。

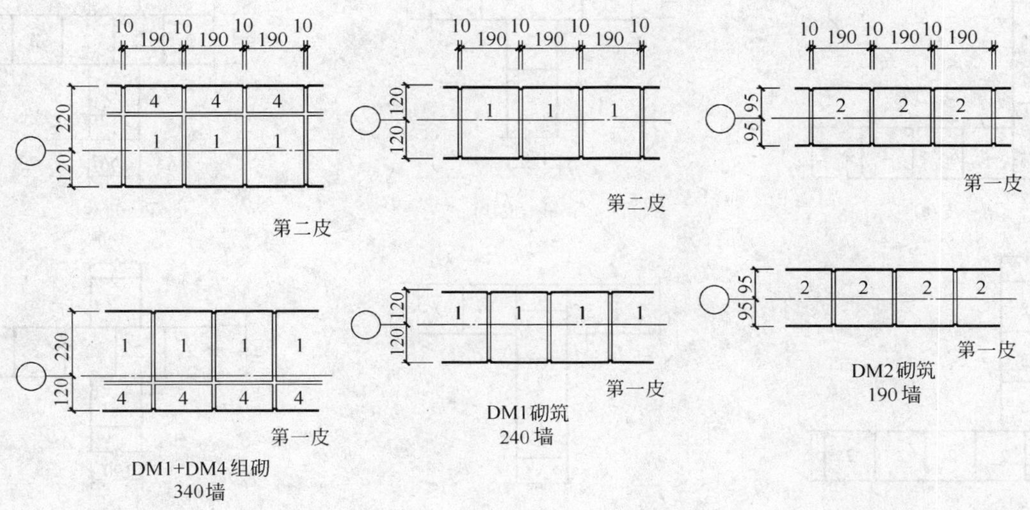

图 2-3　平面排砖

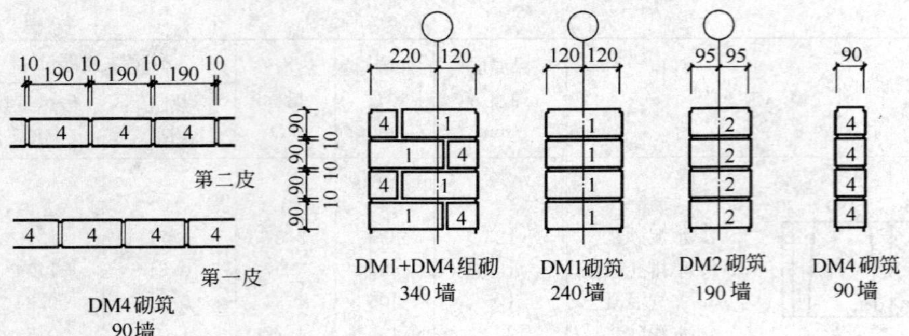

图 2-4　墙身排砖

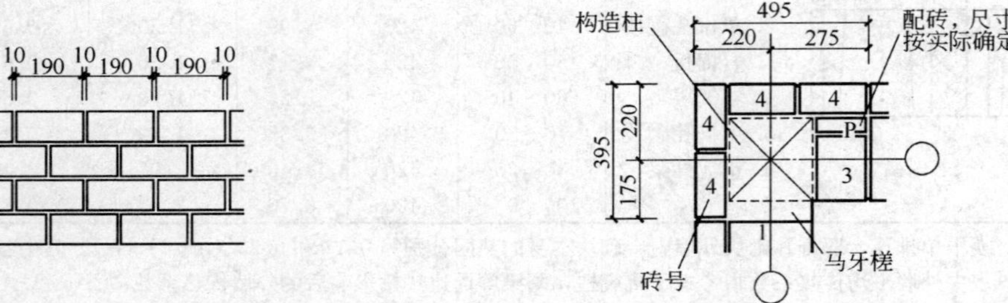

图 2-5　立面排砖

图 2-6　排砖节点图例

注：图中，1＝DM1、2＝DM2、3＝DM3、4＝DM4；P 配砖，尺寸按实际确定，砍配砖或锯切 DM4、DM3。

2）墙节点排砖。

① 2002 排砖法：主砖 DM2、配砖 DM4。DM4 可用 P 代替，见图 2-7。

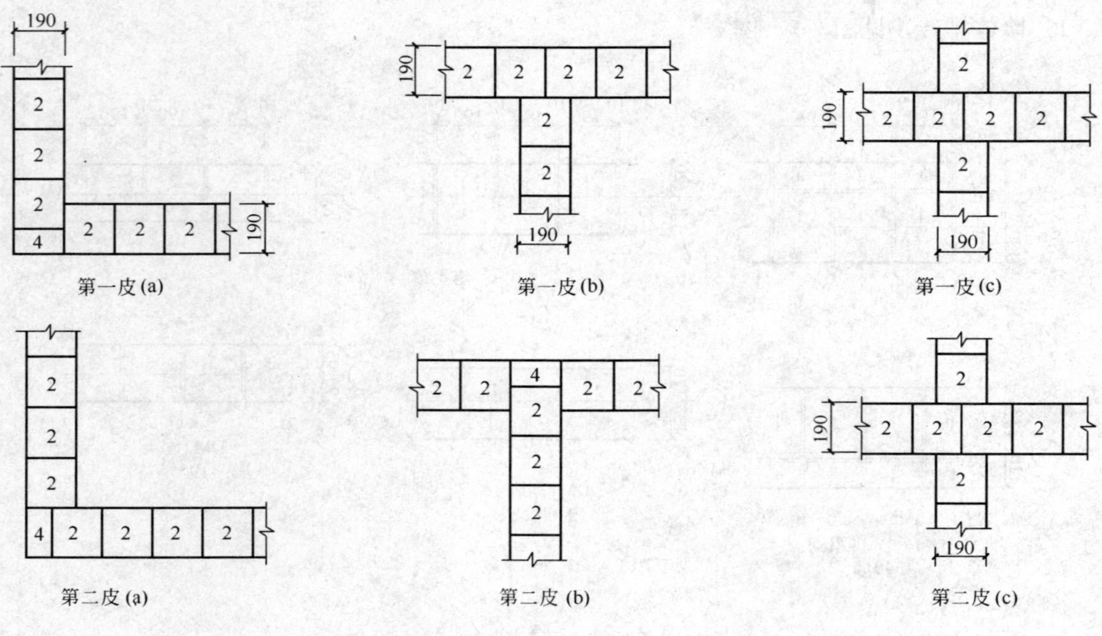

图 2-7　排砖方法

② 2501 排砖法：主砖 DM1、配砖 DM4、P。DM4＋P（立砌）可用 P 代替，见图 2-8。

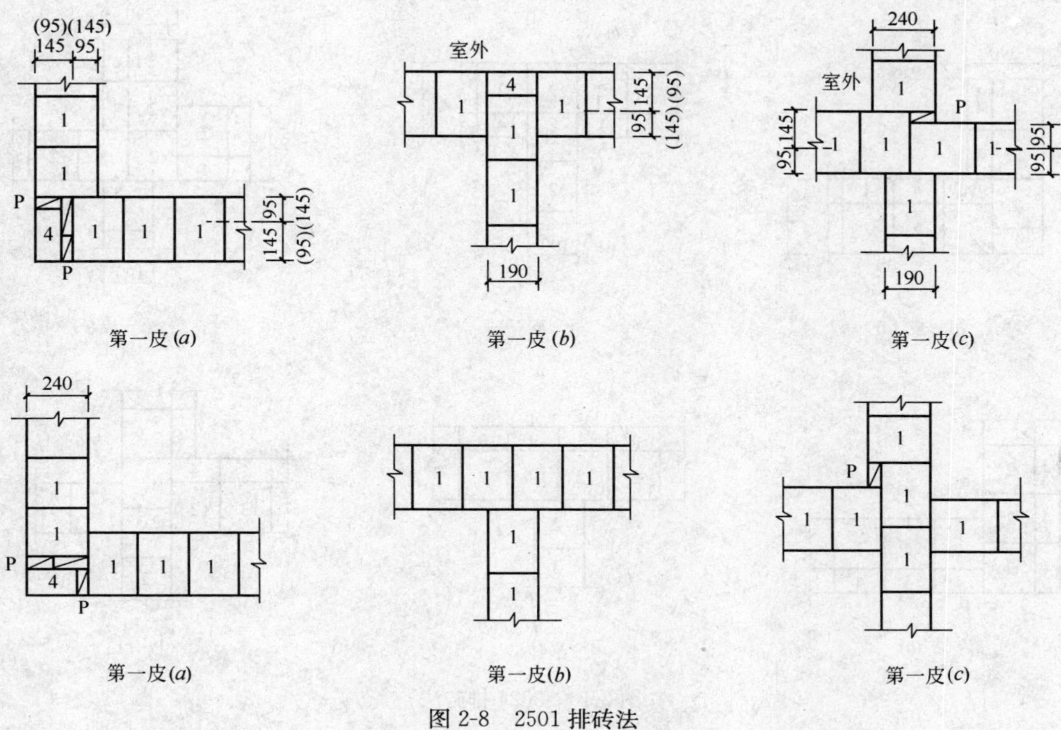

图 2-8　2501 排砖法

③ 2534 排砖法：主砖 DM3，DM4、配砖 P，见图 2-9。

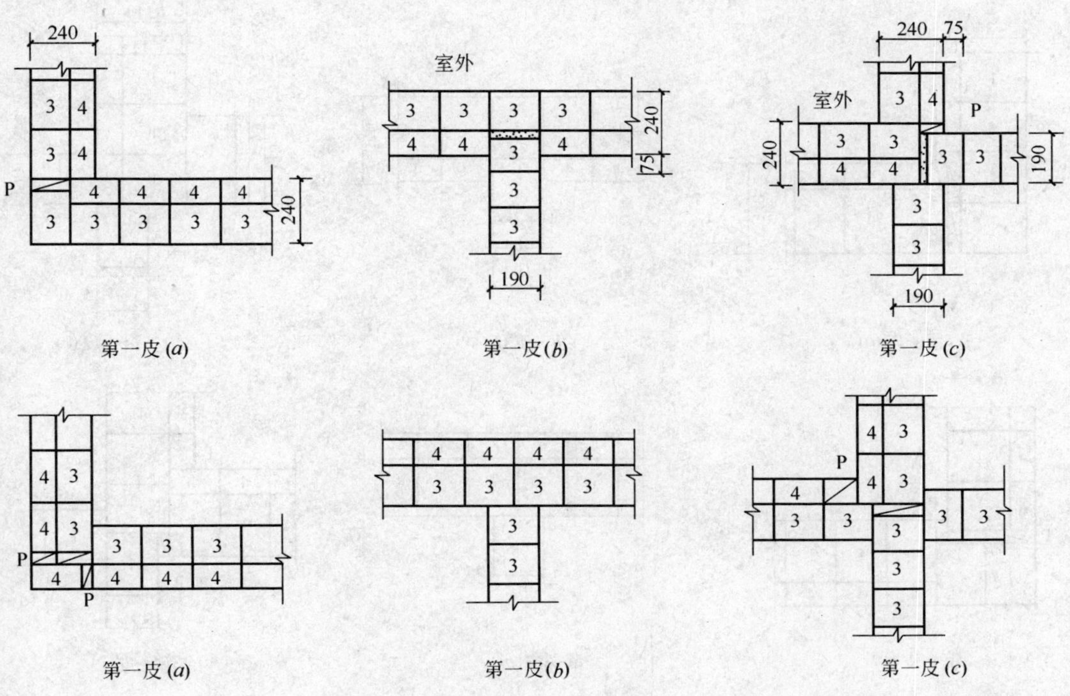

图 2-9　2534 排砖法

④ 3024 排砖法：主砖 DM2，DM4、配砖，见图 2-10。

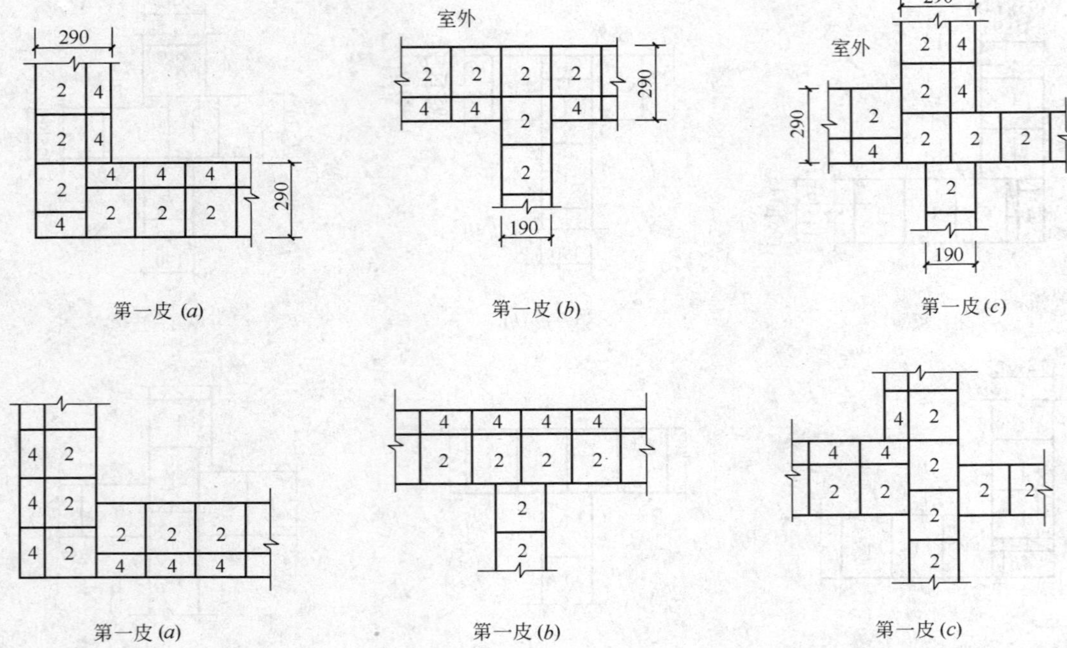

图 2-10　3024 排砖法

⑤ 3514 排砖法：主砖 DM1，DM4、配砖 P，见图 2-11。

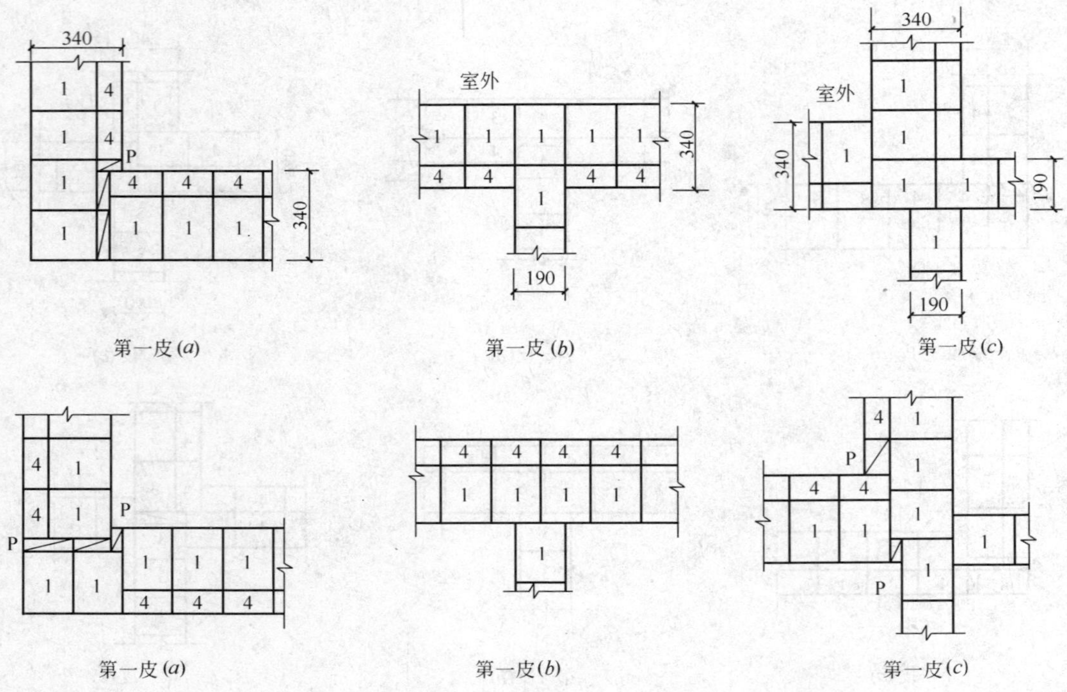

图 2-11　3514 排砖法

⑥ 3523 排砖法：主砖 DM2，DM3、配砖 P，见图 2-12。

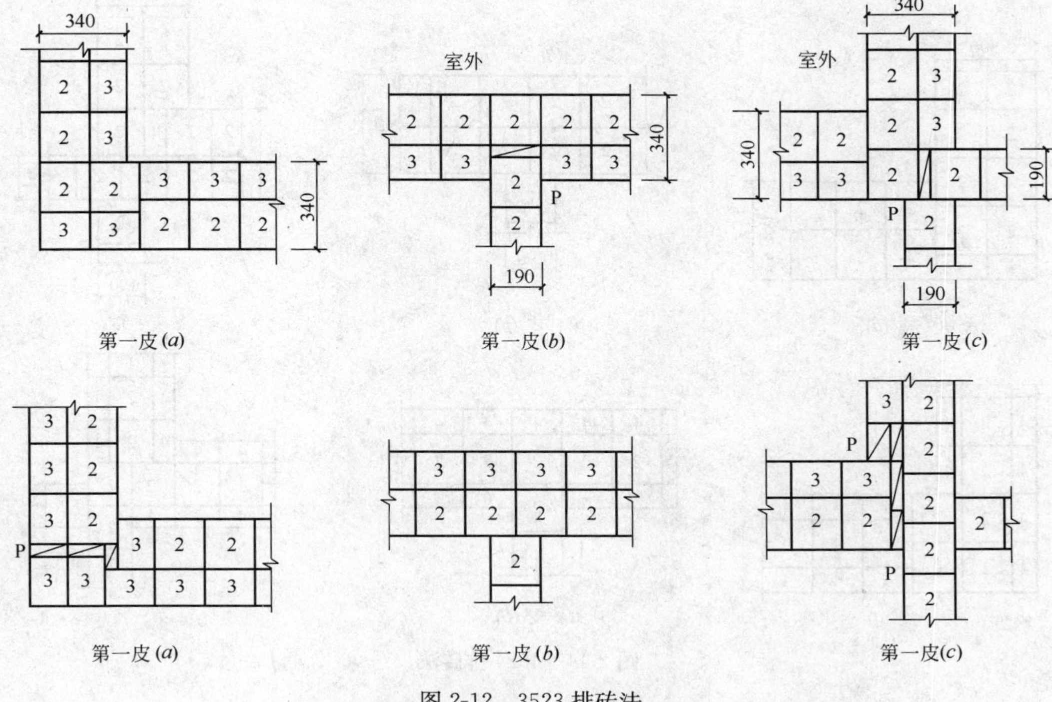

图 2-12　3523 排砖法

⑦ 4013 排砖法：主砖 DM1，DM3、配砖，见图 2-13。

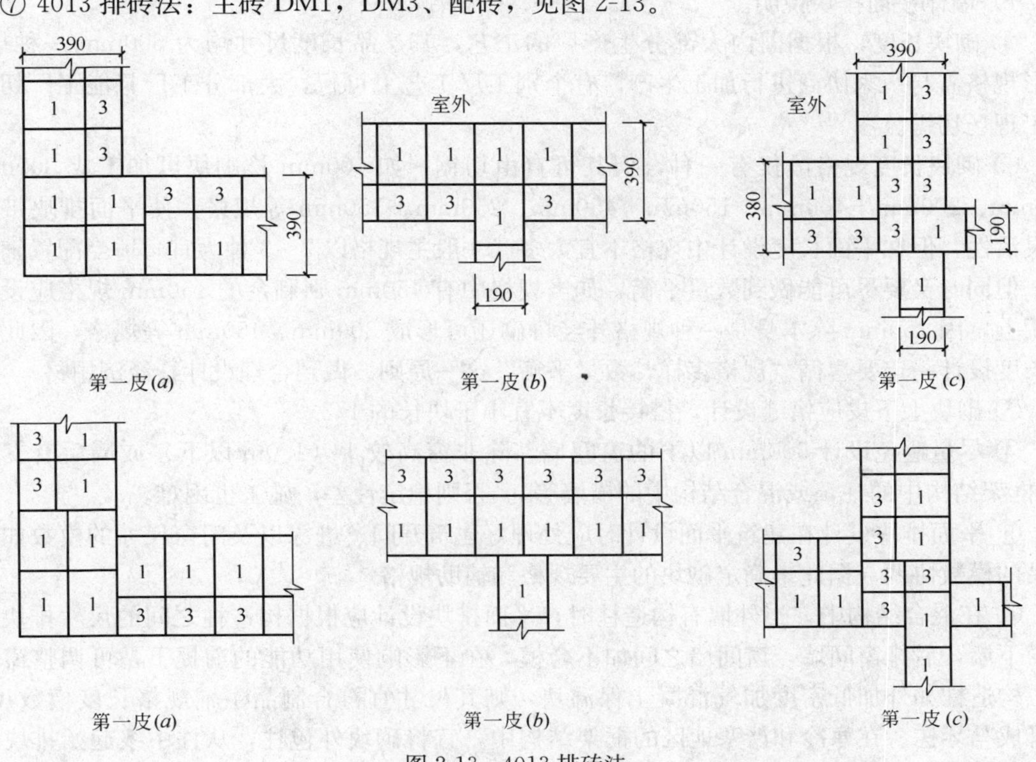

图 2-13　4013 排砖法

⑧ 4024 排砖法：主砖 DM2，DM4、配砖 P，见图 2-14。

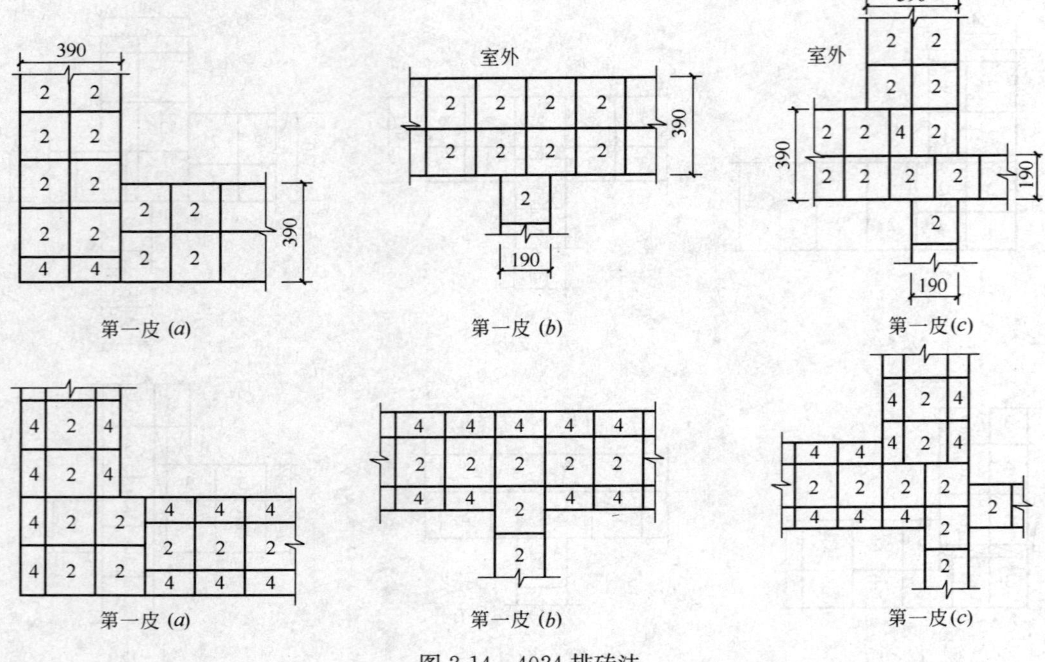

图 2-14　4024 排砖法

(2) 蒸压加气混凝土砌块墙体设计

1) 墙体平面排块说明。

① 砌块长度，根据国内大部分生产厂的工艺，其产品长度尺寸均为 600mm 一种规格。异形规格需与厂家协商进行加工生产，有个别工厂工艺上可行，大部分工厂只能工厂切锯或施工现场切锯。

② 砌块长度规格虽仅有一种，但其可自由切锯，如 600mm 长砌块可加工成 300mm＋300mm、200mm＋400mm、150mm＋450mm、250mm＋350mm 等规格，使平面排块带来很大灵活性，但在平面长度设计中规格不宜太多（一般主规格以 2～3 种为宜）适当配置辅助规格。但同时又要尽可能做到数量平衡，如当规格中有 450mm 则剩余的 150mm 规格应设法将其用上，因 150mm 除本身是一种规格外经拼砌还可形成 300mm、450mm 等规格，因此在平面长度设计一定要遵循“规格多样，数量平衡”这一原则。做到合理设计，经济用材。

③ 砌块上下皮应错缝设计，搭接长度不宜小于块长的 1/3。

④ 尽量避免设计 600mm 以下的窗间墙，除非窗高较小（1.0m 以下）或墙后有支承点（如框架结构中的柱，或混合结构中的横墙等）。否则稳定性差，施工也困难。

⑤ 平面排块设计在建筑平面设计时应处理好建筑开间、进深以及门窗尺寸的模数如何与制品的模数协调，据此来确定砌块的主要规格和辅助规格。

⑥ 在混合结构中，当外墙有构造柱时，平面排块设计应根据构造柱之间的尺寸排块，先排窗下墙，后排窗间墙，窗间墙之间如不合模，在不影响使用功能的前提下，可调整窗户位置，构造柱如外加低密度加气混凝土保温块，则其尺寸宜符合制品主辅规格长度模数尺寸，并排成马牙槎。在寒冷和严寒地区的框架结构中，宜将砌块外包柱，从柱中线起始排块。也可在柱间排块，但砌块不得与柱在同一表面，柱外面应留保温层厚度。

2）墙体立剖面排块。

① 砌块高度。根据国内大部分生产厂的产品，约有三种，即 200mm、250mm 和 300mm。一般高度方向不宜切锯，除非要求厂家生产异形规格，但也可将砌块的厚度方向作为高度方向来调整，如墙厚为 200mm，则可采用高度为 200mm，厚度为 100mm、125mm 和 150mm 的砌块，转向 90°，使厚度变成高度，来调整墙体的高度。

② 立剖面排块的原则是先根据轴线尺寸先排窗坎墙（至窗台部位，其高度可低于窗台高度），然后排窗间墙至圈梁部位，在住宅建筑中，一般门窗洞口的过梁与圈梁合一，当窗间墙圈梁高度与窗过梁高度不一致时，可相互间进行调整。

③ 门窗和固定门窗锚固构件部位应采用 600mm 标准长度砌块。

3）外墙立剖面排块示例，见图 2-15。立剖面排块示意图是以住宅建筑为例，两种层高（2.8m 和 3.0m）三种块高（200mm、250mm、300mm）和两种窗高（1.5m 和 1.8m）组合的，也可根据实际情况按此设计原则加以调整。

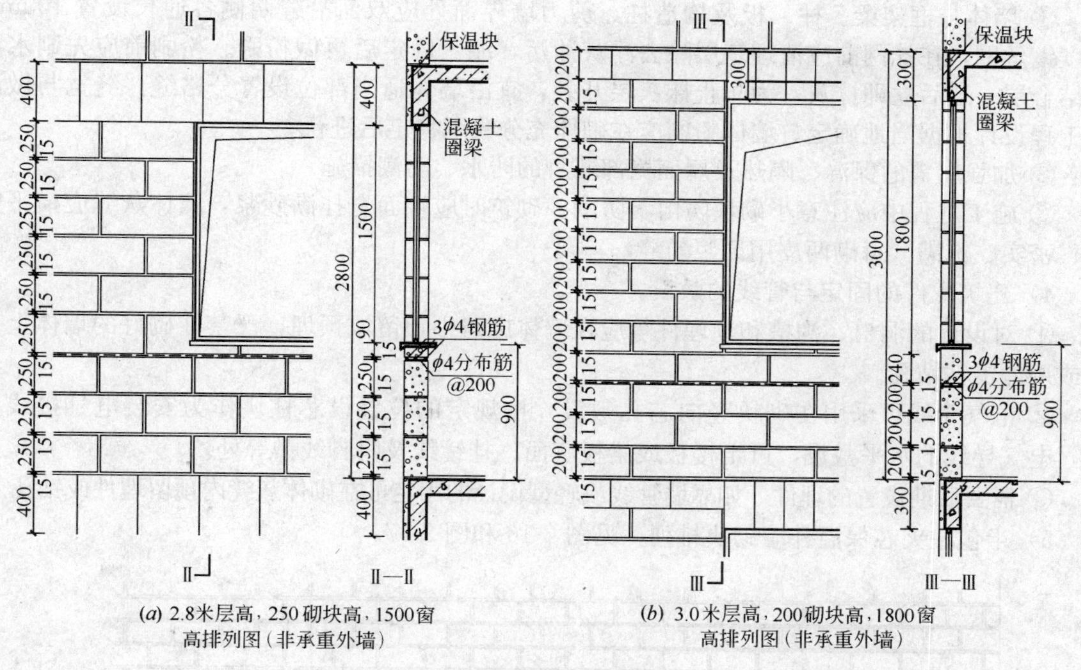

(a) 2.8米层高，250砌块高，1500窗高排列图（非承重外墙）

(b) 3.0米层高，200砌块高，1800窗高排列图（非承重外墙）

图 2-15　外墙立剖面排块示例

（3）轻集料混凝土小型空心砌块墙体设计

1）墙体小砌块的排列。

为了提高小砌块墙体的施工效率，保证施工砌筑质量，建筑设计时应根据墙体分段尺寸，绘制墙体的小砌块排列施工图，其主要内容：

① 小砌块的排列应尽量采用 390mm 长的主砌块，少用辅助砌块。应上、下皮错缝搭砌，一般搭接长度为 200mm，每两皮为一循环，当墙体净长度为奇数时，采用 290mm 长的辅助块，此时搭接长度为 100mm。

② 190mm 厚单排孔小砌块墙体交接处和门窗洞口两侧，小砌块排列时应考虑设芯柱的位置与数量，应保证墙体构造需要的芯柱沿每层墙身贯通，设芯柱部位的第一皮砌块应选用芯柱块，用于钢筋搭接和作清扫口。

③ 设计预留的洞口、电线盒及门窗、卫生设备的固定应在墙体排块图上标注。

④ 墙体内设构造柱、现浇钢筋混凝土带及砌块过梁等位置所用块型及连接构造。

2）墙体构造。

① 外墙现浇钢筋混凝土带、门窗过梁等产生热桥的部位，采用在内侧加保温材料的方法解决，工程设计时可根据工程需要自行确定保温材料及方法。

② 轻集料混凝土小砌块外墙体不应直接挂贴石材饰面、金属幕墙。当建筑设计需要使用时应按国家有关饰面工程技术规定执行。

③ 厨房、卫生间等较潮湿房间的小砌块强度等级应≥Mu5.0。

④ 砌筑砂浆或抹灰砂浆强度等级应≥M5.0 并应具有良好的和易性、黏聚性和保水性，其稠度宜控制在 70～80mm。

3）墙体的防裂。

小砌块墙体除应遵循 GB 50003 规范防裂措施外，在建筑设计中宜采取以下措施：

① 墙体与框架梁、柱、板及构造柱、剪力墙界面处应双面沿缝两侧各通长设置 100mm 宽度钢丝网，在挂网前应清理基层除去浮灰油污，绷紧固定后再做粉刷。粉刷前应先刷水泥胶结合层一道后立即抹灰，为防止抹灰层开裂，宜沿墙体适当部位设置分格缝。缝宽与做法由工程设计根据当地确定。墙体粉刷应在砌体充分收缩稳定后进行。

② 加强屋盖的保温、隔热及屋面檐部墙身的防水、防潮措施。

③ 施工过程中应注意小砌块防雨、防潮。砌筑时应端面全挂满砂浆，墙体灰缝应横平竖直、密实、饱满（每砌两皮用原浆勾缝）。

4）建筑配件的固定与管线的敷设。

① 对设计的洞口、沟槽和预埋件等应在墙体砌筑中预留或预埋，严禁在砌好的墙体上剔凿或用冲击钻钻孔。

② 电气管线可采用在砌块竖向芯孔敷设，按规定的位置设芯柱块作为安装电气接线盒用，电气导线的水平敷设，可走楼板或梁板底面、挂镜线及踢脚线槽等处。

③ 需要后期设置的埋件，如靠墙管线或轻型设计的固定可在砌体灰缝内预留埋件或钻孔。

5）半包柱夹芯保温外墙砌块排列，见图 2-16 和图 2-17。

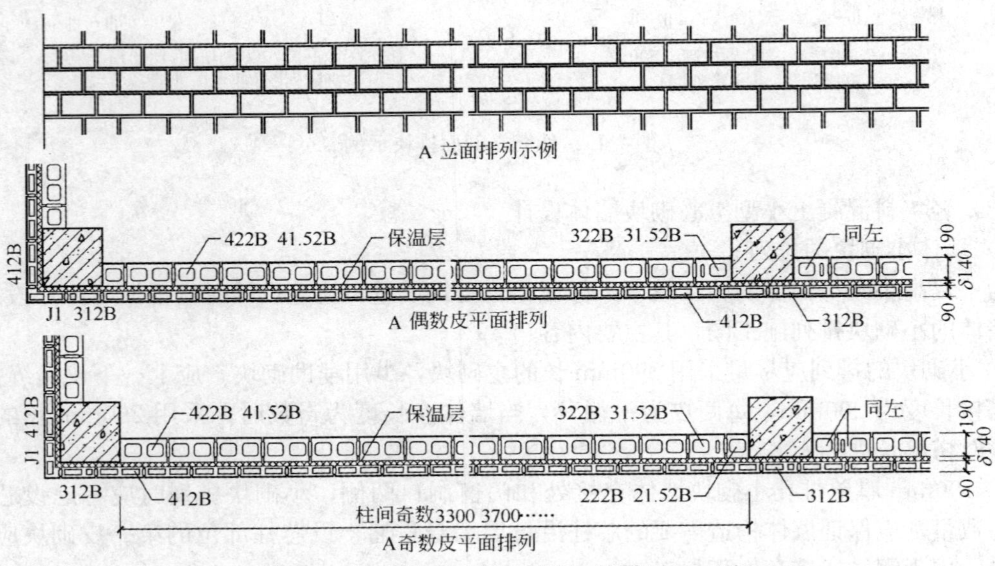

图 2-16　半包柱夹芯保温外墙砌块排列（A 型）

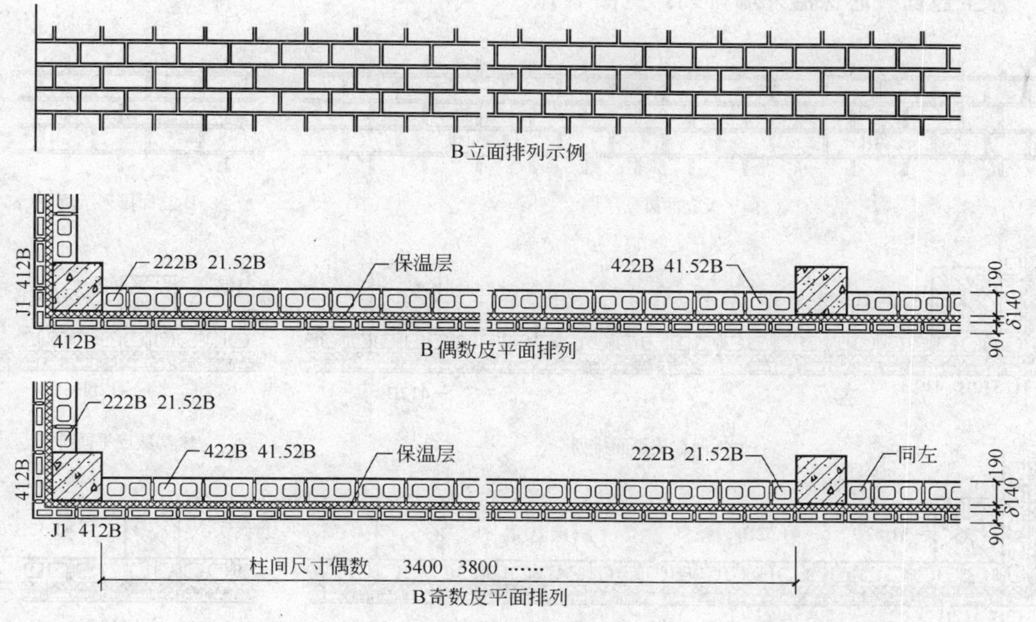

图 2-17　半包柱夹芯保温外墙砌块排列（B 型）

注：1. 保温层的材料与厚度，各地区可参照本地区相应要求确定；

2. 半包柱小砌块夹芯保温外墙的保温层可根据外墙热工性能要求设置成空气层。

6）半包柱外墙拉结钢筋的设置，见图 2-18。

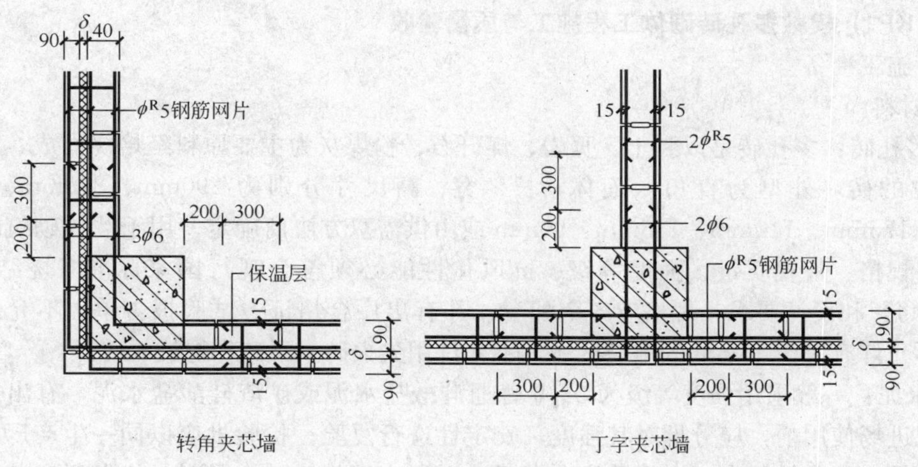

图 2-18　半包柱外墙拉结钢筋的设置

注：1. 框架柱与夹芯保温墙外叶墙的拉结钢筋应做防腐处理后方可使用，保温材料与建筑设计配合；

2. 夹芯保温外墙用 ϕ^R5 钢筋网片拉接。

7）全包柱夹芯保温外墙排列，见图 2-19。

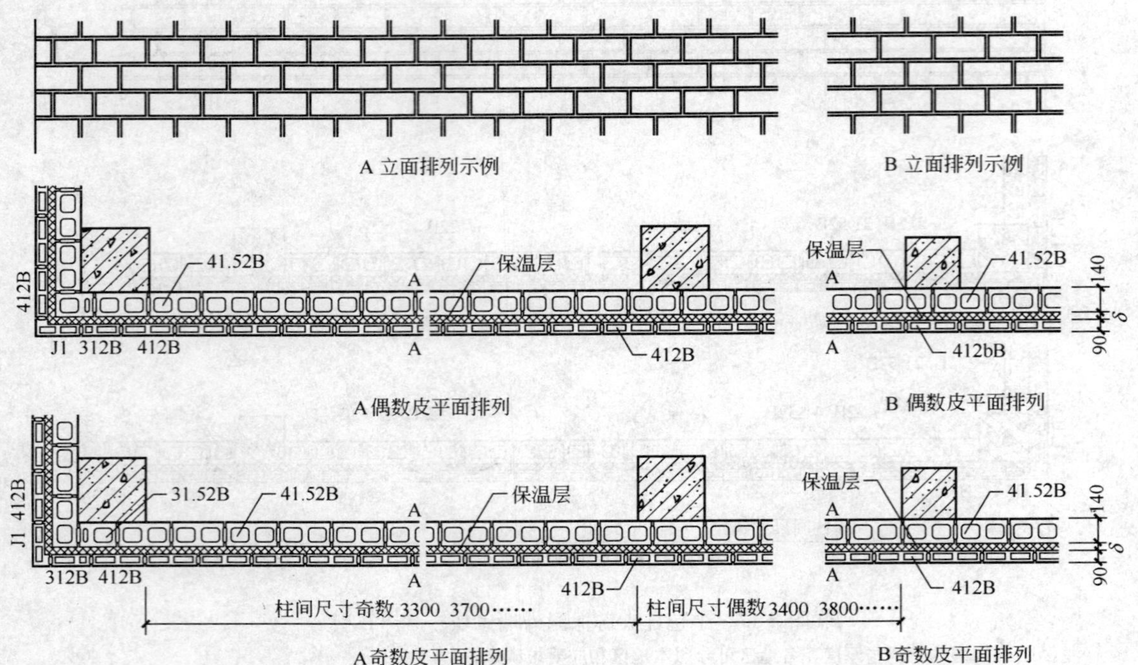

图 2-19　全包柱夹芯保温外墙排列

注：1. 框架柱及柱间的尺寸宜符合 1M 或 2M；

2. 保温层的材料与厚度，可参照本地区相应要求计算确定。

2. （KP1）模数多孔砖砌体工程施工与质量验收

（1）施工准备

1）材料。

① 多孔砖：多孔砖是以黏土、页岩、煤矸石、粉煤灰为主要原料经焙烧而成，主要用于承重部位的砖，外型为直角六面体，长、宽、高尺寸分别为 290mm、240mm、190mm、180mm；175mm、140mm、115mm、90mm 或由供需双方协商确定。用于墙体砌筑的多孔砖其品种、规格、外观质量、强度等级、抗风化性能必须符合现行国家标准《烧结多孔砖》（GB 13544）和设计要求，规格应齐全配套，并有出厂合格证、试验报告单。不允许有严重泛霜，不允许有大于 15mm 的爆裂区域，不允许用欠火砖、酥砖和螺旋纹砖。

② 水泥：一般采用强度等级为 32.5 普通硅酸盐水泥或矿渣硅酸盐水泥，有出厂合格证明。水泥进场使用前，应分批对其强度、安定性进行复验。检验批应以同一生产厂家、同一编号为一批。当在使用中对水泥质量有怀疑或水泥出厂超过三个月时，应做复查试验，并按其结果使用。不同品种的水泥，不得混合使用。

③ 砂：宜用中砂，细度模数控制在 2.5 左右，过 5mm 孔径筛子。当配制强度等级 M5 以下的水泥混合砂浆，砂的含泥量不超过 10%；配制水泥砂浆及强度等级 M5 及其以上的水泥混合砂浆，砂含泥量不超过 5%，并不含草根等有害杂物。

④ 掺合料：宜选用石灰膏、磨细生石灰粉、粉煤灰等，其质量应符合有关要求。生石灰粉熟化时间不得少于 7 天；当采用磨细生石灰粉时，其熟化时间不得少于 2 天。不得使用脱

水硬化的石灰膏。

⑤ 水：使用饮用水或不含有害物质的洁净水，水质应符合国家现行标准《混凝土拌合用水标准》(JGJ 63) 的规定。

⑥ 其他材料：塑化剂、防冻剂、微沫剂、拉结钢筋、预埋件、过梁、梁垫等。

2）机具设备。

① 机械：砂浆搅拌机、卷扬机及井架、切割机、磅秤、翻斗车等。

② 工具：吊斗、砖笼、手推车、胶皮管、筛子、铁锹、半截灰桶、小水桶、喷水壶、托线板、线坠、水平尺、小线、砖夹子、大铲、刨锛、皮数杆、钢卷尺、缝溜子、2m 靠尺、笤帚等。

3）作业条件。

① 地基、基础工程隐检已完成。

② 按设计标高已抹好水泥砂浆防潮层。

③ 基层找平：施工前应用水准仪找平，当第一皮砖下灰缝厚度超过 20mm 时，应采用 C20 豆石混凝土找平。

④ 已弹好轴线、墙身线、门窗洞口位置线，引测标高控制线，经验线符合设计要求，并办理预检手续。

⑤ 按建筑平面形式和施工段的划分立好皮数杆，皮数杆的间距以 15～20m 为宜，转角、交角处均应设立。皮数杆设立应牢固、竖直，标高一致，办理完预检手续。

4）技术准备。

① 绘制多孔砖排列平、立面图（即排砖图）；

② 取得试验室的砂浆配合比通知单，准备好试模；

③ 根据多孔砖尺寸及建筑物层高确定灰缝厚度，绘制皮数杆，同时在皮数杆上标明门窗洞口及过梁尺寸；

④ 对操作工人进行技术交底。

（2）多孔砖砌体工程施工工艺

1）施工工艺流程。

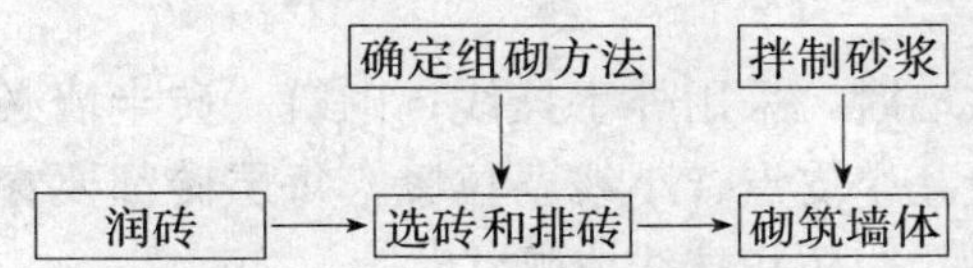

2）施工方法。

① 润砖：常温施工时，多孔砖在砌筑前 1～2 天浇水湿润，砌筑时，砖的含水率宜控制在 10%～15%之间，一般当水浸入砖四周 15～20mm，含水率即满足要求。不得用干砖上墙。

② 确定组砌方法：砌体应上下错缝、内外搭砌，宜采用一顺一丁、梅花丁或三顺一丁砌筑形式。砖柱不得采用先砌四周后填心的包心砌法。

③ 选砖和排砖：

a. 选砖：选砖应按照标准进行。砌清水墙、柱用的多孔砖应选择边角整齐，无弯曲、裂纹，色泽均匀，敲击时声音响亮，规格基本一致的砖。

b. 排砖撂底：依据墙体线、门窗洞口线及相应控制线，按排砖图在工作面试排。一般外墙第一层砖撂底时，两山墙排丁砖，前后檐纵墙排条砖。窗间墙、垛尺寸如不符合模数，可将门窗洞口的位置左右移动（≤60mm）。如有“破活”时，七分头或丁砖应排在窗口中间、附墙垛或其他不明显部位。移动门窗口位置时，应注意不要影响暖卫立管安装和门窗的开启。排砖应考虑门窗洞口上边的砖墙合拢时不出现“破活”。后檐墙排第一皮砖时，要考虑甩窗口后砌条砖，窗角上必须是七分头，墙面单丁才是“好活”。

注：清水墙排砖以整砖、半砖或七分头进行排列时俗称“好活”，否则为“破活”。

④ 拌制砂浆：

a. 砌筑砂浆，应通过试验确定配合比。砂浆现场拌制时，各组分材料应采用重量比计量。计量精度水泥为±2%，砂、灰膏控制在±5%以内。

b. 凡在砂浆中掺入有机塑化剂、防冻剂等，应经检验和试配符合要求后，方可使用。有机塑化剂应有砌体强度的型式检验报告。

c. 砂浆应采用机械搅拌，搅拌时间自投料完算起应符合下列规定：

· 水泥砂浆和水泥混合砂浆不得少于 2min；

· 水泥粉煤灰砂浆和掺有外加剂的砂浆不得少于 3min；

· 掺有有机塑化剂的砂浆，应为 3～5min。

d. 砂浆的稠度应控制在 60～80mm 为宜。

e. 砂浆应随拌随用。水泥砂浆和水泥混合砂浆应分别在拌成后 3～4h 内使用完毕；当施工期间最高气温超过 30℃时，应在拌成后 2～3h 内使用完毕。超过上述时间的砂浆不得使用，并不得再次拌合后使用。

f. 砂浆拌合后和使用中，当出现泌水现象，应在砌筑前再次拌合。

g. 砂浆试块：每一检验批且不超过 $250m^3$ 砌体的各种类型及强度等级的砌筑砂浆，每台搅拌机至少做一组试块（一组六块）。砂浆强度等级或配合比变化时，应另做试块。

⑤ 砌筑墙体：

a. 盘角：

砌砖应先盘大角。每次盘角不应超过五层，新盘大角要及时进行吊、靠，如有偏差应及时修整。要仔细对照皮数杆砖层和标高，控制水平灰缝均匀一致。大角盘好后，复查平整和垂直完全符合要求，再进行挂线砌筑。

b. 砌砖：

挂线：砌筑一砖厚混水墙时，采用外手挂线；砌筑一砖半墙必须双面挂线；砌长墙多人使用一根通线时，中间应设几个支点，小线要拉紧，每层砖都要穿线看平，使水平灰缝均匀一致，平直通顺。遇刮风时，应防止挂线成弧状。

砌砖：砌筑墙体时，多孔砖的孔洞应垂直于受压面，砌筑前应试摆，砖要放平跟线。

对抗震地区砌砖宜采用一铲灰、一块砖、一挤揉的“三一砌砖法”，即满铺、满挤操作法。对非抗震地区，除采用“三一砌砖法”外，也可采用铺浆法砌筑，铺浆长度不得超过 750mm；当施工气温超过 30℃时，铺浆长度不得超过 500mm。

砌体灰缝应横平竖直。水平灰缝厚度和竖向灰缝宽度宜为 10mm，但不应小于 8mm，也不应大于 12mm。砌体灰缝砂浆应饱满，水平灰缝的砂浆饱满度不得低于 80%；竖向灰缝宜采用加浆填灌的方法，严禁用水冲浆灌缝。竖向灰缝不得出现透明缝、瞎缝和假缝。

砌清水墙应随砌随刮去挤出灰缝的砂浆，等灰缝砂浆达到“指纹硬化”（手指压出清晰指纹而砂浆不粘手）时即可进行划缝，划缝深度为 8～10mm，深浅一致，墙面清扫干净；砌混水墙应随砌随将舌头灰刮尽。

砌筑过程中，要认真进行自检。砌完基础或每一楼层后，应校核砌体的轴线和标高；对砌体垂直度应随时检查。如发现有偏差超过允许范围，应随时纠正，严禁事后砸墙。

砌体相邻工作段的高度差，不得超过一层楼的高度，也不宜大于 3.6m。临时间断处的高度差，不得超过一步脚手架的高度。工作段的分段位置，宜设在伸缩缝、沉降缝、防震缝构造柱或门窗洞口处。

常温条件下，每日砌筑高度应控制在 1.4m 以内。

隔墙顶应用立砖斜砌挤紧。

c. 木砖预留和墙体拉结筋：

木砖应提前做好防腐处理。预埋木砖应小头在外、大头在内，数量按洞口高度决定。洞口高在 1.2m 以内，每边放 2 块；高 1.2～2m，每边放 3 块；高 2～3m，每边放 4 块。木砖位置一般在距洞口上边或下边三皮砖，中间均匀分布。

钢门窗、暖卫管道、硬架支模等的预留孔，均应在砌筑时按设计要求预留，不得事后剔凿。

墙体拉结筋的长度、形状、位置、规格、数量、间距等均应按设计要求留置，不得错放、漏放。

d. 留槎：

外墙转角处应双向同时砌筑；内外墙交接处必须留斜槎，斜槎水平投影长度不应小于高度的 2/3，留槎必须平直、通顺。

非承重墙与承重墙或柱不同时砌筑时，可留阳槎加设预埋拉结筋；拉结筋沿墙高按设计要求或每 500mm 预埋 2ϕ6 钢筋，其埋入长度从留槎处算起，每边不小于 1000mm，末端加 90°弯钩。

施工洞口留阳槎也应按上述要求设水平拉结筋。

留槎处继续砌砖时，应将其浇水充分湿润后方可砌筑。

e. 过梁、梁垫的安装：

安装过梁、梁垫时，其标高、位置、型号必须准确，坐浆饱满；坐浆厚度大于 20mm 时，要铺垫豆石混凝土；当墙中有圈梁时，梁垫应和圈梁浇筑成整体。

过梁两端支承长度应一致；所有大于 400mm 宽的洞口均应按设计加过梁；小于 400mm 的洞口可加设钢筋砖过梁。

f. 构造柱做法：

设置构造柱的墙体，应先砌墙，后浇混凝土。砌砖时，与构造柱连接处应砌成马牙槎，每个马牙槎沿高度方向的尺寸不宜超过 300mm，马牙槎应先退后进，构造柱应有外露面。

柱与墙拉结筋应按设计要求放置，设计无要求时，一般沿墙高 500mm，每 120mm 厚墙设置 1 根 ϕ6 的水平拉结筋，每边深入墙内不应小于 1000mm。

g. 勾缝：

墙面勾缝应横平竖直，深浅一致，搭接平顺。

清水砖墙勾缝应采用加浆勾缝，并宜采用细砂拌制的 1∶1.5 水泥砂浆。当勾缝为凹缝时，凹缝深度宜为 4～5mm。

混水墙宜用原浆勾缝，但必须随砌随勾，并使灰缝光滑密实。

3）冬期施工。

① 砌砖工程冬期施工，应制订冬期施工方案。当日最低气温低于 0℃时，即使在冬期施

工以外，也应按冬期施工办理。

② 使用的砖要求在砌筑前清除冰霜等冻结物，冬期施工砖不应浇水，并适当增大砂浆稠度。

③ 水泥须使用普通硅酸盐水泥，不得使用矿渣水泥。灰膏要防冻，如已受冻要融化后方能使用。

④ 砂中不得含有大于 10mm 的冻块。材料加热时，水加热不超过 80℃，砂加热不超过 40℃。砂浆使用温度不应低于+5℃。砂浆中掺盐时，应用波美比重计检查盐溶液浓度，掺盐量应符合冬季施方案的规定。采用掺盐砂浆砌筑时，砌体中的钢筋应预先做防腐处理，一般涂防锈漆两道。对绝缘、保温或装饰有特殊要求的工程不得掺盐。配筋砌体也不得采用掺盐砂浆法施工。

⑤ 当采用掺盐砂浆法施工时，抗冻砂浆强度等级应比常温提高一级；气温低于－15℃时，不得进行砌筑。

⑥ 冬期施工砌体灰缝厚度不应大于 10mm。

⑦ 冬期施工砂浆试块的留置，应增加不少于一组与砌体同条件养护的试块，测试检验其 28 天的强度。

⑧ 应有防寒保温措施，砌筑时西北侧应搭设挡风暖棚。负温时必须用保温材料覆盖新砌墙体。

4）雨期施工。

应防止雨水冲刷砌筑砂浆，不得使用含水率达到饱和状态的砖砌墙且砂浆的稠度应适当减小，每日砌筑高度不宜超过 1.2m。收工时，应覆盖砌体表面。

（3）多孔砖砌体工程质量标准

1）主控项目。

① 砖和砂浆的强度等级必须符合设计要求。

抽检数量：每一生产厂家的砖到现场后，按 5 万块为一验收批，抽检数量为一组。砂浆每一检验批且不超过 250m^3。砌体的各种类型及强度等级的砌筑砂浆，每台搅拌机应至少抽检一次。

检验方法：检查砖和砂浆试块的试验报告。

② 砌体水平灰缝的砂浆饱满度不得小于 80%。

抽检数量：每检验批抽查不应少于 5 处。

检验方法：用百格网检查砖底面与砂浆的粘结痕迹面积。每处检测 3 块，取其平均值。

③ 砖砌体的转角处和交接处应同时砌筑，严禁无可靠措施的内外墙分砌施工。对不能同时砌筑而又必须留置的临时间断处应砌成斜槎，斜槎水平投影长度不应小于高度的 2/3。

抽检数量：每检验批抽 20%接槎，且不应少于 5 处。

检验方法：观察检查。

④ 砌体留直槎处应加设拉结钢筋，拉结钢筋的品种、规格、数量、埋入长度及弯钩应符合规范规定和设计要求。

抽检数量：每检验批抽 20%接槎，且不应少于 5 处。

检验方法：观察和尺量。

合格标准：留槎正确，拉结筋设置数量、直径正确，竖向间距偏差不超过 100mm，留置长度基本符合要求。

⑤ 构造柱与墙体的连接处应砌成马牙槎，马牙槎先退后进、上下顺直；预留的拉结筋应位置准确，施工中不得任意弯折。

⑥ 砖砌体的位置及垂直度允许偏差应符合表 2-43 的规定。

表 2-43　砖砌体位置和垂直度允许偏差

项　目			允许偏差/mm	检　验　方　法
轴线位置偏移			10	用经纬仪或拉线和尺量检查
垂直度	每层		5	用 2m 托线板检查
	全高	≤10m	10	用经纬仪或吊线和尺量检查
		＞10m	20	

抽检数量：轴线查全部承重墙、柱；外墙垂直度全高查阳角，不应少于 4 处，每层每 20m 查一处；内墙按有代表性的自然间抽 10%，且不应少于 3 间，每间不应少于 2 处，柱不少于 5 根。

⑦ 构造柱位置及垂直度允许偏差应符合表 2-44 的规定。

表 2-44　构造柱位置及垂直度允许偏差

项　目			允许偏差/mm	检　验　方　法
柱中心线位置			10	用经纬仪检查
柱层间错位			8	用经纬仪检查
柱垂直度	每层		10	用 2m 托线板检查
	全高	≤10m	15	用经纬仪、吊线和尺量检查
		＞10m	20	用经纬仪、吊线和尺量检查

抽检数量：每检验批抽 20%接槎，且不应少于 5 处。

2）一般项目。

① 砌块组砌方法应正确，上下错缝、内外搭砌、砖柱无包心砌法。

抽检数量：外墙每 20m 抽查一处，每处 3～5m，且不应少于 3 处；内墙按有代表性的自然间抽检 10%，且不应少于 3 间。

检验方法：观察检查。

合格标准：清水墙、窗间墙无通缝；混水墙中长度大于等于 300mm 的通缝每间不得超过 3 处，且不得位于同一墙体上。

② 多孔砖砌体灰缝应横平竖直，厚度均匀。水平灰缝厚度宜为 10mm，但不应小于 8mm，也不应大于 12mm。

抽检数量：每步脚手架施工的砌体，每 20m 抽查一处。

检验方法：用尺量 10 皮砖砌体高度折算。

③ 设置在砌体水平灰缝内的钢筋应居中放置在灰缝中。水平灰缝厚度应大于钢筋直径 4mm 以上。砌体外漏面砂浆保护层厚度不应小于 15mm。

抽检数量：每检验批抽检 3 处，每处查 3 点。

检验方法：观察检查，辅以钢尺检测。

④ 设置在潮湿环境或有化学侵蚀介质的环境中的砌体灰缝内的钢筋应采取防腐措施。

⑤ 多孔砖砌体一般尺寸的允许偏差，应符合表 2-45 的规定。

表 2-45　多孔砖砌体一般尺寸允许偏差

<table>
<tr><th colspan="2">项　目</th><th>允许偏差/mm</th><th>检　验　方　法</th></tr>
<tr><td colspan="2">基础和墙砌体顶面标高</td><td>±15</td><td>用水平仪和尺量检查</td></tr>
<tr><td rowspan="2">表面平整度</td><td>清水墙、柱</td><td>5</td><td rowspan="2">用 2m 靠尺和楔形塞尺检查</td></tr>
<tr><td>混水墙、柱</td><td>8</td></tr>
<tr><td rowspan="2">水平灰缝平直度</td><td>清水墙</td><td>7</td><td rowspan="2">拉 10m 线和尺量检查</td></tr>
<tr><td>混水墙</td><td>10</td></tr>
<tr><td colspan="2">清水墙游丁走缝</td><td>20</td><td>吊线和尺量检查，以每层第一皮砖为准</td></tr>
<tr><td rowspan="2">门窗洞口（后塞口）</td><td>宽度</td><td>±5</td><td rowspan="2">尺量检查</td></tr>
<tr><td>门口高度</td><td>±5</td></tr>
<tr><td colspan="2">外墙上、下窗口偏移</td><td>20</td><td>用经纬仪或吊线检查，以底层窗口为准</td></tr>
</table>

（4）多孔砖砌体工程成品保护

1）墙体拉结筋、抗震构造柱钢筋及各种预埋件，暖卫、电气管线等，均应注意保护，不得任意拆改或损坏。

2）砌清水墙时应防止砂浆溅脏墙面。在提升架进料口周围，应做好遮挡，保持墙面洁净。

3）在吊放砖时，指挥人员的信号应准确无误，吊车司机应严守操作规程，防止碰撞墙体。

4）尚未安装楼板或屋面板的墙和柱，应采取临时支撑措施，以保证遇到五级（含五级）以上大风时墙体的稳定性。

（5）多孔砖砌体工程应注意的质量问题

1）基础砖撂底要正确，收退大放角两边要相等，退到墙身之前要检查轴线和边线是否正确，如偏差较小可在基础部位纠正，不得在防潮层以上退台或出沿，以免基础墙与上部墙错台。

2）排砖时必须把立缝排匀，砌完一步架高度，每隔 2m 间距在丁砖立楞处用托线板吊直弹线，二步架往上继续吊直弹线，由底往上所有七分头的长度应保持一致，上层分窗口位置时必须同下窗口保持竖直线，以避免出现清水墙游丁走缝。

3）立皮数杆要保证标高一致，盘角时灰缝要掌握均匀，砌砖时小线要拉紧，每层松紧度要一致，防止一层线松，一层线紧，以防止灰缝大小不匀。

4）清水墙排砖时，为了使窗间墙、垛排成好活，把破活排在中间或不明显位置，在砌过梁上第一皮砖时，不得随意变活。

5）砌墙遇有风时，挂线应绷直，不能成弧，以免墙随线走，造成砖墙鼓胀。

6）砌筑中，应注意将半头砖分散使用在较大的墙体面上；砌首层或楼层的第一皮砖要核对皮数杆的标高及层高；一砖厚墙应外手挂线；舌头灰应及时刮尽等，以避免砌成螺丝墙及混水墙粗糙的现象。

7）构造柱外砖墙应砌成马牙槎并应正确设置拉结筋。从柱脚砌砖开始，两侧都应先退后进，当马牙槎深 120mm 时，宜第一皮进 60mm，再上一皮进 120mm，以保证混凝土浇筑时角部密实。构造柱内的落地灰、砖渣等杂物必须清理干净，防止混凝土内夹渣。

（6）施工安全、环保措施

1）安全操作要求。

① 砌筑使用的脚手架未经安全验收严禁使用。脚手架上堆料量不得超出规定荷载。冬季施工有霜、雪时，必须将脚手架上的霜、雪清除后方可作业。砌筑时不得站在多孔砖上进行作业，严禁抛掷物体。

② 多孔砖在运输、装卸过程中，应轻码轻放，避免碰撞摔、坏，砖的堆置高度不宜超过 2m。

③ 上下交叉作业时，必须采取防护措施。严禁在刚砌完的墙上行走。

④ 使用起重机吊砖笼往楼板上放砖时，应均匀分布，并对楼板适当支顶。严禁在脚手架上吊放砖笼。

2）环保措施。

① 切割多孔砖七分头时应在切割棚内进行，棚内应有隔音、降尘措施，操作人员应配带有关防护用品。

② 作业环境中的碎料、落地灰应集中外运，集中堆放，做到活完料净脚下清。

③ 现场砂浆搅拌站应设置排水沟和废水沉淀池。搅拌站应封闭隔音、喷水降尘。

3. 加气混凝土砌块砌体工程施工与质量验收

（1）施工准备

1）材料要求。

① 加气混凝土砌块：其外观质量、强度等级、体积密度、干燥收缩、抗冻性和导热系数应符合现行国家标准《蒸压加气混凝土砌块》（GB/T11968）的要求。施工时所用的小砌块的产品龄期不应小于 28 天，承重加气混凝土砌块的强度等级应不低于 A7. 5。

注：加气混凝土砌块是以水泥、矿渣、砂、石灰等主要原材加入发气剂、经搅拌成型、蒸压养护而成的实心砌块。尺寸规格为 600mm×200mm、600mm×250mm、600mm×300mm（长×高），宽度模数为 25mm、50mm 和 60mm。加气混凝土砌块按其抗压强度分为 A1. 0，A2. 0，A2. 5，A3. 5，A5. 0，A7. 5，A10 七个强度等级，按其密度分为 B03～B08 六个密度级别（密度为 300～850kg/m^3），按其尺寸偏差与外观质量、密度和抗压强度分为优等品、一等品和合格品。

② 水泥：一般采用强度等级 32. 5 或 42. 5 普通硅酸盐水泥或矿渣硅酸盐水泥，应有出厂合格证。水泥进场使用前，应分批对其强度、安定性进行复验。检验批应以同一生产厂家、同一编号为一批。当在使用中对水泥质量有怀疑或水泥出厂超过三个月时，应复查试验，并按其结果使用。不同品种的水泥，不得混合使用。

③ 砂：宜用中砂，并应通过 5mm 孔径的筛，当配制强度等级 M5 以下的水泥混合砂浆时，砂的含泥量不超过 10%；配制水泥砂浆及强度等级 M5 及其以上的水泥混合砂浆时，砂含泥量不超过 5%，并不得含有草根等有机质杂物。

④ 掺合料：石灰膏、粉煤灰和磨细生石灰粉等，其质量应符合有关要求，生石灰熟化时间不得少于 7 天，严禁使用冻结或脱水硬化的石灰膏。

⑤ 水：应使用饮用水或不含有害物质的洁净水，水质应符合国家现行标准《混凝土拌合用水标准》（JGJ 63）的规定。

⑥ 胶黏剂：用建筑胶黏剂，其质量应符合相应标准。

⑦ 其他：混凝土块、木砖、ϕ6 钢筋、铁扒钉等。

2）机具设备要求。

① 机械：砂浆搅拌机、筛砂机、淋灰机、提升架等。

② 工具：铺灰铲、小撬棍、刀锯、铁锹、平直架、2m 靠尺、皮数杆、灰斗、吊篮、手推车、小线、砌块夹具等。

3）作业条件要求。

① 砌筑施工前，墙基层施工应完成并经验收合格，应将灰渣杂物及高出部分清除干净，并在砌筑前洒水湿润。

② 在结构墙、柱上弹出 500mm 标高水平线、加气混凝土墙边线、门口位置线。

③ 做好地面垫层。在砌块墙底部，应砌筑烧结普通砖或浇筑混凝土基础带，其高度不宜小于 200mm。

④ 按照设计要求预先在结构墙柱上每 500mm 左右焊好预留拉结钢筋。

⑤ 加气混凝土砌块应在砌筑前 1～2 天浇水湿润。

4）施工技术准备。

① 按墙段实量尺寸和砌块规格尺寸绘制砌块排列平、立面和构造详图。

② 根据砌块尺寸和灰缝厚度计算皮数和排数，制作好皮数杆并将皮数杆竖立墙的两端。

③ 遇有穿墙管线，应预先核实其位置、尺寸，以预留为主，减少事后剔凿，损害墙体。

（2）加气混凝土砌体工程施工工艺

1）施工工艺流程。

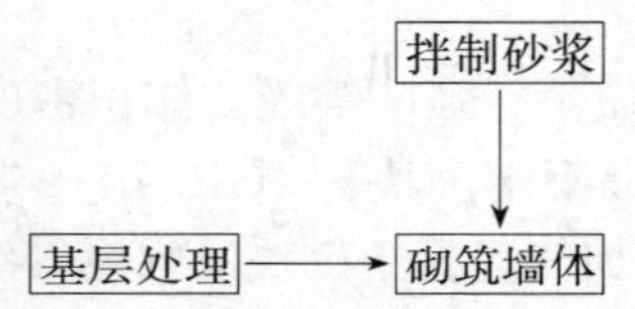

2）施工方法。

① 基层处理：将砌筑加气混凝土墙根部和混凝土基础带表面上的杂物清扫干净，用砂浆找平，并用水平尺检查其平整度。砌筑时应向砌筑面适当浇水。

② 拌制砂浆：

a. 砌筑砂浆现场拌制时，各组分材料应采用重量计量，计量应准确（计量精度水泥控制在±2%以内，砂和掺合料等控制在±5%以内）。

b. 砌筑砂浆宜采用机械搅拌，并注意投料顺序，应先倒砂子，然后水泥、掺合料，最后加水，其拌合时间，不得少于 2min，且拌合均匀，颜色一致。

c. 砂浆应随拌随用，常温下拌好的砂浆应在拌合后 3～4h 内用完，当气温超过 30℃时，应在拌成后 2～3h 内使用完毕。对掺有缓凝剂的砌筑砂浆，其使用时间应视其具体情况适当延长。

d. 当砌筑砂浆出现泌水现象时，应在砌筑前再次拌合。

e. 凡在砂浆中掺入有机塑化剂、早强剂、缓凝剂、防冻剂等，应经检验和试配符合要求后，方可使用。有机塑化剂应有砌体强度的型式检验报告。

f. 砂浆试块：每一检验批且不超过 250m^3 砌体的各种类型及强度等级的砌筑砂浆，每台搅拌机至少做一组试块（一组六块）。砂浆强度等级或配合比变化时，应另做试块。

③ 砌筑墙体：

a. 砌筑前按砌块平、立面构造图进行排列摆块，不足整块的可以锯截成需要尺寸，但不得小于砌块长度的 1/3。最下一层如灰缝厚度大于 20mm 时，应用细石混凝土找平铺砌。

b. 砌筑加气混凝土砌块单层墙，应将加气混凝土砌块立砌，墙厚为砌块的宽度；砌双层墙，是将加气混凝土砌块立砌两层，中间加空气层（厚度约为 70～80mm），两层砌块间每隔 500mm 墙高应在水平灰缝中放置 ϕ4～6 的钢筋扒钉，扒钉间距 600mm。

c. 砌筑加气混凝土砌块应采用满铺满挤法砌筑，上下皮砌块的竖向灰缝应相互错开，长度不宜小于砌块长度的 1/3 并不小于 150mm。当不能满足要求时，应在水平灰缝中放置 2ϕ6 的拉结钢筋或 ϕ4 的钢筋网片，拉结钢筋或钢筋网片的长度不小于 700mm。转角处应使纵横墙的砌块相互咬砌搭接，隔皮砌块露端面。砌块墙的丁字交接处，应使横墙砌块隔皮露头，并坐中于纵墙砌块。

d. 加气混凝土砌块墙体拉结筋的设置：

· 承重墙的外墙转角处，墙体交接处，均应沿墙高 1m 左右在水平灰缝中放置拉结钢筋，拉结钢筋为 3ϕ6，钢筋伸入墙内不小于 1000mm。

· 非承重墙的外墙转角处，与承重墙体交接处，均应沿墙高 1m 左右在水平灰缝中放置拉结钢筋，拉结钢筋为 2ϕ6，钢筋伸入墙内不小于 700mm。

· 墙的窗口处，窗台下第一皮砌块下面应设置 3ϕ6 拉结钢筋，拉结钢筋伸过窗口侧边应不小于 500mm。墙洞口上边也应放置 2ϕ6 钢筋，并伸过墙洞口每边长度不小于 500mm。

· 加气混凝土砌块墙的高度大于 3m 时，应按设计规定做钢筋混凝土拉结带。如设计无规定时，一般每隔 1.5m 加设 2ϕ6 或 3ϕ6 钢筋拉结带，以确保墙体的整体稳定性。

e. 加气混凝土砌块墙体灰缝应横平竖直，砂浆饱满，水平灰缝厚度不得大于 15mm，竖向灰缝宽度宜不大于 20mm。

f. 加气混凝土砌块墙每天砌筑高度不宜超过 1.8m。

g. 砌块与门窗口连接：当采用后塞口时，应预制好埋有木砖或铁件的混凝土块，按洞口高度，2m 以内每边砌筑 3 块，洞口高度大于 2m 时，每边砌筑 4 块，混凝土块四周的砂浆要饱满密实。安装门框时用手电钻在边框预先钻出钉眼，然后用钉子将木框与混凝土内预埋木砖钉牢。

h. 砌块与楼板连接：墙体砌到接近上层梁、板底部时，应留一定空隙，待填充墙砌完并至少间隔 7 天后再用烧结普通砖斜砌挤紧挤牢，砖的倾斜度为 60°左右，砂浆应饱满密实。

3）冬期施工。

① 冬期施工砌体工程，应有完整的冬期施工方案。当日最低气温低于 0℃时，即使在冬期施工以外，也应按冬期施工办理。

② 冬期施工砂浆宜用普通硅酸盐水泥拌制。石灰膏等掺合料应防止受冻，如遭冻结，应经融化后方可使用。

③ 拌制砂浆用砂，不得含有冰块或直径大于 10mm 的冻结块。

④ 砌块不得遭水浸冻，使用前应清除表面冰雪，在气温低于 0℃条件下砌筑时，砌块不得浇水，但必须增大砂浆的稠度。

⑤ 冬期砌筑砂浆的拌合宜采用两步投料法。材料加热时，水加热温度不超过 80℃，砂加热温度不超过 40℃。砂浆使用温度不应低于 5℃。当采用掺盐砂浆砌筑时，宜将砂浆强度等级较常温提高一级。配筋砌体内不得采用掺盐砂浆法施工。

⑥ 冬期施工砂浆试块的留置，应增加不少于一组与砌体同条件养护的试块，测试检验其 28 天的强度。

4）雨期施工。

雨期砌筑应有防雨措施。砌块存放场地应做好排水沟，雨天应进行遮盖，防止雨水浸湿砌块，对于浸泡在雨水中的砌块不得立即上墙。

(3) 加气混凝土砌体工程质量标准

1) 主控项目。

加气混凝土砌块和砂浆的强度等级必须符合设计要求。

检验方法：检查砌块的合格证、产品性能试验报告和砂浆试块的试验报告。

2) 一般项目。

① 加气混凝土砌块墙体一般尺寸的允许偏差及检验方法，见表 2-46。

表 2-46　加气混凝土砌块墙体一般尺寸允许偏差及检验方法

项目		允许偏差/mm	检验方法
轴线位移		10	用尺量检查
墙面平整度		8	用 2m 靠尺和楔形塞尺量检查
垂直度	≤3m	5	用 2m 托线板或吊线、尺量检查
	>3m	10	
门窗洞口高、宽(后塞口)		±5	用尺检查
外墙上、下窗口偏移		20	以底层为准用经纬仪或吊线检查

② 加气混凝土砌块不应与其他块材混砌。

抽检数量：每检验批抽 20%，且不应少于 5 处。

检验方法：观察检查。

③ 加气混凝土砌块砌体的砂浆饱满度不得低于 80%。

抽检数量：每步架子不应少于 3 处，且每处不少于 3 块。

检验方法：用百格网检测砖底面与砂浆粘结痕迹面积，每处检测 3 块砖，取其平均值。

④ 拉结筋（或钢筋混凝土拉结带）：留设间距、位置、长度及配筋的规格、根数应符合设计要求，留置位置应与块体皮数相符合。拉结筋应置于灰缝中，埋置长度应符合设计要求，竖向位置偏差不得超过一皮砌块高度。

抽检数量：每检验批抽 20%，且不应少于 5 处。

检验方法：观察和尺量检查。

⑤ 砌块砌筑时应错缝搭砌，搭砌长度不宜小于砌块长度的 1/3；竖向通缝不应大于两皮。

抽检数量：每检验批的标准间中抽 10%，且不应少于 3 间。

检验方法：观察和尺量检查。

⑥ 加气混凝土砌块墙体水平灰缝厚度宜为 15mm，竖向灰缝宽度宜为 20mm。

抽检数量：每检验批的标准间中抽 10%，且不应少于 3 间。

抽检方法：用尺量 5 皮砌块的高度和 2m 砌块长度折算。

⑦ 加气混凝土砌块墙砌至接近梁、板底标高时，应留一定空隙，待填充墙砌完并至少间隔 7 天后，再将其补砌、挤紧。

抽检数量：每检验批抽 10%填充墙片（每两柱间的填充墙为一墙片），且不应少于 3 片墙。

检验方法：观察检查。

(4) 加气混凝土砌体工程成品保护

1) 砌块在装运过程中，应轻码轻放，宜使用专用机具，严禁摔、掷及翻斗车自翻卸货，应计算好每处用量，分类整齐码放。砌块堆放场地应坚实平整并有防雨措施。

2）加气混凝土砌块墙上不得留脚手眼，搭拆脚手架时不得碰撞已砌好的墙体和门窗边角。

3）门框安装后，应将门框两侧 300～600mm 高度范围钉铁皮保护，防止损坏。

4）加气混凝土墙上设备槽孔应以预留为主，不得随意剔凿，可划准尺寸用刀刃镂划，如造成墙体砌块松动或损坏，应进行补强处理。

5）落地砂浆应及时清除干净，以免与地面粘结，影响下道工序施工。

（5）应注意的质量问题

1）对于断裂砌块应粘结加工后再使用，严禁直接使用碎块砌筑。

2）砌筑时应按排列组砌图正确组砌，避免排块及局部做法不合理。

3）在砌筑门、窗洞口时，应事先预制符合要求的混凝土垫块，并按设计构造图放置；过梁梁端部位应按规定砌好四皮砖或放混凝土垫块；在门窗洞口上口设钢筋混凝土带并整道墙贯通，以确保门窗洞口构造做法符合规定。

4）在结构施工时应按设计要求在板、梁底部预留好拉结筋，做到墙顶连接牢固。

5）应按设计及有关规定留置拉结筋、拉结带，以确保砌体整体牢固。

6）砌筑前应根据墙体尺寸及砌块规格，制作皮数杆，并将灰缝做好标记，拉通线砌筑，做到灰缝基本一致，墙面平整。

（6）施工安全、环保措施。

1）安全施工要求。

① 砌筑使用的脚手架未经安全验收严禁使用。脚手架上的堆放材料不得超过规定荷载（均布荷载每平方米不得超过 3kN，集中荷载不得超过 1.5kN）。冬季施工有霜、雪时，必须将脚手架上的霜、雪清除后方可作业。

② 用起重机吊砌块时应使用砖笼，吊砂浆的料斗不能装得过满，吊臂回转范围内不得停留有人，以免发生危险。吊运砌块时信号工应与吊车司机密切配合，听从指挥，禁止超载。

③ 操作人员必须戴好安全帽，上下架子应走专用马道或楼梯。

④ 夜间施工应有充足照明。

⑤ 现场临时用电，应符合国家现行标准《施工现场临时用电安全技术规范》（JGJ46）的有关规定。

⑥ 大风、大雨等异常气候之后，应及时检查砌体是否有垂直度的变化，是否有裂缝和不均匀下沉等现象。

2）环保措施。

① 施工现场搅拌站应设置排水专用水沟和废水沉淀池。搅拌站应采取封闭和喷雾降尘措施。

② 切锯加气混凝土砌块应使用专用工具，不得用斧或瓦刀随意砍劈，并在专设地点作业，防止污染环境。

③ 落地灰应及时集中清理，现场严禁抛掷易引起扬尘的材料。

4. 混凝土砌块外墙夹心保温工程施工技术

混凝土承重小型空心砌块（简称混凝土砌块）是替代实心黏土砖的重要墙体材料，其砌筑施工工艺与加气混凝土空心砌块相同。

混凝土砌块外墙夹芯保温有两种做法：一种是双层砌块墙做法；另一种是采用集承重、保温、装饰为一体的复合砌块直接砌筑。

（1）双层砌块保温墙做法

混凝土砌块夹芯保温外墙，由结构层、保温层、保护层组成。结构层一般采用 190mm 厚主砌块，保温层一般采用聚苯板、岩棉或聚氨酯现场分段发泡，保温层厚度根据各地区的建筑节能标准确定，保护层一般采用 90mm 厚劈裂装饰砌块。

1）节点构造。

① 复合夹心墙体构造，见图 2-20。

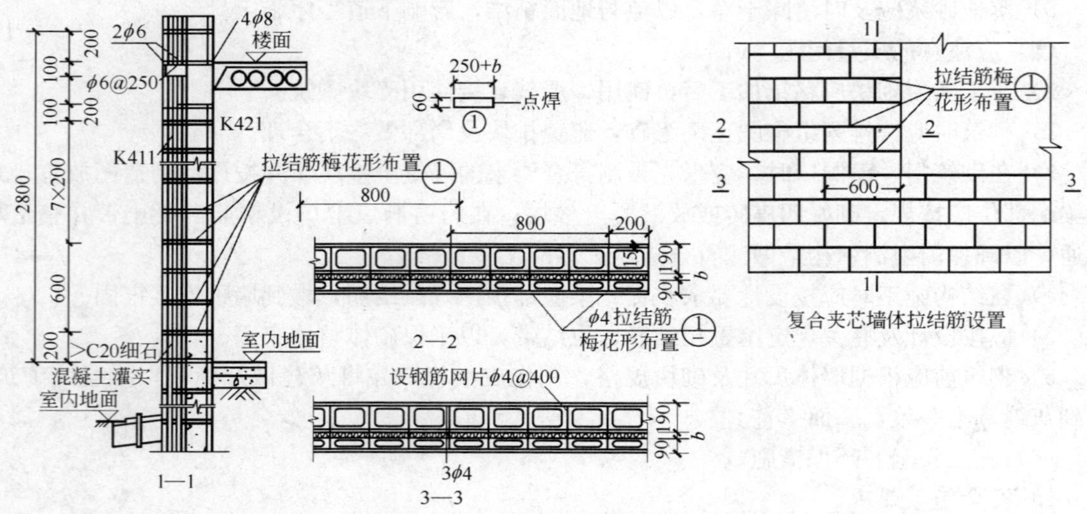

图 2-20　复合夹心墙体构造

注：1. 拉结筋及钢筋片应做防锈处理。处理后方可使用；

2. 本图仅用于抗震设防烈度≤7 度地区；

3. 墙体灰缝内设置钢筋网片的部位不设拉结筋；

4. 拉结筋布置水平间距≤800mm，竖向间距≤600mm，梅花形布置，拉结网片设置竖向间距≤600mm。

结构层与保护层砌体间采用曲镀锌钢筋网片或拉结钢筋连接。ϕ_4^b 镀锌钢筋网片见图2-21。每三皮砌块放一层网片。

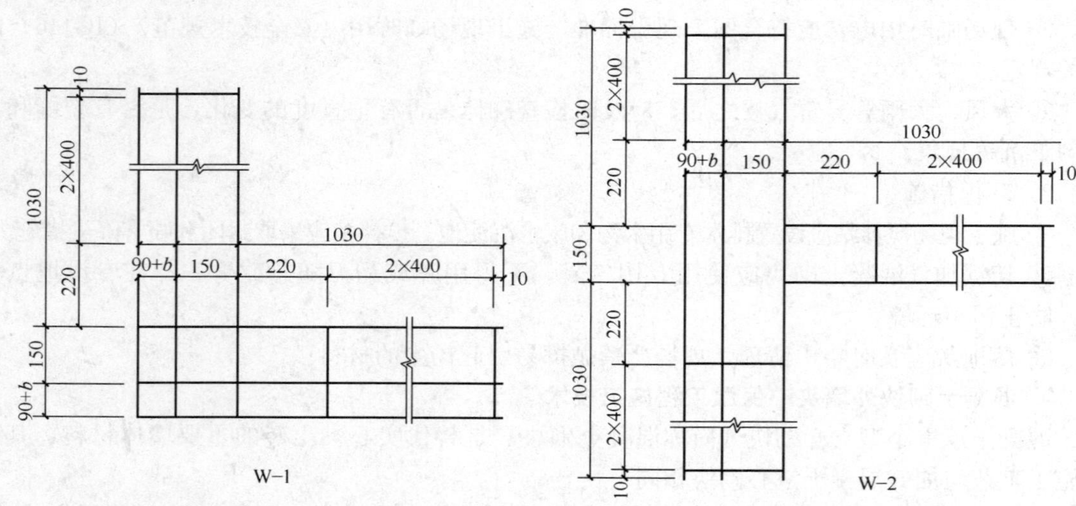

图 2-21　复合夹心墙体拉结筋网片

b—保温层厚度

② 复合夹心墙体芯柱构造节点 1，见图 2-22。

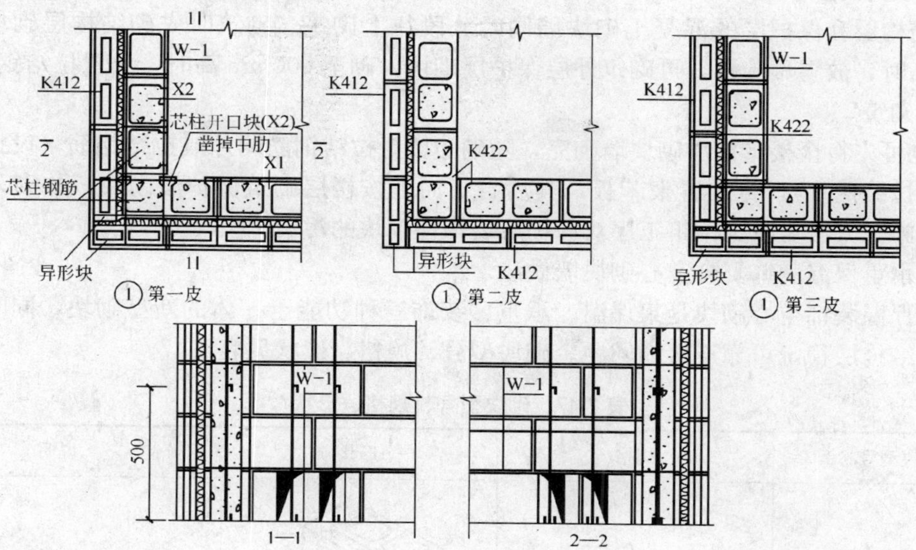

图 2-22　复合夹心墙芯柱构造节点 1

注：1. 每层第一皮砌块砌筑时，芯柱部位应在室内侧设清理口，上下层的芯柱插筋通过清理口搭接。搭接长度 500mm，浇筑混凝土前芯孔内废弃物应清除干净，封好清理口。

2. 芯柱应采用≥C20 高流动度、低收缩细石混凝土浇筑密实。

3. 不设芯柱或清理口时，节点第一皮的排块采用第三皮方式，网片沿墙高每 600mm 一道。

4. 异形块根据各地保温层厚度值进行设计。

5. 抗震设防≤7 度地区的工程，外墙可参照本图采用复合夹心墙体。

③ 复合夹心墙体芯柱构造节点 2，见图 2-23。

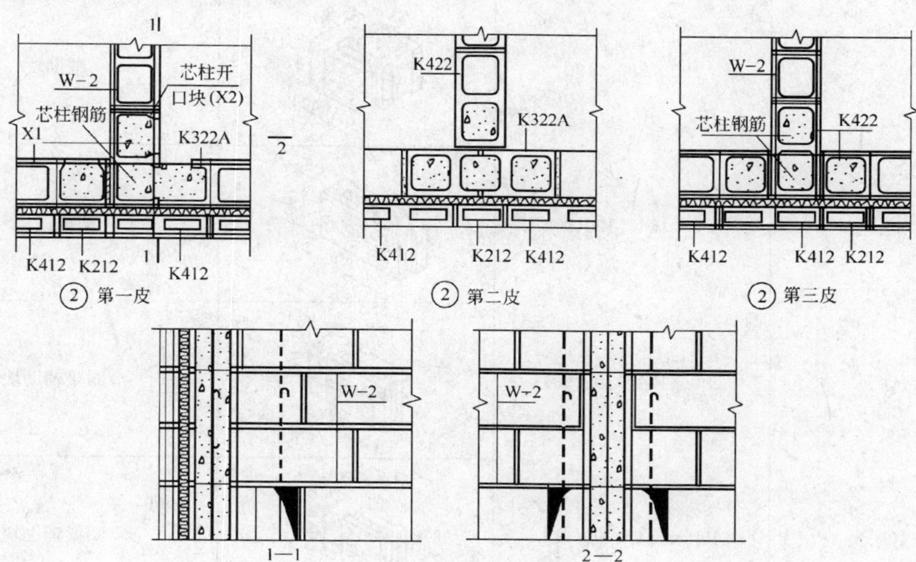

图 2-23　复合夹心墙芯柱构造节点 2

注：1. 每层第一皮砌块砌筑时，芯柱处须留出清理口，上下层的芯柱插筋通过清理口搭接。搭接长度 500mm，浇筑混凝土前芯孔内废弃物应清除干净，封好清理口。

2. 芯柱应采用≥C20 高流动度、低收缩细石混凝土浇筑密实。

3. 不设芯柱或清理口时，节点第一皮的排块采用第三皮方式，清理口上面的网片 W－2 不增设，网片 W－2 沿墙高每 600mm 一道。

4. 抗震设防≤7 度地区的工程，外墙可参照本图采用复合夹心墙体。

2）夹芯保温施工。

① 结构层和保护层的混凝土砌块墙同时分段往上砌筑。砌筑时先砌结构层砌块，砌至600mm高时，放置聚苯板，再砌筑外层保护层砌块，砌至600mm高时，放置拉结钢筋网片，依次往上砌筑。

② 也可先将全楼结构层砌块墙砌完，随砌随放置拉结钢筋网片或拉结钢筋（设拉结筋的部位不设拉结网片），再放置聚苯板，其后自下而上按楼层砌筑保护层砌块，并砌入钢筋网片。这种施工方法可减少砌筑工序对保护层装饰性砌块的污染。

（2）承重保温装饰复合空心砌块墙做法

承重保温装饰空心砌块是集保温、承重、装饰三种功能于一体的新型砌块，同时解决了装饰面与结构层稳定可靠连接的问题。砌块型号、规格、形状见表2-47。

表2-47　砌块型号、规格、形状

砌块型号	规格	形状	说明
W_4	390×280×190	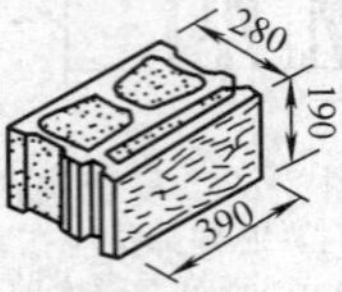 280　190　390	主砌块
W_3	290×280×190	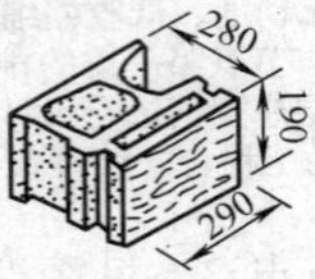 280　190　290	辅助块
W_2	190×280×190	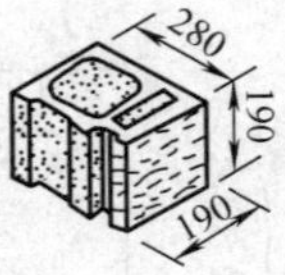 280　190　190	辅助块
$Q_4(Q_4')$	390×114×190(90)	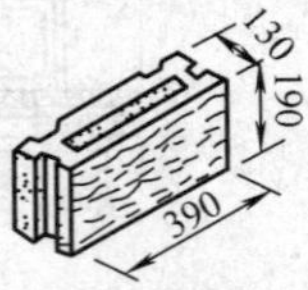 130　190　390	圈梁主块
$Q_3(Q_3')$	290×114×190(90)	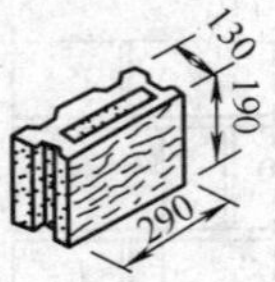 130　190　290	圈梁辅助块
$Q_2(Q_2')$	190×114×190(90)	 130　190　190	圈梁辅助块
$Q_1(Q_4')$	280×190×190(90)	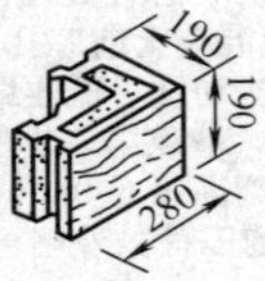 190　190　280	L形辅助块

1）砌块性能。

承重保温装饰混凝土空心砌块的主要性能指标是：抗压强度≥10MPa，抗折强度≥1.60MPa，密度≥1200kg/m³，抗渗性≤10mm，传热系数 K≤1.10W/m²·K，隔声≥50dB；聚苯板的密度 18～20kg/m³，导热系数≤0.042W/m·K。

2）节点构造。

① 复合砌块 L 墙做法，见图 2-24。

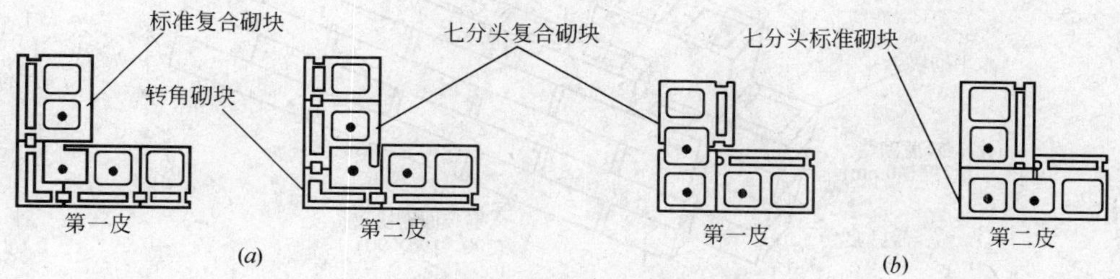

图 2-24　复合砌块 L 墙做法

（*a*）阳角；（*b*）阴角

② 复合砌块丁字墙做法，见图 2-25。

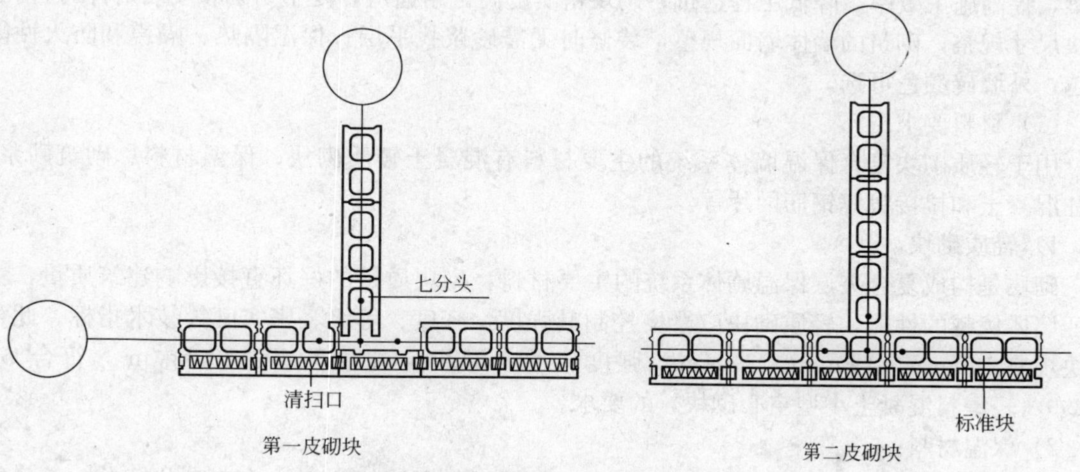

图 2-25　复合砌块丁字墙做法

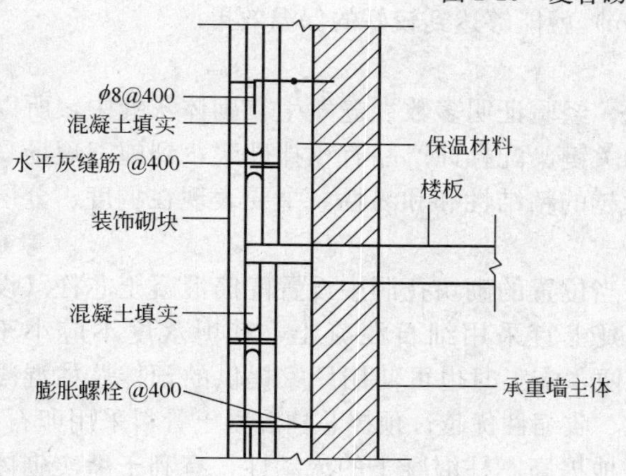

图 2-26　墙体保温系统（剪力墙、砖混结构）

3）复合砌块施工。

砌块施工过程中随时把聚苯板插入复合砌块的空腔里。施工方法同普通混凝土砌块。

5. 轻质混凝土空心砌块复合保温墙体施工

轻质混凝土空心砌块复合保温技术是吸收了国外的先进技术并结合中国实际情况研制出来的，它适用于钢筋混凝土框架结构以及对墙体有较高保温节能要求的工业和民用建筑，见图 2-26、图 2-27。

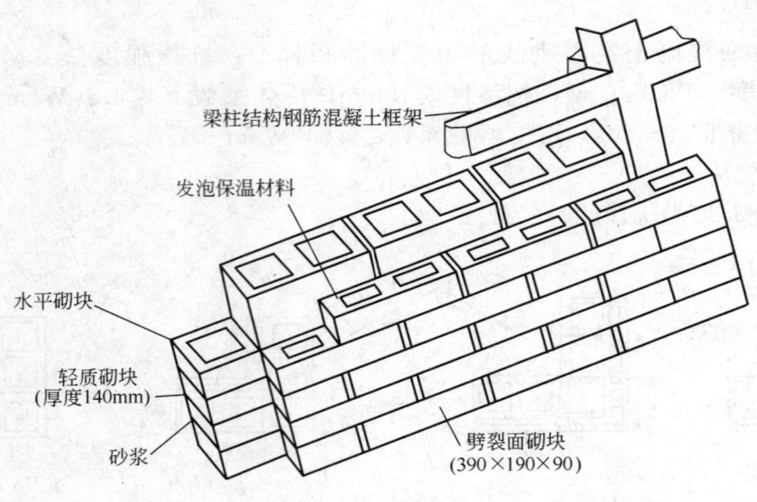

图 2-27　墙体保温系统（框架结构）

可在砌块空洞中设置竖向钢筋，增强墙体的稳定性和抗震性能，可替代混凝土现浇柱和圈梁，提高施工效率，降低工程造价；砌块密实度高，耐撞击，便于切割和安装附件时打孔；砌块尺寸规整，砌筑的墙体墙面规整，装修时无需砂浆找平层；保温隔热、隔声和防火性能优越；外墙砖颜色可选。

（1）材料要求

用于轻质砌块复合保温墙体系统的主要材料有混凝土轻质砌块、保温材料、砌筑砂浆、芯柱混凝土和拉接镀锌钢筋网片等。

1）轻质砌块。

砌块是构成复合夹层保温墙体系统的主要材料，砌块质量的好坏直接影响建筑质量，为保证墙体优越的性能，轻质砌块应严格控制其强度、密度、等级、密实度等技术指标。此种砌块规格 190mm×190mm×390mm，强度超过 3.5MPa，密度等级≥800kg/m^2，符合 GB 15299《轻集料混凝土小型空心砌块》的要求。

2）保温材料。

墙体夹层中的保温材料、发泡材料，由于其置于两层墙体之间，施工工艺简单，并且能够填充到夹层任何角落，较小的厚度（3～6mm）就能够达到较好的保温效果。

3）砌筑砂浆和芯柱混凝土。

裂缝是混凝土砌块体系中的一个重要课题，经验证明多数裂缝发生在砌体灰缝中，所以砌筑砂浆的质量是保证混凝土砌块墙体质量的关键。配合此产品有预拌砂浆，到施工现场只要按要求加水搅拌即可使用。预拌砂浆具有优越的粘结性和和易性，主要表现在稠度、分层度和泌水率等方面。

框架结构轻质砌块填充墙较长时，须在适当位置的砌块孔洞中设置配筋混凝土芯柱（设置方法和位置依据现行有关规定）。芯柱混凝土宜采用细石混凝土，其坍落度不应小于90mm；考虑到零星混凝土采购和现场搅拌不便，施工时也可使用厂家提供的预拌芯柱混凝土，其强度高、流动度适宜、黏结性、泌水性、收缩性优越；预拌芯柱混凝土骨料采用卵石，和现场配制的混凝土采用碎石相比，能够较好地提高芯柱混凝土的流动性，有利于灌实砌体配筋部分的狭小孔洞。

4）拉接钢筋网片。

在轻质砌块复合保温墙体中应使用 $\phi4$ 镀锌钢筋网片，其主要作用是加强墙体构造和结构上的稳定性，拉接有夹层保温层的内外墙体，防止墙体线形收缩而出现裂缝等问题；当结构形式为框架结构，外墙采用空心混凝土砌块砌筑，则预先应在结构墙的灰缝中埋设钢筋网片，网片的宽度应为内侧墙的宽度、装饰墙的宽度、保温层的宽度之和减去 30mm 保护层即可，竖向高度每 400mm 放置一道 $\phi4$ 镀锌钢筋网片。如果外墙为承重墙，则只需要在装饰砌块砌筑时用膨胀螺栓及钢配件和装饰砌块连接，这时在装饰砌块灰缝中每隔 400mm 铺一道比墙宽略窄的 $\phi4$ 钢筋网片即可。

（2）施工准备

1）主体结构形式为剪力墙和砖混结构。

应在主体结构施工阶段的每层顶板处预先作出承托装饰砌块的挑檐，挑檐厚度 100mm，挑檐配筋一般按 $\phi10$@200 配置，层层卸载。由于装饰砌块墙体和内侧墙体间留有 30mm 保温层空隙，挑檐的宽度最底部为 120mm，设在室外地坪以上 200mm 处，层与层间的挑檐宽度为 90mm 即可，用砖把挑檐盖住，保持装饰墙体整体材料一致。

2）切割。

所有的砌块切割应用切割机切割，可采用一台直径 350mm 的台式切割机。

（3）施工工艺

1）内侧轻质混凝土砌块墙体的砌筑。

① 施工前先绘制砌块排列图：

依据设计图纸上的门窗、过梁和芯柱的位置及楼层标高、砌块尺寸和灰缝厚度等进行排列，并应尽量采用主要规格砌块，待上述准备好，在施工现场试砌一道样板墙，作为施工准备、摸索经验、评定施工质量的标准。

② 砌筑采用“倒砌法”：

砌筑时，砌块底面朝上“倒砌”，这样有利于砂浆的铺设。砌块的模芯有一定的锥度，致使生产出来的砌块侧壁和横肋都是上大下小，“倒砌”就是在砌筑时把砌块倒转过来，使厚度大的一端朝上，厚度小的朝下，以增大砂浆的支撑力，改善墙体的抗剪性。

③ 灌注芯柱：

砌筑第一皮砌块时，在芯柱位置使用带清扫孔的砌块砌筑。浇筑混凝土前，从清扫孔中清除落下的砂浆残渣；校正钢筋的绑扎位置并绑扎固定，芯柱中的钢筋搭接长度按受拉搭接长度计算。浇筑时，先注入适量与芯柱混凝土配比相同的去石水泥砂浆，再浇灌混凝土，每浇灌 400～500mm 高度，捣实一次，或边浇筑边捣实。

④ 砌块的搭接：

砌块应对孔搭砌，当无法对孔时，砌块的搭接长度不应小于 120mm。

⑤ 砂浆应包裹灰缝筋：

砌体中铺设的镀锌钢筋网片纵向钢筋应被砂浆严密包裹，砂浆包裹网片纵向钢筋的厚度，在墙体外露的一侧不应小于 15mm；在墙体内侧不宜小于 13mm。网片外露部分不得随意弯折。网片的搭接长度不应小于 250mm。

⑥ 砌块不宜与其他材质混砌：

当砌块排列不能满足模数时，应选用同材质辅助砌块，避免使用其他材料混砌。

⑦ 灰缝的厚度：

砌体的水平灰缝厚度和竖直灰缝宽度应控制在 8～12mm，砌筑时铺灰长度不得超过 800mm。

⑧ 预留孔洞、埋件：

对于设计规定的洞口、管道、沟槽和预埋件等，应在砌筑时预留或预埋，不得在砌好的墙体上剔凿。

⑨ 日砌筑高度：

砌块的日砌高度在常温条件下不宜大于 1.8m，雨季和冬季施工的日砌高度不宜大于 1.2m。

⑩ 墙面抹灰：

墙面抹灰，为了避免裂缝，应在砌块墙体干燥和徐变趋于稳定后，大约在墙体完工一个月后进行；墙面抹灰砂浆的强度等级应尽量接近砌块的强度等级。

⑪ 过梁做法：

在门窗洞口过梁上做承托外墙砖的挑檐，并在洞口两侧设置芯柱，过梁做法如图 11－6 所示，保证挑檐的端面不外露。

⑫ 质量控制：

a. 垂直误差：3m 以内不得超过 6mm，13m 以外不得超过 12mm。

b. 水平误差：6m 以内不得超过 6mm，13m 以外不得超过 20mm。

c. 横断面误差：减少不得超过 6mm，增加不得超过 12mm。

2）外面装饰砌块的砌筑。

① 根据砌块的基本排列图案、图纸中门窗洞口的位置、灰缝的位置，绘制砌块排列图，现场用红笔在基础的挑檐上做好记号，计算墙角到门、窗洞口间的砌块模数（400），通过灰缝的调整，尽可能地将模数调至模数的 1/2，并标出砂浆灰缝的位置，窗间墙的上方墙体和下方墙体的灰缝需对齐，见图 2-28。

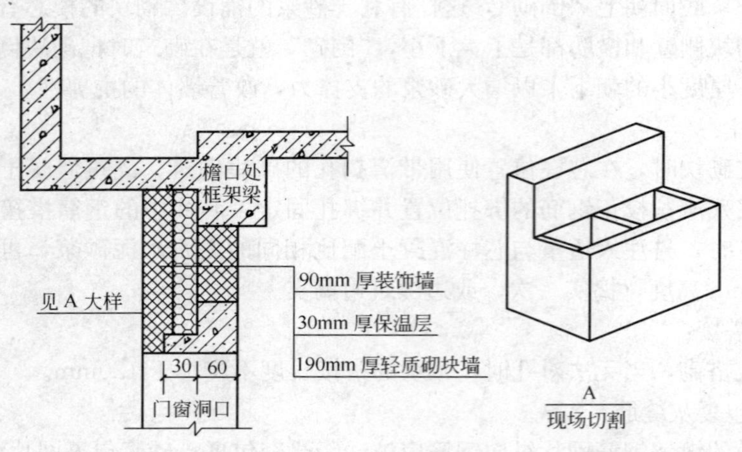

图 2-28　门窗洞口处过梁、砌块的做法

② 砌筑前，先对砌块进行挑选，把颜色不一的、缺棱掉角的砌块挑出，以免影响砌筑效果。

③ 砌筑时，施工技术人员根据基础挑檐上的红线，预先排好两皮砌块，立好皮数杆，挑

选熟练的技工从墙角开始进行砌筑，先砌完墙角和墙末端，再砌中间部分时，在墙角和另一端需拉通线保证墙体和灰。

④ 砌筑时，砌块底面朝上“倒砌”。砂浆一次铺设长度不得超过 800mm，防止砂浆因泌水而失去粘聚性。水平灰缝和垂直灰缝均控制在 8～12mm，表面平整度控制在 8mm 以内，垂直度控制在 5mm 以内。灰缝应饱满，随砌随勾缝。

⑤ 墙体的勾缝及表面处理。根据图纸要求，确定勾缝的种类，是原浆勾缝还是另配其他颜色。砌完一部分墙体，铲掉多余的砂浆，用拇指压灰缝砂浆以检查砂浆的软硬程度（以压后砂浆不粘手为宜），然后勾缝；先勾水平缝，后勾竖直缝；勾缝从墙角开始勾缝，竖缝应从上往下勾缝。勾缝工具应宽于灰缝，目的是使灰缝亮泽，勾缝工具湿润后再使用效果比较好。勾缝完毕后，再用毛刷将多余的砂浆扫除干净。

⑥ 双层墙夹层中应避免掉落砂浆。砌筑双层墙时，应防止砂浆落入夹层。预先制作与夹层宽度相同的木条，长约 0.8m，两端各系一个约 0.6m 的线绳，砌筑时，将木条平放置在钢筋网片上接灰，当砌筑到下一道钢筋网片高度时，手提木条两端的线绳将木条提出夹层，清除木条上落的砂浆残渣，放置下一道网片和木条，继续施工。

⑦ 砌筑外装饰墙时，应防止砂浆落在饰面墙上，通常采用将塑料薄膜贴在饰面墙墙面的方法，对于落在饰面墙上的砂浆，应用湿布擦净。

⑧ 墙面处理。在墙面施工完后，把墙面清理干净，用水湿润后喷洒科密水，在墙面形成一层保护膜，作为一种永久性保护，防止墙面因雨水冲刷而返碱，影响墙体的整体美观。

3）保温层材料及施工方法。

保温夹层是一种安全、优质、耐久的发泡绝缘材料，主要成分是氮尿素、树脂和发泡乳液。导热系数为 0.0298W/m·k，密度为 12～13kg/m³。该产品阻燃，不含、不释放对人体健康有害的氮氟碳，广泛应用于砌体结构的民用和工业建筑的保温隔热、隔声和防火。

施工时，将氮尿素、树脂和发泡乳液按比例分别溶水搅拌使其充分溶解；利用压缩空气通过喷枪注入墙体预留的保温层中；氮尿素、树脂与发泡乳液在保温层内发生化学反应并自由膨胀，填充夹层的空间，20s 内凝固。墙体的喷枪注口直径 16mm，间距 1m，在灰缝处留置，可在砌墙时预留或施工时用电钻打孔，施工完后用砂浆将喷枪注入口堵住即可。

（4）施工中应注意的问题

1）每天工作结束时，用塑料布覆盖墙顶，当不能连续施工时，需覆盖已完成部位。

2）当空气温度低于 4℃时，须用热水搅拌砂浆。

3）当空气温度低于 7℃，风速超过每小时 25km 时须采用挡风板。

4）当空气温度低于 0℃时，须通过补充热源保持墙体温度。

2.3 外墙外保温工程施工技术与质量验收

2.3.1 外墙外保温系统特点

外墙外保温系统是在建筑物外墙的外侧，粘贴或以其他形式连接保温绝热材料，像是给建筑物包上一层外衣，使之与墙体基层材料复合而构成外墙外保温复合墙体。然后再在外层抹灰或做其他外饰面作为保护层。外墙外保温墙体保温效果良好，优点主要有以下几点。

1. 外墙外保温可以避免产生热桥

由于外墙既然要承重又要起保温作用，外墙厚度必然较厚。采用高效保温材料后，墙厚得以减薄，减少了建筑材料的应用，节约了资源。同时外墙外保温好像是给建筑物穿上一层外衣，这样就可以很好地避免建筑物的“热桥”问题。在寒冷的冬天，热桥不仅会造成额外的热损失，还可能使外墙内表面潮湿、结露，甚至发霉和淌水，影响室内环境。由于外保温避免了热桥，在采用同样厚度的保温材料条件下，外墙外保温系统节能效果更好。

2. 外墙外保温可使室内温度更稳定

（1）在进行外墙外保温后，由于内部的实体墙热容量大，室内能蓄存更多热量，使诸如太阳辐射或间歇采暖造成的室内温度变化减缓，室温较为稳定，生活较为舒适；也使太阳辐射得热、人体散热、家用电器及炊事散热等因素产生的“自由热”得到较好的利用，有利于节能。而在夏季，外保温层能减少太阳辐射热的进入和室外高气温的综合影响，使外墙内表面温度和室内气温度得以降低。可见，外墙外保温更有利于使建筑物保持冬暖夏凉。

（2）室内居民实际感受到的温度既有室内温度又有围护结构内表面温度的影响。这就证明，通过外墙外保温可以提高外墙内表面温度，即使室内的空气温度有所降低，也能得到舒适的热环境，如图 2-29 所示。由此可见，在加强外墙外保温、保持室内热环境质量的前提下，适当降低室温，可以减少采暖负荷，节约能源。

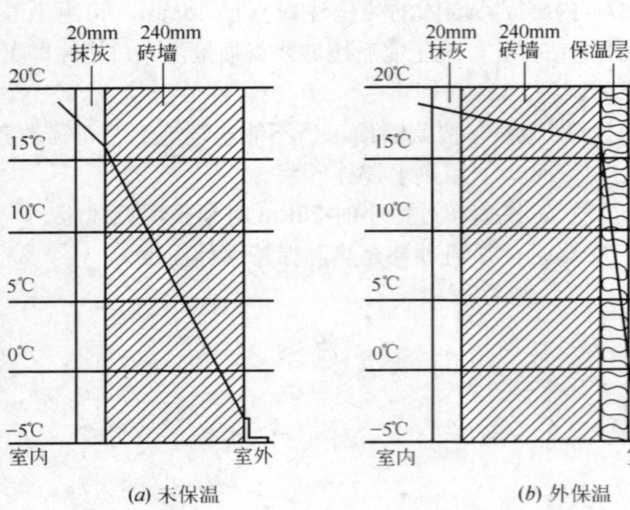

图 2-29　外墙内部温度变化情况

3. 外墙外保温对建筑物有一定保护作用

由于采用外保温的结果，内部的砖墙或混凝土墙受到保护。室外气候不断变化引起墙体内部较大的温度变化过程发生在外保温层内，使内部的主体墙冬季温度升高，湿度降低，温度变化较为平缓，热应力减少，因而主体墙产生裂缝、变形、破损的危险将大为减轻，建筑物的寿命得以大大延长。

4. 外墙外保温适用于节能改造

对于未做保温隔热或保温隔热效果达不到节能要求的建筑物，进行节能改选时，最适合采用外墙外保温系统。进行外墙外保温系统施工，不破坏室内管线、采暖空调设备以及装修等，不影响旧建筑物内居民的生活，施工扰民较小，也不会减少住户的室内使用面积，避免了诸如临时搬迁、搬动家具等很多的麻烦。因此，当外墙必须进行装修或抗震加固时，加做外墙外保温是最有利的时机，同时也增加了外墙的装饰效果。

5. 有利于装修施工

我国目前许多住户在住进新房时，大多先进行装修。外墙外保温系统由于设在室外，室内装饰装修不影响外墙外保温系统的保温节能效果。

6. 有利于景观设计

外墙外保温可以使建筑更为美观，只要做好建筑立面设计，建筑外貌会十分出色。特别在旧房改造时，外墙外保温能使房屋面貌大为改观。

7. 适用范围广

外墙外保温适用范围十分广泛。既然适用于采暖建筑，又适用于空调建筑；既适用于民用建筑，又适用于工业建筑；既可用于新建建筑，又可用于既有建筑；既能在低层、多层建筑中应用，又能在中高层和高层建筑中应用。

8. 经济效益显著

外墙外保温的综合经济效益很高。虽然外墙外保温工程每平方米造价通常会增加一些，但只要技术选择适当，单位面积造价高得并不多。特别是由于外墙外保温不影响建筑的实际使用面积，实际上是使单位使用面积造价得到降低。加上建筑物在长期的使用过程中有节约能源，做外墙外保温系统所增加的投资会在节约的能源投资中有冲抵，同时还有改善居住空间热环境等一系列好处，综合效益是十分显著的。

目前，技术比较成熟，应用较广泛的外墙外保温系统主要有聚苯乙烯泡沫塑料板外保温、胶粉颗粒保温浆料外保温、聚苯板或钢丝穿透型聚苯板外保温、`腹丝非穿透型钢丝网架聚苯板外保温、岩棉板外保温、装配式龙骨薄板外墙外保温等几种，其中聚苯乙烯泡沫塑料板外保温和钢丝网架聚苯乙烯泡沫塑料板外保温适用于现浇混凝土基层墙体，其他外墙外保温系统适用于混凝土墙体及各种砌体基层墙体的冬季保温、夏季隔热的要求。

2.3.2　复合外墙外保温系统构造

1. 聚苯乙烯泡沫塑料板薄抹灰外墙外保温系统

是以聚苯乙烯泡沫塑料板（以下简称聚苯板）或挤塑聚苯乙烯泡沫塑料板（以下简称挤塑聚苯板，仅用于首层）为保温隔热层，采用粘结方式，辅以锚栓固定于基层墙面，并以聚合物砂浆复合玻纤网格布作防护层，涂料饰面的外墙外保温系统。基本构造见表2-48。

表 2-48　聚苯乙烯泡沫塑料板薄抹灰外墙外保温系统基本构造

基层墙体 ①	保温隔热层和 固定方式②	防护层 ③	饰面层 ④	构造示意	聚苯板厚度/mm (挤塑聚苯板厚度/mm)
混凝土墙体 各种砌体墙体	聚苯板(或挤塑聚苯板)粘贴(辅以锚栓)固定	聚合物抗裂砂浆、耐碱玻纤网格布增强	涂料	①②③④	钢筋混凝土 30～45(25～30) 空心砌块墙 30～40(25) 灰砂砖墙 30～40(25) 黏土多孔砖墙 30(25)

2. 胶粉聚苯颗粒保温浆料外墙外保温系统

是以胶粉聚苯颗粒保温浆料（以下简称保温浆料）作保温隔热层，用现场抹灰方式固定于基层墙面，并以抗裂砂浆复合玻纤网格布作防护层，涂料或贴面砖饰面的外墙外保温系统，基本构造见表 2-49。

表 2-49　胶粉聚苯颗粒保温浆料外墙外保温系统基本构造

基层墙体 ①	保温隔热层和 固定方式②	防护层 ③	饰面层 ④	构造示意	聚苯板厚度/mm
混凝土墙体 各种砌体墙体	保温浆料抹在基层墙面上	聚合物抗裂砂浆、耐碱玻纤网格布增强	涂料或面砖	①②③④	钢筋混凝土 45～60 空心砌块墙 35～55 灰砂砖墙 35～50 DM 多孔砖墙 25～45 KP1 多孔砖 20～40

3. 聚苯乙烯泡沫塑料板现浇混凝土外墙外保温系统

是以聚苯板为保温隔热层，置于混凝土墙体外侧与之一次浇筑成型（辅以锚栓拉结），并以抗裂砂浆复合玻纤网格布作防护层，涂料饰面的外墙外保温系统，基本构造见表 2-50。

表 2-50　聚苯乙烯泡沫塑料板现浇混凝土外墙外保温系统基本构造

基层墙体 ①	保温隔热层和 固定方式②	防护层 ③	饰面层 ④	构造示意	聚苯板厚度/mm (挤塑聚苯板厚度/mm)
现浇钢筋 混凝土墙	聚苯板与基层墙体一次浇筑成型(辅以锚栓拉结)	聚合物抗裂砂浆,耐碱玻纤网格布增强	涂料	①②③④	40～50 (35)

4. 钢丝网架聚苯乙烯泡沫塑料板现浇混凝土外墙外保温系统

是以腹丝穿透型钢丝网架聚苯板为保温隔热层，置于混凝土墙体外侧与之一次浇筑成型（辅以锚筋拉结），并在钢丝网架聚苯板表面抹水泥砂浆作防护层，面砖饰面的外墙外保温系统，基本构造见表 2-51。

表 2-51　钢丝网架聚苯乙烯泡沫塑料板现浇混凝土外墙外保温系统基本构造

基层墙体 ①	保温隔热层和 固定方式②	防护层 ③	饰面层 ④	构造示意	聚苯板厚度/mm
现浇钢筋 混凝土墙	腹丝穿透型钢丝网架聚苯板与基层墙体一次浇筑成型(辅以锚筋拉结)	水泥砂浆	面砖	①②③④	45～60

5. 机械固定钢丝网架聚苯乙烯泡沫塑料板外墙外保温系统

是以腹丝非穿透型钢丝网架聚苯板为保温隔热层，用机械固定件与基层墙体固定，并在钢丝网架聚苯板表面做砂浆防护层，涂料或面砖饰面的外墙保温系统，基本构造见表 2-52。

表 2-52　机械固定钢丝网架聚苯乙烯泡沫塑料板外墙外保温系统基本构造

基层墙体 ①	保温隔热层和 固定方式②	防护层 ③	饰面层 ④	构造示意	聚苯板厚度/mm
混凝土墙体 各种砌体墙体	腹丝非穿透型钢丝网架聚苯板用锚栓或锚筋固定	水泥砂浆抹面、抗裂砂浆罩面	涂料或面砖	①②③④	钢筋混凝土 35～45 空心砌块墙 30～40 灰砂砖墙 30～40 黏土多孔砖墙 30

6. 岩棉板外墙外保温系统

是以岩棉板作保温隔热层，采用机械固定件将岩棉板固定于基层墙体，并以保温浆料找平，抗裂砂浆复合玻纤网格布作防护层，涂料饰面的外墙外保温系统，基本构造见表 2-53。

表 2-53　岩棉板外墙外保温系统基本构造

基层墙体 ①	保温隔热层和 固定方式②	防护层 ③	饰面层 ④	构造示意	聚苯板厚度/mm
混凝土墙体 各种砌体墙体	岩棉板，机械固定件固定	保温浆料找平，聚合物抗裂砂浆、耐碱玻纤网格布增强	涂料	①②③④	钢筋混凝土 40 空心砌块墙 40 灰砂砖墙 40

7. 装配式龙骨薄板外墙外保温系统

是以聚苯板或岩棉板（毡）玻璃棉板（毡）为保温隔热层，嵌填于轻钢龙骨框架的腔体内（岩棉或玻璃棉板［毡］须用岩棉钉固定）。轻钢龙骨框架用锚栓固定于基层墙体，外覆面板、涂料饰面的外墙外保温系统，基本构造见表 2-54。

表 2-54　装配式龙骨薄板外墙外保温系统基本构造

基层墙体 ①	保温隔热层和 固定方式②	防护层 ③	饰面层 ④	构造示意	聚苯板厚度/mm （挤塑聚苯板厚度/mm）
混凝土墙体 各种砌体墙体	聚苯板、岩棉板（毡）、玻璃棉板（毡）嵌填并用机械固定	水泥加压平板、纤维增强硅酸钙板等	涂料	①②③④	钢筋混凝土 30～45(40～45) 空心砌块墙 30～40(40) 灰砂砖墙 30～40(40) 多孔砖墙 30～40

2.3.3　外墙外保温工程施工技术与质量验收

1. 聚苯乙烯泡沫塑料板薄抹灰外墙外保温工程施工

（1）适用范围

适用于在各类民用建筑的新建和既有建筑的改造中，采用聚苯板玻纤网格布聚合物砂浆的外墙外保温工程。基层墙体可以是混凝土墙和各种砌体墙。建筑高度一般在100m以内，抗震设防烈度不大于8度。

（2）施工准备

1）材料要求。

① 聚苯乙烯泡沫塑料板：其性能指标应符合现行标准GB/T 10801.1及JG 149的要求。标准板的尺寸宜为1200mm×600mm及900mm×600mm。

② 聚合物水泥砂浆胶粘剂。

③ 聚合物抹面砂浆：标准做法3～5mm；加强做法5～7mm。

④ 耐碱型玻璃纤维网格布其性能指标应符合要求。

⑤ 硅酸盐水泥和普通硅酸盐水泥：应符合现行标准《硅酸盐水泥、普通硅酸盐水泥》的要求。

⑥ 机械锚固件：制作螺钉的材料应是不锈钢或经表面防锈处理的金属；塑料套管和圆盘应用聚酰胺（PA6或PA6.6）、聚乙烯（PE）或聚丙烯（PP）等材料制成，不得使用回收的再生材料。锚固件技术性能指标应符合相应的要求。

⑦ 饰面材料：

a. 建筑涂料：应符合《建筑外墙弹性涂料应用技术规程》、《合成树脂乳液外墙涂料》、《复层建筑涂料》、《建筑涂料》、《合成树脂乳液砂壁状建筑涂料》的要求，还应与外保温系统相容。

b. 饰面砖：选用与本系统相匹配的饰面砖，该饰面砖应符合相应的技术标准。

⑧ 其他材料：

a. 发泡聚乙烯圆棒状或条状，其直径按缝宽的1.3倍选用。

b. 建筑密封膏应采用聚氨酯、硅酮、丙烯酸酯型，其技术性能除应符合《聚氨酯建筑密封膏》（JC 492）、《建筑用硅酮结构密封胶》（GB 16776）、《丙烯酸酯建筑密封膏》（JC/T 484）的有关要求外，尚应与本系统有关产品进行相容试验。

2）主要施工机具。

磅秤、电动搅拌器、电锤（冲击钻）、电动打磨器（砂纸）、电动（手动）螺丝刀、壁纸刀、钢丝刷、钢丝、扫帚、棕刷、开刀、墨斗、抹子、压子、阴阳角抹抿子、托线板、2m靠尺等。

3）作业条件。

① 基层墙体：经过工程验收达到质量标准的结构承重墙面或非承重墙面即可进行外墙外保温系统施工。墙体基面的尺寸偏差还应符合表2-55的规定。

② 门窗口：门窗洞口经过验收，洞口尺寸位置达到设计和质量要求；门窗框或辅框应已立完。

③ 气候条件：操作地点环境和基底温度不低于5℃，风力不大于5级，雨天不能施工。

（3）施工工艺

1）施工做法。

聚苯乙烯泡沫塑料板薄抹灰外墙外保温用料及分层做法，见图2-30。

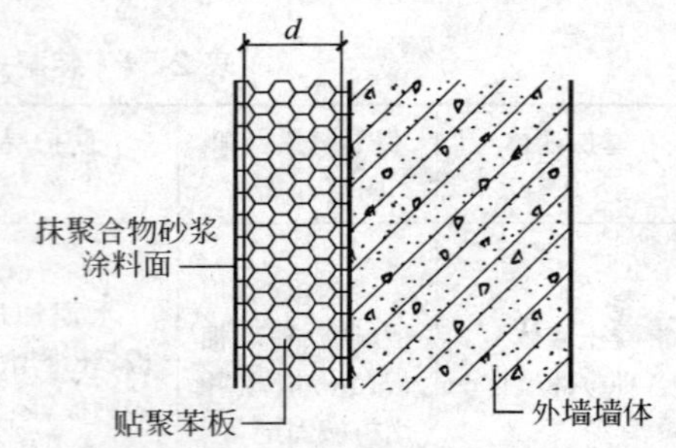

图2-30　聚苯乙烯泡沫塑料板薄抹灰外墙外保温用料及分层做法

注：1. 基层墙面刷界面剂；
2. 1∶3水泥砂浆找平（墙体不平时用）；
3. 聚合物砂浆粘贴双面带小凹槽聚苯板；
4. 抹3～5厚聚合物砂浆中间压入一层耐碱玻纤网格布；
5. 涂料饰面。

表 2-55　墙体基面的允许尺寸偏差

工程做法	项目			允许偏差/mm	
砌体工程	墙面垂直度	每层		≤5(2m 托线板检查)	
		全高	≤10m	≤10	(经纬仪或吊线检查)
			>10m	≤20	
	表面平整度			≤5	(2m 直尺和楔形塞尺检查)
混凝土工程	垂直度	层高	≤5m	8	
			>5m	10	
		全高		H/1000 且≤30	
	表面平整	2m 长度		8	

2）施工工艺流程。

基面准备 → 墙面测量、弹线、挂线 → 材料准备 → 配胶粘剂 → 粘贴翻包玻纤网格布

3）施工要点。

① 聚苯板厚度选用：外墙传热系数的计算以及聚苯板厚度的选用应符合《居住建筑节能设计标准》（DBJ01－602－2004）和《民用建筑热工设计规范》（GB 50176）的有关规定。

北京地区居住建筑外墙聚苯板厚度选用，见表 2-56。

表 2-56　不同聚苯板厚度相对应的外墙传热系数值（W/m² · k）

聚苯板厚度/mm	30	35	40	45	50	60	70	80	90	100
180mm 厚钢筋混凝土墙	1.09	0.97	0.88	0.80	0.73	0.63	0.55	0.49	0.44	0.40
190mm 厚小型混凝土空心砌块墙	0.97	0.88	0.80	0.73	0.68	0.59	0.52	0.47	0.42	0.39
240mm 厚多孔砖墙	0.81	0.75	0.69	0.64	0.60	0.53	0.47	0.43	0.39	0.36

注：EPS 板导热系数计算取值 0.045W/m · k。

② 对轻质材料墙体以及原有建筑的墙体保温改造，应对胶粘剂与墙体基面的粘结强度或机械锚固件的拔出力进行实测，以便具体设计外保温系统同墙体基面的连接方案。对高层建筑，标高在 20m 以上的部位，宜增设机械锚固件，以提高连接安全度。锚固件数量：标高在 50m 以下的不宜少于 4 个/m²；标高在 50m 以上的不宜少于 6 个/m²。

③ 基层准备。对新建工程，经过工程验收达到质量标准的结构承重墙面或非承重墙面方可进行外墙外保温施工。对既有建筑墙体进行保温改造时，需对外墙外表面进行检查，通过检测确认其与所用胶黏剂有良好的附着力。即

$$F = B \cdot S/100 \geqslant 0.20N/\text{mm}^2 \qquad (3-1)$$

其中 F——基层墙体的附着力（N/mm²）；

B——实测基层墙体与所用胶黏剂的拉伸粘结强度（N/mm²）；

S——黏结面积率（%）

如果基层墙体的附着力不能满足要求，应对基层墙体外表面做彻底清理，或增加黏结面积率，或考虑加设机械锚固件。

对于未达到以上标准的墙面应按照以下方法进行处理：

对新建工程墙面的混凝土残渣和脱模剂必须清理干净，墙面平整度超差部分应剔凿或修补。

对既有建筑进行外保温施工时应彻底清理不能保证粘结强度的原外墙面层（爆皮、粉化、松动的原外装饰面层，出现裂缝空鼓的抹灰面层），修补缺陷，加固找平。

伸出墙面的（设备、管道）连接件已安装完毕，并留出外保温施工的余地。

④ 弹控制线。根据建筑立面设计和外墙外保温技术要求，在墙面弹出外门窗水平、垂直控制线及伸缩线、装饰缝线等。

⑤ 挂基准线。在建筑外墙大角（阳角、阴角）及其他必要处挂垂直基准线，每个楼层适当位置挂水平线，以控制聚苯板的垂直度和平整度。

⑥ 配制聚合物砂浆胶黏剂。根据生产厂使用说明书提供的配合比配制，专人负责，严格计量，机械搅拌，确保搅拌均匀。拌好的胶黏剂在静停10min后还需经两次搅拌才能使用。配好的料注意防晒避风，以免水分蒸发过快。一次配制量应在可操作时间内用完。

⑦ 粘贴翻包网格布。凡在粘贴的聚苯板侧边外露处（如伸缩缝、建筑沉降缝、温度缝等缝线两侧、门窗口处）都应做网格布翻包处理，做法见图2-31。

⑧ 粘贴聚苯板。外保温用聚苯板标准尺寸为600mm×900mm、600mm×1200mm两种，非标准尺寸或局部不规则处可现场裁切，但必须注意切口与板面垂直。整块墙面的边角处应用最小尺寸超过300mm的聚苯板，聚苯板的拼缝不能留在门窗口的四角处。

当采用粘结方式固定聚苯板时，粘贴方式有点框法和条粘法。点框法适用于平整度较差的墙面，应保证粘结面积不小于40%，加强处参见个体工程设计；条粘法适用于平整度较好的墙面，不得在聚苯板侧面涂抹胶粘剂。

排板时按水平顺序排列，上下错缝粘贴，阴阳角处应做错茬处理，做法见图2-32。

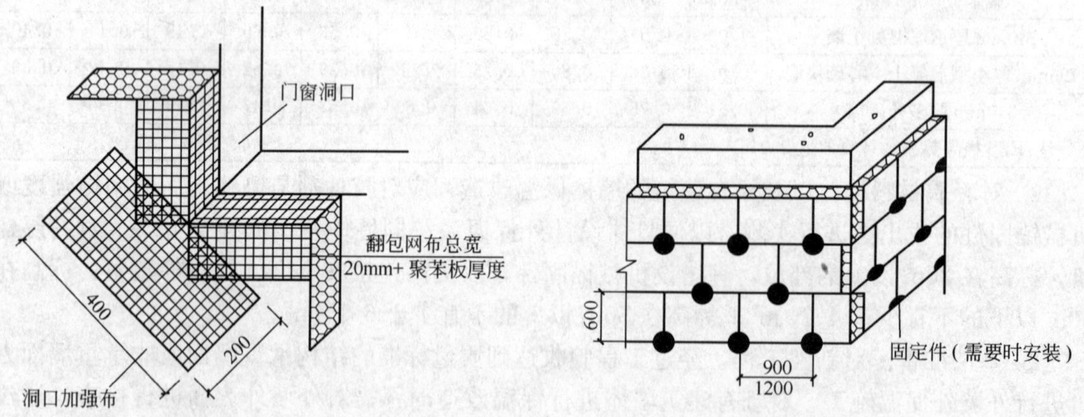

图2-31　洞口做法（单位：mm）　　图2-32　聚苯板排列示意图（单位：mm）

粘板应用专用工具轻柔、均匀挤压聚苯板，随时用2m靠尺和托线板检查平整度和垂直度。粘板时注意清除板边溢出的胶粘剂，使板与板之间无“碰头灰”。板缝拼严，缝宽超出2mm时用相应厚度的聚苯片填塞，拼缝高差不大于1.5mm，否则应先用砂纸或专用打磨机具打磨平整。

⑨ 锚固件固定。设计要求采用机械锚固件固定聚苯板时，锚固件安装应至少在胶粘剂使用24h后进行，用电锤（冲击钻）在聚苯板表面向内打孔，孔径视锚固件直径而定，进墙深度不得小于设计要求。拧入或敲入锚固钉，钉头和圆盘不得超出板面。

⑩ 配制抹面砂浆。按照生产厂提供配合比配制抹面砂浆，做到计量准确，机械两次搅拌均匀。配好的料注意防晒避风，一次配制量应控制在可操作时间内用完，超过可操作时间不准再度加水（胶）使用。

⑪ 抹底层面浆。聚苯板安装完毕检查验收后进行聚合物砂浆抹灰。抹灰分底层和面层两

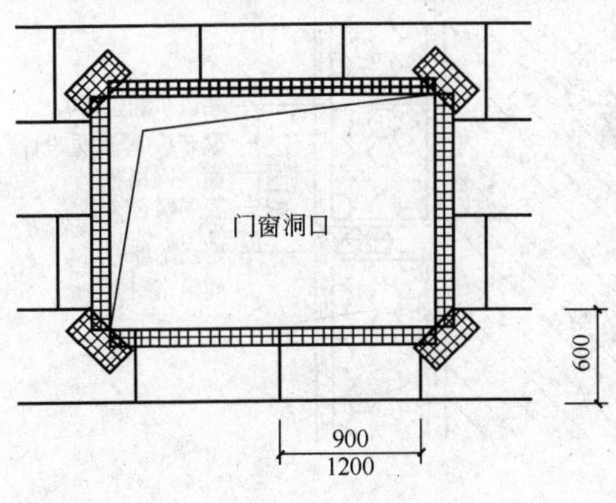

图 2-33　门窗洞口网格布加强图（单位：mm）

次。在聚苯板面抹底层抹面砂浆，厚度 2mm～3mm。同时将翻包网格布压入砂浆中。门窗口四角（见图 2-33）和阴阳角部位（见图 2-34 和图 2-35）所用的增强网格布随即压入砂浆中。

⑫ 贴压网格布。将网格布绷紧后贴于层抹面浆上，用抹子由中间向四周把网格布压入砂浆的表层，要平整压实，严禁网格布褶皱。网格布不得压入过深，表面必须暴露在底层砂浆之外。

单张网格布长度不宜大于 6m。铺贴遇有搭接时，必须满足横向 100mm、纵向 80mm 的搭接长度要求。

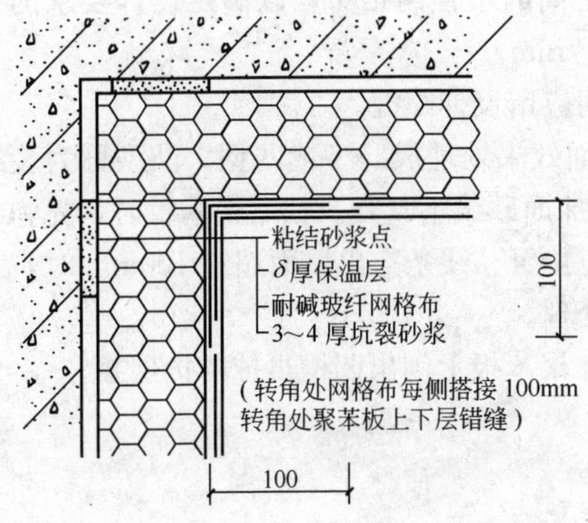

图 2-34　阴角部位做法（单位：mm）

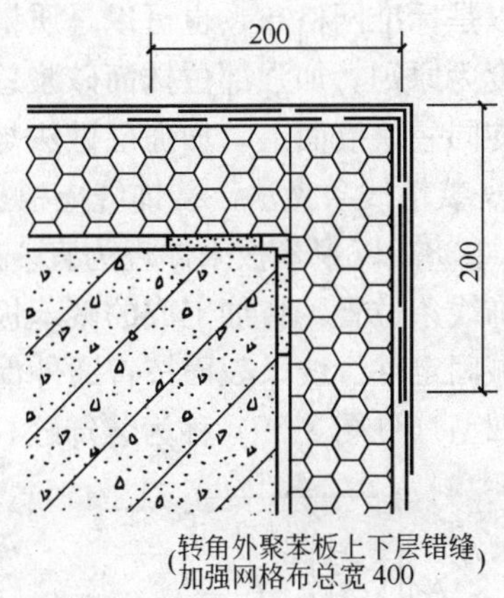

图 2-35　阳角部位做法（单位：mm）

⑬ 抹面层抹面砂浆。在底层抹面砂浆凝结前再抹一道抹面砂浆罩面，厚度 1mm～2mm，仅以覆盖网格布、微见网格布轮廓为宜。面层砂浆切忌不停揉搓，以免形成空鼓。

砂浆抹灰施工间歇应在自然断开处，方便后续施工的搭接，如伸缩缝、阴阳角、挑台等部位。需与网格面、底层砂浆呈台阶形坡槎，留槎间距不小于 150mm，以免网格布搭接处平整度超出偏差。

⑭“缝”的处理外墙外保温可设置伸缩缝、装饰缝。在结构沉降缝（见图 2-36）、温度缝处也应做相应处理。

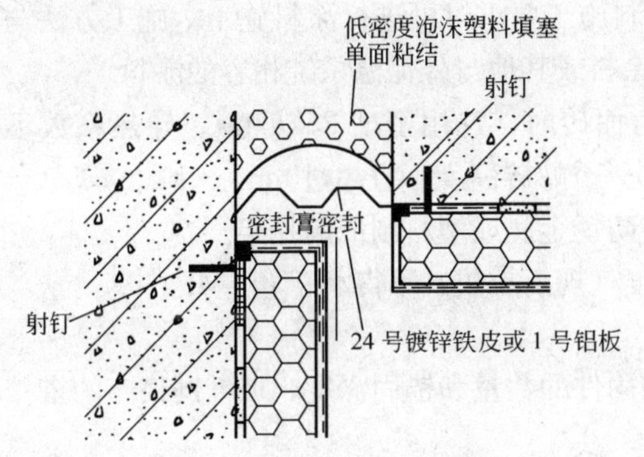

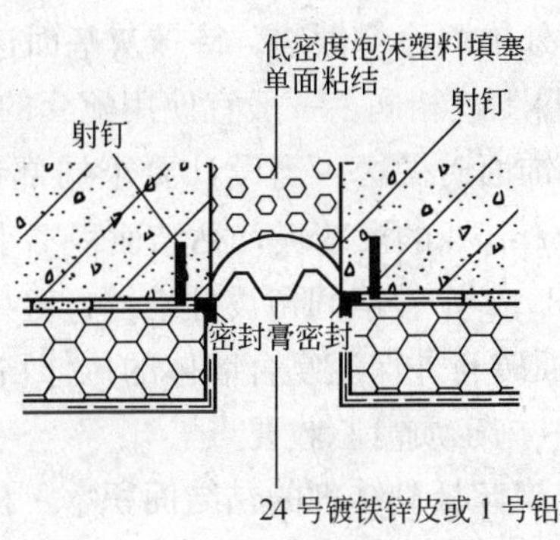

图 2-36　沉降缝做法

留设伸缩缝（见图 2-37）时，分格条应在进行抹灰工序时就放入，待浆初凝后起出，修整缝边。缝内填塞发泡聚乙烯圆棒（条）作背衬，直径或宽度为缝宽的 1.3 倍，再分两次勾填建筑密封膏，深度为缝宽的 50%～70%。沉降缝与温度缝根据缝宽和位置设置金属盖板，以射钉或螺丝紧固。

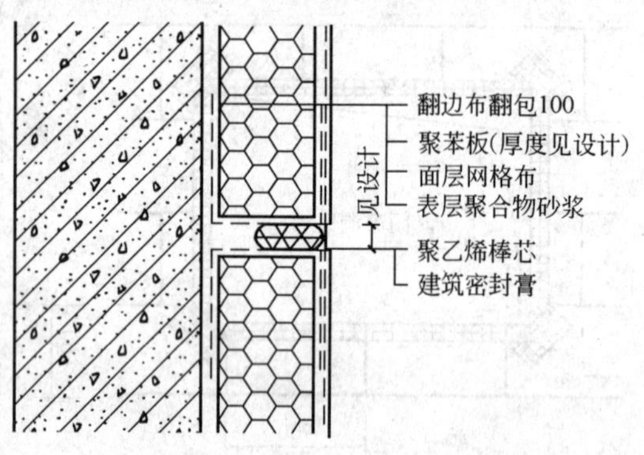

图 2-37　伸缩缝做法（单位：mm）

⑮ 加强层做法。考虑首层与其他需加强部位的抗冲击要求，在标准外保温做法基础上加铺一层网格布，并再抹一道抹面砂浆罩面，以提高抗冲击强度。在这种双层网格布做法中，底层网格可以是标准网格布，也可以是质量更大、强度更高的增强网格布，以满足设计要求的抗冲击强度为原则。加强部位抹面砂浆总厚度宜为 5～7mm。

在同一块墙面上，加强层做法与标准层做法间应留设伸缩缝。

⑯ 装饰线条做法。装饰缝应根据建筑设计立面效果处理成凸型或凹型。凸型称为装饰线（见图 2-38）以聚苯板来体现为宜，此处网格布与抹面砂浆不断开。粘贴聚苯板时，先弹线标明装饰线条位置，将加工成的聚苯板线条粘于相应位置。线条空出墙面超过 100mm 时，需加设机械固定件。线条表面按普通外保温抹灰做法处理。

凹型（见图 2-39）称为装饰缝，用专用工具在聚苯板上刨出凹槽再抹防护层浆。

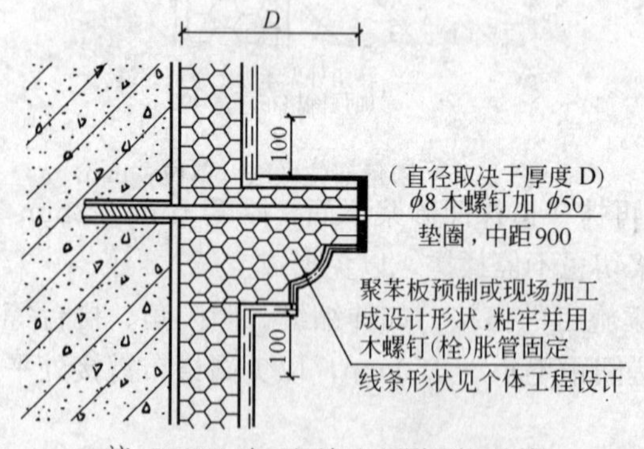

图 2-38　凸型装饰线条做法（单位：mm）

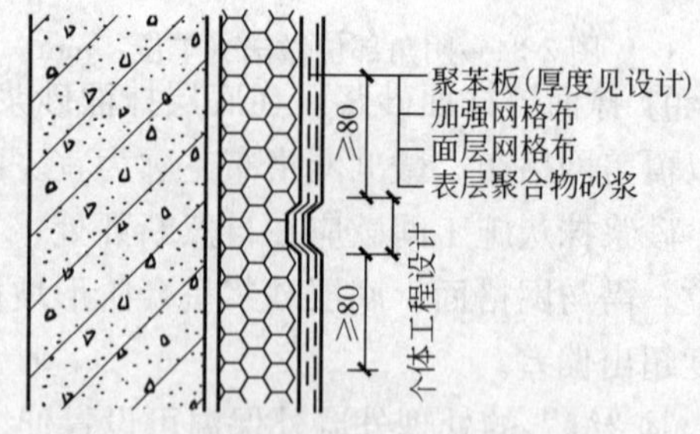

图 2-39　凹型装饰线条做法（单位：mm）

⑰ 外饰面涂料做法。待抹灰基面达到涂料施工要求时可进行涂料施工，施工方法与普通墙面涂料工艺相同。一般宜使用配套的专用涂料或其他与外保温系统相容的涂料。

⑱ 饰面砖做法。当设计要求局部饰面为面砖时，选用密度 25kg/m^3、导热系数不大于 0.041W/m·k的聚苯板，粘结面积不小于 50%。贴砖高度不宜超过 6m。

每 1～2 个楼层间留设伸缩缝，缝中安装防锈金属或塑料制成的托架。

饰面砖与外保温复合墙体的拉伸粘结强度（现场拉拔）不得小于 0.4MPa。

(4) 施工质量验收要点

1) 聚苯板黏结剂的黏结面积率、机械锚固件的数量和锚固深度、玻纤网格布的搭接长度必须满足国家规范的要求。

2) 抹面砂浆与聚苯板必须粘结牢固，无脱层、空鼓。网格布不得外露。

3）抹灰面层无爆灰和裂缝等缺陷，其外观应表面洁净，接槎平整。

4）保温墙面层的允许偏差，应符合表 2-57 的规定。

表 2-57　保温墙面层允许偏差及检验方法

项　次	项　目	允许偏差/mm	检验方法
1	表面平整	4	用 2m 靠尺、楔形塞尺检查
2	立面垂直	4	用 2m 托线板检查
3	阴阳角垂直	4	用 2m 托线板检查
4	阳角方正	4	用 200mm 方尺检查
5	伸缩缝(装饰线)平直	3	拉 5m 线和直尺检查

（5）成品保护

1）外保温施工完成后，后续工序与其他正在进行的工序应注意对成品进行保护。禁止在保温墙面上随意剔凿，避免尖锐物件撞击。

2）因工序穿插、操作失误或使用不当，致使保温系统出现破损的，按如下程序进行修补：

① 用锋利的刀具剜除破损处，剜除面积略大于破损面积，形状大致整齐。注意防止损坏周围的抹面砂浆、网格布和聚苯板。清除干净残余的胶粘剂和聚苯板碎粒。

② 切割好一块规格、形状完全相同的聚苯板，在背面涂抹厚度适当的胶粘剂，塞入破损部位与基层墙体粘牢，表面与周围聚苯板齐平。

③ 仔细把破损部位四周约 100mm 宽范围内的涂料和面层抹灰砂浆磨掉。注意不得伤及网格布，不得损坏底层抹面砂浆。如果不小心切断了网格布，打磨面积应继续向外扩展。如造成底层抹面砂浆破碎，应抠出碎块。

④ 在修补部位四周贴不干胶纸带，以防造成污染。

⑤ 用抹面砂浆补齐破损部位的底层抹面砂浆，用温毛刷清理不整齐的边缘。对没有新抹砂浆的修补部位做界面处理。

⑥ 剪一块面积略小于修补部位的网格布（玻纤方向横平竖直），绷紧后紧密粘贴到修补部位上，确保与原网格布的搭接宽度不小于 80mm。

⑦ 从修补部位中心向四周抹面层抹面砂浆，做到与周围面层顺平。防止网格布移位、褶皱。用温毛刷修整周边不规则处。

⑧ 待抹面砂浆干燥后，在修补部位补做外饰面，其纹路、色泽尽量与周围饰面一致。

⑨ 待外面干燥后，撕去不干胶纸带。

（6）环境、职业健康安全管理措施

1）环境管理措施。

① 干拌砂浆或其他粉状散装物料应堆放整齐，并用塑料彩条布覆盖，防止扬尘污染环境。

② 打磨后的聚苯板颗粒碎末应及时清理，每道工序应做到活完脚下清，并将废料放置在指定的地点。

2）职业健康安全管理措施。

① 进入施工现场的作业人员，必须首先参加安全教育培训，考试合格方可上岗作业，未经培训或考试不合格者，不得上岗作业。

② 进入施工现场的人员必须戴好安全帽，系好下颏带；按照作业要求正确穿戴个人防护

用品，着装要整齐；在没有可靠安全防护设施高处 2m 以上（含 2m）的悬崖和陡坡施工时，必须系安全带；高处作业不得穿硬底和带钉易滑的鞋进入施工现场。

③ 在施工现场行走要注意安全，不得攀登脚手架、井字架、龙门架、外用电梯。禁止乘坐非乘人的垂直运输设备。

④ 脚手架上的工具、材料要分散放稳，不得超过允许荷载。

⑤ 脚手板不得搭设在门窗、暖气片、洗脸池等非承重的物器上。阳台通廊部位抹灰，外侧必须挂设安全网。严禁踩踏脚手架的护身栏和阳台栏板进行操作。

⑥ 夜间或阴暗处作业，应用 36V 以下安全电照明。

⑦ 使用电钻、砂轮等手持电动机具，必须装有漏电保护器，作业前应试机检查，作业时应戴绝缘手套。

（7）应注意的质量问题

1）外墙外保温工程所用全部材料，最好由一个系统供应商提供，并符合国家和当地有关标准的要求。系统供应商对外保温系统及其所有组成材料的质量负责，生产厂应提供盖有 CAL 和 CMA 章的法定检测部门出具的检测报告及出厂合格证。

用户如果要求对某些重要性能进行复试，可由双方在合同中另行约定。

2）以粘结为主的每块聚苯板与墙面的总粘结面积不得小于 30%。聚苯板必须与墙面粘结牢固，无松动和虚粘现象，需安装锚固件的墙面，固件数量和锚固深度不得低于设计要求。

3）聚苯板安装应上下错缝。各聚苯板间应挤紧拼严，不得有“碰头灰”，超出 2mm 的缝隙应用相应宽度的聚苯薄片填塞，不得用砂浆填塞。

4）网格布应横向铺设，压贴密实，不得有空鼓、皱褶、翘曲、外露等现象。搭接宽度左右不得小于 100mm，上下不得小于 80mm。

5）抹面砂浆总厚度宜为 3～5mm，首层加强时宜为 5～7mm。

2. 硬泡聚氨酯现场喷涂外墙外保温工程施工

（1）适用范围

适用新建居住建筑的混凝土和砌体结构外墙外保温工程；新建工业建筑、公共建筑和既有建筑外墙外保温工程可参照执行。

（2）施工准备

1）材料要求。

① 保温材料及其配套材料进入现场应进行复检，包括材料的合格证、检测报告应齐全；所用材料是否在有效期内。

② 聚氨酯底漆的主要性能指标，见表 2-58。

表 2-58　聚氨酯底漆的主要性能指标

项　目	单　位	技　术　指　标
原漆外观	—	淡黄至棕黄色液体、无机械杂质
施工性	—	刷涂无困难
干燥时间　表干 实干	h h	≤4 ≤24
附着力　干燥基层 潮湿基层	级 级	≤1 ≤1
耐碱性	—	48h 不起泡、不起皱、不脱落

③ 无溶剂硬泡聚氨酯的主要性能指标，见表 2-59。

表 2-59　无溶剂硬泡聚氨酯的主要性能指标

项　目	单　位	指　　标
干密度	kg/m^2	35～65
导热系数	W/m·k	0.025
压缩强度	MPa	>0.15
拉伸强度	MPa	>0.15
燃烧性(垂直法) 平均燃烧时间 平均燃烧高度	 S mm	 <30 <250

④ 聚氨酯界面剂主要性能指标，见表 2-60。

表 2-60　聚氨酯界面剂的主要性能指标

项　目	单　位	技 术 指 标	
容器中状态	—	搅拌后无结块，呈均匀状态	
施工性	—	刷涂无困难	
低温贮存稳定性	—	3 次试验后，无结块、凝聚及组成物的变化	
拉伸粘结度(与水泥砂浆)	MPa	常温常态	≥0.70
		耐水	≥0.50
		耐冻融	≥0.50
拉伸粘结度(与聚氨酯)	MPa	常温态	≥0.20 聚氨酯破坏
		耐水	≥0.20 聚氨酯破坏
		耐冻融	≥0.20 聚氨酯破坏

⑤ 胶粉聚苯颗粒保温浆料技术性能，见表 2-61。

表 2-61　胶粉聚苯颗粒保温浆料技术性能

项　目	单　位	指　　标
湿表观密度	kg/m^3	≤420
干表观密度	kg/m^3	≤230
导热系数	W/m·K	≤0.059
压缩强度	MPa	≥250
难燃性		B_1 级
抗拉强度	MPa	≥100
压剪粘结强度	MPa	≥50
线性收缩率	%	≥50
软化系数		≥0.7

⑥ 聚苯颗粒技术性能，见表2-62。

表2-62 聚苯颗粒技术性能

项　目	单 位	指　标
堆积密度	kg/m^2	12～21
粒度(5m筛孔筛余)	%	≤5

⑦ 保温胶粉料、水泥抗裂砂浆技术性能，见表2-63。

表2-63 保温胶粉料、水泥抗裂砂浆技术性能

项　目	单 位	指　标
砂浆稠度	mm	80～1302
可操作时间	h	不少于2
拉伸粘结强度(常温28天)	MPa	＞0.8
浸水粘结强度(常温,浸水7天)	MPa	＞0.6
抗弯曲性	—	5%变曲变形无裂纹
渗压力比	%	≥200

⑧ 涂塑耐碱玻璃纤维网格布技术性能，见表2-64。

表2-64 涂塑耐碱玻璃纤维网格布技术性能

项　目			单 位	指　标
网眼尺寸		普通型	mm	4×4
		加强型		6×6
单位面积质量		普通型	g/m^2	≥180
		加强型		≥500
断裂强度	经向	普通型	N/50mm	≥1250
		加强型	N/50mm	≥3000
	纬向	普通型	N/50mm	≥1250
		加强型	N/50mm	≥3000
耐碱强度保持度(28天)		经向	%	≥90
		纬向		≥90
单位面积质量		普通型	g/m^2	≥20
		加强型		

⑨ 高分子乳液弹性底层涂料技术性能，见表2-65。

表2-65 高分子乳液弹性底层涂料技术性能

项　目		单 位	指　标
干燥时间	表干时间	h	≤4
	实干时间	h	≤8
拉伸强度		MPa	≥1.0
断裂伸长率		%	≥300
低温柔性绕 ϕ10mm 棒		—	0℃无裂纹、不透水
不透水性 0.3MPa,0.5h		—	不透水
加热伸缩率	伸长	%	≤1.0
	缩短	%	≤1.0

⑩ 抗裂柔性耐水腻子技术性能，见表 2-66。

表 2-66　抗裂柔性耐水腻子技术性能

项　目	单　位	指　标
拉伸粘结强度	MPa	≥0.6
浸水后粘结强度	MPa	≥0.4
柔韧性(直径 50)	mm	卷曲无裂纹
其他性能满足		JG/T 3049 N 型耐水腻子的要求

⑪ 水泥：强度等级 42.5 级普通硅酸盐水泥，水泥性能符合相应标准规范的要求。

⑫ 中细砂：应符合国家普通混凝土砂质量标准及检验方法中细度模数的规定，含泥量少于 3%。

⑬ 配套材料：配套材料主要有专用金属护角（断面尺寸 35mm×35mm×0.5mm，高 h=2000mm）等。

2）主要施工机具。

聚氨酯双组分现场发泡喷涂机、强制式砂浆搅拌机、手提搅拌器、垂直运输机械、水平运输车、射钉枪、专用检测工具、经纬仪、放线工具、剪刀、滚刷、铁锹、手锤、錾子、裁纸刀、手锯、壁纸刀、托线板、靠尺、方尺、塞尺、探针、钢尺等。

3）作业条件。

① 外墙体平整度达到要求，外门窗口安装完毕，经有关部门检查验收合格。

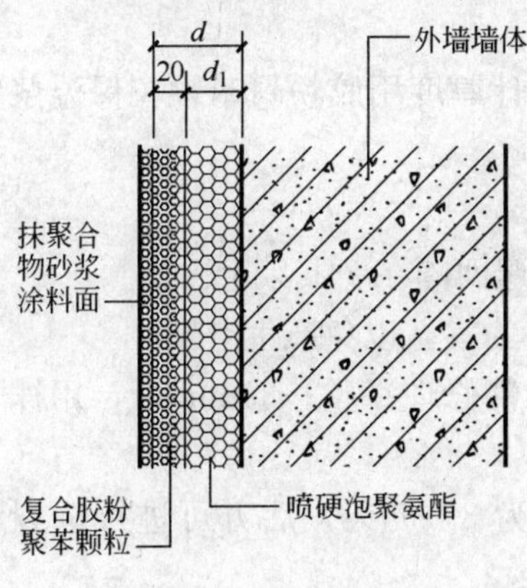

图 2-40　硬泡聚氨酯现场喷涂外墙外保温用料及分层做法

注：1. 刷涂料；
2. 刮柔性腻子；
3. 刷弹性底涂料；
4. 抹 3～5 厚聚合物砂浆中间压入一层耐碱玻纤网格布；
5. 抹 20 厚胶粉聚苯颗粒找平；
6. 涂刷聚氨酯界面砂浆；
7. 喷 d_1 厚无溶剂硬泡聚氨酯（d_1 厚度由设计确定）；
8. 基层墙面涂刷聚氨酯防潮底漆。

② 墙面应清理干净，清洗油渍、清扫浮灰等；旧墙面松动、风化部分应剔除干净。

③ 基层墙体应符合国家有关砌体工程施工质量验收规范或混凝土结构工程施工质量验收规范的要求。

④ 墙身上各种进户管线、水落管支架、预埋管件等按设计安装完毕，并应考虑到保温层的厚度。外窗框宜于硬泡聚氨酯喷涂完后再进行安装。对门框在小推车的高度内，包裹铁皮，防止门框破坏。

⑤ 硬泡聚氨酯保温预制件准备完成。

⑥ 施工环境温度不应低于 5℃，风力不应大于 5 级。严禁雨天施工，雨期施工应做好防雨措施。

⑦ 喷涂无溶剂硬泡聚氨酯前，应做好对作业面对外的部位如门窗等的遮挡。

⑧ 施工用吊篮或专用外脚架搭设牢固，安全检查合格。脚手架横竖杆距离墙面、墙角适度，脚手板铺设与外墙分格相适应。

(3) 施工工艺

1）施工做法。

硬泡聚氨酯现场喷涂外墙外保温用料及分层做法，见图 2-40。

2）工艺流程。

涂刷聚氨酯防潮底漆→由下向上安装阳、阴角模块和窗口模块→吊大墙垂直线、按30cm间距、梅花状分布厚度标杆→分层喷涂硬泡聚氨酯→20min后开始清理、修整→1h后涂聚氨酯界面砂浆→吊垂直、套方、弹控制线→抹胶粉聚苯颗粒保温浆料→划分格线、开色带分格槽、门、窗口滴水槽→抹抗裂砂浆、铺压网格布→首层墙阳角安装钢护角、抹第两遍抗裂砂浆、压入第二层玻纤网格布→涂刷高分子乳液弹性底层涂料→刮柔性耐水腻子

3）施工工艺。

① 基层墙面处理：墙面应清理干净无油渍、浮尘等，旧墙面松动、风化部分应剔凿清除干净。墙面表面凸起物≥10mm应铲平。

② 对基层墙面应满涂聚氨酯防潮底漆，用滚刷将聚氨酯防潮底漆均匀涂刷，无漏刷、透底现象。

③ 对大阳角、大阴角或窗口进行保温作业时，应先用无溶剂硬泡聚氨酯浇筑并粘结预制聚氨酯角模块。窗口、阳台角、小阳角、小阴角等也可用铝合金尺遮挡做出直角。

④ 吊垂直厚度控制线，对于墙面宽度≥2m处，需再加聚氨酯模块标筋，按30cm间距、梅花状分布，然后分层喷涂无溶剂硬泡聚氨酯，施工喷涂应多遍完成，每次喷涂厚度宜控制在10mm之内，至标筋平为止。

⑤ 硬泡聚氨酯保温层喷涂20mm后用裁纸刀、手锯等工具开始清理、修整遮挡、保护部位以及超过垂线控制厚度的空出部分硬泡聚氨酯保温层喷涂4h之内做界面砂浆处理，界面砂浆可用滚子均匀地涂于无溶剂硬泡聚氨酯保温层上。

⑥ 吊胶粉聚苯颗粒找平层垂直控制线：套方做口，按设计厚度用胶粉聚苯颗粒保温浆料做标准厚度贴饼、冲筋。

⑦ 胶粉聚苯颗粒保温浆料找平施工：

a. 抹胶粉聚苯颗粒保温浆料找平时，应分两遍施工，每遍间隔在24h以上。

b. 抹第一遍聚苯颗粒保温浆料，厚度应该以不超过1cm为宜，以免产生空鼓。

c. 第2遍操作时应达到冲筋度前用大杠搓平，用抹子局部修理平整；30min后，用抹子再赶抹墙面，用托线尺检测后达到验收标准。

d. 找平层固化干燥后（用手掌按不动表面为宜，一般为3～7天）后方可进行抗裂层施工。

⑧ 抹抗裂砂浆，铺压耐碱网格布。耐碱网格布按楼层间尺寸事先裁好，抹抗裂砂浆时，将3～4mm厚抗裂砂浆均匀地抹在保温层表面，立即将裁好的耐碱网格布用铁抹子压入抗裂砂浆内。相邻网格布之间搭接宽度不应小于50mm，并不得使网格布皱褶、空鼓、翘边。

首层应铺贴双层网格布，第一层铺贴加强型网格布，加强型网格布应对接，然后进行第二层普通网格布的铺贴，两层网格布之间抗裂砂浆必须饱满。在首层墙面阳角处设2m高的专用金属护角，护角应夹在两层网格布之间。其余楼层阳角处两侧网格布双向绕角相互搭接，各侧接宽度不小于150mm。门窗洞口四角应增加300mm×400mm的附加网格布，铺贴方向45°。

⑨ 刮柔性耐水腻子应在抗裂防护层干燥后施工，做到平整光洁。

（4）施工质量验收要点

1）所用材料品种、规格、性能应符合设计要求和本章规定（附有 CMA 标志的材料检测报告和出厂合格证）。

2）保温层厚度及构造做法应符合建筑节能设计要求。

3）保温层与墙体以及各构造层之间必须粘结牢固，无脱层、空鼓及裂缝，面层无粉化、起皮、爆灰。

4）表面平整、洁净，接槎平整，线角顺直、清晰，毛面纹路均匀一致。

5）墙面所有门窗口、孔洞、槽、盒的位置和尺寸正确，表面整齐洁净，管道后面抹灰平整。

6）分格缝宽度、深度均匀一致，平整光滑，棱角整齐，横平竖直、通顺。滴水线（槽）流水坡向正确，线（槽）顺直。

7）聚氨酯防潮底漆要求涂刷均匀，无漏刷之处。

8）硬泡聚氨酯保温层厚度、平整度应满足设计要求，粘结牢固，不得有起鼓翘边现象。

9）聚氨酯界面砂浆层要求涂刷均匀不得有漏底现象。

10）胶粉聚苯颗粒保温层要求粘结牢固，不得有起鼓现象。

11）水泥抗裂砂浆复合耐碱网格布层要求平整无皱褶、翘边。网格布不能有外露。

12）允许偏差项目及检验方法见表 2-67。

表 2-67　允许偏差和检验方法

项　目	允许偏差/mm	检验方法
立面垂直	4	用 2m 托线板检查
表面平整	4	用 2m 靠尺及塞尺检查
阴阳角垂直	4	用 2m 托线板检查
阴阳角方正	4	用 2m 方尺及塞尺检查
分面总高度(缝)平直	3	拉 5m 小线和尺量检查
立面总高度垂直	H/1000 且≯20	用经纬仪、吊线检查
聚氨酯保温层厚度	平均≥设计值	用探针、钢尺检查

（5）环境、职业健康安全管理措施

1）环境管理措施。

① 施工时随做随清，保持现场的整洁干净。

② 禁止从窗口、留洞口和阳台等处直接向外抛扔垃圾、杂物。施工垃圾运至指定地点集中消纳。

2）职业健康安全管理措施。

① 进入施工现场的人员必须戴好安全帽，系好下颏带。

② 遵守有关安全操作规程。新工人必须经过技术培训和安全教育方可上岗。

③ 操作人员剔凿墙面时要戴防护眼镜。

④ 电动吊篮、脚手架位置应方便操作，经安全检查验收合格后方可上人施工。施工时应有防止工具、用具、材料坠落的措施。

⑤ 脚手架上的工具、材料要分散放稳，不得超过允许荷载。

⑥ 脚手板不得搭设在门窗、暖气片、洗脸池等非承重的器物上。

⑦ 夜间施工或在光线不足的地方施工时，应采用 36V 的低压照明设备，地下室照明用电不超过 12V。

（6）成品保护

1）分格线、滴水槽、门窗框、管道、槽盒上残存砂浆，应及时清理干净。

2）应防止电动吊篮破坏已抹好的墙面，门窗洞口、边、角宜采取保护性措施。其他工种作业时不得污染或损坏墙面，严禁蹬踩窗台。

3）各构造层在凝结前应防止水冲、撞击、振动。

4）涂料墙面完工后要妥善保护，不得磕碰损坏。

5）喷涂时不得污染门窗、玻璃等。

（7）应注意的质量问题

1）防止聚氨酯外保温层厚度控制不均，砖墙面平整度超过5mm，施工中配料控制不当等。

2）空鼓、开裂：基层处理不好，界面层处理不好；施工分层压得不实；施工养护不到位，前一层未干就上后一层等。

3）保温层吃口：施工门窗口应留出保温层的厚度。

4）涂料应与底漆及抗裂砂浆相容。

5）喷涂聚氨酯设备使用后应及时清理，避免管道阻塞。设备操作应有专人负责，严格遵守其操作规程。

3. 胶粉聚苯颗粒保温浆料外墙外保温工程施工

（1）施工准备

1）材料。

① 水泥：硅酸盐水泥或普通硅酸盐水泥强度等级不低于32.5，应有出厂合格证及复试报告，其质量标准应符合现行国家标准《硅酸盐水泥、普通硅酸盐水泥》（GB 175）的规定。

② 砂：应采用中砂，含泥量小于3%，应符合国家现行标准《普通混凝土用砂质量标准及检验方法》（JGJ 52）的规定。

③ 界面处理剂：宜采用水泥砂浆界面剂，应有产品合格证、性能检测报告，并应符合现行行业标准《混凝土界面处理剂》（JC/T 907）的规定。

④ 水：宜用饮用水。

⑤ 胶粉料：其性能指标见表2-68。

表2-68 胶粉料性能指标

项目	单位	指标
初凝时间	h	≥4
终凝时间	h	≤12
安定性(蒸煮法)	—	合格
拉伸粘结强度(常温28天)	MPa	≥0.6
浸水拉伸粘结强度(常温28天,浸水7天)	MPa	≥0.4

⑥ 胶粉聚苯颗粒：其性能指标见表2-69。

表2-69 胶粉聚苯颗粒性能指标

项目	单位	指标
堆积密度	kg/m³	12～21
粒度(5mm筛孔筛余)	%	≤5

⑦ 抗裂剂：采用专用水泥砂浆抗裂剂，抗拉粘结强度 28 天应达到 0.8MPa。在 5～30℃且防晒的条件下，保存期为 6 个月。

⑧ 玻璃纤维网格布：采用耐碱涂塑玻璃纤维网格布（简称玻纤网格布），其性能指标见表 2-70。

表 2-70　耐碱涂塑玻璃纤维网格布性能指标要求

<table>
<tr><th colspan="3">项　目</th><th>单　位</th><th>指　　标</th></tr>
<tr><td colspan="2" rowspan="2">网孔中心距</td><td>普通型</td><td rowspan="2">mm</td><td>4×4</td></tr>
<tr><td>加强型</td><td>6×6</td></tr>
<tr><td colspan="2" rowspan="2">单位面积重量</td><td>普通型</td><td rowspan="2">g/m²</td><td>≥180</td></tr>
<tr><td>加强型</td><td>≥500</td></tr>
<tr><td rowspan="4">断裂强力</td><td rowspan="2">抗拉强度经向</td><td>普通型</td><td rowspan="4">N/50mm</td><td>≥1250</td></tr>
<tr><td>加强型</td><td>≥3000</td></tr>
<tr><td rowspan="2">抗拉强度纬向</td><td>普通型</td><td>≥1250</td></tr>
<tr><td>加强型</td><td>≥3000</td></tr>
<tr><td colspan="2" rowspan="2">耐碱强力保留率 28 天</td><td>普通型</td><td rowspan="2">%</td><td rowspan="2">≥90</td></tr>
<tr><td>加强型</td></tr>
<tr><td colspan="2" rowspan="2">涂塑量</td><td>普通型</td><td rowspan="2">g/m²</td><td rowspan="2">≥20</td></tr>
<tr><td>加强型</td></tr>
</table>

⑨ 高分子乳液防水弹性底层涂料：其性能指标见表 2-71。

表 2-71　高分子乳液防水弹性底层涂料性能指标

<table>
<tr><th colspan="2">项　目</th><th>单　位</th><th>指　　标</th></tr>
<tr><td rowspan="2">干燥时间</td><td>表干时间</td><td>h</td><td>≤4</td></tr>
<tr><td>实干时间</td><td>h</td><td>≤8</td></tr>
<tr><td colspan="2">拉伸强度</td><td>MPa</td><td>≥1.0</td></tr>
<tr><td colspan="2">断裂伸长率</td><td>%</td><td>≥300</td></tr>
<tr><td colspan="2">低温柔性　绕 ϕ10mm 棒</td><td>—</td><td>−20℃无裂缝</td></tr>
<tr><td colspan="2">不透水性　0.3MPa，0.5h</td><td>—</td><td>不透水</td></tr>
<tr><td rowspan="2">加热伸缩率</td><td>伸长</td><td>%</td><td>≤1.0</td></tr>
<tr><td>缩短</td><td>%</td><td>≤1.0</td></tr>
</table>

⑩ 柔性耐水腻子：其性能指标见表 2-72。

表 2-72　柔性耐水腻子性能指标

项　目	单　位	指　　标
拉伸粘结强度	MPa	≥0.6
浸水拉伸粘结强度	MPa	≥0.4
柔韧性(直径 50)	mm	卷曲无裂纹
其他性能满足	—	N 型耐水腻子的要求(JG/T 3049)

⑪ 辅助材料：带尾孔射钉（ϕ5）、孔边长 25mm 的 22 号镀锌六角钢丝网、22 号镀锌铅丝、专用金属护角（35mm×35mm×0.5mm）、金属分层条（30mm×40mm×0.7mm 镀锌轻型角钢）、分格条。

2）机具设备。

① 机械：强制式砂浆搅拌机、手提搅拌器，射钉枪。

② 工具：水桶、剪子、筛子、扫帚、灰桶、小白线、靠尺、木抹子、铁抹子、铁剪刀、壁纸刀、洒水壶、手锤、滚刷、铁锹、錾子等。

③ 安全防护用品：口罩、手套、护目镜等。

3）作业条件。

① 结构工程已完，并经验收合格。

② 已测设标高控制线，并经预检合格。

③ 门窗框安装完，缝隙填塞严密，门窗框表面已做好保护。

④ 施工用外脚手架（吊篮）搭设完，横竖杆离墙面、墙角适度，脚手板铺设与外墙分格相适应，经安全验收合格。

⑤ 外墙面上的雨水管卡、预留铁件、设备穿墙管道、爬梯的固定件已安装完，预留出保温层的厚度，并经验收合格。

（2）施工工艺。

1）施工方法。

胶粉聚苯颗粒保温浆料外墙外保温做法，见图 2-41。

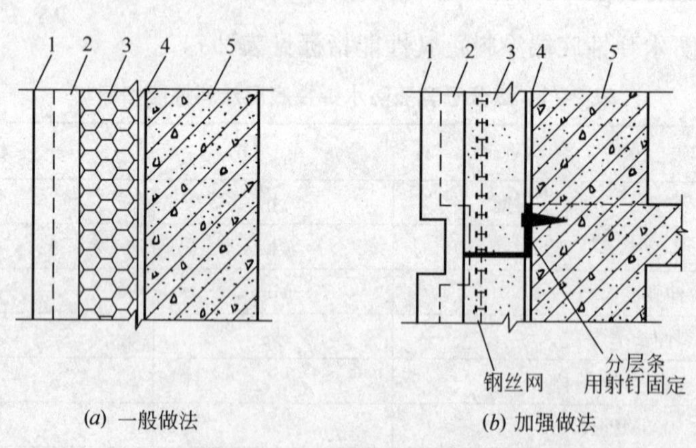

(*a*) 一般做法　　(*b*) 加强做法

图 2-41　胶粉聚苯颗粒保温浆料外墙外保温示意图

1—饰面基层：柔性耐水腻子；2—抗裂保护层：聚合物改性水泥抗裂砂浆压入涂塑玻纤网格布，面层涂高分子乳液防水弹性底层涂料；3—保温层：胶粉聚苯颗粒保温浆料（高度≤30m 时，按一般做法；高度≥30m 时，按加强做法）；4—界面层：界面砂浆；5—外墙：混凝土、小型混凝土空心砌块、非黏土砖等。

2）施工工艺流程。

配制砂浆 → 基层墙面处理 → 涂刷界面砂浆 → 吊垂直、套方、贴饼冲筋 → 保温浆料施工 → 做分格线 → 抹抗裂砂浆，铺贴玻纤网格布 → 特殊部位加强 → 涂刷高分子乳液防水底层涂料 → 刮柔性耐水腻子

3）施工要点。

① 配制砂浆：

a. 界面砂浆的配制：水泥：中砂：界面剂＝1：1：1（重量比），准确计量，搅拌成均匀浆状。

b. 胶粉聚苯颗粒保温浆料的配制：先将 35～40kg 水倒入砂浆搅拌机内，然后倒入一袋 25kg 胶粉料搅拌 3～5min 后，再倒入一袋 200L 聚苯颗粒继续搅拌 3min，搅拌均匀后倒出。该浆料应随搅随用，在 4h 内用完。配制完的胶粉颗粒保温浆料性能指标见表 2-73。

d. 抗裂砂浆的配制：水泥：中砂：抗裂剂＝1：3：1（重量比），准确计量，用砂浆搅拌机或手提搅拌器搅拌均匀。抗裂砂浆加料次序是先加入抗裂剂，后加中砂搅拌均匀，然后再加入水泥继续搅拌 2min 倒出。抗裂砂浆不得任意加水，应在 2h 内用完。配制完的抗裂砂浆性能指标，见表 2-73。

表 2-73　胶粉聚苯颗粒保温浆料性能指标

项　目	单　位	指　标
湿表观密度	kg/m^3	≤420
干表观密度	kg/m^3	≤230
导热系数	W/m·K	≤0.059
压缩强度	kPa	≥250
耐燃性	—	B_1 级
抗拉强度	kPa	≥100
压剪粘结强度	kPa	≥50
线性收缩率	%	≤0.3
软化系数	—	≥0.7

表 2-74　抗裂砂浆性能指标

项　目	单　位	指　标
砂浆稠度	mm	80～130
可操作时间	h	≥2.0
拉伸粘结强度(常温 28 天)	MPa	≥0.8
浸水拉伸粘结强度(常温 28 天,浸水 7 天)	MPa	≥0.6
抗弯曲性	—	5%弯曲变形无裂纹
渗透压力比	%	≥200

② 基层墙面处理：

将墙表面凸出大于 10mm 的混凝土剔平，用钢丝刷满刷一遍，并用扫帚将表面的浮尘清扫干净。表面沾有油污时，用清洗剂或去污剂除去，用清水冲洗晾干。穿墙螺栓孔用干硬性砂浆分层填塞密实，砖墙面舌头灰、残余砂浆、浮尘等清理干净，堵好脚手眼，并浇水湿润。

③ 涂刷界面砂浆：

用滚刷或扫帚将配好的界面砂浆均匀涂刷（甩）在清理干净的基层上，干燥后应有较高强度（用手掰不掉为准）。

④ 吊垂直、套方、贴饼冲筋：

根据建筑物高度，采用经纬仪或大线坠吊垂直，检查墙的垂直度和平整度，根据外墙墙面和大角的垂直度确定保温层厚度（应保证设计厚度），弹厚度控制线，拉垂直、水平通线，套方做口，并按厚度用胶粉聚苯颗粒保温浆料做灰饼、冲筋。

⑤ 保温浆料施工：

a. 保温层一般做法（建筑物檐高小于等于30m）。

根据冲筋厚度，抹胶粉聚苯颗粒保温浆料，至少分2遍抹成，每遍厚度不应大于20mm，以8mm～10mm为宜，每遍间隔应在24h以上。后1遍施工厚度要比前1遍施工厚度小，最后1遍厚度宜为10mm。最后1遍操作时抹灰厚度略高于冲筋厚度，并用大杠刮平，木抹子搓平。抹完保温层30min后，用抹子再赶抹一次，用靠尺检查平整度。保温层固化干燥（用手按不动表面为宜）后方可进行抗裂层施工。

b. 建筑物高度大于30m时，抹保温浆料方法同上，但需采取加强措施。其做法有两种：

一是在每个楼层处加30mm×40mm×0.7mm的水平通长镀锌轻型角钢分层条，角钢用射钉（间距500mm）固定在墙体上。

二是在基层墙面上每间隔500mm钉直径5mm的带尾孔射钉一枚，呈梅花点布置，用22#双股镀锌铅丝与尾孔绑紧，铅丝预留长度不少于100mm。保温浆料抹至距表面20mm时，安装钢丝网（金属网在保温层中的位置：距基层墙面不宜小于30mm，距保温层表面不宜大于20mm，搭接宽度不小于50mm），用预留镀锌铅丝与钢丝网绑牢，并将钢丝网压入刚抹的保温层中，然后抹最后1遍保温浆料，找平并达到设计厚度。

⑥ 做分格缝：

a. 根据建筑物立面设计，分格缝宜分层设置，分块面积单边长度应小于15m。在胶粉聚苯颗粒保温面层上弹出分格缝和滴水槽的位置。

b. 用壁纸刀沿弹好的分格缝开出设定的凹槽。分格缝宽度按设计要求，当设计无要求时，一般宽50mm，槽深15mm。开槽时比设计要求宽10mm、深5mm，嵌满抗裂砂浆。

⑦ 抹抗裂砂浆，铺贴玻纤网格布：

保温砂浆层固化后抹抗裂砂浆，一般分两遍完成，第1遍厚度约3～4mm，随即将事先裁好的网格布竖向铺贴，用抹子将玻纤网格布压入砂浆，搭接宽度不应小于50mm。先压入一侧，抹抗裂砂浆，再压入另一侧，抹平压实，严禁干搭。玻纤网格布铺贴要平整无皱褶、空鼓、翘边，饱满度应达到100%。随即抹第2遍找平抗裂砂浆。抹完抗裂砂浆后，应检查平整、垂直及阴阳角方正。

建筑物首层应铺贴双层玻纤网格布，先铺贴一层加强型玻纤网格布，铺贴方法与前面相同，铺贴加强型网格布时宜对接。随即可进行第二层普通网格布的铺贴。铺贴普通网格布的方法也与前面相同，但应注意两层网格布之间抗裂砂浆应饱满，严禁干贴。

当抗裂砂浆抹至分格缝时，在凹槽中嵌满抗裂砂浆，将网格布在分格缝处搭接，搭接时应用上沿网格布压下沿网格布，搭接宽度应为分格缝宽度。此时将分格条（滴水槽）嵌入凹槽中粘结牢固，并用抗裂砂浆将接槎找平。

⑧ 特殊部位加强：

建筑物首层外保温墙阳角应在双层玻纤网格布之间加专用金属护角，护角高度一般为2m，在第一遍玻纤网格布施工后加入，其余各层阴阳角、门窗口角应用双层玻纤网格布包裹增强，包角网格布单边长度不应小于150mm，并在门窗洞口四角增加200mm×400mm的附加网格布，铺贴方向为45°。

⑨ 涂刷高分子乳液防水底层涂料：

在抗裂层施工完 2h 后，即可涂刷高分子乳液防水底层涂料形成防水层。应涂刷均匀，不得漏涂。

⑩ 刮柔性耐水腻子：防水底层涂料干燥后刮柔性耐水腻子，应做到平整、光洁。

3）季节性施工。

① 雨期施工时应做好防雨措施，准备遮盖物品。

② 冬期不宜进行胶粉聚苯颗粒外保温施工。施工环境温度不得低于 5℃。施工时风力不得大于 5 级，风速不宜大于 10m/s。

（3）质量标准

1）主控项目。

① 材料的品种、规格、性能应符合设计要求。

检验方法：检查产品合格证书、性能检测报告和进场验收记录。

② 保温层厚度均匀，不允许负偏差，构造做法应符合设计要求。

检验方法：探针检测和检查隐蔽工程验收记录。

③ 保温层与墙体以及各构造层之间应粘结牢固，无脱层、空鼓、裂缝，面层无粉化、爆灰、起皮等现象。

检验方法：观察；用小锤轻击检查；检查施工记录。

④ 抗裂层砂浆无漏抹，网格布均匀压入抗裂砂浆，无漏贴，搭接和特殊部位加强符合设计要求。

检验方法：观察；检查隐蔽工程验收记录。

2）一般项目。

① 表面洁净、接槎平整，无明显抹纹，线角、分格条顺直清晰。

检验方法：观察；手摸检查。

② 门窗口、孔洞、槽、盒的位置和尺寸正确，表面整齐洁净，管道后抹灰平整。

检验方法：观察；尺量检查。

③ 分格条（缝）宽度、深度均匀一致，横平竖直，平整、光滑、通顺。滴水线（槽）顺直，流水坡向正确。

检验方法：观察。

④ 胶粉聚苯颗粒外墙外保温允许偏差及检验方法，见表 2-75。

表 2-75　胶粉聚苯颗粒外墙外保温允许偏差及检验方法

项　目	保温层/mm	抗裂层/mm	检　查　方　法
立面垂直	4	4	用 2m 托线板检查
表面平整	4	4	用 2m 靠尺及塞尺检查
阴阳角垂直	4	4	用 2m 托线板检查
阴阳角方正	4	4	用 200mm 方尺和塞尺检查
分格条(缝)平直	3	3	拉 5m 小线和尺量检查
立面总高度垂直度	H/1000 且不大于 20	H/1000 且不大于 20	用经纬仪、吊线检查
上下窗口左右偏移	不大于 20	不大于 20	用经纬仪、吊线检查
同层窗口上下	不大于 20	不大于 20	用经纬仪、拉角线、拉通线检查

（4）成品保护

1）门窗框上残存浆料应及时清理干净。

2）移动吊篮、翻拆架子时，应防止破坏已抹好的墙面。门窗洞口、边、角、垛应做护角保护。

3）各构造层在凝结前应防止水冲、撞击、振动。施工过程中露在墙面外的网格布头及铅丝头不得随意拉扯。

（5）应注意的质量问题

1）抹保温浆料前，应做好基层处理，均匀涂刷界面砂浆；保温浆料一次不得抹得过厚，应分层抹压，掌握好抹灰间隔时间，防止抹灰层下坠，产生空鼓、开裂。

2）拌好的保温砂浆、抗裂砂浆应在限定的时间内用完，防止使用过时的浆料影响强度和保温效果。

3）当高度超过 30m 时，要装设金属分层条、射钉、钢丝网，防止因自重过大出现墙面坠裂。

（6）安全、环保措施

1）安全操作要求。

① 搭设的操作架子或外用吊篮应有施工方案，经验收合格后方能投入使用。

② 外架配件发生故障或影响操作需要拆改时，须由专业人员维修和拆改。

③ 进入现场的操作人员必须戴安全帽，高空作业系好安全带。

④ 雨天或 5 级以上风力天气不得施工。

⑤ 采用垂直运输设备上料时，严禁超载。运料小车的车把严禁伸出笼外，小车必须加车挡，各楼层防护门应随时关闭。

2）环保措施。

① 砂浆搅拌站应封闭，宜采取喷雾降尘措施，设置污水沉淀池，污水经沉淀后排放。

② 聚苯颗粒等保温原材料存放在封闭的库房内，露天存放时应严密覆盖。大风天不得施工，以防聚苯颗粒飞扬。

③ 施工范围内的地面要保持干净，垃圾要及时清理，集中消纳。

④ 清理现场时，禁止将垃圾杂物从高处向下抛撒，防止扬尘污染。

⑤ 洗涤剂、界面剂等应通过环保检测，符合规范要求。

⑥ 在城区或靠近居民生活区施工时，对施工噪声要有控制措施，夜间运输车辆不得鸣笛，减少噪声扰民。

4. 装配式龙骨薄板外墙外保温工程施工

装配式龙骨薄板外墙外保温系统施工技术的特点是在墙面上安装可调节高度的轻钢龙骨及其支持体系；龙骨间填充高效保温材料，其上覆盖工业化产的薄型面板并固定在龙骨之上作为外保护层；薄板之间板缝全部采用弹性材料密封。该项施工技术全部为干法施工。板面根据用户需要做各种档次的涂料等饰面，该项技术经试用效果良好。墙体基本构造如图 2-42 所示。

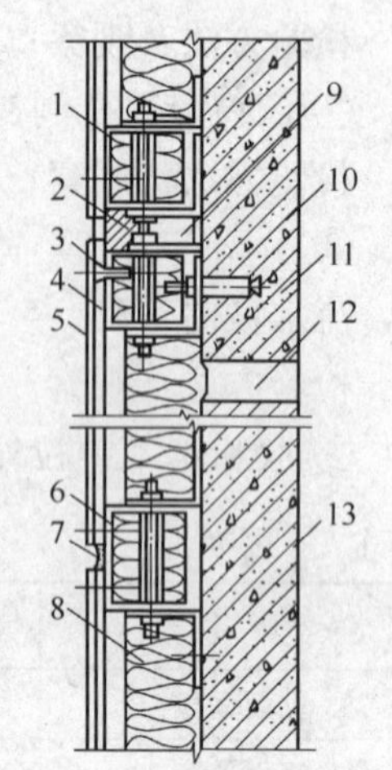

图 2-42　墙体基本构造图
1—穿钉、套管；2—聚乙烯棒芯；3—自攻螺钉；4—面板；5—饰面；6—龙骨；7—弹性密封膏；8—保温材料；9—预留膨胀缝；10—膨胀螺栓；11—外墙板；12—墙板水平缝；13—支座

(1) 主要材料

1) 龙骨及支持体系材料质量要求。

① 与结构墙体连结牢固，能承受足够的吊挂力和拉拔力，防锈；

② 安装时可在一定范围内调整位置和高低；

③ 加工、安装方便；用钢量不高，以降低造价；

④ 龙骨和支座的选择应尽量减少热桥面积；

所采用的龙骨、支座和紧固件均经镀锌处理，自攻螺钉也经阳极化处理以防生锈，其品种及规格，见表 2-76。尺寸为 1200mm×2400mm 的面板，重约 290kg，由 14 个支座来承担，保证其刚度。

表 2-76　龙骨、支座与紧同件的形状与规格　　(单位：mm)

编　号	名　称	截面形状	规　　格
1	宽龙骨		60×35×1
2	角龙骨		40×40×1.5
3	窄龙骨	∟	40×35×1
4	专用支架		50×40×40×1.5
5	双头螺柱	∟	M5×80
6	膨胀螺栓	标准件	M6
7	沉头螺钉	标准件	M5×18
8	自攻螺钉	标准件	3.5×40、3.5×25

2) 面板与绝热材料质量要求。

① 面板材料要求：应具有较高的强度，与龙骨配合后能抵抗自重和风压；吸水率低，干缩小；易切割钻孔，与涂料结合好。可选用纤维增强硅酸钙板与纤维水泥加压平板。其主要性能指标见表 2-77。

表 2-77　主要性能指标

名　称	厚度 /mm	抗折强度 /MPa	不燃性	密度 /(kg/m³)	吸水率 /%
纤维增强硅酸钙板	6	11	不燃	1200	25.6
水泥加压平板	6	>20	不燃	1600	23.0

②保温材料要求：应具有热导率小且稳定，薄而轻；满足防火要求；加工方便、施工简便、价格低，可选用自熄型聚苯乙烯塑料板或玻璃棉毡。可选用的两种保温材料性能及优缺点，见表 2-78。

表 2-78　保温材料性能及优缺点

项　目 \ 名　称	自熄型聚苯板	玻璃棉毡
密　度/(kg/m³)	16～18	18～20
热导率/(W/m·K¹)	0.042	0.050
不燃性	自熄	不燃
优点	密度小、易裁割、不易破损、价廉、对皮肤无刺激	耐火性好、密度小
缺点	耐火较差	价格高、需岩棉钉固定、易吸水

(2) 施工方法

1) 基面准备：一般情况下基面不做处理，若局部高差超过龙骨可调整范围的应剔凿或修补。

2) 弹线：按图样要求定出龙骨的位置和距离，标出其中心线并放出横竖龙骨的边线，然后在边线上按已装配的龙骨实物，定出专用支座的中心距位置，并使相邻中心线的专用支座交错排列。弹基准线以窗口两边为准向左右进行。

3) 专用支座定位：在定位位置上用冲击钻钻出 $\phi10$ 深 40mm 的孔，将 $\phi6$ 膨胀螺栓与结构层连接。

4) 安装龙骨：预先将龙骨槽内填满聚苯板，并与专用支座组装好，然后按图样要求固定于膨胀螺栓之上，使龙骨处于可调状态。采用自上而下的顺序进行安装，先安装竖龙骨，后安装横龙骨。

5) 调整平面：用 2m 靠尺和吊线法将龙骨位置调整好。然后将全部螺母拧紧，使龙骨平面误差不大于 1.5mm，垂直误差不大于 5mm。

6) 填保温材料：按尺寸将保温材料填于龙骨间，玻璃棉毡用岩棉钉装压好，空隙处须填实。

7) 塞填发泡聚乙烯圆棒：在伸缩缝中塞填发泡聚乙烯圆棒，塞填后缝深为 4mm 左右。

8) 安装薄板：先将需安装的薄板按图样要求裁切好、弹线，预钻 $\phi3$ 孔，并在表面扩孔，且一串孔应成直线。装板时使用基准规线，以保证板材安装的横平竖直。板与板之间的 10mm 间隙，可采用 9mm 的木条塞于中间来控制。板就位后再在板面预钻孔位置上钻龙骨孔，然后用自攻螺钉固定，并使螺钉钉沉头低于板面。

9) 勾填嵌缝膏：板与板之间勾填嵌缝膏，分两次填实勾平。上挑檐缝应勾填嵌缝膏成凹形圆弧状，外勒角也要勾填嵌缝膏成凹形圆弧状。

10) 刷防水基料：先将板面擦去粉尘及浮土，并清除多余的嵌缝膏残渣等杂物；刮腻子并打磨平整，外露表面的薄板各面用刷子均匀的涂刷两遍基面涂料（间隔时间大于 30min）。在干透的基面涂料上面，要均匀涂刷两遍巴氏二合一墙面防水彩色涂料。

(3) 施工注意事项

1) 减少裂缝出现的可能，墙面面板连续安装的最大尺寸不宜超过 10m。在三、四层间留一道膨胀缝，如图 2-43 所示。

2) 为减少面板加工量，降低损耗，面板宽尽可能采用 1.2m。

3) 高度方向设计了较宽的腰线，上边盖过了原壁板水平缝，下边与窗上口平。

4) 面板间一律留 10mm 宽缝，缝内填弹性密封膏。缝宽相同是为了减少龙骨规格。改变缝的色彩可收到或明或暗的效果。窗口做法、山墙拐角处做法、挑檐处做法分别如图 2-44、图 2-45、图 2-46 所示。

5. 岩棉板外墙外保温工程施工

岩棉是一种性能良好的高效保温材料，岩棉制品用在外墙外保温体系中的主要品种是岩棉板。将岩棉板设置在主体围护结构的外侧，用被锚固件卡紧的钢丝网压贴在基层墙体表面，岩棉板面抹保温浆料作找平层，用嵌埋有耐碱玻纤网格布的增强聚合物砂浆作防护层。构成复合外保温墙体，可使建筑物的能耗大大降低。

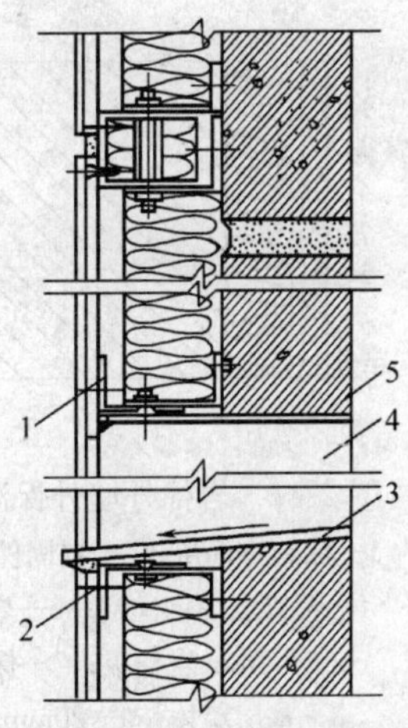

图 2-43　窗口和无膨胀缝腰线做法

1—窗口上龙骨；2—窗口下龙骨；3—窗口下板；4—窗口侧板；5—窗口上板

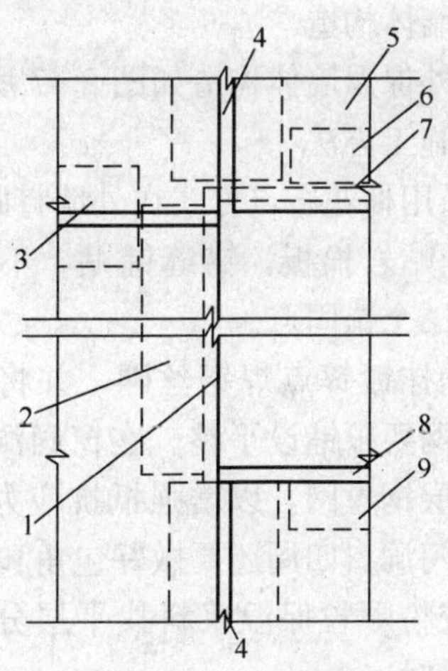

图 2-44　窗口做法

1—窗口侧板；2—窗侧龙骨；3—横龙骨；4—竖龙骨；5—窗口上面板；6—窗口上龙骨；7—窗口上板；8—窗口下板；9—窗口龙骨

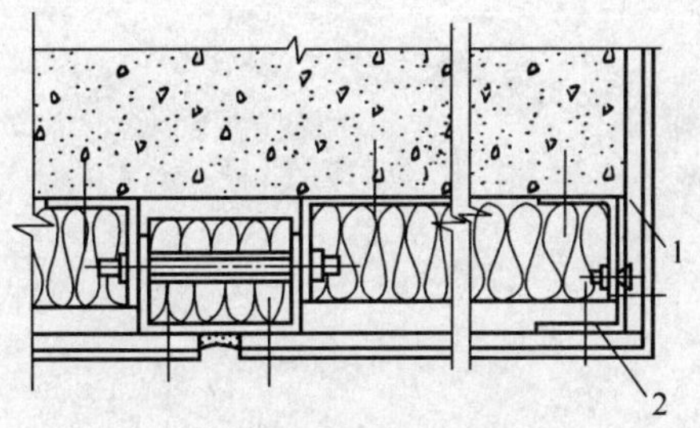

图 2-45　山墙拐角处做法

1—小面面板；2—墙角龙骨

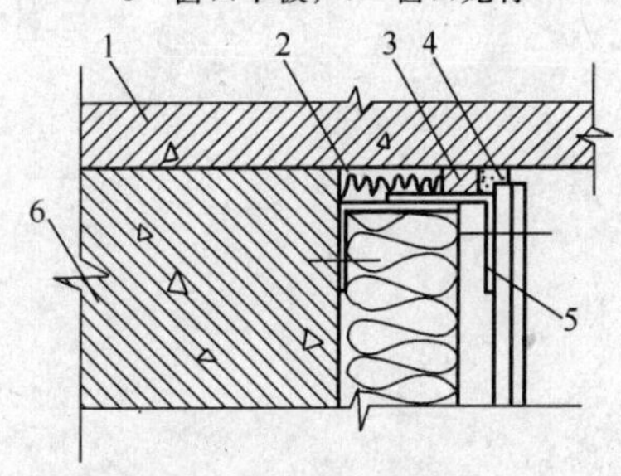

图 2-46　挑檐处做法

1—挑檐；2—填保温材料；3—砂浆勾缝；4—弹性密封膏；5—边龙骨；6—墙板

（1）岩棉板的技术性能

岩棉板外墙外保温体系的主要材料是岩棉板、钢丝网、水泥砂浆、丙烯酸外墙涂料。岩棉板的技术性能见表 2-79。

表 2-79　岩棉板的技术性能

密度/(kg/m³)	密度的极限偏差/%			热导率/(W·K/m)（平均温度 70℃±5℃）	有机物含量（质量分数,%）	最高使用温度/℃	不燃性
	优等品	一等品	合格品				
80	±10	±15	±20	≤0.044	≤4.0	400	合格
100				≤0.046		600	
120							
150				0.048			
160							
100				—		600	
120							

(2) 墙体构造

岩棉外保温墙体构造如图 2-47 所示。

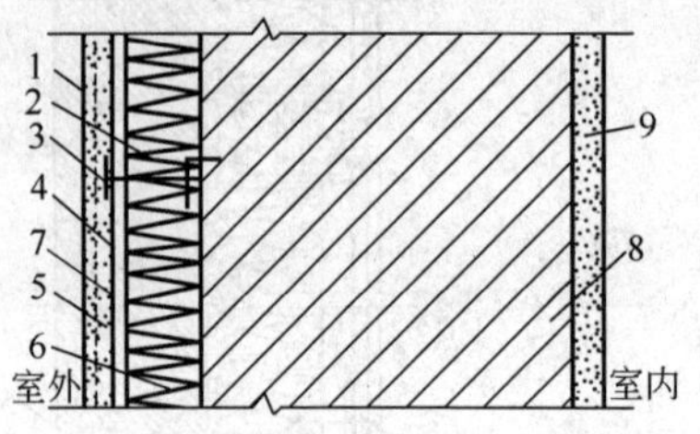

图 2-47　岩棉外墙外保温墙体构造
1—涂料饰面层；2—锚固件；3—销杆；4—镀锌点焊钢丝网；5—聚合物抗裂；6—50mm 岩棉板；7—保温浆料；8—基层墙体；9—20mm 混合砂浆

(3) 施工方法

1) 采用梅花布点方式在外墙打眼安装连接件。

2) 铺贴岩棉板，错缝铺贴，不得有间隙。每块岩棉至少应有二个锚固点。

3) 铺挂镀锌点焊钢丝网，并将钢丝网固定在连接件上，钢丝网要求铺设平整。在窗门洞口四周的岩棉板上还要增加一层钢丝网，以增强抵抗应力集中和温度应力的能力，在窗门洞口四周还要做好包角和封边工作。

4) 胶粉颗粒保温浆料找平层分多层抹时，施工间隔应在 24 小时以上。

5) 抗裂砂浆防护层施工，应在保温浆料找平层充分固化后进行。并做好分块留缝，以减少收缩和收缩应力。

6) 喷涂弹性较好的丙烯酸外墙涂料为饰面层，以提高其防水、防裂和耐久性能。

2.4　建筑门窗节能技术

2.4.1　门窗在建筑节能中的重要意义

建筑门窗是建筑物外围护结构的重要组成部分，除了具备基本的使用性功能外，还必须具备采光、通风、防风雨、保温隔热、隔声、防尘、防腐、防火、防盗、屏蔽外界视线等功能，才能为人们的生活提供安全舒适的室内环境空间。但是，建筑门窗又是整个建筑围护结构中保温隔热最薄弱的环节，是影响室内热环境质量和建筑节能的主要因素之一。据统计，在采暖或空调的条件下，冬季单玻窗所损失的热量约占供热负荷的 30%～50%；夏季因太阳辐射热透过单玻窗射入室内而消耗的冷量约占空调负荷的 20%～30%。随着人们生活水平的提高和对能源节约的重视，对于门窗的性能要求也逐渐提高，尤其是对门窗的保温隔热和密封性能要求更高。增强门窗的保温隔热性能，减少门窗能耗是改善室内热环境质量和提高建筑节能水平的重要环节。

衡量门窗性能的指标主要包括 4 个方面：阳光得热性能、采光性能、空气渗漏的防护性能和保温隔热性能等。而建筑门窗的节能技术则是通过提高门窗的性能指标，主要是在冬季有效地利用阳光，增加建筑的得热和采光，同时提高保温隔热，降低通过窗户传热和空气渗透形成的建筑能耗；在夏季采用有效的遮阳和降低透过窗户而产生的辐射得热及空气渗透引起空调负增加产生的建筑能耗。

2.4.2　建筑门窗节能要求及技术措施

门窗的保温隔热性能和空气渗透性能是直接影响建筑门窗节能效果的重要因素。

1. 门窗保温隔热性能与节能措施

(1) 门窗的保温隔热性

门窗的保温隔热性是指减少门窗的传热，提高门窗的热阻，通常用传热系数 K 值来表示，其值越小，保温隔热性能越好。国家标准《建筑外窗保温性能分级及检测方法》(GB/T 8484) 对外窗保温性能分级如表 2-80 所示；《建筑外门保温性能分级及其检测方法》(GB/T 16729) 对外门的保温性能分级如表 2-81 所示。

表 2-80　外窗保温性能分级　(W/m²·K)

分级	1	2	3	4	5
分级指标值	$K \geqslant 5.5$	$5.5 > K \geqslant 5.0$	$5.0 > K \geqslant 4.5$	$4.5 > K \geqslant 4.0$	$4.0 > K \geqslant 3.5$
分级	6	7	8	9	10
分级指标值	$3.5 > K \geqslant 3.0$	$3.0 > K \geqslant 2.5$	$2.5 > K \geqslant 2.0$	$2.0 > K \geqslant 1.5$	$K < 1.5$

表 2-81　外门保温性能分级　(W/m²·K)

等　级	传热系数/K	等　级	传热系数/K
Ⅰ	$\leqslant 1.50$	Ⅳ	$>3.60, \leqslant 4.80$
Ⅱ	$>1.50, \geqslant 2.50$	Ⅴ	$>4.80, \leqslant 6.20$
Ⅲ	$>2.50, \leqslant 3.60$		

(2) 影响门窗保温隔热性能的主要因素

影响门窗保温隔热性能的主要因素有门窗框材料、镶嵌材料（通常指玻璃）的热工性能和光物理性能等。门窗框材料的导热系数越小，则门窗的传热系数也就小，如塑料型材的导热系数（约0.1～0.25W/m·K）远远小于铝合金型材（17.44W/m·K），所以塑料门窗的保温隔热性能优于铝合金门窗。

当在玻璃中间形成空气层，如中空玻璃、三层或三层以上玻璃，其传热系数比单层玻璃小了许多，保温隔热性大大提高。玻璃的光物理性能是指玻璃对光波的透过、吸收、反射等性能。在保证室内空间采光效果的前提下，即对可见光有良好的透过率，而对能显著影响室内气温的红外光等有一定反射率或吸收率。因此，合理选用玻璃原片，如镀镆玻璃、吸热玻璃等，改善因为玻璃而导致的室内热环境质量，以达到降低采暖或空调能耗。

2. 门窗的气密性能与节能措施

门窗的气密性能是指空气通过门窗（关闭状态）的性能。由于窗户在框与扇和扇与扇之间以及扇框与玻璃之间都存在一定的缝隙，如果未加以密封或密封效果不好，空气就会通过这些缝隙，产生能量损失。因此，在保证室内空气质量的前提下（卫生换气指标为1次/h），提高窗户的气密性是降低门窗能耗的重要方法之一。国家标准《建筑外窗气密性能分级及检测方法》（GB/T 7107）和《建筑外门的空气渗透性能和雨水渗透性能分级及检测方法》（GB 13686）对外窗气密性能分级见表2-82，对外门的气密性能分级见表2-83。

表2-82　建筑外窗气密性能分级表

分级	1	2	3	4	5
单位缝长分级指标值 q_1/〔$m^3/(m\cdot h)$〕	$6.0\geqslant q_1>4.0$	$4.0\geqslant q_1>2.5$	$2.5\geqslant q_1>1.5$	$1.5\geqslant q_1>0.5$	$q_1\leqslant 0.5$
单位面积分级指标值 q_2/〔$m^3/(m^2\cdot h)$〕	$18\geqslant q_2>12$	$12\geqslant q_2>7.5$	$7.5\geqslant q_2>4.5$	$4.5\geqslant q_2>1.5$	$q_2\leqslant 1.5$

表2-83　建筑外门气密性能分级表

等　级		Ⅰ	Ⅱ	Ⅲ	Ⅳ	Ⅴ
q_0，$m^3/m\cdot h$	≤	0.5	1.5	2.5	4.0	6.0
q_{ao}，$m^3/m^2\cdot h$	≤	2	4	7	11	16

注：对于平开门（900×2100）和推拉门（1800×2100）两种分级指标所定级别基本一致。如两者相矛盾时，以前者为准。

提高门窗的气密性应从门窗的制作、安装和加设密封材料等方面加以重视，对密封材料产品的选择要求性好，镶嵌牢固、严密耐用、方便、经济等。同时，在建筑工程中，窗框与墙体之间也实际地存在缝隙，需要加以密封。

3. 遮阳

（1）窗户内外的遮阳

在满足建筑立面设计要求的前提下，增设外遮阳板、遮阳篷及适当增加南向阳台的挑出长度都能起到一定的遮阳效果。在窗户内侧设置镀有金属膜的热反射织物窗帘，正面具有装饰效果，在玻璃和窗帘之间构成约50mm厚的流动性较差的空气间层。这样可取得很好的热反射隔热效果，但直接采光差，应做成活动式的。另外，在窗户内侧安装具有一定热反射作用的百叶窗帘也可获得一定的隔热效果。

（2）树木遮阳

对于低层建筑，树木花草可以建立非常好的遮阳系统。

落叶植物的遮阳效果随季节与气温发生变化，正好符合建筑遮阳的需求。当温度最高时，植物的枝叶最茂密，在冬季，则变得叶落枝稀，如图 2-48 所示。

图 2-48　树木遮阳

藤蔓植物除了可以对窗户进行遮阳外，还可以有效降低墙面温度。生长有 7～8cm 厚稀疏藤蔓的西墙温度比对比墙温度在午前低 4.5℃左右，下午温度差别可达 7.5℃（如图 2-49)。

图 2-49　攀缘植物与盆花的遮阳作用

2.4.3　建筑节能门窗的材料及其性能

1. 门窗的类型

(1) 门的类型

1) 按材料分类：木门、钢门、铝合金门、塑料门、玻璃钢门、其他材料门等。

2) 按使用功能分类：一般工业及民用建筑门、特殊工业及民用建筑门、围墙大门、隔声门、防火门、防光门、通风门、防辐射门、密闭门、防盗门、抗冲击波门、卸爆门等。

3) 按开启方式分类：平开门、推拉门、提拉门、上提门、上翻门、下滑门、折叠门、卷帘门、旋转门等。

4) 按控制方式分类：手动门、传感控制自动门等。

(2) 窗的类型

1) 按材料分类：木窗、钢窗、钢木窗、铝合金窗、不锈钢窗、塑料窗、玻璃钢窗、涂色镀锌钢板窗、预应力钢丝网水泥窗及其他材料窗等。

2) 按使用功能分类：一般工业及民用建筑窗、特殊工业及民用建筑窗、玻璃幕窗、隔音窗、密闭窗、避光窗、屏蔽窗、传递窗、防火窗、防盗窗、橱窗、防爆窗、卸爆窗、观察窗、售货窗等。

3) 按开启方式分类：固定窗、平开窗、推拉窗、提拉窗、悬窗、折叠窗等，见表 2-84。

表 2-84 不同窗类型及特点

窗型	(a)外平开 (b)内平开		(c)上悬	(d)下悬	(e)垂直推拉 (f)水平推拉	
特点	构造简单，应用最为普遍，使用普通五金，便于安装纱窗		外开防雨好，受开启角度限制，通风效果较差	占室内空间，多用于特殊要求房间或室内高窗	不占室内空间，窗扇受力状态好，适宜安装较大玻璃，通风面积受限制，五金及安装较复杂	
窗型	(g)中悬	(h)立转	(i)固定	(j)百页	(k)滑轴	(l)折叠
特点	构造简单，通风效果好，多用于高侧窗	引风效果好，防雨及密闭性差，多用于低侧窗	构造简单，只起采光作用，密闭性好	通风效果好，用于需要通风或遮阳地区	安装磨砂玻璃可起遮阳作用，加工较复杂	全开启时通风效果好，视野开阔，需要特殊五金

2. 建筑节能门窗用材料性能

(1) 玻璃分类及特点

1) 玻璃可按其产品规格分类，见表 2-85。

表 2-85 窗用玻璃的分类

按面积分类		按厚度分类			按外观质量分类	附注
类别	面积范围/m^3	厚度/mm	长宽尺寸范围/mm			
1	0.120～0.400	2	宽	300～900	特等品	1. 在长宽尺寸范围内，每隔50mm为一进位，但长度不得超过宽度的2.5倍。
2	0.405～0.600		长	400～1200	一级品	
3	0.605～0.800				二级品	
4	0.805～1.000	3	宽	300～900		2. 凡不属于经常生产的尺寸或宽度和质量超出上述范围的玻璃均为特殊订货，由供需双方协商解决
5	1.005～1.200					
6	1.205～1.500		长	400～1600		
7	1.505～2.000	5	宽	400～1600		
8	2.005～2.500					
9	2.505～3.200		长	600～2000		
10	3.205～4.000					
11	4.505 以上	6	宽	400～1800		
			长	600～2200		

2) 按玻璃生产原材料、工艺、光物理性能等不同，可分为平板玻璃（包括浮法玻璃）、吸热玻璃、镀膜玻璃（又称热反射玻璃）、低辐射镀膜玻璃（Low－E 玻璃）、钢化玻璃、夹层玻璃、压花玻璃、夹丝玻璃、磨砂玻璃、中空玻璃、电热玻璃等。

① 平板玻璃（包括浮法玻璃）：

以海砂、硅砂、石英砂岩粉、纯碱、白云石等为原料，在熔窑里经过 1500～1570℃高温溶化后，将玻璃液引成板状进入锡槽，再经过纯锡液面上延伸入退火窑，逐渐降温退火，切割而成。

具有表面平整光洁，厚度均匀，极小的光学畸变等特点。

主要用于汽车、火车、船舶的门窗挡风玻璃，高级建筑物的门窗玻璃，玻璃深加工的原片玻璃等。

平板玻璃的传热系数为 6.0～7.1W/（m^2·K）（3～5mm 厚），故单层玻窗几乎没有明显的隔热保温性能。

② 吸热玻璃：

能吸收大量红外线辐射能而又保持良好可见光透过率的平板玻璃称为吸热玻璃。它是在普通钠—钙硅酸盐玻璃中引入有着色作用的氧化物，如氧化铁、氧化镍、氧化钴以及硒等，使玻璃着色而具有较高的吸热性能；或在玻璃表面喷涂氧化锡、氧化锑、氧化铁、氧化钴等着色氧化物薄膜而制成。特点是：

a. 吸收太阳的辐射热：吸热玻璃的颜色和厚度不同，对太阳的辐射热吸收程度也不同。可根据不同地区日照条件选择使用不同颜色的吸热玻璃。如 6mm 蓝色吸热玻璃能挡住 50% 左右的太阳辐射热。

b. 吸收太阳的可见光：如 6mm 厚的普通玻璃能透过太阳的可见光 78%，同样厚度的古铜色镀膜玻璃仅能透过太阳的可见光 26%。

c. 吸收太阳的紫外线：它除了能吸收红外线外，还可以显著减少紫外线的透射而对人体与物体的损害。

d. 具有一定的透明度，能清晰地观察室外景物。

e. 色泽经久不变。

吸热玻璃在建筑工程中应用广泛，凡既需采光又需隔热之处，均可采用。尤其是炎热地区需设置空调、避免眩光的建筑物门窗、或外墙体及火车、汽车、轮船挡风玻璃等。

③ 镀膜玻璃（又称热反射玻璃）：

镀膜玻璃是在玻璃表面涂以金、银、铜、铝、铬、镍、铁等金属或金属氧化薄膜或非金属氧化物薄膜；或采用电浮法、等离子交换法，向玻璃表面层渗入金属离子以置换玻璃表面层原有的离子而形成热反射膜。对太阳辐射有较高的反射能力，热反射率达 30%左右，可见光透进率在8～40%，并具有单向透像的特性，见表 2-86。

表 2-86　镀膜玻璃的技术指标

品种	可见光/%			太阳辐射热/%		遮阳率/%
	透射率	室内反射率	室外反射率	透射率	反射率	
银色	8～20	30～36	28～38	6～16	20～32	24～38
银灰色	8～20	32～40	20～36	7～18	20～30	26～38
浅蓝	14～20	40	18～22	12～18	14～19	28～38
茶色	8～12	25	9	6～10	8	31
金色	8～20	26～30	12～18	6～16	10～15	22～38
浅金色	24～40	34～46	24～34	22～36	22～30	40～48

由于其面金属层极薄，使它在迎光面具有镜子的特性，而在背光面则又如窗玻璃那样透明。对建筑物内部起遮蔽及帷幕的作用，建筑物内可不设窗帘。但当进入内部，人们看到的是内部装饰与外部景色融合在一起，形成一个无限开阔空间。

④ 低辐射镀膜玻璃（Low－E 玻璃）：

低辐射镀膜玻璃有较高的可见光透过率和良好热阻隔性能，对波长范围 4.5～25μm 的远红外线有较高的反射比，可让 80％左右的可见光直射入室而获得很好的采光效果，并对阳光中的长波部分有良好的反射作用，同时又能将 90％左右的室内物体的红外辐射热保留在室内，起到保温作用。此外，它还能阻隔紫外线，避免室内物体褪色、老化。低辐射镀膜玻璃的主要性能见表 2-87。

表 2-87　低辐射镀膜玻璃的性能

产品编号	可见光/％		太阳辐射热/％		遮阳系数
	透射率	反射率	透射率	反射率	
1	74	11	48	16	0.66
2	61	9	23	6	0.38
3	54	8	23	6	0.38
4	44	7	29	9	0.44

⑤ 钢化玻璃：

采用普通平板玻璃、浮法玻璃、磨光玻璃、吸热玻璃等在钢化炉中，控制加热至接近软化点时，用高速吹风骤冷而制成。具有较高的抗弯强度、抗机械冲击和抗热震性能；破碎后，碎片不带尖锐棱角，可减少对人的伤害，钢化玻璃不能进行机械切割，钻孔等加工。

主要适用于建筑物的门窗、隔墙与幕墙、汽车车窗、仪器、仪表等。

⑥ 夹层玻璃：

是将两片或多片普通平板玻璃、浮法玻璃、磨光玻璃、吸热及热反射玻璃或钢化玻璃等之间嵌夹聚乙烯醇缩丁醛塑料薄膜，经加热、加压粘合成平型或弯型的复合玻璃制品。

夹层玻璃透明性好，抗冲击机械强度要比普通平板玻璃高出几倍。当玻璃被击碎后，由于中间有塑料衬片的粘合作用，仅产生辐射状的裂纹，而不落碎片；夹层玻璃还具有耐光、耐热、耐湿、耐寒等特点。主要用作汽车、飞机的风挡玻璃、防弹玻璃和有特殊安全要求的建筑的门窗和天窗等。

⑦ 压花玻璃：

又称花纹玻璃或滚花玻璃，是由双辊压延机在线压制出的一面平整，一面有凹凸花纹的半透明玻璃。具有透光不透明的特点，可使室内光线柔和悦目，在灯光照耀下，显得格外晶莹光洁，具有良好的装饰效果。

主要用于室内的间壁、窗门、会客室、洗脸间等需要透光装饰又需要遮断视线的场所及飞机大厅、门厅等，作为一种艺术装饰之用。

⑧ 夹丝玻璃：

是在连续压延法生产时，将角拧花金属网丝板从玻璃熔窑流液口下送入到引出的玻璃带上，经过对辊压制使其平行地嵌入玻璃板中间而制成。具有均匀的内应力和一定的抗冲击强度及耐火性能，当受外力作用超过本射强度，而引起破裂时，其碎片仍连在一起，不致伤人，具有一定安全作用。透光率大于 60％。

主要用于热运动较大的工业厂房等建筑物屋面、门窗、仓库门窗、地下采光窗、防火门窗以及建筑物的墙体装饰、阳台围护等。

⑨ 磨砂玻璃：

又称毛玻璃，系采用普通平板玻璃经研磨、抛光加工制成，有双面磨砂和单面磨砂之分。

具有透光而不透明的特点。由于光线通过磨砂玻璃后形成温射，具有避免眩目的优点。

主要用于建筑物的门、窗、隔断、浴室、玻璃黑板、灯具等。

⑩ 中空玻璃：

中空玻璃有双层和多层之分，可以根据要求选用各种不同性能的玻璃原片，如透明浮法玻璃、压花玻璃、彩色玻璃、防阳光玻璃、镜面反射玻璃、夹丝玻璃、钢化玻璃等与边框（铝框架或玻璃条等）经胶接、焊接或熔结而制成。

中空玻璃具有良好的保温、隔热、隔声等性能。如在玻璃之间充以各种温射光材料或电介质等，则可获得很好的声控、光控、隔热等效果。主要用于需要采暖、空调、防止噪声、结露及需要无直射阳光和特殊光的建筑物上，广泛用于住宅、饭店、宾馆、办公楼、学校、医院、商店等需要室内空调的场合，也可用于火车、汽车、轮船的门窗等处。

中空玻璃比平板玻璃的传热系数低得多，这是由于在中空玻璃中有一层静止空气或其他高热阻气体（如惰性气体）间层，空气的导热系数（0.04W/m·K）比玻璃的导热系数（0.08W/m·K）低得多，因而极大地提高了中空玻璃的热阻，即隔热保温性能。通常，这个空气间层的厚度在 4～20mm 可产生明显的阻热效果。在此范围内，随空气间层厚度增加，热阻增大，当空气层厚度大于 20mm 以后，热阻的增加趋缓。在现有产品中，大多取 6mm 和 12mm 两种间层厚度。另外，这种空气间层的数量越多，保温性越好。几种不同品种的中空玻璃性能参见表 2-88 和表 2-89，从中可见带有镀膜玻璃的中空玻璃有突出的隔热性能。

表 2-88　平板玻璃和中空玻璃的传热系数

材料名称	构造、厚度	传热系数/(W/m²·K)
平板玻璃	3mm	7.1
平板玻璃	5mm	6.0
双层中空玻璃	3+6+3mm	3.4
双层中空玻璃	3+12+3mm	3.1
双层中空玻璃	5+12+5mm	3.0
三层中空玻璃	3+6+3+6+3mm	2.3
三层中空玻璃	3+12+3+12+3mm	2.1

表 2-89　不同玻璃原片构成的中空玻璃的性能

玻璃种类	构成	可见光/%			太阳辐射热/%			传热系数/(W/m²·K)
		透射率	反射率	吸收率	直射透射率	总透射率	反射率	
浮法双层	F_3+A_6+F3	83.0	14.8	8.8	77.2		14.0	3.4
中空玻璃	F_6+A_6+F6	81.5	14.7	16.2	70.8		13.0	3.2
彩色双层	$H_3+A_6+F_3$	64.8～75.5	10.7～13.1	22.6～28.8	60.9～66.6		10.3～11.4	2.7～3.0
中空玻璃	$H_6+A_6+F_6$	49.7～67.4	8.7～11.4	39.8～46.9	45.3～51.4		7.3～8.8	2.7～3.0
镀膜双层	$R_6+A_{12}+F_6$	29.0	43.0	36.0	35.0	44.0	29.0	1.8
中空玻璃	$R_6+A_{12}+F_6$	23.0～47.0		47.0～51.0	15.0～25.0	22.0～33.0	24.0～38.0	1.6
低辐射玻璃	$L_a+A_{12}+F_6$	75	12		49		21	1.8
中空玻璃	$L_b+A_{12}+F_6$	56	14		33		18	1.7

注：F—浮法玻璃，浅色；A—空气层；H—彩色玻璃；R—镀膜玻璃；L—低辐射玻璃；下角标数字为玻璃或间层厚度，mm。

⑪ 电热玻璃：

双称防霜玻璃。按其加工工艺不同分为“导电网电热玻璃”和“导电膜电热玻璃”两种。导电网电热玻璃是两层厚薄不等的平面玻璃和锰白铜丝网组成的电加温装置，用聚乙烯醇缩丁醛中间膜经热压而成，导电膜电热玻璃是由喷有导电膜溶液的薄玻璃组成的电加温装置，与未喷导电膜溶液的厚玻璃中间夹聚乙烯醇缩丁醛中间膜经热压而成。具有自控温好、安全可靠、透光度好等特点。

在建筑上用于陈列窗、严寒地区的建筑门窗、瞭望塔窗及工业建筑的特殊门窗。可以防止玻璃表面结露、结霜、结冰。

(2) 门窗框材料及制成门窗

1) 门窗框材料。

我国常用的门窗框材料主要有木材、钢材、铝合金、塑料等，不同的材料的导热系数值见表2-90，从表中可以看出木、塑料的隔热保温性能优于钢和铝合金材料。但是木门窗耗用木材，且易变形引起气密性不良，导致保温隔热性能降低；而塑料自身强度不高且刚性差，其抗风压性能较差。因此，钢、铝合金材料如果经过断热处理后（如进行喷塑处理、与PVC塑料或木材复合等），可显著降低其导热性能。塑料门窗则在型材内腔增加金属加强筋以提高其抗压性能。断热铝合金门窗、塑料门窗、塑钢复合门窗的节能效果显著，各种门窗框材料性能比较见表2-91。

表 2-90 几种材料的导热系数值 λ

品种	松、杉木	塑料	钢	铝合金
λ(W/m·K)	0.14～0.29	0.10～0.25	58.2	174.4

表 2-91 各种门窗框材料性能比较

材料	强度性能	隔热性能	形成复杂型材料断面	抗辐射能力	耐潮湿环境能力	耐燃能力
木	优	优	易	良	差	差
塑	差	优	易	差	优	差
钢	优	差	难	优	优	优
铝	良	差	较易	优	良	良

2) 各种门窗框材料制成的门窗性能，见表 2-92～表 2-98。

表 2-92 钢窗的传热系数

窗框材料	窗户类型	空气层厚度/mm	窗框窗洞面积比/%	传热系数/(W/m²·K)
普通钢窗	单框双玻璃	6～12	12～30	3.9～4.5
		16～20		3.6～3.8
	双层窗	100～140		2.9～3.0
	单框中空玻璃窗	6		3.6～3.7
		9～12		3.4～3.5
	单框单玻＋单框双玻窗	100～140		2.4～2.6
彩板钢窗	单框双玻窗	6～12		3.4～4.0
		16～20		3.3～3.6
	双层窗	100～140		2.5～2.7
	单框中空玻璃窗	6		3.1～3.3
		9～12		2.9～3.0
	单框单玻＋单框双玻窗	100～140		2.3～2.4

表 2-93　金属门的传热系数

门框材料	类型	玻璃比例/%	传热系数/(W/m²·K)
金属	单层板门	—	6.5
	单层玻璃门	不限制	6.5
	单框双玻门	＜30	5.0
	单框双玻门	30～70	4.5
无框	单层玻璃门	100	6.5

表 2-94　铝合金窗的传热系数

窗框材料	窗户类型	空气层厚度/mm	窗框窗洞面积比/%	传热系数/(W/m²·K)
普通铝合金	单框双玻璃	6～12	20～30	3.9～4.5
		16～20		3.6～3.8
	双层窗	100～140		2.9～3.0
	单框中空玻璃窗	6		3.6～3.7
		9～12		3.4～3.5
	单框单玻＋单框双玻窗	100～140		2.4～2.6
中空断热	单框双玻窗	6～12		3.1～3.3
		16～20		2.7～3.1
	单框中空玻璃窗	6		2.7～2.9
		9～12		2.5～2.6

表 2-95　塑料窗的传热系数

窗户类型		空气层厚度/mm	窗框窗洞面积比/%	传热系数/(W/m²·K)
单框单玻窗		—	30～40	4.7
单框双玻窗		6～12		2.7～3.1
		16～20		2.6～2.9
双层窗		100～140		2.2～2.4
单框中空玻璃窗	双层	6		2.5～2.6
		9～12		2.3～2.5
	三层	9＋9,12＋12		1.8～2.0
单框单玻＋单框双玻		100～140		1.9～2.1
单框低辐射中空玻璃窗		12		1.7～2.0

表 2-96　塑料（木）门的传热系数

门框材料	类型	玻璃比例/%	传热系数/(W/m²·K)
塑(木)类	单层板门	—	3.5
	夹板门、夹芯门	—	2.5
	双层玻璃门	不限制	2.5
	单层玻璃门	<30	4.5
	单层玻璃门	30～60	5.0

表 2-97　钢塑窗的综合性能表

性能项目 / 窗型	抗风强度/kPa	保温性/(W/m²·K)	气密性/(m³/m·h)	水密性/Pa	防火性	防盗性
高保温窗型（三玻或两玻一膜）	>3.5（Ⅰ级）	2.3（Ⅰ～Ⅱ级）	<0.5（Ⅰ级）	Ⅱ～Ⅲ级	优	优
中保温窗型(双玻)	>3.5（Ⅰ级）	3.0（Ⅱ级）	<0.5（Ⅰ级）	Ⅱ级	优	优
低保温窗型(双玻)	>3.0（Ⅱ级）	3.3（Ⅱ级）	1.40（Ⅱ级）	Ⅱ～Ⅲ级	优	优

表 2-98　各种材料门窗使用性能比较

品种	外观效果	抗风压性能	保温性能	采光性能	组装难易	维修难易	防火性能	安全性能
木窗	良	优	优	一般	易	易	差	差
塑窗	良	差	优	一般	难	难	差	差
钢窗	差	优	差	好	难	较易	优	优
铝窗	优	良	差	较好	易	易	良	良
塑钢	良	良	优	一般	难	难	差	良

（3）门窗密封材料

门窗存在墙与框、框与扇、扇与玻璃等之间的装配缝隙，就会产生室内外空气交换，从建筑节能的角度讲、在满足室内空气质量的条件下，通过门窗缝隙的空气渗透量过大，就会导致热耗、制冷能耗增加，因此必须控制门窗缝隙的空气渗透量。

1）加强门窗气密性的措施。

① 通过提高窗用型材的规格尺寸、准确度、尺寸稳定性和组装的精确度以增加开启缝隙部位的搭接量，减少开启缝的宽度达到减少空气渗透的目的。

② 采用气密条。提高外窗气密水平。各种气密条由于所用材料、断面形状、装置部位等情况不同，密封效果也略有差异。

③ 改进密封方法。对于框与扇和扇与玻璃之间的间隙处理，目前国内均采用双级密封的方法，而国外在框一扇之间却已普遍采用三级密封的做法。通过这一措施，使窗的空气泄漏量降到 $1m^3$/（m·h）以下，而国内同类窗的空气渗透量却为 $1.6m^3$/（m·h）左右，故应逐步推广采用三级密封方式。

④ 应注意各种密封材料和密封方法的互相配合。近年来的许多研究表明，在封闭效果上，密封料要优于密封件。这与密封料和玻璃、窗框等材料之间处于粘合状态有关。但是，框扇材料和玻璃等在干湿温变作用下所发生的变形，会影响到这种静力状态的保持，从而导致密封失效。密封件虽对变形的适应能力较强，且使用方便，但其密封作用却不完全可靠。

因此，只简单的以密封料嵌注于窗缝，或仅仅使用密封条的方法都是不妥的。建议采用如下密封方法：

a. 在玻璃下安设密封的衬垫材料；

b. 在玻璃两侧以密封条加以密封（可兼具固定作用）；

c. 在密封条上方再加注密封料。

2）门窗用密封材料种类及性能。

密封材料用于窗（门）接缝，进行水密和气密处理，起着防气体渗漏、防水、防尘隔声等作用，是现代建筑不可缺少的配套材料。窗（门）用密封材料主要有密封膏和密封条两类。

① 密封膏：

a. 单组分有机硅建筑密封膏。具有使用寿命较长、便于施工等特点。主要产品有 GM615RTV、GM－616RTV、GM617RTV、GM－622RTV 和 GM－613RTV 等五个品种。

• GM－615RTV 为高模量有机硅建筑密封膏，分脱醇型和脱醋酸型两种型号。脱醋酸型固化快。

• GM － 6l6RTV 亦为高模量、高黏结性的密封膏，为脱醇型中性，克服了 GM－615RTV对水泥、塑料粘结性较差的缺点。

• G191617RTV 为半透明型、硫化速度快、粘结密封材料好的密封膏。

• GM－622RTV 为中模量有机硅建筑密封膏。

• GM－631RTV 为低模量有机硅建筑密封膏，延伸率最高。

b. 双组分聚硫密封膏。双组分聚硫密封膏是以混炼研磨等工序配成聚硫橡胶基基料和硫化剂两种组分，灌装于同一个塑料注射筒中的一种密封膏。按类型分有 DB－XM－Ⅱ型，DB－XM－Ⅳ型。按颜色分，有白色、驼色、孔雀蓝、铁丸、浅灰、黑色等多种颜色。

另外以液体聚硫橡胶为基料配制而成的双组分室温硫化建筑用密封膏，具有良好的耐气候、耐燃烧、耐湿热、耐水和耐低温等性能。工艺性良好，材料黏度低，两种组分容易混合均匀，施工方便。

按用途分为 XM－38 和 JLC 系列等通用型的以及 BT－100 和 BT－101 中空玻璃专用型的。BT－10D 与丁基橡胶热熔密封膏配套使用，而 BT－101 则可单独使用。

c. 水乳丙烯酸密封膏。以丙烯酸酯乳为基料，加入增塑剂、防冻剂、稳定剂、颜料等经搅拌研磨而成。水乳丙烯酸密封膏具有良好的弹性、低温柔性、耐老化性、延伸率大、施工方便等特点，并具有各种色彩，可与密封基层配色。

d. 橡胶改性聚醋酸密封膏。以聚醋酸乙烯酯为基料，配以橡胶及其他助剂配制而成的单组分建筑用密封膏。商品名为 DD－881 建筑密封膏。

特点是快干、粘结强度较高，溶剂型，不受季节、温度变化的影响；不用打底，不用保护；在同类产品中价格较低。

e. 单组分硫化聚乙烯密封膏。以硫化聚乙烯为主要原料，加入适量的增塑剂、促进剂、硫化剂和填充剂等．经过塑炼、配料、混合等工序制成的建筑密封材料。

硫化后能形成具有橡胶状的弹性韧密封条，耐老化性能好．适应接缝的伸缩变形，在高低温下均保持柔韧性和弹性。

② 密封条：

a. 铝合金门窗橡胶密封条。以氯丁、顺丁和天然橡胶为基料，利用剪刀机头冷喂料挤出连续硫化生产线制成的橡胶密封条。规格多样（达 50 多个规格），均匀一致，强力高、耐老化性能优越，见表2-99。

表2-99 铝合金门窗橡胶密封条的技术性能

项　目	指	标
硬度(邵氏A)	65±5	75±5
扯断强度(最大)/MPa	8	8
扯断伸长率(最小)/%	250	250
伸长永久变形(最大)/%	25	25
压缩永久变形(最大)/(%)	50	50
热老化(70℃×70h)扯断强度变化(最大)/%	−25	−25
扯断伸长率变化(最大)/%	−25	−25
脆性温度(不高于)/℃	−35	−35
污染性(23℃×168h)	在试样上允许有轻微的浅黄色污染轮廓	

b. 丁腈胶－PVC门窗密封条。以丁腈橡胶和聚氯乙烯树脂为基料，通过一次挤出成型工艺生产的门窗密封条。具有较高的强度和弹性，适当的硬度，优良的耐老化性能。规格有塔型、U型、掩窗型等系列，还可根据要求加工各种特殊规格和用途的密封条，见表2-100。

表2-100 丁腈胶－PVC门窗密封条的主要技术性能

项　目	指　标	项　目	指　标
扯断强度/MPa	5	老化系数(70℃×96h)	>0.85
扯断伸长率/%	>300	脆性温度/℃	−30
硬度/(邵氏A)	65±5		

c. 彩色自黏性密封条。以丁基橡胶和三元乙丙橡胶为基料制成的彩色自粘密封条。具有较优越的耐久性、气密性、黏结力及延伸率，见表2-101。

表2-101 丁腈胶－PVC门窗密封条的主要技术性能

项　目	指　标	项　目	指　标
抗张强度/MPa	0.24	垂度(80℃×48h)	
抗剪强度/MPa	0.1	包装	盒装,每盒2卷,每卷1m
伸长率/%	>2mm		

(4) 建筑门窗的技术性能要求

为确保建筑外用门、窗的安全使用，生产厂家应按照工程设计，在对外用门、窗选型后，须根据门、窗的应用地区和应用高度、建筑体型、窗型结构等条件，保证门、窗技术性能必须达到国家标准规定的抗风压强度、空气和雨水渗透性能、保温性能、隔声性能等要求。

1) 建筑外窗的技术性能要求。

① 建筑外窗抗风压性能分级要求，见表2-102。

表2-102 建筑外窗抗风压性能分级表 (KPa)

分级代号	1	2	3	4	5	6	7	8	×.×[1]
分级指标值 P_3	$1.0\leqslant P_3<1.5$	$1.5\leqslant P_3<2.0$	$2.0\leqslant P_3<2.5$	$2.5\leqslant P_3<3.0$	$3.0\leqslant P_3<3.5$	$3.5\leqslant P_3<4.0$	$4.0\leqslant P_3<4.5$	$4.5\leqslant P_3<5.0$	$P_3\geqslant5.0$

1 表中×.×表示用≥5.0kPa的具体值，取代分级代号。

② 建筑外窗气密性能分级要求，参见表 2-82。

③ 建筑外窗水密性能分级要求，见表 2-103。

表 2-103　建筑外窗水密性能分级表　Pa

分级	1	2	3	4	5	××××[1]
分级指标值 ΔP	$100 \leqslant \Delta P < 150$	$150 \leqslant \Delta P < 250$	$250 \leqslant \Delta P < 350$	$350 \leqslant \Delta P < 500$	$500 \leqslant \Delta P < 700$	$\Delta P \geqslant 700$

1) ××××表示用≥700Pa 的具体值取代分级代号。

④ 建筑外窗保温性能分级要求，参见表 2-80。

⑤ 建筑外窗空气声隔声性能分级要求，见表 2-104。

表 2-104　建筑外窗空气声隔声性能分级

分级	分级指标值	分级	分级指标值
1	$20 \leqslant R_W < 25$	4	$35 \leqslant R_W < 40$
2	$25 \leqslant R_W < 30$	5	$40 \leqslant R_W < 45$
3	$30 \leqslant R_W < 35$	6	$45 \leqslant R_W$

2）建筑外门的技术性能要求。

① 建筑外门风压变形性能的分级下限值 ΔP 见表 2-105。

表 2-105　建筑外门风压变形性能的分级

等级	Ⅰ	Ⅱ	Ⅲ	Ⅳ	Ⅴ	Ⅵ
ΔP,Pa　≥	3500	3000	2500	2000	1500	1000

② 建筑外门空气渗透性能分级下限值 q_0 可参见表 2-83。

③ 建筑外门的雨水渗漏性能分级下限值 ΔP（P_a）见表 2-106。

表 2-106　建筑外门的雨水渗漏性能分级

等级	Ⅰ	Ⅱ	Ⅲ	Ⅳ	Ⅴ	Ⅵ
ΔP,Pa　≥	500	350	250	150	100	50

④ 建筑外门保温性能分级要求，参见表 2-81。

⑤ 建筑用门空气声隔声性能分级要求，见表 2-107。

表 2-107　建筑用门空气隔声性能分级表（dB）

等级	计板隔声量　R_w 范围	等级	计板隔声量　R_w 范围
Ⅰ	$R_W \geqslant 45$	Ⅳ	$35 > R_W \geqslant 30$
Ⅱ	$45 > R_W \geqslant 40$	Ⅴ	$30 > R_W \geqslant 25$
Ⅲ	$40 > R_W \geqslant 35$	Ⅵ	$25 > R_W \geqslant 20$

3. 铝合金门窗

铝合金门窗型材用料系薄型结构，它比起实腹钢门窗及空腹钢门窗具有更多的优点：自重轻、强度高、外形美观、色彩多样、密封性能好、耐腐蚀、易保养。适用于有密闭、保温、空调等使用要求的房间以及内外装修标准较高的工业与民用建筑。但对防腐蚀有特殊要求的建筑物应依据铝合金的耐蚀性能，慎重采用。

（1）铝合金的成分

铝合金门窗用铝是工业铝合金中的变形铝合金，再细的分类则为热处理强化铝合金中的铝一镁一硅系合金。该系合金具有良好的耐蚀性和工艺性能，可进行阳极氧化着色、涂漆和珐琅，而且在热状态下的塑性很高，适合于挤压结构复杂的薄壁建筑型材。

1）纯铝：铝含量最少为99.0%，并且其他任何元素的含量不超过表2-108规定界限值的金属：

表2-108　铝合金中其他金属元素的含量

金属名称	硅	铁	铜	锰	镁	铬	锌	镍	钛	其他	铝
元素符号	Si	Fe	Cu	Mn	Mg	Cr	Zn	Ni	Ti		Al
所占比例	≤0.1%		每种含量≤0.10%							≤0.15%	余量

2）铝合金：铝含量超过任何其他元素，并符合下述任一条件：

① 其他元素至少有一种元素的含量或铁+硅的含量超过表2-108规定的界限值；

② 所有其他元素的总含量超过1.0%。

（2）铝合金型材的质量

建筑行业用铝合金热挤压型材的质量应符合国家标准《铝合金建筑型材》（GB 5237）对铝合金建筑型材的化学成分、力学性能、型材的外形尺寸及允许偏差（包括型材的角度允许偏差、型材的间隙、型材的弯曲度，型材的扭拧度、型材的波浪度）等的要求。此外，型材的表面质量，应当：

1）表面应清洁，不允许有裂纹、起皮、腐蚀存在；装饰面不允许有气泡；

2）对普通精度的型材，装饰面上允许有轻微的压坑、碰伤、擦伤和划伤存在，其深度不得超过0.2mm；

3）高精度型材的表面缺陷允许深度，装饰面不大于0.1mm、非装饰面不大0.25mm；

4）型材的装饰面要求应在图纸中注明；

5）空心型材的内表面质量不检查；

6）型材经表面处理后，其氧化膜厚度应不小于10μm（系Ⅲ级膜厚，较高等级的厚度，Ⅱ级为15μm，Ⅰ级为20μm）；

7）经表面处理后的型材，不允许有腐蚀斑点、氧化膜脱落等缺陷，允许有局部着色不均和因型材表面缺陷而产生的黑色斑点。

（3）铝合金型材的壁厚

铝合金门窗型材壁厚不得小于0.8mm，地弹簧门型材壁厚不得小于2mm。建筑外铝门窗型材壁厚一般在1.0～1.2mm；基本风压≥0.7kPa之地区则不应小于1.2mm；必要时，可增设加固件。组合门窗拼樘料和竖梃的壁厚则应进行更细致的选择。

（4）铝合金型材的表面处理

铝合金通过表面处理，提高耐蚀性并可获得某种颜色。不同的处理方法，可以获得不同的颜色，见表2-109。主要有：浅茶、表铜、黑；浇黄、金黄、褐；银白、银灰；灰白、深灰；还有橙黄、琥珀色、灰褐；黄绿、蓝绿、橄榄绿；粉红、红褐以及紫色、木纹色等。

表2-109　铝合金的表面处理

按不同的处理方法	按不同的颜色及平均膜厚		表面处理后的优点
a. 阳极氧化法	a. 银白色	≥10μm 或向厂家提出所需厚度要求	提高耐磨性 提高耐蚀性 提高耐候性
b. 涂漆膜	b. 金色		
c. 氧化着色	c. 古铜色		
	d. 黑色		

铝在大气中虽能产生氧化膜，但这种自然氧化膜的厚度只有几十 Å 到几百 Å，不足以防止恶劣环境下的腐蚀。而采用阳极氧化处理获得的人工氧化膜，其厚度通常为 3～30μm，从而可显著提高铝及其合金制品的耐蚀性、耐磨性以及耐候性。

铝合金的表面处理是指将基体金属表面经过处理而形成新的表面层，一般是在基体表面形成一层氧化层薄膜。其基本工序为预处理、氧化着色处理和后处理。

1）预处理的目的是清除铝材表面上的杂质、油污，后处理的目的在于改善氧化膜的耐蚀性能及保护着色层，主要如封孔处理。氧化着色处理则是表面处理的主要工序。主要由阳极氧化处理及阳极氧化着色处理组成。

2）阳极氧化处理可在多种电解液中进行，通过电解生成氧化膜。阳极氧化着色处理主要有三种方法：

① 自然发色法。自然发色法是阳极氧化不同时就使氧化膜获得了颜色。就铝合金门窗主要使用的 Al－Mg－Si 系，颜色主要为银白、浅黄、金黄等。生成的氧化膜大多是硬质氧化膜，耐候性良好。

② 电解着色法（浅田法为代表）。该法可获得多种色调的氧化膜。其耐候性不调，在理论上可以非常多，但实际上，主要是青铜系、黑色系。

③ 染色法。染色法可以获得多种颜色，但要进行严格的封孔处理，否则影响质量。

3）表面处理方法还有化学氧化处理及电镀处理。

（5）铝合金型材的力学性能指标，见表 2-110。

表 2-110　铝合金型材的主要力学性能

性能名称	指　标	性能名称	指　标
屈服强度	≥110N/mm^2	弹性模量	65500N/mm^2
抗拉强度	≥150N/mm^2	线性膨胀系数	23×10^{-6}/℃
抗压强度	324N/mm^2	硬　度	≥58HV
延伸率	≥8%	密度	2710kg/m^3

（6）铝合金门用密封材料

1）铝合金门用密封材料，见表 2-111。

表 2-111　铝合金门的密封材料

门型种类	系列	密封条	密封胶
平开门	50	橡胶密封条	硅酮胶、聚硫胶、聚氨酯胶密封胶一般配合泡沫塑料条(隔垫)使用，密封胶一般用在朝室外一侧，也可同时用于室内外
	55	橡胶密封条	
	70	橡胶密封条	
推拉门	70	密封毛条	
	90	密封毛条、橡塑密封条	
有框地弹簧门	70	密封毛条、橡塑密封条	
	100	密封毛条、橡塑密封条	
无框地弹簧门	70	密封毛条、橡塑密封条	
	100	密封毛条、橡塑密封条	

2）铝合金门密封条及缓冲件。

① 密封条：嵌装玻璃用的密封条也叫密封胶条；门窗扇关闭后封闭缝隙的密封也称为密闭条。密封条主要用合成橡胶类、聚氯乙烯类和聚氨酯类材料制作，其外形见图 2-50（*a*）。

② 缓冲件：推拉门使用的缓冲件一般用硬度较高的硬橡胶或尼龙制作，以螺钉或胶固定，其外形见图 2-50（*b*）。

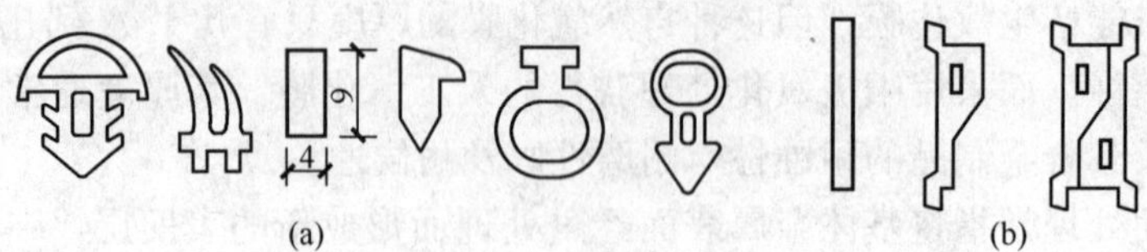

图 2-50　铝合金门密封条及缓冲件

（7）铝合金窗用密封材料

1）铝合金窗用密封材料，见表 2-112。

表 2-112　铝合金窗密封材料

窗型	系列	密封条	密封胶(见注)
平开窗 滑轴窗	40	二道弹性密封条	硅酮胶、聚硫胶、 聚氨酯胶等任选一种
	50	橡胶密封条	
	70		
推拉窗	55	橡胶密封条	
	60	改性 PVC 密封条	高压聚乙烯密封胶
	70	橡塑密封条	丙烯酸酯类密封胶
	90	宽密封毛条	硅酮密封胶
	90－1		
固定窗	40	二道弹性密封条	硅酮胶、聚硫胶、 聚氨酯胶等任选一种
	50	橡胶密封条	
	70		
	90	硅酮密封胶	硅酮密封胶
立轴窗	70	硅酮胶、密封毛条	硅酮密封胶
中悬窗	70		

注：与密封胶配合使用的隔垫材料，由于要求与密封胶不粘合，且填充玻璃与窗框间的缝隙时，还要求容易压缩（如圆形材料须能压缩 20%～30%），所以往往采用聚乙烯发泡体。风压较大的高层建筑外墙玻璃，则应使用橡胶制压条或发泡率小的有硬度的隔垫材料。

2）铝合金窗用密封条、缓冲件等。

① 密封条：嵌装玻璃时，使用密封条可直接压入，施工方便，并可兼作防水（一般单独使用不再用胶密封）。多风雨地区则常用于室内，室外一侧则用隔垫加密封胶。其外形见图2-51（*a*）。

② 缓冲件、隔垫及垫块，见图 2-51（*b*）：缓冲件用硬橡胶或尼龙制作；隔垫是在嵌装玻璃时与密封胶同时使用，常采用聚乙烯发泡体制作，截面呈方型、矩形、圆形；垫块是支垫玻璃之用，常用较高硬度的橡胶制作，截面常为矩形。

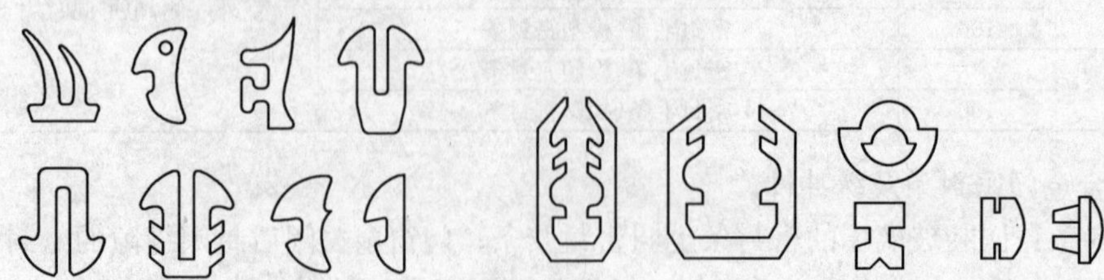

(*a*) 密封条　　(*b*) 缓冲件、隔垫、垫块

图 2-51　铝合金窗用密封条、缓冲件及其他

4. 塑钢门窗

塑料门窗的材料主要有硬质聚氯乙烯（U－PVC）、聚氯乙烯钙塑两类，后者的原材料中添加有未经活化处理的碳酸钙及增塑剂等助剂，而前者不含碳酸钙。聚氯乙烯钙塑的价格较低，但强度和抗老化等性能不及硬质聚氯乙烯。

硬质聚氯乙烯型材门窗具有良好的隔热、隔声、节能、气密、水密，绝缘、耐久、耐腐蚀等性能，适用于多种类型建筑，特别适用于防腐要求高的化工类建筑。

在塑料型材中加入钢、铝等加强型材，即成塑钢门窗，较之全塑门窗，其刚度更好，重量更轻，塑钢门窗型材内料加强筋的额定长度按各生产厂产品相应规定。

塑钢外门窗的力学性能，应到达 JG/T 3017、JG/T 3018 的规定，见表 2-113、表 2-114 和表 2-115、表 2-116。

表 2-113　平开塑钢窗的力学性能（JG/T 3018）

项　目	技 术 要 求			
紧锁器的开关力（执手）	不大于 100N(力矩不大于 10N·m)			
开关力	平铰链	不大于 80N	滑撑铰链	30N～80N
悬端吊重	在 500N 力作用下，残余变形不大于 2mm，试件不损坏，仍保持使用功能。			
翘　曲	在 300N 力作用下，允许有不影响使用的残余变形，试件不损坏，仍保持使用功能。			
开关疲劳	经不少于 10000 次的开关试验，试件及五金件不损坏，其固定处及玻璃压条等不松脱，仍保持使用功能			
角强度	平均值不低于 3000N，最小值不低于平均值的 70%			
大力关闭	模拟七级风连续开关 10 次，试件不损坏，仍保持使用功能			
窗撑试验	在 200N 力作用下不允许位移，连接处型材不破裂			

表 2-114　平开塑钢门的力学性能（JG/T 3018）

项　目	技 术 要 求
开关力	不大于 80N
悬端吊重	在 500N 力作用下，残余变形不大于 2mm，试件不损坏，仍保持使用功能
翘　曲	在 300N 力作用下，允许有不影响使用的残余变形，试件不损坏，仍保持使用功能
开关疲劳	经不少于 10000 次的开关试验，试件及五金件不损坏，固定处及玻璃压条等不松动，仍保持使用功能
大力关闭	模拟七级风连续开关 10 次，试件不损坏，仍保持开关功能
软物冲击	试验后无损坏，开关功能正常
硬物冲击	试验后无损坏
角强度	平均值不低于 3000N，最小不低于平均值的 70%

表 2-115　推拉塑钢窗的力学性能（JG/T 3017）

项　目	技 术 要 求
开关力	不大于 100N
弯　曲	在 300N 力作用下，允许有不影响使用的残余变形，试件无损坏，仍保持使用功能
扭　曲	在 200N 力作用下，试件不损坏，允许有不影响使用的残余变形
对角线变形	
开关疲劳	经不少于 10000 次的开关试验，试件及五金件不损坏，固定处及玻璃压条等不松脱
软物冲击	试验后无损坏，开关功能正常
角强度	平均值不低于 3000N，最小值不低于平均值的 70%

表 2-116 推拉塑钢门的力学性能（JG/T 3017）

项 目	技 术 要 求
开关力	不大于 100N
弯 曲	在 300N 力作用下，允许有不影响使用的残余变形，试件无损坏，仍保持使用功能
扭 曲	在 200N 力作用下，试件不损坏允许有不影响使用的残余变形
对角线变形	
开关疲劳	经不少于 10000 次的开关试验，试件及五金件不损坏，固定处及玻璃压条等不松脱
软物冲击	试验后无损坏，开关功能正常
硬物冲击	试验后无损坏
角强度	平均值不低于 3000N，最小值不低于平均值的 70%

2.4.4 建筑节能门窗施工

在常用的木门窗、塑料门窗、钢门窗、铝合金门窗中，塑料门窗是最典型的节能门窗。本节侧重介绍塑料门窗的安装施工技术和工程验收要求。由于塑料门窗与木、钢门窗在材料性能和构造上有不同特点和差别，因此不能照搬木、钢门窗的安装技术，要有正确合理的施工方法才能确保塑料门窗的安装质量和使用功能，以保证节能效果。

1. 塑料门窗基本要求

（1）塑料门窗的构造及洞口尺寸

塑料门窗的构造及其各部位名称详见图 2-52。

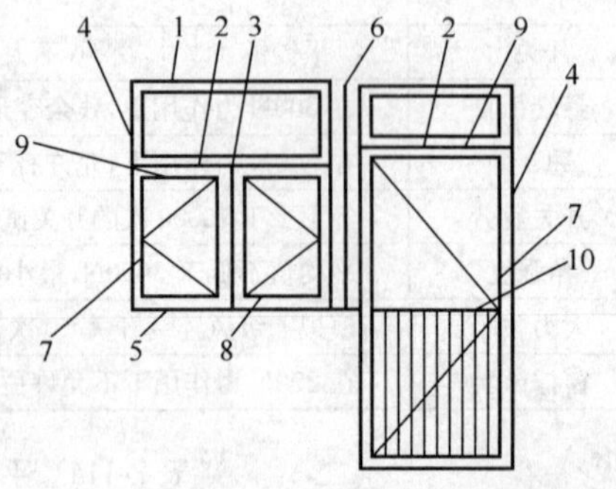

图 2-52 塑料门窗的构造及其名称
1—上框；2—中横框；3—中竖框；4—边框；5—下框；6—拼樘料；7—边梃；8—下梃；9—上梃；10—中梃

门窗洞口尺寸是建筑工程中专门为安装门窗预留的洞口，是协调建筑工程和门窗及其配件设计制造、施工安装等工作的前提条件，对门窗及其配件的工业化生产和商品化供应，具有重要指导作用。我国标准 GB 5824 规定，建筑外窗洞口宽、高均以 3 为模数，门宽以 1 为模数，高以 3 为模数。住宅窗洞口宽通常有 600mm、900mm、1200mm、1500mm、1800mm 等。窗洞口高一般为 1500mm、层高加高后为 1600mm，层高降低后则为 1400mm。

（2）塑料门窗的安装连接方式

1）门窗安装方式。

窗户安装分为“先立口”与“后塞口”两种形式。“先立口”即在窗框上下边设“羊角”，两侧边设木拉砖，在施工时将其砌入墙体，窗框与墙体同砌。“后塞口”是在砌墙时先留出窗洞口并在墙体预埋木砖或铁件，待内外墙抹灰后再安装窗框。木、钢窗通常采用“先立口”的安装方法。塑料门是用硬质 PVC 塑料型材组装而成，表面平整光洁、色彩和谐、造型美观、装饰性能好。但遇硬物易划伤，白色型材容易沾污变色，一旦划伤会造成永久伤痕；而且硬 PVC 塑料材质较脆、型材壁薄、碰撞和挤压容易造成局部开裂和损伤。因此，塑料门窗必须采用后塞樘的安装工艺，即先做好门窗口，在大面积抹灰后再安装门窗，最后进行洞口墙面的找补工作。

2）门窗框与墙体连接方式。

塑料窗框与墙体的连接方式一般有以下三种：

① 假框法。做一个与塑料窗框相配套的“口”型 3mm 厚的镀锌铁金属框，预先将其安装在窗洞口上，抹灰装修完毕后再安装塑料窗。安装时将塑料窗送入洞口，靠住金属框后用自攻螺钉紧固。此外，旧木窗、旧钢窗更换为塑料窗时，可保留木窗框或钢窗框，在其上安装塑料窗，并用塑料盖口条装饰。这种安装方法的优点是把塑料窗的安装放在装修工程基本完成后进行，避免了土建施工时对塑料窗的碰撞损伤，并能提高安装效率。

② 固定件法。窗框通过固定铁件与墙体连接，先用自攻螺钉将铁件安装在窗框上，然后将窗框送入洞口定位。于定位设置的连接点处，穿过铁件预制孔，在墙体相对位置上钻孔，插入尼龙胀管，然后拧入膨胀螺钉将铁件与墙体固定。也可以在墙体内预埋木砖，用木螺钉将固定铁件与木砖固定。这两种方法均须注意，连接窗框与铁件的自攻螺钉必须穿过加强衬筋或至少穿过窗框型材两层型材壁，否则螺钉易松动，不能保证窗的整体稳定性。

③ 直接固定法。在墙体预埋木砖，将塑料窗框送入窗洞口定位后，用木螺钉直接穿过窗框型材与木砖连接。也可以用尼龙膨胀螺钉将窗框与墙体连接。安装窗框的墙体四边均设木砖，其设置的位置及数量规定如下：每边小于 1500mm 设 3 个，大于 1500mm 设 4 个，小于 2100mm 设 5 个，2100～2400mm 设 6 个，木砖之间中心点距离不大于 500mm。

另外，塑料型材的线胀系数为 5×10^{5}mm/（m·℃），是木材的 16 倍，钢材的 7 倍，铝材的 4 倍，气温变化时与墙体间存在不同步的膨胀和收缩，就会导致门窗构件产生圈套变形和应力，甚至破坏门窗。为使塑料门窗安装后能自由伸缩，避免门窗变形，应采用“弹性连接”，主要措施有：采用乙形铁脚与墙体连接；门窗与洞口墙体留有 15～20mm 间隙，填塞弹性保温材料；墙面抹灰层不与门窗框材接触，间隙用弹性密封材料嵌缝。

(3) 门窗质量要求

塑料门窗所用异型材，密封条等原材料应符合现行国家材料《门窗框用硬聚氯乙烯型材》(GB 8814) 和《塑料门窗用密封条》(GB 12002) 的有关规定。所采用的紧固件、五金件、增强型钢及金属衬板等应进行表面防腐处理，滑撑铰链不得使用铝合金材料，玻璃及玻璃垫块的质量应符合国家现行产品标准的要求，玻璃垫块应选用邵式硬度为 70～90（A）的硬橡胶或塑料，不得使用再生橡胶、木片或其他吸水材料。与塑料型材紧密接触的各种配套材料（如五金件、紧固件、密封条、间隔条、垫块、嵌缝密封和保温材料等）在性能上应与硬 PVC 有相容性。成窗的性能应符合《PVC 塑料门》(JG/T 3017) 和《PVC 塑料窗》(JG/T 3018) 的要求。

(4) 门窗的运输和贮存

1) 门窗成品和拼条等附件出厂前，应用无腐蚀性的泡沫塑料或草绳进行包装和捆扎。门窗型材表面应贴保护膜，待工程竣工后揭去。

2) 装运门窗的运输工具应有防雨措施，并保持清洁。硬 PVC 塑料型材的弹性模量较低，又多采用中空断面，抗弯能力差，主要受力杆件虽在空腔中加衬有增强型钢，但未经铆焊，经不起外力的强烈碰撞和挤压，因此这类门窗运输和贮存不能平堆，应立放；立放角不小于 70°，并有防倾倒措施。搬运、装卸门窗应轻拿轻放，依次提取码放、严禁撬、甩、摔；严禁用木棍穿入门窗框扇内吊、扛抬；施工时更不能把塑料门窗作为承重和受力杆件直接踩踏和悬挂重物。

3) 门窗成品应存放在通风、防雨、干燥、清洁、场地坚实平整的专门仓库或场地内，按品种、规格堆放在专用架子或垫木上。室外存放时间不应超过 2 个月，且必须有保护措施，避免日晒雨淋，严禁与腐蚀物质接触。

PVC属热塑性塑料，高温时发软，低温时发脆，如置于70℃以上的环境中容易变形。门窗成品应在50℃以下的环境温度下存放，要远离热源。另外，塑料门窗及其玻璃的安装应避免在低温下进行。

2. 施工前准备

(1) 机具、材料准备

1) 主要机具：手电钻、冲击钻、射钉枪等；

2) 放样工具：两用水平尺、钢卷、经纬仪、线锤、线绳、墨斗；尺、角尺、钢尺；

3) 安装工具：螺丝刀、铁锤、木锤或橡皮锤；

4) 辅助材料：自攻螺钉、塑料管及配套螺钉、水泥钢钉、连接螺栓、对拨木楔等；弹性保温材料，如聚乙烯、聚苯乙烯泡沫塑料、泡沫聚氨酯条、矿棉或玻璃棉毡条、防寒毛毡或麻丝等；密封膏、砂纸、砂浆材料等。

(2) 门窗质量、洞口尺寸检查

1) 根据设计施工图检查待安装门窗品种、类型、规格和数量；门窗的开启方向，外形及组合方式均应符合设计要求；门窗五金件、密封条、玻璃品种和颜色、玻璃压条及间隔条等均应配套齐全、安装牢固；门窗及附件质量亦应符合标准规定，确认合格后方可安装，不合格者应予以更换。

2) 根据门窗洞口水平和垂直中心线以及施工图检查洞口尺寸，应与所要安装的门窗尺寸匹配。抹底灰后的洞口质量必须符合规定，若有不符，应予修正，使其符合要求才能安装。

(3) 门窗定位

根据墙面标高线，在靠近门窗预留洞口的墙面用仪器找出洞口水平基准线、洞口水平中心线、洞口垂直基准线和洞口垂直中心线，均用墨线弹出。多层建筑可从顶层一次垂吊确定洞口垂直中心线，还要用卷尺和线锤按设计要求找出洞口两侧门窗框进出垂线，并用墨线弹出。

(4) 预埋件检查

当设计要求洞口预埋木砖、铁件时，应按施工图检查预埋件数量、规格及位置。预埋件应与门窗铁脚位置一致，其标高误差不超过±10mm，轴线误差不超过±20mm，若不符合要求应采取补救措施。洞口上方必须置过梁，不允许直接在塑料门窗上砌砖。

3. 门窗安装施工要点

(1) 窗的安装

1) 将设计要求的成品窗运到相应洞口旁竖放。如玻璃已装在窗上，则应卸下玻璃或窗扇，并做好标记。如成品窗未安装固定铁脚，应按如下要求安装：辨明窗框上下及内外朝向，窗框铁脚位置应装在距离角、中横框和中竖框150～200mm处，尽量靠近窗的锁链处，中间距小于和等于600mm。严禁将铁脚直接安装在中横框、中竖框的档头上。

2) 将已装好铁脚的窗框放进洞口，在窗框的上下框及中框四角的对称位置用木楔塞紧临时固定，调整木楔使窗框上标出的水平和垂直中心线与墙体上标出的水平与垂直中心线对准，然后确定窗框在洞口墙体厚度方向的安装位置。木楔要尽量放在窗角及中竖框的受力处，以防止窗框变形。

3) 窗与墙体固定时，应先固定上框，然后固定边框。固定方法根据洞口墙体材料及设计要求而定。

① 混凝土墙洞口（包括预制钢筋混凝土过梁）设有预埋铁件时，可用塑料膨胀螺栓或用 $\phi4\times5$mm 射钉将铁脚固定；砖墙洞口可用冲击钻在墙上钻出直径为 $\phi6$mm、深约 35mm 的孔，把规格为 $\phi6\times30$mm 的塑料胀管塞入墙孔，然后再用自攻螺钉把铁脚固定于墙上。也可用水泥钉，但严禁用射钉固定。

② 空心砖、加气混凝土墙体一般预埋木砖或铁件可用沉头木螺钉将铁脚固定于木砖上；装有预埋铁件的洞口，可采用焊接固定（焊接时需用石棉布保护门窗框）；也可在预埋件上用钻头钻孔后用自攻螺钉固定。

③ 下框与墙体的固定可将铁脚弯折埋入预留孔内后灌 C20 细石混凝土。严禁将铁脚锚固于砖缝、空心砖和加气块中。

④ 需装窗台板时，应按设计要求将其插入窗框下，使窗台板与下边框紧密结合，并使安装水平精度与窗框一致。如窗台板大于洞口宽度时，砌墙时注意应在窗台两端墙体留出槽口。

⑤ 组合窗的拼樘料安装应在整窗找正后按设计要求将增强型钢或方钢管与洞口预埋铁件焊牢，或嵌入墙体。孔槽内不少于 30mm 后灌 C20 细石混凝土。故拼樘料中的增强型钢与方钢管的长度应根据锚固方式不同下料；拼樘料与窗框或门框用螺栓双向固定。

⑥ 窗框与墙体之间的间隙按设计要求进行密封处理。填塞弹性软质材料不宜过紧，厚度不得超出门窗框料厚，且不与窗框发生化学作用，严禁用砂浆或麻刀灰填实。

⑦ 使用经纬仪、线锤、卷尺、角尺等仪器工具对窗框进行检查校正，检查无误后，撤去临时固定用木楔，使窗框通过铁脚与墙体相连，空隙处也应用弹性软质材料补充填

⑧ 洞口的内外墙面按设计要求抹灰或贴面砖。采用抹灰时，抹灰面应超过窗框边缘，但厚度以不影响窗扇的开启为宜；待抹灰凝固后，将嵌缝膏挤入抹灰层与窗框缝隙内，72h 内防止碰撞震动；最后应及时清理窗上的水泥砂浆，严禁用硬质材料铲刮窗框表面。

（2）门的安装

1）将门运到相应洞口旁竖立存放，在门框上画出水平中心线和垂直中心线，卸下门扇做好标记。如门框上未安装铁脚应在门上框及边框的上下两个固定点双向安装铁脚。安装方法参见上述塑料窗的安装方法。

2）根据设计要求门扇的开启方向，确定门框的安装位置和朝向，把门框放入洞口。无槛平开门应使两边框下脚低于楼地面标高线 25～30mm；有槛平开门及推拉门应使下框低于楼地面标高线 10～20mm。然后将上框上的一个铁脚固定在墙体上，调整门框的水平度、垂直度和直角度，并用木楔临时固定。

3）将铁脚固定在墙体上，其固定方法参照塑料窗。两边框中央未装铁脚的固定点，也可在相应的木砖位置上，先用手电钻打孔，然后用自攻螺钉将门框直接固定在木砖上。连窗门安装时门与窗应用拼樘料连接，拼樘料的上下端的固定方法及拼樘料的选用参照塑料窗相关要求。

4）门框与洞口缝隙处理方法和门框与洞口相接墙面处理参照塑料窗进行。待水泥砂浆凝固后安装门扇及门扇的玻璃，并进行全面调整。使门铰链配合间隙为 3mm。

5）门锁与执手五金配件应安装牢固，安装门锁时，扇上的锁头体应与框上锁扣盒位置相吻合，使锁舌能自由进入锁扣盒。

（3）玻璃安装

1）玻璃安装前，先取下门窗框上的玻璃压条，再取出双玻间隔条等附件，然后清除槽口内的砂浆、杂物；特别要注意清除压条卡槽中的焊接熔融残渣。然后将表面尘土和污物擦拭

干净，镀膜玻璃安装应将镀膜玻璃放在最外层。特种玻璃的安装按产品说明书进行。

2）玻璃四周应根据与框扇的间隙垫上不同厚度的垫。垫的装配按不同窗扇要求布置。垫安装在距玻璃边缘 200mm 处；对于平开窗承重垫应安放在靠近转轴一侧，距玻璃边缘 50～60mm处。边框的垫块应用 PVC 胶固定。

3）玻璃安装尺寸，从门窗框扇的透光边缘算起，每边搭接不应大于 8mm，一般要求 12mm；双层玻璃的夹层四周应嵌入间隔条，间隔条尺寸应比框扇内口每边小 4～5mm。应特别注意双层玻璃的内层及间隔条清洁、干燥。

4）密封条应与玻璃均匀拉触、接口无间隙、无脱槽、无拉伸现象；压条安装可以用手压入内，困难时可使用木锤和橡胶锤。压条宜采用直角切割。水平压条伸展到门窗扇净尺寸全长，竖向压条安装在水平压条之间，压条接头间隙不应大于 1mm。压条安装先水平，后竖直；先短后长。

4. 施工安全及注意事项

（1）门窗安装应由熟练工进行或有技术人员指导安装。如在室外，一般由两人配合操作，组合门窗应有三人以上方能安装。

（2）施工人员必须佩戴安全帽、安全带和工具袋等，防止人员和物件坠落。安全带要挂在室内可靠的物体上，不准将安全带挂在窗扇或窗撑上，更不允许手攀窗框、窗扇或窗撑，以防损坏造成人员坠地。

（3）安装门窗及玻璃应在脚手架上进行，室外作业者下方应设安全网保护。如需架设梯子，不应缺档，不应过陡；严禁两人同在一个梯子上作业或站在梯子端头。

（4）施工机具使用前必须进行严格检验。经常检查锤把有无松动；手电钻等电器工具需经绝缘耐压实验，如有漏电现象应立即修理，切勿勉强使用；使用射钉枪应采取保护措施。

（5）严禁在门窗框上安装脚手架、悬挂重物、起吊物品；严禁利用已装好门窗的洞口做运料通道；不准从门窗向外扔抛建筑材料和垃圾。

5. 门窗工程施工质量验收

（1）门窗工程施工安装质量应按有关标准规定根据设计图纸进行验收。在安装结束后，施工安装单位应进行全面自检，自检合格后，由验收部门进行抽检或普检。检查数量按门窗不同品种、类型和规格的樘数各抽查 5%，但均不少于 3 樘。

（2）所安门窗的品种、规格、开启方向、安装位置和数量应符合设计要求，不得任意更改。门窗应安装得横平竖直，高低一致，门窗框与墙体必须连接牢固，缝隙应该用弹性材料填充饱满，表面用嵌缝膏或塑料盖口条密封装饰。排水孔位置正确、畅通并加封盖。

（3）门窗焊角和型材不得有开焊和断裂现象，如果有此类现象必须更换，重新安装，否则不准使用。门窗表面应光洁、平整、无污物、大面上无划痕、碰伤。

（4）五金配件应齐全，位置正确，安装牢固，使用灵活，达到各自的使用功能。窗扇关闭严密、间隙均匀、锁紧后无翘曲，开闭灵活，平开窗扇关闭时密封条处于压缩状态，推拉窗扇推拉灵活，无阻滞现象。

（5）玻璃压条安装的平直、牢固，不得有松动现象。玻璃表面应洁净，无污物。双层玻璃内外表面均应洁净，玻璃夹层内不得有灰尘和水汽。单层镀膜玻璃的镀膜层应朝向室内侧，双层玻璃的镀膜层应在夹层内。玻璃压条应安装在室内一侧。

（6）门窗安装质量要求和验收方法应符合表 2-117 和表 2-118 中安装质量的允许偏差的规定。

表2-117　门窗安装质量要求

项目	质量要求	检验方法
门窗安装	门窗框应横平竖直，高低一致，组合窗无错位，平面一致	观察，钢板尺与基准线比较
门窗与墙体连接间隙	门窗框与墙体连接牢固，门窗墙体间隙嵌缝饱满，所用材料及填塞方法符合设计要求	观察并检查隐蔽工程记录
接缝	墙体与门窗接缝有嵌缝膏密封、严密无缝	观察
门窗表面	平整、洁净、大面无划痕、碰伤，型材无开焊和裂缝、焊瘤、无刺	观察
五金配件	齐全、位置正确、安装牢固，使用灵活，达到各自的使用功能	观察、手扳尺量
密封条	密封条与玻璃及槽口接触紧密，平整不露框外，不得卷边，脱槽	观察
密封质量	门窗关闭时，扇与框间无明显缝隙，密封面上的密封条处于压缩状态	观察
玻璃(双玻)	玻璃应平整牢固，垫块安置牢固正确不应有松动现象，内外表面洁净，夹层内不得有灰尘和水汽，双玻间隔条设置符合设计要求，单面镀膜玻璃，应在最外层，镀膜层应在夹层内	观察、手扳并检查隐蔽工程记录
玻璃压条	带密封条的压条必须与玻璃全部贴紧，压条与型材接触处无明显缝隙，接头缝隙应<1mm	观察
拼樘料	应与门窗框连接紧密，不得松动；拼樘组装螺钉数量符合设计要求。内衬增强型钢两端与洞口固定牢靠，拼料与窗框间应用嵌缝膏密封	观察、手扳
平开门窗窗扇	关闭严密，搭接均匀，开关灵活，关闭无回弹、阻滞现象，开关力≤80N	观察，开闭检查、深度尺、弹簧秤
推拉门窗窗扇	关闭严密，间隙均匀，扇框搭接量符合设计要求，推拉门窗窗扇推拉灵活，开关力应≤100N，无阻滞现象	观察、开闭检查、深度尺、弹簧秤
排水孔	位置正确、畅通	—

表2-118　门窗安装质量的允许偏差及检验方法

	项目		允许偏差限值/mm	检验方法
平开窗	门扇与框搭接宽度差		≤2.5	用深度尺或钢板尺检查
	同樘门窗相邻扇的横角高度差		±2.0	用拉线或钢板尺检查
	门窗框铰链部位的配合间隙		+20 −1.0	用塞尺检查
推拉门窗	门扇与框搭接宽度		+15 −3.5	用深度尺或钢板尺检查
	门窗扇与框或相邻扇立边平行度		±2.0	用钢板尺检查
	门窗框槽口两对角线长度差	≤2000	±3.0	用钢卷尺量内角检查
		>2000	±5.0	
推拉门窗	窗框(含拼樘料)正侧面的垂直度	≤2000	±2.0	用线锤、水平靠尺检查
		>2000	±3.0	
	门窗框(含平开窗拼樘料)的水平度推拉窗	≤2000	±3.0	用水平仪检查
		>2000	±2.5	
	同层门窗下横框标高差		±5.0	用钢板尺检查与基准线比较
	门窗竖向偏离中心		±5.0	用线锤或钢板尺检查
	双层门窗内外框、梃(含樘料)中心距		±4.0	用钢板尺检查

2.4.5 建筑物遮阳措施

给建筑物的窗子设置一些遮挡物，阻挡阳光直接射进室内，这样的一种措施叫做窗户遮阳。在夏天，当室温较高时，再加上阳光直射入室，会使房间过热，特别是局部过热。如果阳光还直射到人体上，人就会感到更加炎热难受，影响工作、学习和生活，甚至影响健康。强烈的阳光直射入室还会影响室内的照度分布，产生眩光，使人容易疲劳，不利于正常的视觉工作，并使室内的家具、衣物、书籍等褪色、变质，此外，对于有空调的房间，透过窗户射入的太阳辐射热会增高室温，增加空调设备的负荷，造成室温的波动和空调费用的增加。

窗户遮阳的目的就是使阳光不能直射入室，避免上述各种不利情况的产生，并起到调光，降低室温，改善室内热环境、光环境的作用，但遮阳对室内的采光和通风也有不利的影响。设置遮阳设施应根据气候，技术、经济、使用房间的性质及要求等条件，综合决定遮阳隔热、通风采光等功能。同时，应考虑到冬季房间得热和采光的要求。一般而言，遮阳的效果如下：

(1) 遮阳设施遮挡太阳辐射热的效果。当窗口的遮阳形式符合窗口朝向所要求的形式时，遮阳后同没有遮阳之前所透进的太阳辐射热量的百分比，叫做遮阳的太阳辐射透过系数。由实测得知：西向窗口用挡板式遮阳时的太阳辐射透过系数约为 17%；西南向用综合式遮阳时，约为 26%；南向用水平式遮阳时，约为 35%。可见，遮挡太阳辐射热的效果是相当大的。

(2) 遮阳降低室温的效果。在开窗通风而风速较小的情况下，在遮阳的房间的室温，一般比没有遮阳的约低 1～2℃左右。

(3) 遮阳对采光和通风的不利影响。遮阳设施会减少进入屋里的光线，阴雨天时影响更大。设置遮阳板后，一般室内照度约降低 53%至 73%；此外，也影响房间的通风，使室内风速约降低 22%至 47%，这对防热是不利的。因此，遮阳的设计还要考虑采光，少挡风，最好能导风入室。

1. 遮阳的技术措施

(1) 遮阳的形式

大体上可分为选择性透光和遮挡式两种。所谓选择性透光遮阳是利用某些特殊镶嵌材料对阳光具有选择性吸收、反射（折射）和透射的特性来达到控制太阳辐射的一种遮阳方式；所谓遮挡式遮阳就是直接阻挡阳光进入室内的遮阳方式，有水平式、垂直式、综合式和挡板式四种基本形式，见图 2-53。上述各种遮阳形式适应的朝向范围如下：

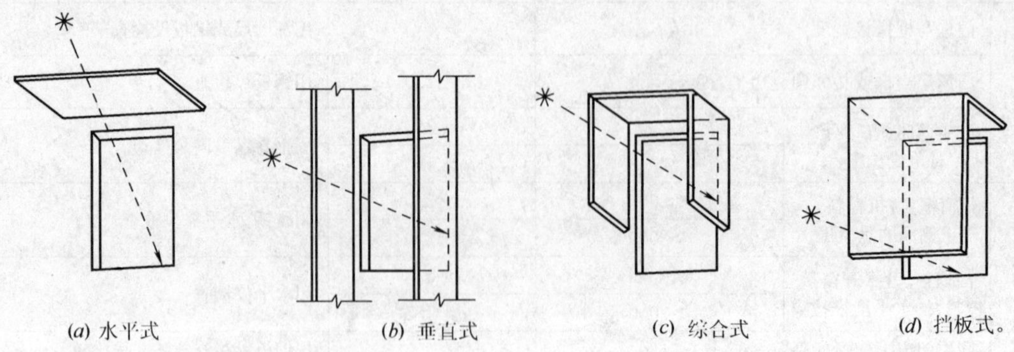

图 2-53 遮挡式遮阳的基本形式

1）选择性透光遮阳。

这种形式主要是反射、吸收太阳中的红外线和部分可见光。根据这类遮阳材料的光物理特性，可选择性地用于各朝向窗户，一般而言夏热冬冷地区，东、西、南的窗户可选用反射率、吸收率较大的品种，北向可选用可见光透过率大的品种。

2）水平式遮阳。

这种形式能够遮挡从窗口上方射来的阳光。所以，它适用于南向和接近此朝向的窗口，也适用于北回归线以南的低纬度地区的北向和接近北向的窗口遮阳。

3）垂直式遮阳。

这种形式能够遮挡从窗口两侧斜射来的阳光。适用于北回归线以南的低纬度地区的北向和接近北向的窗口遮阳。

4）综合式遮阳。

这种形式是水平式同垂直式组合起来的形式，所以能遮挡从窗口上方和左、右两侧射来的阳光。适用于南向、东南向、西南向和接近此朝向的窗口遮阳。同时，也适用于北回归线以南的低纬度地区的北向及接近此朝向的窗口遮阳。

5）挡板式遮阳。

这种形式能够遮挡平射到窗口来的阳光。适用于东向、西向和接近这两个朝向的窗口遮阳。

(2）根据所选用材料和制作方法不同，遮阳还可分为几个种类。

1）遮阳玻璃。

采用光物理特性玻璃或在普通玻璃上粘贴节能薄膜作为窗户的遮阳型镶嵌材料。目前普遍的品种有热反射（镀膜）玻璃、低辐射玻璃和热反射薄膜。它们的优点是保温隔热效果好、使用方便、美观，不足之处在于价格较高，尤其是低辐射玻璃；热反射型材料采光效果不理想。

2）活动遮阳。

活动遮阳，常见的有用苇、竹、木或布、铝合金、塑料等制造成的布窗帘、百页窗帘、遮阳篷等遮阳设施。这类遮阳设施的优点是经济易行、灵活，可根据阳光的照射变化和遮阳要求而调节，没有阳光时可全部卷起或打开，对房间的通风、采光有利。

3）结合建筑构件处理的遮阳。

这种处理常见的有加宽挑檐、外走廊和凸阳台等，起水平式遮阳作用；凹阳台可起综合式遮阳作用；外廊或阳台上部加垂帘可起水平和部分挡板式遮阳作用，冬天要争取日照时，垂帘可做成翻板，包括百页翻板。

4）遮阳板。

遮阳板有固定的和活动的两种。目前，多数是固定的。南方地区一年中需要较长时间的遮阳，可考虑设置永久性的遮阳板；活动的多用于东、西朝向的窗口，以便随阳光照射的情况加以调节，遮阳效果好，而又有利于通风、采光。北方地区可根据需要选择使用固定式或活动式遮阳板。

遮阳板的优点是能达到较严格的遮阳要求，而且较耐用；缺点是增加造价，处理不善将影响采光和通风，挡板式遮阳尤其如此。

5）绿化遮阳。

对低层建筑来说，这是一种既有效又经济的遮阳措施。它有种树和棚架攀缘植物两种做法。种树要根据窗口朝向对遮阳形式的要求来选择和配置树种；植物攀缘的水平棚架是起水平式遮阳的作用，垂直棚架是起挡板式遮阳的作用。

遮阳设施应当本着节约的原则来处理。能用绿化或结合一般建筑构件的，就用这类方法去处理；能用简易活动遮阳设施的，就用这种设施遮阳；只有必要时才用遮阳板这种形式，并尽可能把它兼做挡雨板用。

2. 设于门窗外侧的遮阳设施

（1）遮阳板

如木制的、金属的、各种硬质塑料的、石棉板的或轻质混凝土制成的各种遮阳板设施。从形式上分，它们大致有水平式遮阳板、垂直式遮阳板、方格式遮阳板、挡板式遮阳板等，其构造形式分别见图 2-54、图 2-55、图 2-56、图 2-57。

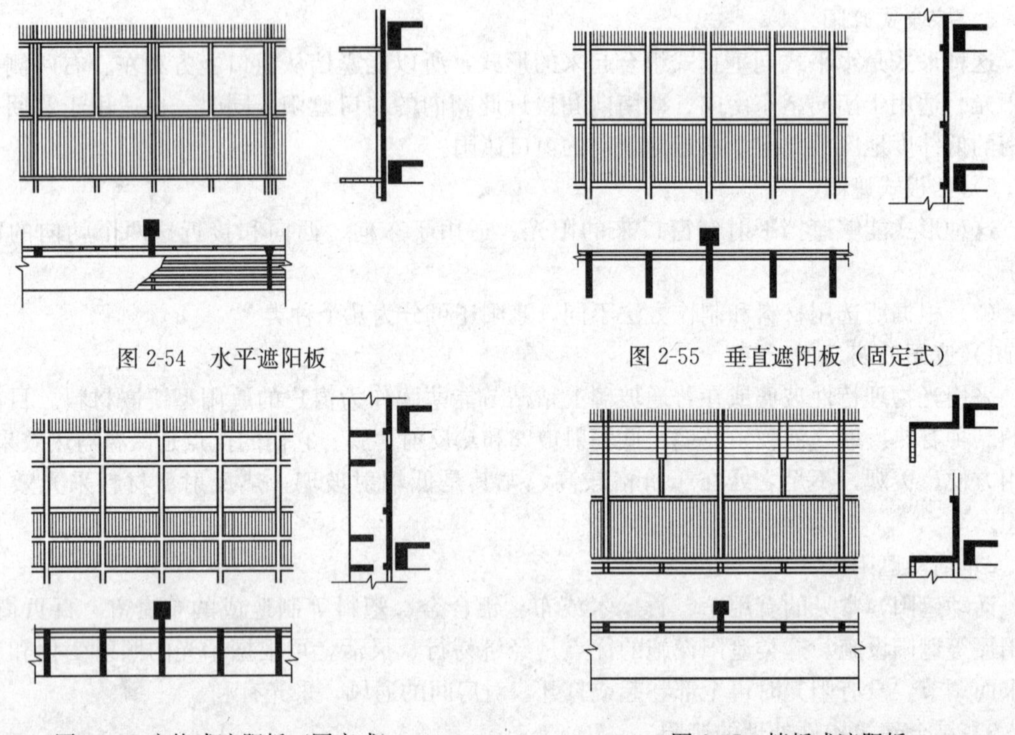

图 2-54　水平遮阳板

图 2-55　垂直遮阳板（固定式）

图 2-56　方格式遮阳板（固定式）

图 2-57　挡板式遮阳板

从功能的需要来说，一般水平式遮阳板适用于南向的房间，当需要挑出更长时，可以改变成两层或多层的水平遮阳板，这样既可缩短挑出的总长度，又可获得同样的遮阳效果。方格式遮阳板适用于东南向或西南向的房间；垂直式遮阳板和挡板式遮阳板适用于东向或西向的房间，后者可改成百页式的，有利于乘凉、通风，也能达到同样的遮阳效果，但由于东、西向的日照角度比较低，当窗户设置这两种形式的遮阳板后，一般也只能部分遮住东、西向的日照。如果要求全部遮住这两个朝向的日照，则只有使垂直遮阳板的朝向偏北，或把遮阳板设计成可转动的。这样做，则会对房间内的视线造成一定的阻碍，或是增加管理上的麻烦。

（2）活动遮阳设施

设于门窗外侧的遮阳设施，除了以上提到的各种形式的遮阳板外，还有竹帘、帆布篷、芦席、凉棚等。其遮阳的性能与前述的各种形式的遮阳板基本相同。图 2-58 是一些活动遮阳设计的示例简图。

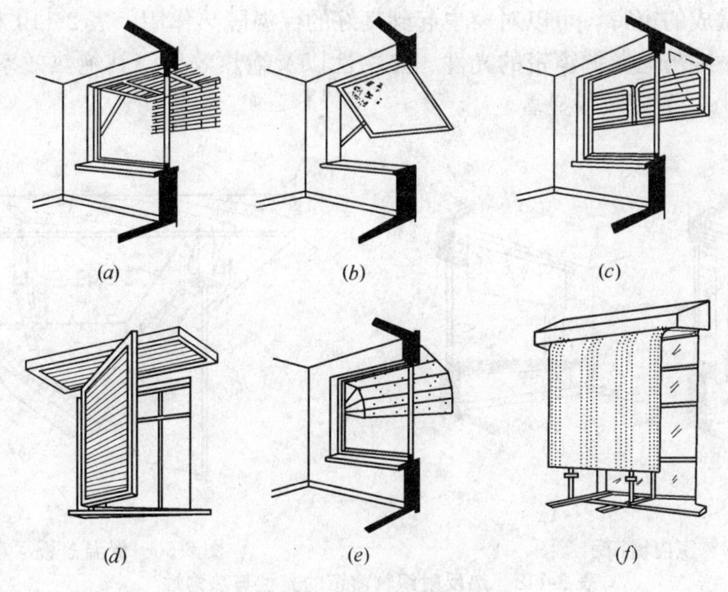

图 2-58　室外活动遮阳设施

(3) 百页窗类

百页窗的设置与建筑地区及建筑朝向有着密切的关系，多用于朝南、朝东、朝西的方向。它的构造是由一排有倾斜角的塑料或铝制页片组成的，有固定式和活动式的区别。较小的倾斜角可以改善透射日光的分布。倾斜角的设置与建筑气候有关。对于主要是多云的地区，页片可以不设倾斜角。在日光充足的地区则必须设倾斜角。在设倾斜角时，应该向上倾斜，因为直接受到辐射的页片的亮度很高，向上倾斜比向下倾斜对于室内光环境有利。在选择倾斜角的大小时，除了满足上述要求以外，还应考虑防止由窗产生的眩光及不致妨碍眺望室外的景物。在选择活动页片的宽距比时，应该做到每年尽可能较长时期保持遮阳效果。

新型玻璃百页窗具有良好的遮阳效果，由于玻璃不但具有良好的透光性还具有良好的折光特性，因此将玻璃加工成一定的形状，并根据传递能量与采光的要求做成玻璃百页窗。这对于建筑节能将是很有实用潜力的，它通过调整窗上百页的角度来自动调节太阳的透射量，可取得最佳的采光方向，具有良好的被动式太阳增益效果。据相关资料，这种百页窗的传热系数为 2.5W/（m^2·K），比普通玻璃低 1/2 以上，当与透明热反射薄膜联合使用时，其传热系数可降到 1.6w/（m^2·K），如与透明绝热材料结合，其传热系数甚至可降到1W/（m^2·K）以下。

3. 设于室内的遮阳设施

如一般的窗帘、弹簧卷帘（见图 2-59）、活动遮阳百页板、保温盖板（见图 2-60）等。节能窗帘一般是由纱、布、绒类材料和热反射织物制成，张挂 1 层或 2 层，内层一般为热反射织物，可以是透光的或挡光的，这些材料的花纹和颜色还起着美化室内环境的作用。保温盖板是近年发展起来的可同时用于门窗的隔热和保温的覆盖物，可用复合保温材料外贴铝合金板组成。它们都可在不同程度上起到遮阳的效果。但这些设于房间内的设施，其主要缺点是遮阳与自然通风会产生一定的矛盾。另外，阳光的辐射热量虽在一定程度上得到了遮挡，但其相当一部分的热量还会滞留在室内，使房间的温度最终可能升高。

热反射织物（节能）窗帘是利用纺织物的多孔绝热特点和金属的优良反光特性结合起来

制成的复合材料做成的窗帘，可以对窗户起到良好的保温隔热作用。表 2-119 和表 2-120 分别列出锦辉缎、红平绒与尼龙绸窗帘的光性、热物性以及绝热效果。其绝热效率比单层玻璃提高 44.1%～47.5%，节能效果显著。

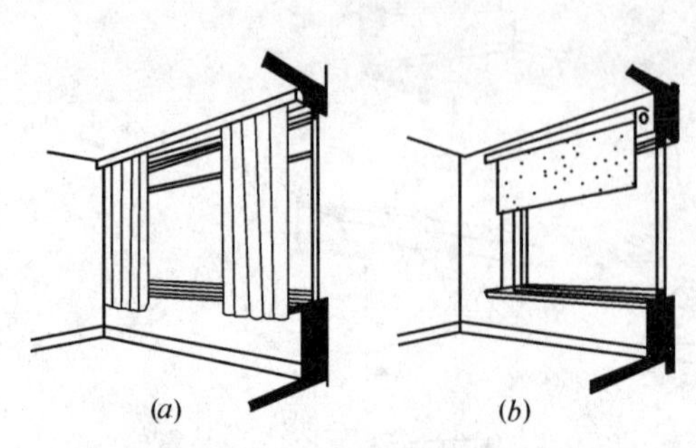

图 2-59 室内窗帘示意图

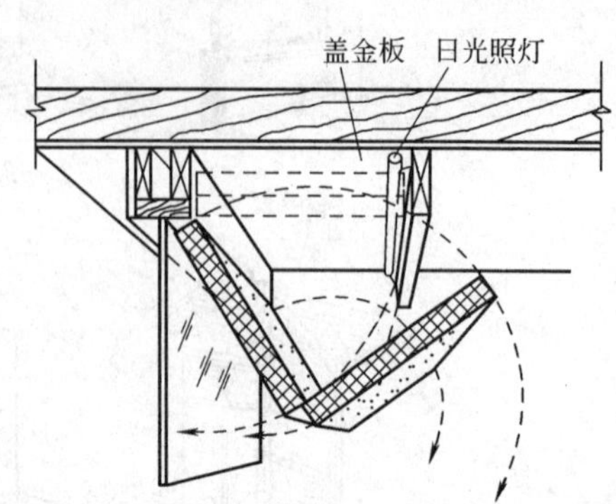

图 2-60 保温盖板示意图

表 2-119 热反射织物窗帘的光性与热物性

项目	太阳光透过率/%	可见光透过率/%	遮光系数	遮光率/%	反向发射率
锦辉锻窗帘	10	15	>0.29	>71	0.29
红平绒窗帘	0	0	0	100	0.22
尼龙绸窗帘	10	15	>0.18	>82	0.28

表 2-120 热反射织物窗帘的绝热效果

项目	室内外温差/℃						平均升温速率/(℃/h)	绝热效率/%
时间/h	1	2	3	4	5	6		
单层玻璃窗	25.0	31.0	34.0	35.0	35.5	35.5	5.9	—
锦辉缎窗帘	11.5	16.0	18.1	19.1	19.6	19.9	3.3	44.1
红平绒窗帘	12.1	16.0	17.5	18.2	18.5	18.7	3.1	47.5
尼龙绸窗帘	13.0	17.1	18.6	19.2	19.5	19.5	3.3	44.1

4. 利用热反射材料遮阳

常用的热反射材料主要有吸热玻璃、热反射镀膜玻璃、低辐射玻璃和热反射薄膜，使用它们作为窗的镶嵌材料或粘贴在镶嵌材料上，可起到极好的遮阳作用。这些材料中，除低辐射玻璃外，其他几种材料对窗户的采光都有不同程度的影响。另外，这些材料用来作为遮阳时，同样会给房间的通风造成一定影响，使滞留在室内的一部分热量散不到室外去。因此，利用门窗的镶嵌材料本身来遮阳，也是有它一定的局限性。

(1) 热反射玻璃

吸热玻璃、镀膜玻璃和低辐射玻璃一般直接用作窗户的透光材料（镶嵌材料）。热反射玻璃的光作用机理是将大部分太阳辐射热反射出去而吸热玻璃的隔热机制却是吸收大部分辐射热线。图 2-61 所示的是在几种玻璃表面上的日照热量入射模式。

由图 2-61 可以看出，虽然热反射玻璃对阳光的直接阻隔能力较吸热玻璃差，但由于吸热玻璃在二次辐射过程中向室内放出的热量较多，故两者的实际隔热能力基本相同。由此图还可以看出，由于双面镀膜的蓝色吸热玻璃具有双重作用，即从光谱选择性吸收和表面反射两个方面来限制太阳辐射热的进入，因此能够更为有效地减轻冷气负载。但这两种材料的透光率太低，影响采光，不利于冬季日照。

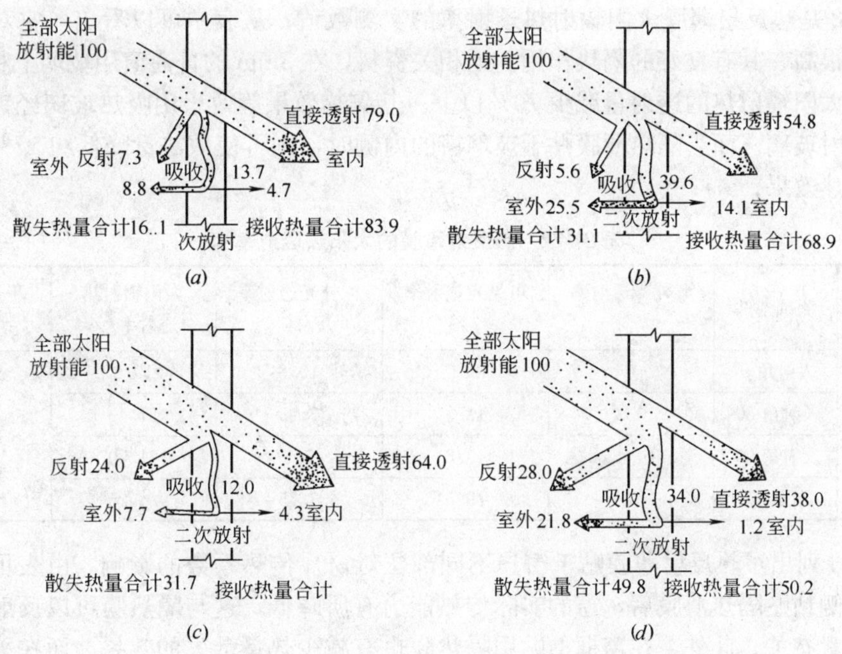

图 2-61　太阳辐射热在不同玻璃上的传递特性

a—平板玻璃；*b*—蓝色吸热玻璃；*c*—平板镀膜玻璃；*d*—双面镀膜玻璃

低辐射玻璃的采光透过率达 80％左右，太阳热反射率在 20％左右。比较这三种材料的光物理特性，单独从隔热效果来讲，前两种的效果较佳，但从综合性能上看，低辐射玻璃更为优异，因为它的高透光率更符合人们的生活习惯，还可减少室内照明能耗。

（2）热反射薄膜

薄膜型热反射材料是指在聚合物膜（如聚酯膜）上镀有一层厚度为 10～100mm 的特殊的连续金属或金属氧化物膜（与镀膜玻璃类似），一般产品的主要性能特点是可见光透过率在 10％～60％，太阳热辐射反射率在 40％～70％，是良好的热反射材料。可直接装贴于成窗玻片上，起到隔热作用。我国现有产品价格在 10～15 元/m^2，其可见光透过率偏低，通常在 30％以下，但热反射率可达 70％左右。表 2-121 中列出一些新型薄膜有关技术参数，可供选用。

表 2-121　一些热反射薄膜的光、热性能

编号	可见光/％		太阳能/％		遮阳系数	紫外线透过率/％	太阳能吸收率/％
	透过率	反射率	透过率	反射率			
1	5	5	46	8	0.65	5	46
2	7	58	10	49	0.25	1	41
3	18	5	50	8	0.70	5	42
4	15	60	12	55	0.24	1	33
5	35	8	45	17	0.62	1	38
6	35	19	35	17	0.55	1	48
7	50	5	66	8	0.84	1	26
8	48	13	48	12	0.64	1	40
9	70	11	63	9	0.82	1	28
10	84	9	84	9	0.99	1	7

表 2-122 是热反射薄膜太阳辐射热透射率的实测数值，从表中可以看出，它对太阳辐射热的反射率很高，其有良好的隔热作用。据相关资料，在 3mm 的普通窗用玻璃上粘贴隔热薄膜后，能使太阳辐射热的透射量减少 70%以上。其隔热效果等效于用吸热玻璃经镀膜处理而制成的热反射玻璃。而当隔热薄膜贴于玻璃窗的内侧时，则可使散热量降低约 17%，略优于双层窗的隔热效果。

表 2-122　热反射薄膜的太阳热透射率

材料与构造	测试条件	紫外光透射率/%	可见光透射率/%	红外光透射率/%	太阳辐射热透射率/%	平均热透射率/%
3mm 玻璃外贴隔热薄膜	入射角 0°	0	8.4	10.8	19.2	21.65
	入射角 60°	0.3	13.2	7.95	21.45	
	入射角 90°	0.4	13.8	7.5	21.70	
	无阳光	1	19.5	3.75	24.25	

表 2-123 列出了热反射薄膜贴于窗户不同部位对窗户传热系数的影响。由表可知，在普通窗玻璃内侧粘贴隔热薄膜后，窗的实际传热能力有所降低，这与隔热膜可以反射一部分室内热线等因素有关。此外，在窗框上贴用隔热膜也有减少热量散失的效果。而在采用双层窗结构时，薄膜的粘贴部位以内层玻璃外表面为最佳。

表 2-123　热反射薄膜贴用部位对传热系数的影响

窗的形式及薄膜粘贴部位	传热系数/(W/m²·K)
单层窗，普通透明玻璃	5.24
双层窗，普通透明玻璃	2.76
单层窗，普通玻璃，内表面贴隔热薄膜	3.93
双层窗，普通玻璃，内层内侧贴隔热薄膜	2.32
双层窗，普通玻璃，外层内侧贴隔热薄膜	2.13
双层窗，普通玻璃，内层外侧贴隔热薄膜	2.04
单层窗，窗框上贴隔热薄膜	2.15

2.5　屋面保温隔热与防水技术

2.5.1　屋面的类型

1. 屋顶的功能与组成

屋顶是建筑物最上层的覆盖围护构件，用以抵抗风、雨、雪的侵袭和太阳辐射的影响，又承受着屋顶的自重、风雪荷载以及施工和检修屋面的各种荷载，同时屋顶的不同形状在很大程度上影响着建筑的造型，因此屋顶的主要功能是承重、围护与美观。

屋顶主要由四部分组成，即屋面层、承重结构、保温或隔热层、顶棚。屋面是屋顶的面层，暴露在大气之中，直接受自然界的侵蚀、人为的冲击与摩擦，因此要求其所用材料应有较好的防水性，具有一定的强度、耐久性。承重结构用以承受屋顶自重以及雨、雪、风等外部荷载，为保证建筑物的坚固耐久性，应选择合理的结构形式。保温或隔热层是为了保证建筑物室内具有良好的环境而设置的构造层，其材料应选用导热系数小、质轻的材料，并且根据不同的情况选择不同的构造做法。顶棚为屋顶的底面部分，可根据屋顶开式以及使用功能采用直接式或吊顶式顶棚。

2. 屋顶的形式

屋顶按其所用材料及结构类型可做成不同的形状，主要有三大类，即平屋顶、坡屋顶和其他形式屋顶。常见屋顶形式见图 2-62。

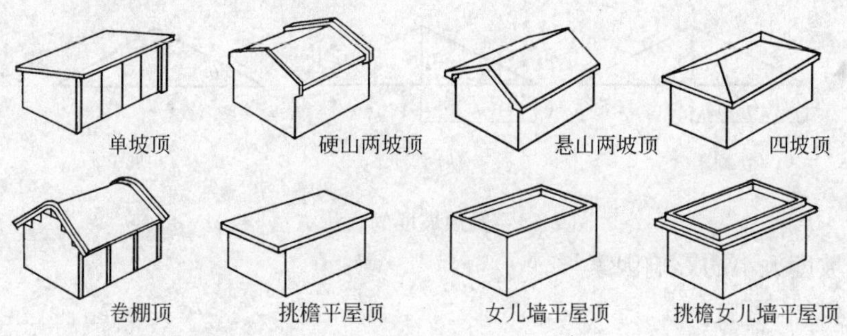

图 2-62　常用屋顶形式

(1) 平屋顶

平屋顶是目前应用最为广泛的屋顶形式，主要是因为平屋顶易于协调统一建筑与结构的关系、节约材料、施工进度快，同时屋顶还可供多种利用，如屋顶花园、露台、屋顶游泳池等。平屋顶的屋面坡度应小于 5%，常采用 2%～3%的坡度。

(2) 坡屋顶

通常指屋面坡度较陡的屋顶，其坡度一般大于 10%。坡屋顶在我国历史悠久，广泛应用于民间，在城市中的现代建筑，考虑到景观环境及建筑风格的协调，也经常采用这种形式。

(3) 其他形式的屋顶

随着科学技术的不断发展，出现了很多新型的屋顶结构形式，如拱屋顶、薄壳屋顶、折板屋顶、悬索屋顶、网架屋顶等，这些形式的出现，使得建筑物的造型更加丰富多彩。

3. 屋顶的设计要求

(1) 防水要求

屋顶防水是屋顶构造设计的核心，常采用的做法是用不透水材料以及合理的构造做法来达到防水的目的。设计时应综合考虑结构形式、防水材料、屋面坡度、建筑物防水等级等方面的因素。

（2）保温隔热要求

作为外围护结构，屋顶应具有良好的保温隔热性能，避免出现结露、内部受潮等一系列问题，减少能源消耗，符合国家节能标准规范要求。

（3）结构要求

屋顶既是围护结构又是承重结构，应具有足够的强度和刚度，保证屋面的结构安全，并防止因结构变形过大而引起防水层开裂漏水。

（4）建筑美观要求

屋顶是主体建筑的重要组成部分，屋顶的形式对建筑的特征、风格等有极大的影响，变化多样的屋顶形式、装修精美细致的屋顶细部，都是中国传统建筑重要特征。现代建筑如何处理好屋顶与主体的关系是当前建筑设计不可忽视的问题。

4. 屋顶的坡度选择

（1）屋顶坡度的表示方法

常用的表示方法有三种，即斜率法、百分比法、角度法（见图 2-63）。斜率法是以屋顶倾斜面的垂直投影长度与水平投影长度之比来表示；百分比法是以屋顶倾斜面的垂直投影长度与水平投影长度之比的百分比表示；角度法是以倾斜面与水平面所成夹角的大小来表示。其中斜率法、百分比法应用较多，角度法应用较少。

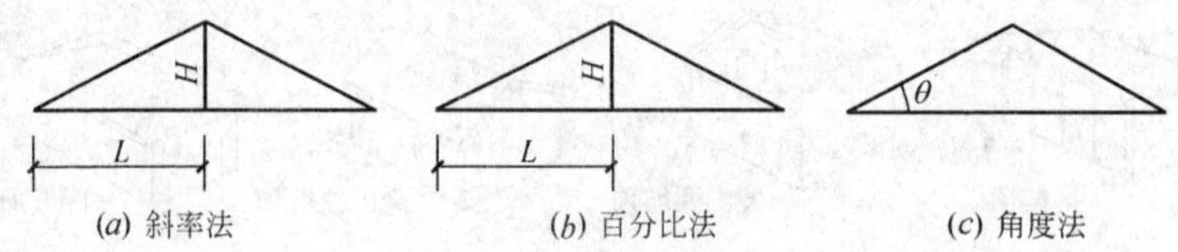

图 2-63　屋顶坡度的表示方法

（2）屋顶坡度大小的影响因素

1）防水材料的影响。

防水材料不同构造做法即不同。尺寸小的防水材料接缝多，漏水概率大，坡度应大一些，如瓦屋面；反之，防水材料覆盖面积大，接缝少且严密，屋面坡度就可小些，如卷材防水屋面。

2）当地降水量的影响。

雨量大的地区，屋面漏雨的概率大，屋面排水坡度应适当加大；反之，则可小些。

5. 屋面保温隔热的重要性

屋面的保温隔热是建筑围护结构节能的一个重要组成部分。同时，屋面的防水也是建筑工程中的一项重要技术。两者都直接影响着人们居住环境的质量。把屋面作为一个系统工程的功能与质量。如果是屋顶保温隔热性能差，住在顶层的居民深受冬寒夏热之苦。另外，设置采暖和空调的顶层房间，能量流失大，热能电能浪费严重。因为通常屋顶采用深色或黑色的防水材料，长期暴露在不断变化的大气环境中，既受夏季强烈日光的高温曝晒、又在寒冬低温下冷冻收缩，风雨雪的侵蚀，如此循环往复，便会老化开裂，屋面容易漏雨，而产生渗漏保温性能变差。屋面工程在设计时应考虑到防水层选用的材料及其主要物理性能以及保温隔热层选用的材料及其主要物理性能。

屋面按其防水材料及做法分，可分为卷材防水屋面、涂膜防水屋面、刚性防水屋面等。按屋面保温层材料分可分为板状材料和整体现喷两种，隔热层可分为架空、蓄水和种植三种型式，按保温层所在位置分可分为单一保温隔热屋面、外保温隔热倒置式屋面和内保温屋面一种。

2.5.2　屋面保温隔热技术

1. 屋面保温材料的技术性能

（1）板状材料

板状保温材料的质量应符合表 2-124 的要求。

表 2-124　板状保温材料质量要求

项　目	质量要求					
	聚苯乙烯泡沫塑料		硬质聚氨酯泡沫塑料	泡沫玻璃	加气混凝土类	膨胀珍珠岩类
	挤压	模压				
表观密度/kg/m³	—	15～30	≥30	≥150	400～600	200～3500
压缩强度/kPa	≥250	60～150	≥150	—	—	—
抗压强度/MPa	—	—	—	≥0.4	≥2.0	≥0.3
导热系数/(W/m・K)	≤0.030	≤0.041	≤0.027	≤0.062	≤0.220	≤0.087
70℃,48h 后尺寸变化率/%	≤2.0	≤4.0	≤5.0	—	—	—
吸水率/(v/v,%)	≤1.5	≤6.0	≤3.0	≤0.5	—	—
外　观	板材表面基本平整,无严重凹凸不平					

（2）现喷硬质聚氨酯泡沫塑料

现喷硬质聚氨酯泡沫塑料主要由多元醇与异氰酸酯两组分液体原料组成，采用无氟发泡技术，在一定状态下发生热反应，产生闭孔率大于 92%的硬泡体化合物。聚氨酯硬泡体的表观密度为 35～40kg/m³，导热系数小于 0.030W/m・k，压缩强度大于 150kPa，热衰减倍数 V_o＝40～91，平均粘结强度大于 40kPa，抗压强度大于 500kPa，尺寸变化率小于 1%。

（3）其他屋面隔热保温材料

1）空心砖。

非上人屋面的空心砖强度等级不应小于 Mu7.5；上人屋面的空心砖强度等级不应小于 Mu10。外形要求整齐，无缺棱掉角。

2）混凝土薄壁制品。

混凝土薄壁制品包括混凝土平板、混凝土拱形板、水泥大瓦、混凝土架空板等制品，其混凝土的强度等级为 C20，板内加放钢丝网片。要求外形规则、尺寸一致，无缺棱掉角、无裂缝。

3）种植介质。

种植介质包括种植土、炉渣、蛭石、珍珠岩、锯末等。要求质地纯净，不含石块及其他有害物质。

2. 实体材料层保温隔热屋面技术要求

（1）一般保温隔热屋面

实体材料层保温隔热屋面一般分为平顶和坡屋顶两种形式，由于平屋顶构造形式简单，所以是最为常用的一种屋面形式。为了提高屋面的保温隔热性能，设计上应遵照以下设计原则：

1）为了提高材料层的热绝缘性，最好选用导热性小、蓄热性大的材料，同时要考虑不宜选用容重过大的材料，防止屋面荷载过大。

2）应根据建筑物的使用要求，屋面的结构形式，环境气候条件，防水处理方法和施工条件等因素，经技术经济比较确定。

3）屋面的保温隔热材料的确定，应根据节能建筑的热工要求确定保温隔热层厚度，同时还要注意材料层的排列，排列次序不同也影响屋面热工性能，应根据建筑的功能，地区气候条件进行热工设计。

4）屋面保温隔热材料不宜选用吸水率较大的材料，以防止屋面湿作业时，保温隔热层大量吸水，降低热工性能。如果选用了吸水率较高的热绝缘材料，屋面上应设置排气孔以排除保温隔热材料层内不易排出的水分。

（2）倒置式屋面

所谓倒置式屋面就是将传统屋面构造中保温隔热层与防水层“颠倒”，则将保温隔热层设在防水层上面，故有“倒置”之称，所以称“侧铺式”或“倒置式”屋面。由于倒置式屋面为外保温隔热形式，外保温隔热材料层的热阻作用对室外综合温度波首先进行了衰减，使其后产生在屋面重实材料上的内部温度分布低于传统保温隔热屋顶内部温度分布，屋面所蓄有的热量始终低于传统屋面保温隔热方式，向室内散热也小。其次是保护了防水层，增强了屋面防水效果。因此，是一种隔热保温效果更好的节能屋面构造形式。

倒置式屋面主要特点如下：

1）可以有效延长防水层使用年限。“倒置式屋面”将保温层设在防水层之上，大大减弱了防水层受大气，温差及太阳光紫外线照射的影响，使防水层不易老化，因而能长期保持其柔软性，延伸性等性能，有效延长使用年限。据国外有关资料介绍，可延长防水层使用寿命2至4倍。

2）保护防水层免受外界损伤。

由于保温材料组成不同厚度的缓冲层，使卷材防水层不易在施工中受外界机械损伤。同时又能衰减各种外界对屋面冲击产生的噪声。

3）如果将保温材料做成放坡（一般不小于2%），雨水可以自然排走。因此进入屋面体系的水和水蒸气不会在防水层上冻结，也不会长久凝聚在屋面内部，而能通过多孔材料蒸发掉。同时也避免了传统屋面防水层下面水汽凝结、蒸发、造成防水层鼓泡而被破坏的质量通病。

4）施工简便，利于维修。倒置式屋面省去了传统屋面中的隔汽层及保温层上的找平层，施工简化，更加经济。即使出现个别地方渗漏，只要揭开几块保温板，就可以进行处理，所以易于维修。

因此，倒置式屋面具有良好的防水、保温隔热功能，特别是对防水层起到保护、延缓老化、延长使用年限，同时还具有施工简便、速度快、耐久性好，可在冬季或雨季施工等优点。

倒置式屋面的构造要求保温隔热层应采用吸水率低的材料，如聚苯乙烯泡沫板、沥青膨胀珍珠岩等，而且在保温隔热层上应用混凝土、水泥砂浆或干铺卵石做保护层，以免保温隔热材料受到破坏。保护层混凝土板或地砖等材料时，可用水泥砂浆铺砌，卵石保护层时，在卵石与保温隔热材料层间应铺一层耐穿刺且耐久性的防腐性能好的纤维织物。

倒置式屋面的施工应注意以下几个问题：

① 要求防水层表面应平整，平屋顶排水坡度增大到 3%，以防积水；

② 沥青膨胀珍珠岩配合比为：每立方米珍珠岩中加入 100kg 沥青，搅拌均匀，入模成型时严格控制压缩比，一般为 1.8～1.85；

③ 铺设板状保温材料时，拼缝应严密，铺设应平稳；

④ 铺设保护层时，应避免损坏保温层和防水层；

⑤ 铺设卵石保护层时，卵石应分布均匀，防止超厚，以免增大屋面荷载；

⑥ 当用聚苯乙烯泡沫塑料等轻质材料做保温层时，上面应用混凝土预制块或水泥砂浆做保护层。

3. 架空屋面

架空屋顶由于屋盖由实体结构变为带有封闭或通风的空气间层的结构，大大地提高了屋盖的隔热能力，见图 2-64。

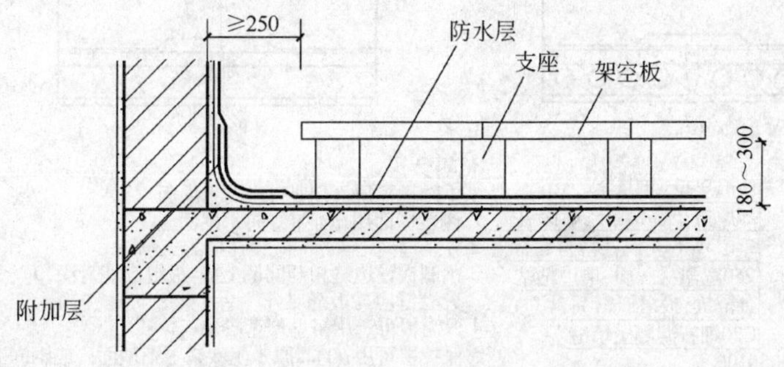

图 2-64　架空屋面

通过实验测试表明，架空屋面和实砌屋面相比虽然两者的热阻相等，但它们的热工性能有很大的不同。在自然通风条件下，在夏季连续空调情况，架空屋顶内表面温度比实砌屋面平均低 2.2℃。而且，架空屋面内表面温度波的最高值比实砌屋面要延后 3～4 小时，显然架空屋顶具有隔热好散热快的特点。

在架空屋面的设计施工中应考虑以下几个问题：

(1) 架空屋面的架空层设计应根据基层的承载能力，架空板便于生产和施工，构造形式要简单；

(2) 架空屋面和风道长度不宜大于 15m，空气间层以 200mm 左右为宜；

(3) 架空屋面基层上面应有保证节能标准的保温隔热基层，一般按冬季达到节能要求为宜；

(4) 架空隔热板与山墙间应留出 250mm 的距离；

(5) 支座的布置应整齐划一，条形支座应沿纵向平直排列，点式支座应沿纵横向排列整齐，保证通风顺畅无阻；

(6) 架空隔热层施工过程中，要做好已完工防水层的保护工作。

4. 种植屋面

在建筑中利用屋顶植草栽花，甚至种灌木、堆假山、设喷水等，形成了“草场屋顶”或屋顶花园，是一种生态型的节能屋面，植被屋顶的隔热保温性能优良，种植屋面的构造形式见图 2-65。

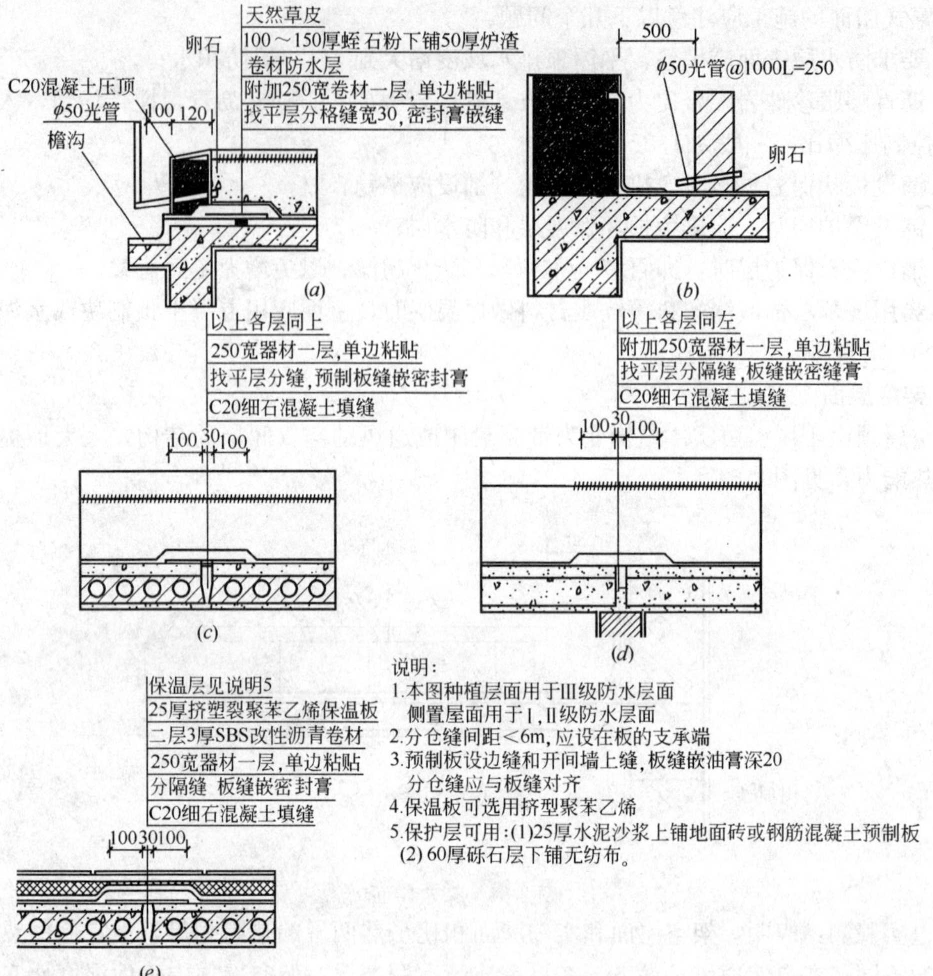

图 2-65 几种种植屋面的构造形式

植被屋顶分覆土种植和无土种植两种。

(1) 覆土种植是在钢筋混凝土屋顶上覆盖种植土壤 100～150mm 厚，种植植被隔热性能比架空其通风间层的屋顶还好，内表面温度大大降低。

(2) 无土种植，具有自重轻、屋面温差小，有利于防水防渗的特点，它是采用水渣、蛭石或者是木屑代替土壤，重量减轻了而隔热性能反而有所提高，且对屋面构造没有特殊的要求，只是在檐口和走道板处须防止蛭石或木屑的雨水外溢时被冲走。

据实践经验，植被屋顶的隔热性能与植被覆盖密度、培植基质（蛭石或木屑）的厚度和基层的构造等因素有关。还可种植红薯、蔬菜或其他农作物。但培植基质较厚，所需水肥较多，需经常管理。草被屋面则不同，由于草的生长力和耐气候变化性强，可粗放管理，基本可依赖自然条件生长。草被品种可就地选用，亦可采用碧绿色的天鹅绒草和其他观赏花木。

种植屋面不仅是一种极佳的隔热保温措施，它不仅绿化了环境，还能吸收遮挡太阳辐射进入室内，同时还吸收太阳热量用于植物的光合作用，蒸腾作用和呼吸作用，改善了建筑热环境和空气质量，辐射热能转化成植物的生物能和空气的有益成分，实现太阳辐射资源性的转化。通常种植屋面钢筋混凝土屋面板温度控制在月平均温度左右。具有良好的夏季隔热、冬季保温特性和良好的热稳定性。表 2-125 为某对种植屋面进行热工测试数据。

表 2-125　有、无种植层的热工实测值表

项　目	单　位	无种植层	有蛭石种植层	差　值
外表面最高温度	℃	61.6	29.0	32.6
外表面温度波幅	℃	24.0	1.6	22.4
内表面最高温度	℃	32.2	30.2	2.0
内表面温度波幅	℃	1.3	1.2	0.1
内表面最大热流	W/m^2	153.6	2.2	13.1
内表面平均热流	W/m^2	9.1	5.27	14.34
室外最高温度	℃	36.4	36.4	36.4
室外平均温度	℃	29.1	29.1	29.1
最大太阳辐射强度	W/m^2	862	862	862
平均太阳辐射强度	W/m^2	215.2	215.2	215.2

在进行种植屋面设计时应注意以下几个主要问题：

① 种植屋面一般由结构层、找平层、防水层、蓄水层、滤水层、种植层等构造层组成。

② 种植屋面应采用整体浇筑或预制装配的钢筋混凝土屋面板作结构层，其质量应符合国家现行各相关规范的要求。结构层的外加荷载设计值（除结构层自重以外）应根据其上部具体构造层及活荷载计算确定。

③ 防水层应采用设置涂膜防水层和配筋细石混凝土刚性防水层两道防线的复合防水设防的做法，以确保其防水质量。

④ 在结构层上做找平层，找平层宜采用 1∶3（质量比）水泥砂浆，其厚度根据屋面基层种类（按照屋面工程技术规范）规定为 15～30mm，找平层应坚实平整。找平层宜留设分格缝，缝宽为 20mm，并嵌填密封材料，分格缝最大间距为 6m。

⑤ 栽培植物宜选择长日照的浅根植物，如各种花卉、草等，一般不宜种植根深的植物。

⑥ 种植屋面坡度不宜大于 3%，以免种植介质流失。

⑦ 四周挡墙下的泄水孔不得堵塞，应能保证排水。

5. 蓄水屋面

蓄水屋面就是在屋面上贮一薄层水用来提高屋顶的隔热能力。水在屋顶上能起隔热作用的原因，主要是水在蒸发时要吸收大量的汽化热，而这些热量大部分从屋面所吸收的太阳辐射中摄取，所以大大减少了经屋顶传入室内的热量，相应地降低了屋面的内表面温度。蓄水深度与隔热效果热工测试数据见表 2-126。

表 2-126　不同厚度蓄水层屋面热工测定数值

测试项目	蓄水层厚度/mm			
	510	100	150	200
外表面最高温度/℃	43.63	42.90	42.90	41.58
外表面温度波幅/℃	8.63	7.92	7.60	5.68
内表面最高温度/℃	41.51	40.65	39.12	38.91
内表面温度波幅/℃	6.41	5.45	3.92	3.89
内表面最低温度/℃	30.72	31.19	31.51	32.42
内外表面最大温度/℃	3.59	4.48	4.96	4.86
室外最高温度/℃	38.00	38.00	38.00	38.00
室外温度波幅/℃	4.40	4.40	4.40	4.40
内表面热流最高值/(W/m^2)	21.92	17.23	14.46	14.39
内表面热流最低值/(W/m^2)	−15.56	−12.25	−11.77	−7.76
内表面热流平均值/(W/m^2)	0.5	0.4	0.73	2.49

用水隔热是利用水的蒸发耗热作用，而蒸发量的大小与室外空气的相对湿度和风速之间的关系最密切。相对湿度的最低值发生在14～15点附近。中午左右风速较大，日照较强，故在14点左右水的蒸发作用最强烈，从屋面吸收而用于蒸发的热量最多。而这个时刻内的屋顶室外综合温度恰恰最高，即适逢屋面传热最强烈的时刻。这时就是在一般的屋顶上喷水、淋水，亦会起到蒸发耗热而削弱屋顶的传热作用。因此在夏季气候干热，白天多风的地区，用水隔热的效果必然显著。

蓄水屋顶的也存在一些缺点，在夜里屋顶蓄水后外表面温度始终高于无水屋面，这时很难利用屋顶散热，且屋顶蓄水也增加了屋顶静荷重以及为防止渗水，还要加强屋面的防水措施。在设计和施工时应注意以下问题：

（1）蓄水屋顶的蓄水深度以50～100mm为合适，因水深超过100mm时屋面温度与相应热流值下降不很显著，水层深度以保持在200mm左右为宜。

（2）屋盖的荷载。当水层深度 $d=200$mm时，结构基层荷载等级采用3级（即允许荷载 $P=300\text{kg/m}^2$）；当水层 $d=150$mm时，结构基层荷载等级采用2级（即允许荷载 $P=250\text{kg/m}^2$）。

（3）刚性防水层。工程实践证明，防水层的做法采用40mm厚、C20细石混凝土加水泥用量0.05%的三乙醇胺，或水泥用量1%的氯化铁，1%的亚硝酸钠（浓度98%），内设 $\phi4$、200×200的钢筋网，防渗漏性最好。

（4）分格缝或分仓。分隔缝的设置应符合屋盖结构的要求，间距按板的布置方式而定。对于纵向布置的板，分格缝内的无筋细石混凝土面积应小于 50m^2；对于横向布置的板，应按开间尺寸以不大于4米设置分格缝。

（5）泛水。泛水对渗漏水影响很大，应将防水层混凝土沿檐墙内壁上升，高度应超过水面100毫米。由于混凝土转角处不易密实，宜在该处填设如油膏之类的嵌缝材料。

（6）所有屋面上的预留孔洞、预埋件、给水管、排水管等，均应在浇筑混凝土防水层前做好，不得事后在防水层上凿孔打洞。

（7）混凝土防水层应一次浇筑完毕，不得留施工缝，立面与平面的防水层应一次做好，防水层施工气温宜为5～35℃，应避免在负温或烈日暴晒下施工，刚性防水层完工后应及时养护，蓄水后不得断水。

2.5.3 屋面保温隔热工程施工与质量验收

1. 倒置式屋面工程施工与质量验收

倒置式屋面是直接在屋面结构层上做找平层，然后按顺序空铺卷材防水层、保温层、隔离层和保护层。其构造见图2-66。

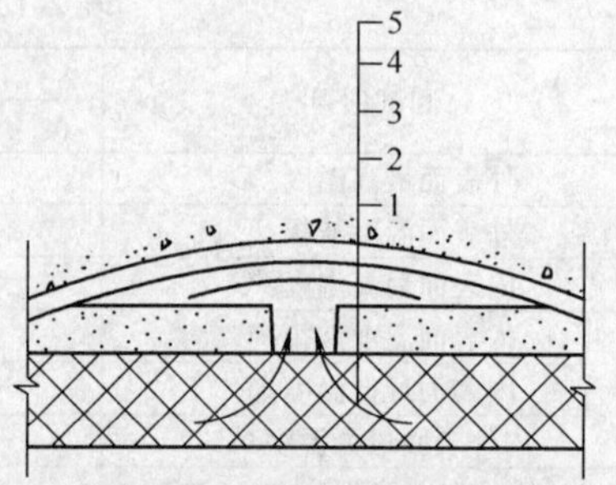

图2-66 倒置式屋面构造

1—结构基层；2—找平层；3—防水层；4—保温层；5—保护层

（1）材料要求

1）倒置式屋面可以采用表观密度小、导热系数低、吸水率低、比热容较高和具有一定强度的聚苯乙烯泡沫塑料、硬质聚氨酯泡沫塑料或泡沫玻璃等轻质材料。

2）倒置式屋面应采用耐水性、耐霉烂性和耐腐蚀性能优良的防水卷材、防水涂料等柔性防水材料做防水层，不得采用以植物纤维和含有植物纤维类材料（如原纸或植物纤维与玻纤网格布复合）为胎体的卷材做防水层。材料耐水性的指标不应小于80%。

(2) 作业条件

1) 要求防水层表面应平整，平屋顶排水坡度增大到 3%，以防积水。

2) 沥青膨胀珍珠岩配合比为：每立方米珍珠岩中加入 100kg 沥青，搅拌均匀，入模成型时严格控制压缩比，一般为 1.8～1.85。

3) 铺设板状保温材料时，拼缝应严密，铺设应平稳。

4) 铺设保护层时，应避免损坏保温层和防水层。

5) 铺设卵石保护层时，卵石应分布均匀，防止超厚，以免增大屋面荷载。

6) 当用聚苯泡沫板等轻质材料做保温层时，上面应用混凝土预制块或水泥砂浆做保护层。

(3) 施工工艺

1) 工艺流程。

清理结构层表面 → 找平层施工 → 清理基层 → 节点附加层施工 → 防水层施工 → 蓄水或淋水检查 → 粘铺保温层 → 铺设隔离层 → 保护层施工 → 质量检查验收

2) 防水层的施工。

防水层应根据不同的防水材料，采用与其相适应的施工方法。当采用卷材做防水层时，卷材与基层之间宜进行空铺处理，但距屋面周边 800mm 范围内的卷材应满粘，卷材的搭接缝也应满粘，并使其粘结牢固、封闭严密，以便形成整体的防水构造。

3) 保温层的施工。

块体的保温材料，可直接干铺或采用专用的胶粘材料粘铺在防水层的表面。当选用聚苯乙烯泡沫塑料板做保温层时，不得采用含有有机溶剂的胶粘剂粘贴。

块体保温材料的接缝，可以是企口缝，也可以是平缝，但要求接缝必须拼接严密，以防发生“冷桥”的现象。

当采用现场发泡的硬质聚氨酯做保温层时，须对形成的保温层进行分格处理，以防止产生收缩裂缝。分格缝内应用弹性的密封材料嵌填密实。

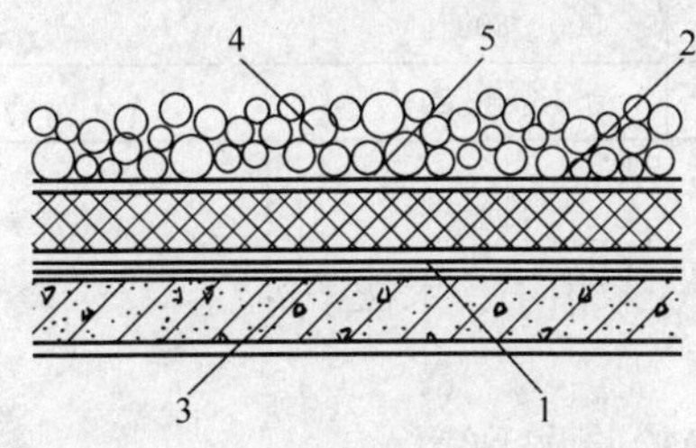

图 2-67　倒置式屋面卵石保护层

1—防水层；2—保温层；3—砂浆找平层；4—卵石保护层；5—纤维织物

4) 保护层施工。

① 在非上人屋面采用卵石（图 2-67）或砂砾作保护层时，压置材料的粒径宜为 20mm～60mm，含泥量不宜大于 2%。铺压前应在保温层表面铺设一层不低于 250g/m^3 的聚酯纤维无纺布作保护隔离层，无纺布之间的搭接宽度不宜小于 100mm。铺压卵石时，应严防水落口被堵塞，使其排水畅通；也可采用平铺预制混凝土块材的方法进行压置处理，但块材的厚度不宜小于 30mm，且应有一定的强度。保护层材料的重量应能满足当地最大风力时，保温层不被掀起以及保温层在屋面发生积水状态下不浮起的要求。

② 上人屋面可采用混凝土块体材料做保护层，如图 2-68 所示。施工时应用水泥砂浆坐浆铺砌，要求铺砌平整，接缝横平竖直，用水泥砂浆嵌填密实。板状保护层如图 2-69 所示。块体保护层还应留设分格缝，其分格面积不宜大于 100m^2，分格缝的纵横间距不宜大于 10m，分格缝的宽度宜为 20mm，并用密封材料封闭严实；也可在保温层上铺设聚酯无纺布或干铺油毡后，直接浇筑厚度不小于 40mm 并配置双向钢筋网片的细石混凝土作保护层。保护层应留设分格缝，其纵横间距不宜大于 6m，分格缝的宽度宜为 20mm，缝内用密封材料嵌填密实。

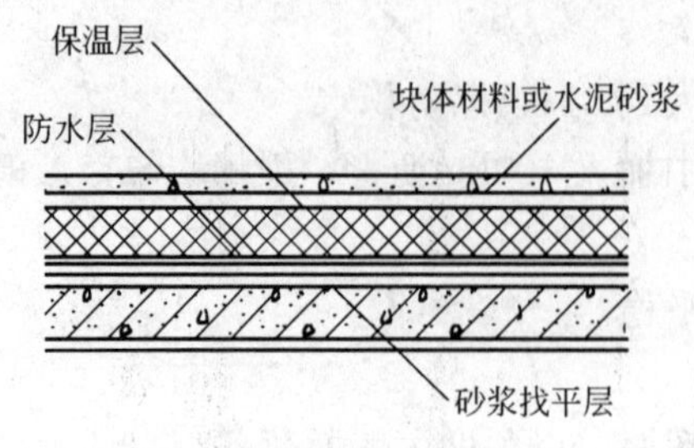

图 2-68　倒置式屋面

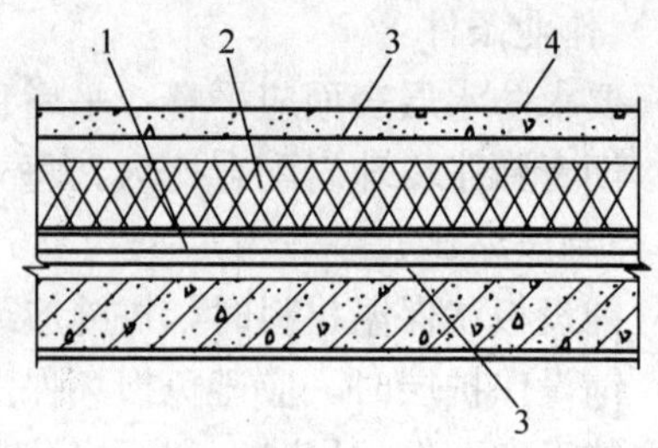

图 2-69　倒置式屋面板材保护层

1—防水层；2—保温层；3—砂浆找平层；4—板材制品

5）细部构造处理。

① 天沟、檐沟、泛水部位的保温层难以全面覆盖防水层。在这些部位的防水层应选择耐老化性能优良的卷材或卷材与涂膜进行多道设防，并在防水层的表面涂刷一层具有反射阳光功能的浅色涂料作保护层。

② 对水落口、伸出屋面的管道根以及天沟，檐沟等节点部位，应采用卷材与涂料、密封材料等复合，形成粘结牢固、封闭严密的复合防水构造。

2. 屋面松散材料保温层工程施工与质量验收

（1）施工准备

1）材料。

① 松散保温材料主要有工业炉渣、膨胀蛭石及膨胀珍珠岩等；

② 松散保温材料的质量指标应满足设计要求，见表 2-127。

表 2-127　松散保温材料质量要求

项目	膨胀蛭石	膨胀珍珠岩	工业炉渣
粒径/mm	3～15	＞0.15 （＜0.15 的含量不大于 8%）	5～40，不得含有石块、土块、重矿渣和未燃烬的煤渣
堆积密度/(kg/m³)	≤300	≤120	500～800
导热系数/(W/m·K)	≤0.14	≤0.07	0.16～0.25

2）机具设备。

搅拌机、平板振捣器、平锹、木刮杠、水平尺、手推车、木拍子、木抹子等。

3）作业条件。

① 铺设保温材料的基层（结构层）施工完毕，并办理隐检验收手续；

② 铺设隔汽层的屋面应先将表面清扫干净，干燥、平整，不得有松散、开裂、空鼓等缺陷；隔汽层的构造做法必须符合设计要求和现行屋面工程施工质量验收规范的规定。

③ 穿过结构的管根部位，应用细石混凝土填塞密实，以使管子固定。

4）技术准备。

① 施工方案已编制完成，并做好技术交底及安全交底。

② 保温材料进场后应对密度、粒径进行检查，并检查含水率是否符合设计要求。

（2）施工工艺

1）施工工艺流程。

清理基层→弹线找坡→铺设保温层→抹找平层

2）施工方法。

① 清理基层：

应将预制或现浇混凝土基层表面的尘土、杂物等清理干净，且表面干燥。

② 弹线找坡：

按设计坡度及流水方向，找出屋面坡度，确定保温层的厚度范围。

③ 铺设保温层：

a. 松散保温层（工业炉渣、膨胀蛭石保温层、膨胀珍珠岩保温层），应经筛选，严格控制粒径和含水率；

b. 为了准确控制保温材料铺设的厚度，在屋面上每隔 1m 摆放与保温层同厚的木条控制厚度；

c. 松散保温材料应分层铺设，适当压实；每层铺设的厚度不宜大于 150mm，其压实的程度及厚度应根据设计要求经试验确定；压实后不得直接在保温层上推车或堆放重物；

d. 松散保温层应干燥，含水率不得超过设计规定，否则应采取干燥措施或排汽措施；

e. 遇下雨或 5 级以上的风时不得铺设松散保温层。

④ 细部处理：

a. 排气管和构筑物穿过保温层的管壁周边和构筑物的四周，应预留排气口；

b. 女儿墙根部与保温层之间应设温度缝，缝宽以 15～20mm 为宜，并应贯通到结构基层；

c. 保温层的分格缝应符合设计要求和施工规范的规定。

⑤ 抹找平层：

a. 保温层施工验收合格后，及时进行找平层施工；

b. 铺抹找平层时，可在松散保温层上铺一层塑料薄膜等隔水物，以阻止砂浆中水分被吸收，造成砂浆中缺水而强度降低和降低保温层的保温性能；

c. 为防止倒砂浆时挤走保温材料，抹找平层时，先用竹筛或钉有木框的铅丝网覆盖，然后将找平层砂浆倒入筛内，摊平后，取出筛子，找平抹光即可；

3）季节性施工。

① 冬期施工应编制屋面工程冬期施工方案；

② 屋面保温层严禁在雨天、雪天和 5 级风以上时施工。

（3）质量标准

1）主控项目。

① 松散保温材料的堆积密度、导热系数、粒径，必须符合设计要求。

检验方法：检查出厂合格证、质量检验报告和现场抽样复验报告。

② 保温层的含水率必须符合设计要求。

检验方法：检查现场抽样检验报告。

2）一般项目。

① 保温层应分层铺设，压实适当，表面平整，找坡正确。

检验方法：观察检查。

② 保温层厚度的允许偏差：松散保温材料保温层为＋10％～－5％。

检验方法：用钢针插入和尺量检查。

③ 屋面松散材料保温层的施工质量检验数量，应按屋面面积每 100m^2 抽查 1 处，每处

$10m^2$，且不得少于 3 处。

(4) 成品保护

1) 松散保温材料在运输中应防水、防散漏，严禁踩踏。产品应按标号、等级在室内堆放，堆放场地应平整、干燥。

2) 在已经铺好的松散保温层上行走、推小车必须铺垫脚手板。

3) 保温层施工完成后，应及时铺抹水泥砂浆找平层，以减少受潮和进水，尤其在雨季施工，应及时采取覆盖保护措施。

(5) 应注意的质量问题

1) 使用前，松散保温材料应严格按照有关标准进行选择，并加强保管和处理，材料的密度应符合要求，颗粒和粉末含量比例应均匀，使用前应充分晾干，含水率符合要求。对不符合要求的材料不得使用。

2) 分层铺设时，在松散材料移动堆积中，应掌握好各层的厚度，找坡应均匀，认真进行操作；抹砂浆找平层时应防止挤压保温层，以免造成松散保温层铺设厚度不均匀。

3) 应注意避免保温层边角处质量问题（如边角不直，边槎不齐整），以免影响找坡、找平和排水。

(6) 安全、环保措施

1) 安全操作要求。

① 施工时，操作人员应正确佩带和使用防护用品，确保安全。

② 屋面工程施工必须做好施工安全防护，防止高处坠落。

2) 环保措施。

① 基层打磨、剔凿应合理安排工作时间，避免噪声扰民。

② 基层剔凿以及保温层施工过程中产生的废渣，应及时清理运至现场垃圾站，并加以遮盖，防止扬尘。

③ 现场堆放松散材料时，应加以遮盖，防止扬尘。

④ 雨、雪天气和风力达 5 级以上时应停止松散保温层施工。

3. 屋面板状材料保温层工程施工与质量验收

(2) 施工准备

1) 材料。

① 板状保温材料：一般有聚苯乙烯泡沫塑料类、硬质聚氨酯泡沫塑料、泡沫玻璃、微孔混凝土类、膨胀蛭石（珍珠岩）制品。其产品应有出厂合格证，规格应一致，外形应整齐。其密度、导热系数、强度、吸水率及外观质量应符合设计要求。板状保温材料质量应符合设计的要求。

② 其他材料：沥青、界面剂、黏结剂、水泥、砂、石灰质量均应符合相应标准。

2) 机具设备。

搅拌机、平锹、水平尺、手推车、木抹子等。

3) 作业条件。

① 铺设保温材料的基层已办完隐蔽工程检查和交接验收手续。

② 铺设隔气层的屋面应先将表面清扫干净，干燥、平整，不得有松散、开裂、空鼓等缺陷；隔气层的构造做法必须符合设计要求和现行屋面工程施工质量验收规范的规定。

③ 穿过结构的管根部位，应用细石混凝土填塞密实，以使管子固定。

4）技术准备。

① 施工方法、技术措施、质量保证措施已编制完成，并进行技术交底和安全交底。

② 板状材料进场后，应对其密度、导热系数、强度、含水率等进行试验检查。

(2) 施工工艺

1）施工工艺流程。

清理基层→铺设保温层→抹找平层

2）施工方法。

① 清理基层：应将预制或现浇混凝土基层表面的尘土、杂物等清理干净，使其平整、干燥。

② 铺设保温层：

a. 干铺板状保温层：直接铺设在结构层或隔气层上，紧靠需隔热保温的表面，铺平、垫稳；分层铺设时，上、下两层板块接缝应相互错开，板间的缝隙应用同类材料的碎屑嵌填密实；

b. 粘贴的板状材料保温层，应砌严、铺平，分层铺设的接缝要错开；胶黏剂应视保温材料的性能选用；板缝间或缺棱掉角处应用碎屑加胶结材料拌匀填补密实；

c. 用沥青胶结材料粘贴时，板状材料相互之间和基层之间，均应满涂（或满蘸）热沥青胶结材料，以便相互粘贴牢固；热沥青的温度为 160～200℃；

d. 用砂浆铺贴板状保温材料时，一般可用 1∶2（体积比）水泥砂浆粘贴，板间缝隙应用水泥或保温砂浆填实并勾缝；保温砂浆配合比一般为水泥∶石灰∶同类保温材料碎粒（体积比）＝1∶1∶10；保温砂浆中的石灰膏必须经熟化 15h 以上，石灰膏中严禁含有未熟化的颗粒。

③ 细部处理：

a. 屋面保温层在檐口、天沟处，宜延伸到外坡外侧，或按设计要求施工；

b. 排气管和构筑物穿过保温层的管壁周边和构筑物的四周，应预留排气口；

c. 女儿墙根部与保温层间应设置温度缝，缝宽以 15～20mm 为宜，并应贯通到结构基层。

④ 抹找平层：保温层施工并验收合格后，应立即进行找平层施工。

3）季节性施工。

① 冬期施工应编制屋面工程冬期施工方案。

② 施工环境温度：用沥青胶结材料粘贴的板状材料，气温不低于－10℃；用水泥砂浆铺贴的板状材料，气温不低于＋5℃。如气温低于上述温度时，应采取保温措施。

③ 屋面保温层严禁在雨天、雪天和 5 级风以上时施工。

(3) 质量标准

1）主控项目。

① 板状保温材料的表观密度、导热系数以及板材的强度、吸水率，必须符合设计要求。

检验方法：检查出厂合格证、质量检验报告和现场抽样复验报告。

② 保温层的含水率必须符合设计要求。

检验方法：检查现场抽样检验报告。

2）一般项目。

① 板状保温材料的铺设应紧贴（靠）基层，铺平垫稳，拼缝严密，找坡正确。

检验方法：观察检查。

② 保温层厚度的允许偏差：板状保温材料为±5%，且不得大于4mm。

检验方法：用钢针插入和尺量检查。

③ 屋面板状材料保温层的施工质量检验数量，应按屋面面积每100m² 抽查1处，每处10m²，且不得少于3处。

(4) 成品保护

1) 在已经铺好的保温层上行走、推小车必须铺垫脚手板。

2) 保温层施工完成后，应及时铺抹水泥砂浆找平层，以减少受潮和进水，尤其在雨季施工，应及时采取覆盖保护措施。

3) 板状保温材料进场后，必须码放整齐，防潮防雨，搬运时轻搬轻放，以防缺楞掉角，影响使用。

(5) 应注意的质量问题

1) 板状保温材料使用前，应严格按照有关标准进行选择，并加强保管和处理，板状保温材料的质量指标应符合要求，对不符合要求的材料不得使用。

2) 应注意避免保温层边角处质量问题（如边角不直、边楼不齐整），以免影响找坡、找平和排水。

3) 施工应严格按照要求操作，严格验收管理，以避免板状保温材料铺贴不实，影响保温、防水效果，造成找平层裂缝。

(6) 安全、环保措施

1) 安全操作要求。

① 屋面工程施工必须做好施工安全防护，防止高处坠落。

② 保温材料存放应远离火源，防止发生火灾。

③ 施工时，操作人员应正确佩带和使用防护用品，确保安全。

2) 环保措施。

① 基层打磨、剔凿应合理安排工作时间，避免噪声扰民。

② 基层剔凿以及保温层施工过程中产生的废渣，应及时清理运至现场垃圾站，并加以遮盖，防止扬尘。

③ 沥青、界面剂、粘结剂、基层处理剂等废弃物应集中消纳，不得与普通垃圾混放、混存。

4. 屋面整体保温层工程施工与质量验收

(1) 施工准备

1) 材料。

常用的材料包括沥青膨胀珍珠岩及聚氨酯硬泡体，均应符合相应标准和设计要求，有出厂合格证。

① 沥青膨胀珍珠岩整体保温材料表观密度为500kg/m³，导热系数为0.1～0.2W/m·K，强度为0.6～0.8MPa。

a. 膨胀珍珠岩：以大颗粒为宜，容重为100～120kg/m³，含水率不大于10%；

b. 沥青：60号石油沥青；

② 整体保温材料：聚氨酯硬泡体材料主要由多元醇与异氰酸酯两组份液体原料组成，采用无氟发泡技术，在一定状态下发生热反应，产生闭孔率不低于95%的硬泡体化合物。聚氨

酯硬泡体密度应大于等于 55kg/m³，导热系数应小于等于 0.022W/m·K，热衰减倍数 V_o＝44～91，平均粘结强度应大于等于 40kPa，抗压强度应大于等于 0.3MPa，抗拉强度应大于等于 500kPa，尺寸变化率应小于等于 1%。

——A 组分原料：多元醇应为密封桶装液体，在热反应过程中不应产生有毒气体；

——B 组分原料：异氰酸酯应为密封桶装液体，在热反应过程中不应产生有毒气体；

——发泡剂等添加剂不应含氟并无毒。

2）机具设备。

加热锅、搅拌机、聚氨酯硬泡体专用喷涂设备、平锹、木刮杠、水平尺、手推车、木拍板等。

3）作业条件。

① 铺设保温材料的基层（结构层）应坚实、平整（基层表面不得有明显积水）、干燥（含水率应小于 8%），并办理隐检验收手续。

② 当采用聚氨酯硬泡体时，施工前屋面与山墙、女儿墙、天沟、檐沟以及凸出屋面结构的连接处应抹成圆弧形，其圆弧半径 R＝80mm～100mm。

③ 平屋面找坡层的坡度应符合要求（当采用聚氨酯硬泡体时，平屋面排水坡度不应小于 2%）。

④ 穿过结构的管根部位，应用细石混凝土填塞密实。

4）技术准备。

① 编制施工方案，进行技术和安全交底；对使用喷枪的工人进行技术培训。

② 保温材料进场后，对材料的产品质量、合格证等进行检查。

（2）施工工艺

1）沥青膨胀珍珠岩保温层施工。

① 施工工艺流程：

清理基层→拌合→铺设保温层→抹找平层

② 操作方法：

a. 清理基层：将基层表面的浮灰、油污、杂物等清理干净；

b. 拌合：沥青膨胀珍珠岩配合比为（重量比）1∶0.7～0.8。拌合时，先将膨胀珍珠岩散料倒在锅内加热并不断翻动，预热温度宜为 100～120℃。然后倒入已熬好的沥青中拌合均匀；沥青在熬制过程中，要注意加热温度不应高于 240℃，使用温度不宜低于 190℃；沥青与膨胀珍珠岩宜用机械进行拌合，拌合以色泽均匀一致、无沥青团为宜。

c. 铺设保温层：

铺设保温层时，应采取“分仓”施工，每仓宽度为 700～900mm，可采用木板分隔，控制宽度和厚度；

保温层的虚铺厚度和压实厚度应根据试验确定，一般虚铺厚度为设计厚度的 130%（不包括找平层），铺后用木拍板拍实抹平至设计厚度；压实程度应一致，且表面平整；铺设时应尽可能使膨胀珍珠岩的层理平面与铺设平面平行；

d. 抹找平层：沥青膨胀珍珠岩压实抹平并进行验收后，应及时施工找平层；找平层配合比为水泥∶粗砂∶细砂＝1∶2∶1，稠度为 70～80mm（成粥状）。找平层初凝后洒水养护。

2）喷涂聚氨酯硬泡体保温层施工。

① 施工工艺流程：

清理基层→铺设保温层→施工保护层

② 施工方法：

a. 清理基层：将基层表面的浮灰、油污、杂物等清理干净；

b. 铺设保温层：根据保温层设计厚度，聚氨酯硬泡体保温层可采用专用聚氨酯硬泡体喷涂设备进行现场连续喷涂施工。施工时，气温应在15～35℃，风速不超过5m/s，相对湿度应小于85%，以免影响聚氨酯硬泡体的质量。根据保温层的厚度，一个施工作业面可分几遍喷涂完成，当日的施工作业面必须当日连续喷涂施工完毕；

聚氨酯硬泡体保温材料必须在喷涂前配制好，配合比应准确；两组分液体原料（多元醇和异氰酸酯）与发泡剂必须按设计配比准确计量；投料顺序不得有误，混合应均匀，热反应应当充分，输送管路不得渗漏，喷涂应连续均匀；喷涂时，喷枪运行应均匀，使发泡后的表面平整，在完全发泡前应避免上人踩踏。

聚氨酯硬泡体保温层施工，应喷涂一块500mm×500mm同厚度的试块，以备材料的性能检测；

c. 施工保护层：聚氨酯硬泡体保温层施工完后，即进行保温层检验、测试，合格后应立即进行保护层施工，如采用刚性砂浆或混凝土保护层，则应在保温层上铺聚酯毡等材料作为隔离层。

3）细部处理。

① 沥青膨胀珍珠岩整体保温层的细部处理，参见本书“屋面松散材料保温层施工”。

② 聚氨酯硬泡体整体保温层的细部处理：

a. 屋面与山墙、女儿墙间的聚氨酯硬泡体保温层应直接连续地喷涂至泛水高度，最低泛水高度不应小于250mm，见图2-70；

b. 在天沟、檐沟的连接处聚氨酯硬泡体保温层应连续地喷涂，见图2-71；

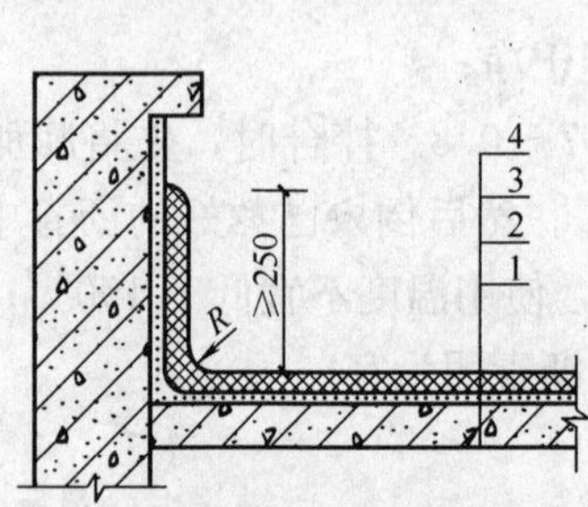

图2-70　山墙、女儿墙的泛水收头示意图

1—结构层；2—找平层或找坡层；

3—聚氨酯硬泡体保温层；4—防护层

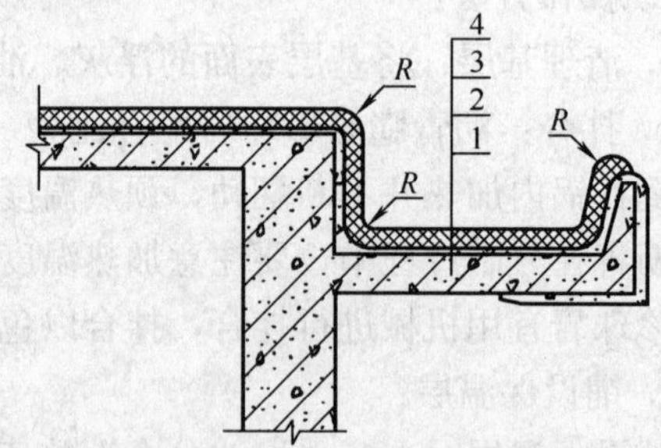

图2-71　檐沟保温层构造示意图

1—结构层；2—找平层或找坡层；

3—聚氨酯硬泡体保温层；4—防护层

c. 在无组织排水檐口，聚氨酯硬泡体保温层应连续喷到檐口端部，喷涂厚度应均匀地减薄至不小于15mm为止，见图2-72；

d. 在伸出屋面的管道或通气管根部，应根据泛水高度要求连续地直接喷涂，见图2-73；

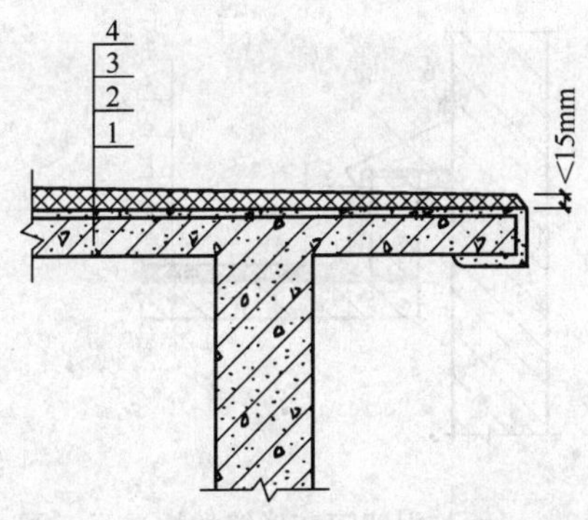

图 2-72　无组织排水檐口保温层收头示意图
1—结构层；2—找平层或找坡层；
3—聚氨酯硬泡体保温层；4—防护层

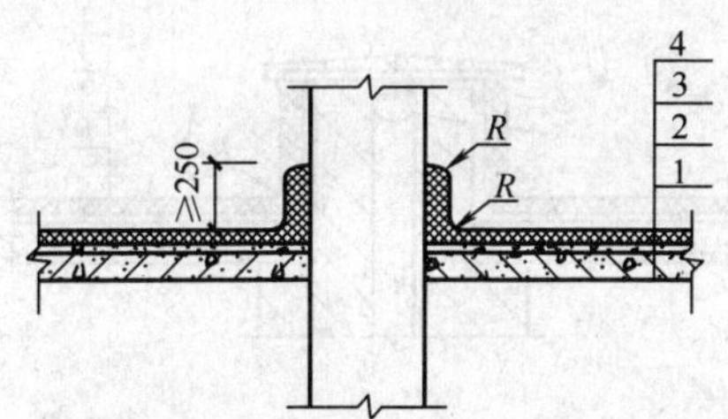

图 2-73　伸出屋面的管道或通气管根部保温层构造示意图
1—结构层；2—找平层或找坡层；
3—聚氨酯硬泡体保温层；4—防护层

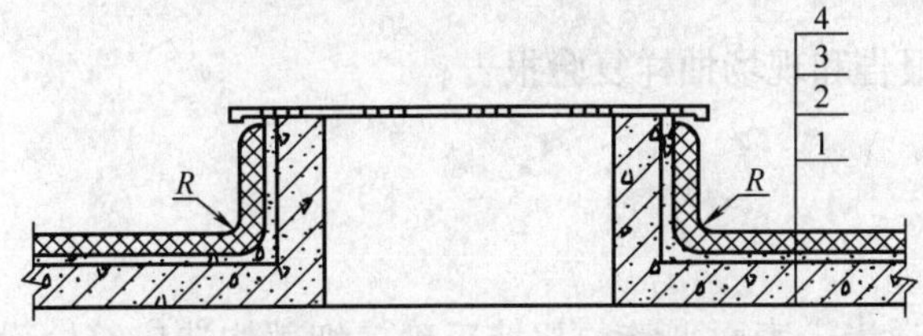

图 2-74　垂直出入口防水保温层的构造示意图
1—结构层；2—找平层或找坡层；
3—聚氨酯硬泡体保温层；4—防护层

e. 在屋顶垂直出入口处，聚氨酯硬泡体保温层收头应连续喷涂至帽口，见图 2-74；

f. 水落口防水保温层收头构造应符合下列规定：

落口杯宜采用塑料制品或铸铁；横式水落口周围直径 500mm 范围内的坡度不应小于 2%；在山墙或女儿墙的横式水落口处，应根据泛水高度要求，将聚氨酯硬泡体保温层连续地直接喷涂至水落口内，见图 2-75、图 2-76；

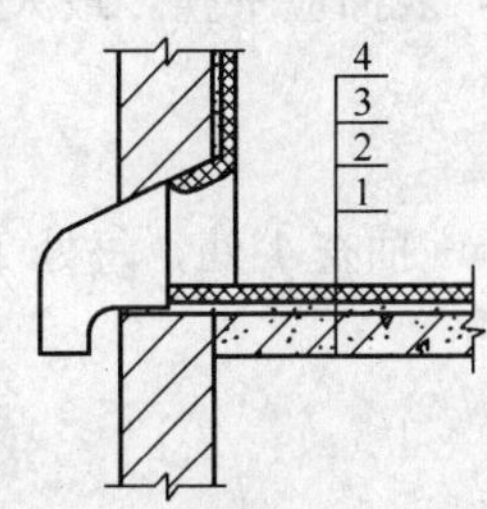

图 2-75　横式水落口构造示意图
1—结构层；2—找平层或找坡层；
3—聚氨酯硬泡体保温层；4—防护层

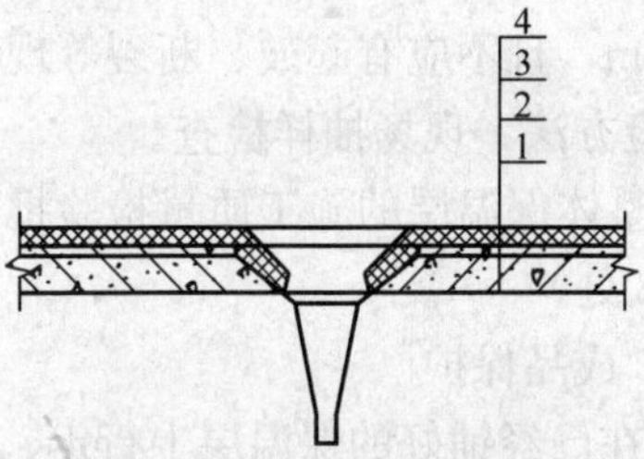

图 2-76　直式水落口构造示意图
1—结构层；2—找平层或找坡层；
3—聚氨酯硬泡体保温层；4—防护层

g. 伸缩缝保温层构造：

· 水平变形缝保温层做法：在伸缩缝内填充塑料棒，并用密封膏密封，然后连续地直接喷涂至帽口，图 2-77；

· 屋面与山墙间变形缝处保温层做法：聚氨酯硬泡体保温层应连续地直接喷涂至泛水高度。然后在变形缝内填充塑料棒并用密封膏密封，再在山墙上用螺钉固定能自由伸缩的钢板，见图 2-78；

(3) 质量标准

1) 主控项目。

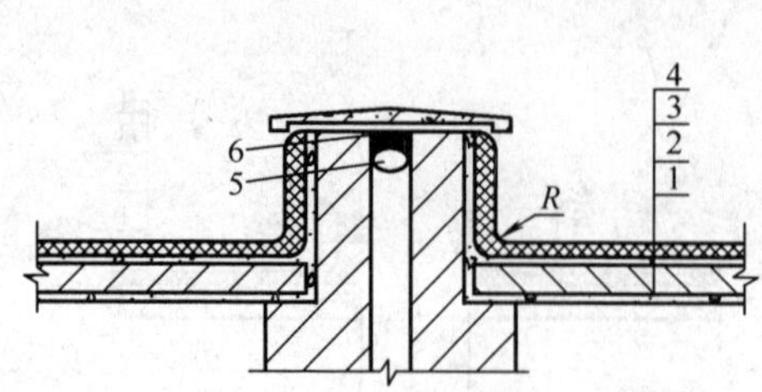

图 2-77　水平伸缩缝构造示意图

1—结构层；2—找平层或找坡层；3—聚氨酯硬泡体保温层；4—防护层；5—塑料棒；6—密封膏；

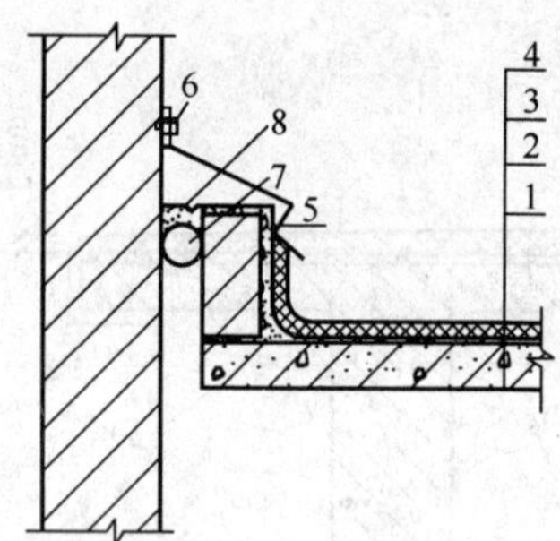

图 2-78　屋面与山墙间变形缝的构造示意图

1—结构层；2—找平层或找坡层；3—聚氨酯硬泡体保温层；4—防护层；5—金属盖板；6—螺钉；7—塑料棒；8—密封膏

① 保温材料的堆积密度或表观密度、导热系数、强度、吸水率以及聚氨酯硬泡体的尺寸稳定性必须符合设计要求。

检验方法：检查出厂合格证、质量检验报告和现场抽样复验报告。

② 保温层的含水率必须符合设计要求。

检验方法：检查现场抽样检验报告。

2）一般项目。

① 保温层应拌合均匀，分层铺设，压实适当，表面平整，找坡正确。细部构造应符合设计要求。

检验方法：观察和尺量检查。

② 保温层厚度的允许偏差：整体现浇保温层为+10%～−5%。

检验方法：用钢针插入和尺量检查。

③ 聚氨酯硬泡体应按配比准确计量，发泡厚度均匀一致，表面应平整，最大喷涂波纹应小于 5mm，且不应有起鼓、断裂等现象。

检验方法：现场抽样检查。

④ 整体保温层的施工质量检验批，应按屋面面积每 100m^2 抽查 1 处，每处 10m^2，且不得少于 3 处。

（4）成品保护

1）在已经铺好的保温层上行走、推小车必须铺垫脚手板。

2）聚氨酯硬泡体材料喷涂施工后 20min 内，严禁上人行走。

3）保温层施工完成后，应及时铺抹找平层或保护层，以减少受潮和进水，尤其在雨季施工，应及时采取保护措施。

4）屋面上的设备、管线等应在保温层施工前安装完毕，严禁破坏保温层。

（5）应注意的质量问题

1）施工时应将基层清理干净，以免聚氨酯硬泡体保温层从基层上拱起或脱离。

2）应注意避免保温层边角处的质量问题（如边角不直、边槎不齐整），以免影响找坡、找平和排水。

3）屋面与山墙、女儿墙、天沟、檐沟以及凸出屋面结构的连接处，整体保温层的细部构造应符合设计要求，以免形成防水薄弱点。

（6）安全、环保措施

1）安全操作要求。

① 屋面工程施工操作人员必须正确佩带和使用防护用品，防止高处坠落，解保安全。

② 保温材料存放应远离火源，防止发生火灾。

③ 材料在加热过程中要注意防火，无关人员严禁在施工范围内逗留，以防发生意外。

2）环保措施。

① 基层打磨、剔凿应合理安排工作时间，避免噪声扰民。

② 基层剔凿以及保温层施工过程中产生的废渣，应及时清理运至现场垃圾站，加以遮盖防止扬尘。

③ 做到限额领料，每天下班前将未用完的材料退回料库。

④ 遇 3 级以上风时，应停止喷涂作业，防止飘散污染环境。

5. 架空隔热屋面工程施工与质量验收

（1）施工准备

1）材料。

50mm 厚 498mm×498mm 预制混凝土板，双向 φ6@150 C20 混凝土，光面向上，安装后不再抹面。砖墩为 115mm×115mm×90mm 非黏土半头砖工皮，用 1∶3 水泥砂浆铺砌。

2）机具设备。

架空屋面施工主要为砌筑工作，主要对机具为重运输机具和手推车以及泥工机具。

3）作业条件。

上道工序防水保护层或防水层已经完工，并通过验收，屋顶设备、管道、水箱等已经安装到位。

4）主要机具。

架空屋面施工主要为砌筑工作，其主要机具为垂直运输机具和作业面水平运输机具（常用手推车）以及泥工工具。

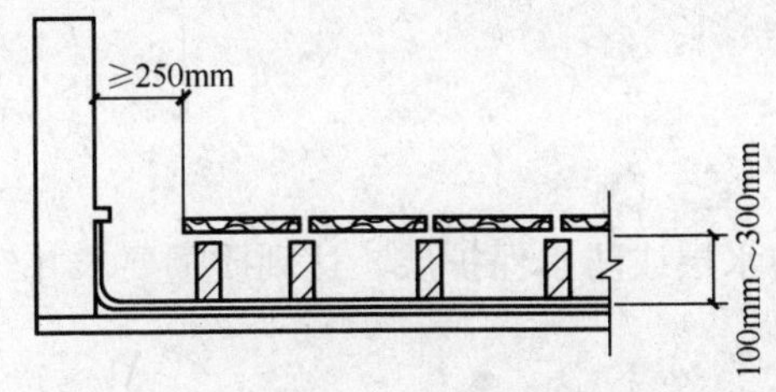

图 2-79　预制细石混凝土板架空隔热层构造图

5）作业条件。

架空屋面施工前应具备的基本条件：

① 上道工序防水保护层或防水层已经完工，并通过验收；

② 屋顶设备、管道、水箱等已经安装到位；

③ 屋面剩余料、杂物清理干净。

（2）施工工艺

1）架空屋面的构造。

常见的架空隔热屋面构造，见图 2-79～图 2-83。

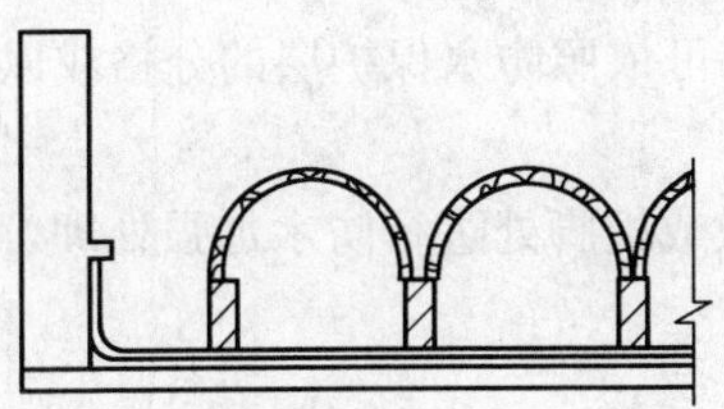

图 2-80　预制细石混凝土半圆弧架空隔热层构造

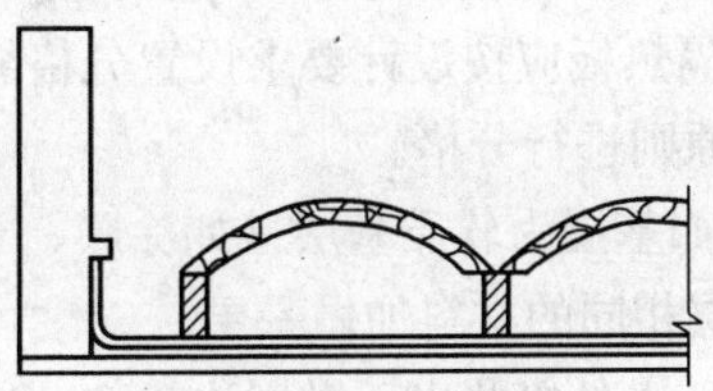

图 2-81　预制细石混凝土大瓦架空隔热层构造

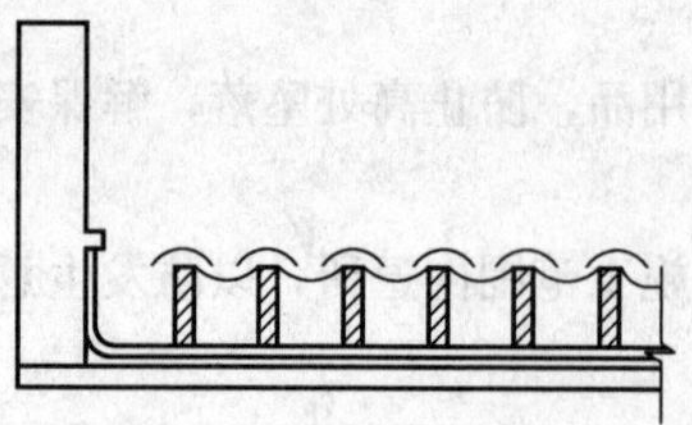

图 2-82　小青瓦架空隔热层构造

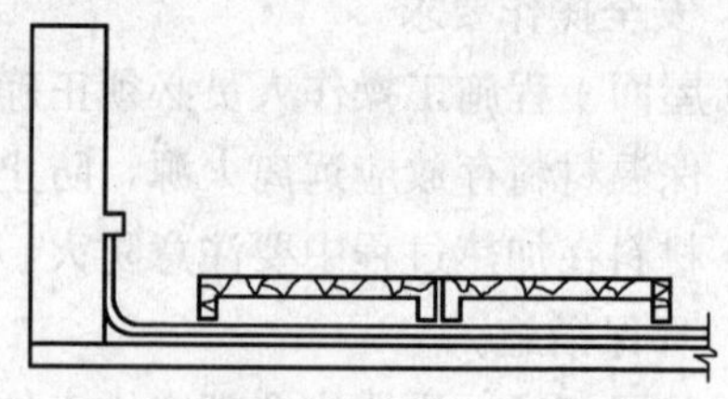

图 2-83　细石混凝土板凳或珍珠岩板、陶粒混凝土直铺架空隔热层构造

2）施工工艺流程。

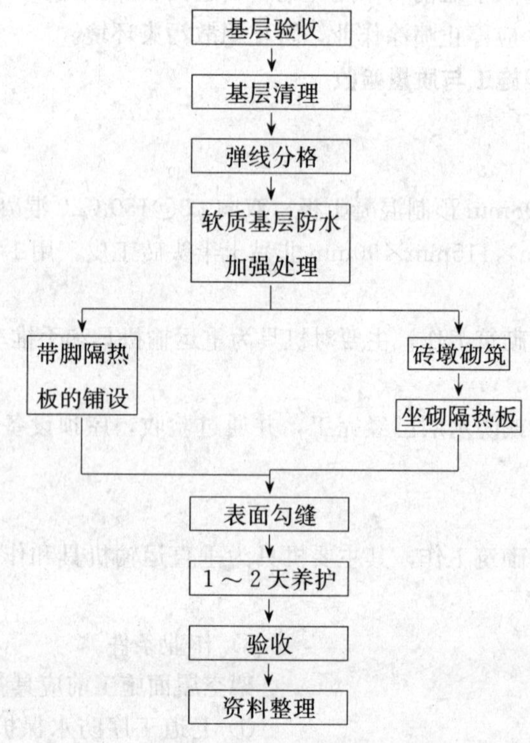

3）操作工艺。

① 架空屋面施工前，要保证上道分项工程（即防水层或防水保护层）达到质量要求并经验收通过。

② 对屋面剩余料、杂物进行清理；并清扫表面灰尘。

③ 根据设计和规范要求，进行弹线分格，做好隔热板的平面布置。分格时要注意：

a. 进风口宜设于炎热季节最大频率风向的正压区，出风口宜设在负压区；

b. 当屋面宽度大于 10m 应设通风屋脊；

c. 隔热板应按设计要求设置分格缝，若设计无要求可依照防水保护层的分格或以不大于 12m 为原则进行分格。

④ 如基层为软质基层（如涂膜、卷材等）须对砖墩或板脚处进行防水加强处理，一般用与防水层相同的材料加做一层。

a. 砖墩处以凸出砖墩周边 150～200mm 为宜；

b. 板脚处以不小于 150mm×150mm 的方形为宜。

⑤ 砌筑砖墩，除满足砌体施工规范要求外，尚须：

a. 灰缝应尽量饱满，平滑；

b. 落地灰及砖碴及时清理。

⑥ 坐砌隔热板：

a. 坐浆须饱满；

b. 横向拉线，纵向用靠尺控制好板缝的顺直、板面的坡度和平整；

c. 坐砌隔热板时，须随砌随清理所生成的灰、渣；

d. 做好成品保护。

⑦ 养护：隔热板坐砌完毕，须进行 1～2 天的养护，待砂浆强度达到上人要求，进行表面勾缝。

⑧ 表面勾缝：

a. 板缝在养护期间应有意识的润湿、阴干；

b. 勾缝水泥砂浆要调好稠度，随勾随拌；

c. 较深的缝须用铁抹子插捣，余灰随勾随清扫干净；

d. 勾缝砂浆表面应反复压光，做到平滑顺直；

e. 直径较大的半圆弧形隔热板的纵向缝宜用 C20 细石混凝土填缝，表面压光。

（注：个别设计为了大面的美观，勾缝后在隔热板表面再做一层水泥砂浆面层，施工中可按照屋面水泥砂浆面层施工要求进行。）

⑨ 勾缝养护：勾缝施工完毕后，宜养护 1～2 天，然后准备分项验收。

⑩ 验收：架空隔热层作为一个分项工程，经过自检、质量自检合格后可报现场业主、监理组织验收。

⑪ 资料整理：验收通过后，须将此分项工程的工程资料按保证资料和评定资料两大类别进行分类、整理，做好保管。

（3）质量标准

1）主控项目。

架空隔热制品的质量必须符合设计要求，严禁有断裂和漏筋等缺陷。

检验方法：观察检查和检查构件合格证或试验报告。

2）一般项目。

① 架空隔热制品的铺设应平整、稳固，缝隙勾填应密实；架空隔热制品距山墙或女儿墙不得小于 250mm，见图 2-79 中所示，架空层中不得堵塞，架空高度及变形缝做法应符合设计要求。

检验方法：观察和尺量检查。

② 相邻两块制品的高低差不得大于 3mm。

检验方法：用直尺和楔形塞尺检查。

（4）成品保护

1）原材料在运输、搬运中要注意避免损伤；堆放板材要竖向堆放。

2）对无硬质保护层的防水层须着重保护，确保无破损。

3）砖墩砌完清理落地灰及砖碴时，要避免碰撞。

4）隔热板坐砌完毕，在养护期间，严禁上人踩踏或堆重物。

5）隔热板坐砌完毕，不应再在其上进行有破坏可能的其他施工。

(5) 安全环保措施

1) 屋面材料垂直运输或吊运中应严格遵守相应的安全操作规程。

2) 无高女儿墙的屋面，须着重强调临边安全，防止高空坠落，施工中由临边向内施工，严禁由内向外施工。

3) 屋面作业人员严禁高空抛物。

4) 高温天气施工，须做好防暑降温措施。

5) 职业健康方面要防止粉尘危害。

6) 清扫及砂浆拌合过程要避免灰尘飞扬。

7) 施工中生成的建筑垃圾要及时清理、清运。

6. 蓄水屋面工程施工与质量验收

(1) 施工准备

1) 材料要求。

① 所用材料的质量、技术性能必须符合设计要求和施工验收规范的规定。

② 蓄水屋面的防水层应选择耐腐蚀、耐霉烂、耐水性、耐穿刺性能好的材料。

③ 蓄水屋面选用刚性细石混凝土防水层时，其技术要求如下：

a. 细石混凝土强度等级不低于C20；

b. 水泥：应选用强度等级不低于42.5的普通水泥；

c. 砂：中砂或粗砂，含泥量不大于2%；

d. 石子：粒径宜为5～15mm，含泥量不大于1%；

e. 水灰比宜为0.5～0.55。

⑤其他材料：水管、外加剂、柔性防水材料等。

2) 主要机具。

主要机具见表2-128，其数量根据工程量大小相应增减。

表2-128 主要机具

序号	名称	型号	数量	单位	备注
1	混凝土搅拌机	JZC350	1	台	混凝土搅拌
2	平板振动器	ZF15	2	台	混凝土振动
3	运输小车		3	辆	混凝土运输
4	铁管子		3	根	混凝土抹平压实
5	铁抹子		4	个	混凝土抹平压实
6	木抹子		4	个	混凝土抹平压实
7	直尺		1	把	尺寸检查
8	坡度尺		1	把	坡度检查
9	锤子		3	把	
10	剪刀		4	把	铺卷材用
11	卷扬机		1	台	垂直运输
12	硬方木				
13	圆钢管				

3) 作业条件。

① 蓄水屋面的结构层施工完毕，其混凝土的强度、密实性均符合现行规范的规定。

② 所有设计孔洞已预留，所设置的给水管、排水管和溢水管等在防水层施工前安装完毕。

(2) 技术要求

屋面的所有孔洞应先预留，不得后凿。所设置的给水管、排水管、溢水管等应在防水层施工前安装好，不得在防水层施工后再在其上凿孔打洞；每个蓄水区的防水混凝土必须一次浇筑完毕，不得留置施工缝，立面与平面的防水层必须同时进行。防水混凝土必须机械搅拌，机械振捣，随捣随抹。抹压时不得洒水、撒干水泥或水泥浆，混凝土收水后应进行二次压光及养护，不得再使其干燥。养护时间不得少于 14 天。屋面排水系统畅通，屋面不得有渗漏现象，严禁蓄水层面干涸。屋面工程施工时四周应设防护设施，施工人员要穿戴防护用具，高空作业、屋檐作业要系好安全带。防水层施工气温宜为 5～35℃，并应避免在负温度或烈日曝晒下施工。

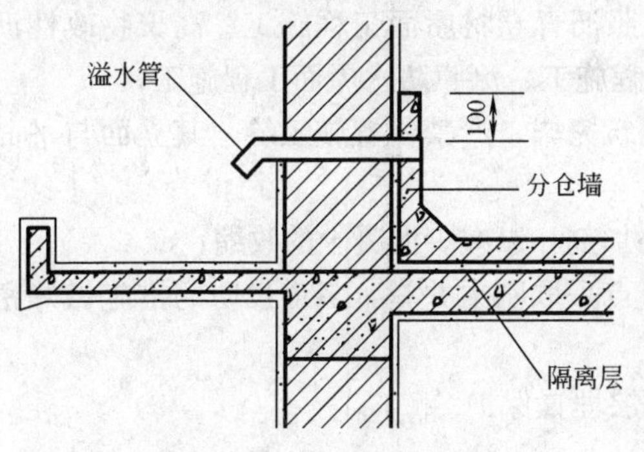

图 2-84 蓄水屋面溢水口

(3) 施工工艺

1) 蓄水屋面构造，见图 2-84～图 2-86。

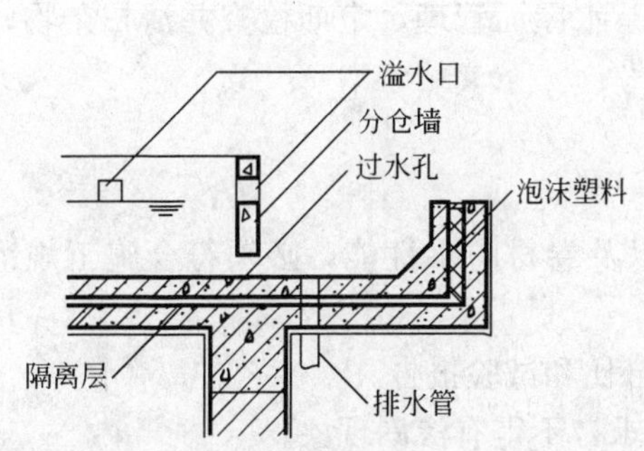

图 2-85 蓄水屋面排水管、过水孔

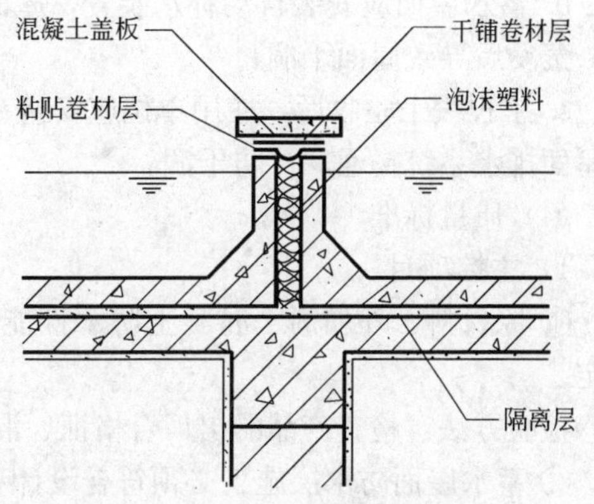

图 2-86 蓄水屋面分仓缝

2) 工艺流程。

结构层、隔墙施工 → 板缝及节点密封处理 → 水管安装 → 管口密封处理 → 基层清理 → 防水层施工 → 蓄水养护

3) 施工工艺。

① 结构层的质量应高标准、严要求，混凝土的强度、密实性均应符合现行规范的规定。隔墙位置应符合设计和规范要求。

② 屋面结构层为装配式钢筋混凝土面板时，其板缝应以强度等级不小于 C20 细石混凝土嵌填，细石混凝土中宜掺膨胀剂。接缝必须以优质密封材料嵌封严密，经充水试验无渗漏，然后再在其上施工找平层和防水层。

③ 屋面的所有孔洞应先预留，不得后凿。所设置的给水管、排水管、溢水管等应在防水层施工前安装好，不得在防水层施工后再在其上凿孔打洞。防水层完工后，再将排水管与水落管连接，然后加防水处理。

④ 基层处理：防水层施工前，必须将基层表面的突起物铲除，并把尘土杂物清扫干净，基层必须干燥。

⑤ 防水层施工：

a. 蓄水屋面采用刚性防水时，其施工方法可参照刚性防水屋面工程施工工艺标准；

b. 蓄水屋面采用刚柔复合防水时，应先施工柔性防水层，再做隔离层，然后再浇筑细石混凝土刚性保护层；其柔性防水施工作业方法可参照沥青卷材屋面工程施工、高聚物改性沥青卷材屋面工程施工、合成高分子防水卷材屋面工程施工、涂膜防水屋面工程施工；

c. 浇筑防水混凝土时，每个蓄水区必须一次浇筑完毕，严禁留置施工缝，其立面与平面的防水层必须同时进行；

d. 防水细石混凝土宜掺加膨胀剂、减水剂等外加剂，以减少混凝土的收缩；

e. 应根据屋面具体情况，对蓄水屋面的全部节点采取刚柔并举，多道设防的措施做好密封防水施工；

f. 分仓缝填嵌密封材料后，上面应做砂浆保护层埋置保护。

⑥ 蓄水养护：

a. 防水层完工以及节点处理后，应进行试水，确认合格后，方可开始蓄水，蓄水后不得断水再使之干涸；

b. 蓄水屋面应安装自动补水装置，屋面蓄水后，应保持蓄水层的设计厚度，严禁蓄水流失、蒸发后导致屋面干涸；

c. 工程竣工验收后，使用单位应安排专人负责蓄水屋面管理，定期检查并清扫杂物，保持屋面排水系统畅通，严防干涸。

(4) 质量标准

1) 主控项目。

① 原材料、外加剂、混凝土防水性能和强度以及卷材防水性能，必须符合施工规范的规定。

检验方法：检查产品的出厂合格证、混凝土配合比和试验报告。

② 蓄水屋面防水层施工必须符合设计和规范要求，不得有渗漏现象。

检验方法：蓄水至规定高度，24h 观察检查。

③ 蓄水屋面上设置的溢水口、过水孔、排水管、溢水管，其大小、位置、标高的留设必须符合设计要求。

检验方法：尺量和外观检查。

2) 一般项目。

① 蓄水屋面的坡度必须符合设计要求。

检验方法：用坡度尺检查。

② 防水层内的钢筋品种、规格、位置以及保护层厚度必须符合设计要求和施工规范规定。

检验方法：观察检查和检查钢筋隐蔽验收记录。

③ 细石混凝土防水层的外观质量应符合设计及施工规范要求，厚度一致，表面平整，压实抹光，无裂缝、起壳、起砂等缺陷。

检验方法：观察检查。

(5) 成品保护

1) 在柔性防水层上做隔离层和刚性保护层或施工其他设施时，必须严防施工机具或材料损坏防水层，以免留下渗漏的隐患。

2）对已安装好的各种管道，应先用麻布将其端口封堵，以免后续施工时杂物落入管道而堵塞水管。完工后将麻布等清除，保证管道通畅。

3）蓄水屋面工程竣工后，应加强屋面管理。严禁在屋面防水层上凿孔打洞，避免重物冲击，不得任意在屋面防水层上堆放杂物及增设构筑物，并应确保屋面排水系统畅通。要经常检查屋面防水节点的变形情况，同时应定期清理杂物，严防干涸。发现问题及时维修，并做好维修保养记录。

（6）安全环保措施

1）施工现场，特别是作业面周围，不得存放易燃易爆物品，要准备好灭火器和有关消防用具，施工现场严禁烟火。

2）对存放材料的仓库，必须通风良好。

3）采用热熔法铺贴卷材，点燃焰炬时，开关不要过大，喷火口要朝向下风向。

4）屋面施工时，四周应搭设好安全防护网；施工人员要穿戴防护用具，高空作业，要系好安全带。

5）清扫垃圾及砂浆拌合物过程中要避免灰尘飞扬；对建筑垃圾，特别是有毒有害物质，应按时定期地清理到指定地点，不得随意堆放。

7. 种植屋面工程施工与质量验收

（1）施工准备

1）材料准备。

① 品种规格：防水层材料；种植介质：主要有种植土、锯木屑、膨胀蛭石；水泥：32.5级以上的普通硅酸盐或矿渣硅酸盐水泥；中砂；1～3cm 卵石；烧结普通砖；密目钢丝网片。

② 质量要求：种植屋面的防水层要采用耐腐蚀、耐霉烂、耐穿刺性能好的材料。种植介质要符合设计要求，满足屋面种植的需要。水泥要有出厂合格证并经现场取样试验合格。砂、卵石、烧结普通砖要符合有关规范的要求。钢丝网片要满足泄水孔处拦截过水的砂卵石的需要。

2）主要机具。

主要机具名称、数量、规格，见表 2-129。

表 2-129　主要机具

序号	名称	数量	单位	规格型号	备注
1	搅拌机	1	台	250L	
2	砂浆搅拌机	1	台	50L	
3	手提网盘锯	1	台		预制走道板时用
4	卷扬机	1	台		用于垂直运输
5	配电箱	1	个		施工用电
6	水平仪	1	台	S3	
7	钢卷尺	2	把	5m	
8	台秤	2	台	500kg	混凝土砂石计量
9	混凝土试模	1	组	150mm×150mm×150mm	
10	坍落度筒	1	个	30cm	
11	天平	1	台	1000g	测砂石含水率
12	塔尺	1	根	5m	

3）作业条件。

① 屋面的防水层及保护层已施工完毕。

② 屋面的防水层的蓄水实验已完成，并经检验合格。

③ 施工所需的砂、卵石、烧结普通砖、水泥、种植介质已按要求的规格、质量、数量准备就绪。

（2）技术要求

1）种植屋面的防水层要采用耐腐蚀、耐霉烂、耐穿刺性能好的材料，以防止防水层被植物根系或腐蚀性肥料所损坏。

2）种植介质的厚度、重量应符合设计要求。

3）种植屋面坡度宜控制在3%以内，以便多余水的排除。

4）必须确保泄水孔不堵塞，以免造成屋面积水。

5）质量关键要求。

种植屋面的防水层施工必须符合设计要求，并应进行蓄水实验合格。

6）禁止使用污染环境的种植肥料。

（3）施工工艺

1）施工工艺流程。

屋面防水层施工→保护层施工→人行道及挡墙施工→泄水孔前放置过水砂卵石→种植区内放置种植介质→完工清理

2）施工工艺。

① 屋面防水层施工：根据设计图要求进行施工，具体见相关的防水工程施工工艺标准。

② 保护层施工：当种植屋面采用柔性防水材料时，必须在其表面设置细石混凝土保护层，以抵抗植物根系的穿刺和种植工具对它的损坏。细石混凝土保护层的具体施工如下：

a. 防水层表面清理：把屋面防水层上的垃圾、杂物及灰尘清理干净；

b. 分格缝留置：按设计或不大于6m或"一间一分格"进行分格，用上口宽为30mm，下口宽为20mm的木板或泡沫板作为分格板；

c. 钢筋网铺设：按设计要求配置钢筋网片；

d. 细石混凝土施工：按设计配合比拌合好细石混凝土，按先远后近，先高后低的原则逐格进行施工；

按分格板高度，摊开抹平，用平板振动器十字交叉来回振实，直至混凝土表面泛浆后再用木抹子将表面抹平压实，待混凝土初凝以前，再进行第二次压浆抹光；

铺设、振动、振压混凝土时必须严格保证钢筋间距及位置准确；

混凝土初凝后，及时取出分格缝隔板，用铁抹子二次抹光；并及时修补分格缝缺损部分，做到平直整齐，待混凝土终凝前进行第三次压光；

混凝土终凝后，必须立即进行养护，可蓄水养护或用稻草、麦草、锯末、草袋等覆盖后浇水养护不少于14天，也可涂刷混凝土养护剂；

e. 分格缝嵌油膏：分格缝嵌油膏应于混凝土浇水养护完毕后用水冲洗干净且达到干燥（含水率不大于6%）时进行，所有纵横分格缝相互贯通，清理干净，缺边损角要补好，用刷缝机或钢丝刷刷干净，用吹尘机具吹干净。灌嵌油膏部分的混凝土表面均匀涂刷冷底子油，并于当天灌嵌好油膏。

③ 人行通道及挡墙施工：

a. 人行通道及挡墙设计一般有两种情况，如图 2-87 所示。

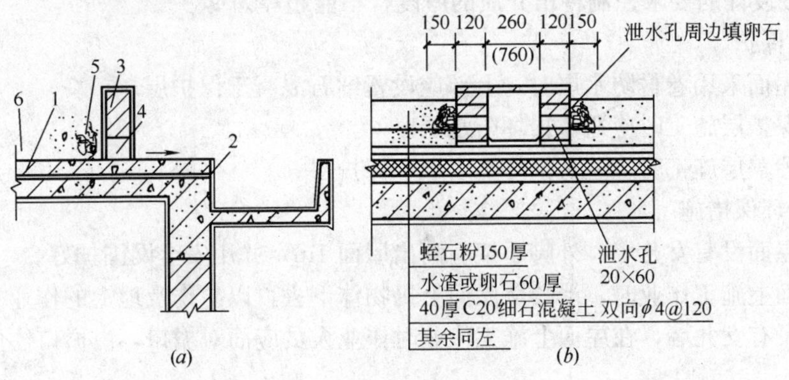

图 2-87　砖砌挡墙构造（单位：mm）

1—保护层；2—防水层；3—砖砌挡墙；4—泄水孔；5—卵石；6—种植介质

砖砌挡墙，挡墙墙身高度要比种植介质面高 100mm。距挡墙底部高 100mm 处按设计或标准图集留设泄水孔。

b. 采用预制槽型板作为分区挡墙和走道板，如图 2-88 所示。

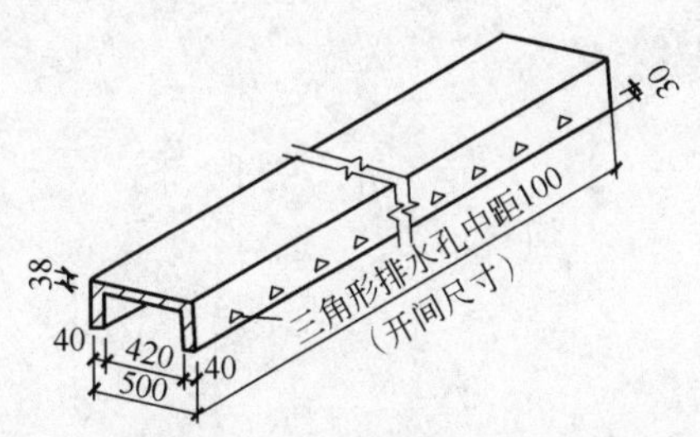

图 2-88　预制槽型板构造（单位：mm）

④ 泄水孔前放置过水砂卵石：在每个泄水孔处先设置钢丝网片，泄水孔的四周堆放过水的砂卵石，砂卵石应完全覆盖泄水孔，以免种植介质流失或堵塞泄水孔。

⑤ 种植区内放置种植介质：根据设计要求的厚度，放置种植介质。施工时介质材料、植物等应均匀堆放，不得损坏防水层。种植介质表面要求平整且低于四周挡墙 100mm。

⑥ 工完场清。

（4）质量标准

1）主控项目。

① 种植屋面的防水层施工必须符合设计要求，不得有渗漏现象，并应进行蓄水实验，经检验合格后方能覆盖种植介质。

检验方法：蓄水至规定高度，24h 后观察检查。

② 种植屋面挡墙泄水孔的留置必须符合设计要求，并不得堵塞。

检验方法：观察和尺量检查。

2）一般项目。

① 种植介质表面平整且比挡墙墙身应低 100mm。

② 严格按设计的要求控制种植介质的厚度，不能超厚。

（5）成品保护

1）种植屋面采用卷材防水层时，上部应设置细石混凝土保护层。

2）屋面保护层施工时应避免损坏防水层。

3）种植覆盖层施工时应避免损坏防水层和保护层。

（6）安全环保措施

1）如果屋面没有女儿墙，外脚手架应高出屋面 1m，并用安全网围护好。

2）在屋面上施工作业时，严禁从屋面上扔物体下去，以防伤及地上的作业人员。

3）屋面没有女儿墙，在屋面上施工作业时作业人员应面对檐口，由檐口往里施工，以防不慎坠落。

第3章 采暖、通风空调及照明节能

3.1 供热采暖节能

3.1.1 供热采暖节能技术

1. 供热采暖方式

供热采暖是指为了保持建筑物内适度的温度和舒适的环境，利用供热采暖系统，以不同的热媒向室内供给热量。供热采暖系统是由热媒制备（热源）、热媒输送和热媒利用（散热设备）三个主要部分组成。

供热采暖方式包括供热方式与采暖方式两个方面。其中供热方式包括热源的生产方式（如燃煤锅炉、燃气锅炉、电锅炉、地热井、热泵等）和热源与供热终端的联系方式（指集中供热或分散供热等）。采暖方式包括热媒种类（如热水、水蒸气、热空气等）和热的传播方式（如热空气对流、热风、热辐射等）。

通常主要热源生产是以燃煤、燃气、燃油等锅炉和电锅炉、地热、水源、气源、地源热泵等。目前在我国北方地区以集中燃煤供热方式为主。近年来，随着环保要求的提高，北京地区正逐渐改变以燃煤为主的供热局面，取而代之的是气、电等清洁能源，而且地热、热泵技术正在逐步占据一定的位置。

采暖方式目前也有新的发展，从传统的散热器方式发展到天棚、地板采暖，媒介或电或水均以低温辐射为主，在北京，能耗低、舒适度高的地板热水低温辐射采暖方式比较受欢迎。另外，家庭集中空调的方式也有部分应用。

2. 供热采暖技术及特点

（1）集中燃煤锅炉房是目前应用较广的方式，其优点是便于集中管理、运行成本低，在北京得到大面积应用。

（2）热力能源利用率高，便于集中管理，污染小，运行成本低。

（3）燃油采暖环境效益比燃煤好，锅炉效率高，自动化水平高，运行管理人员劳动强度低。

（4）分散燃气锅炉房目前在北京应用较多，其显著优点是环境效益好，锅炉效率高，节能锅炉自动化水平高，运行管理人员劳动强度低。

（5）燃气壁挂式采暖炉具有用户调节方便、节能、便于计量和收费，无锅炉占地（占用一定建筑空间），节省热网投资，可将集中锅炉房的一次性大量投资变为灵活的分散投资等优点而应用较多。

（6）楼栋式燃气锅炉房优点突出，环境效益好，节能、节省热网投资，节省锅炉房占地，锅炉自动化水平高，运行管理人员劳动强度低等。

（7）直燃机的特点突出，冷热两用，自动化程度高，全年利用小时数大，环境效益好。

（8）蓄热式电锅炉优点突出，不排放有害气体，没有废弃物，无污染、无噪声，有利于环境保护，既能削峰填谷，又可充分利用低谷电价，达到经济运行的目的，使用户和电力部门都得到效益，自动化程度高，运行安全可靠。

(9) 直接用电采暖就是在采暖区域直接用电热设备加热采暖，直接用电采暖方式很多，如电暖气、低温辐射电热膜等，其特点是灵活方便，易于控制，无需水等作热媒，无外部管网建设，投资较低，无污染，环境效益好，便于计量、收费，管理方便。

近年来，出现了一些环保、节能的采暖方式，如利用水源热泵技术、地源热泵技术、气源热泵技术等供热采暖，地热的梯级利用技术逐渐被接受。今后，我国建筑采暖制冷技术必将沿着节能、环保的方向发展。

3. 供热热源及其节能

供热采暖系统的热源是热能的来源，是热能生产和供给的中心。目前一般有民用水暖煤炉、户式燃气热水（红外线）采暖、区域集中供热锅炉房，利用热电厂工业余热和地热以及直接用电采暖（电暖器、空调、电热膜等）多种提供热源的方式。

(1) 民用水暖煤炉

在常压状态下以水为传热介质（热媒），额定供热量小于 50kW（4.2 万大卡），具有采暖供热能力同时可兼有炊事功能的水暖煤炉，可供家庭用也可供非集中供暖的小型单位使用。

(2) 户式燃气热水（红外线）采暖技术

1) 户式燃气热水采暖技术。

以天然气、液化石油气、人工煤气等为燃料，自动化燃烧。热水采暖炉包括进风/排烟热媒循环、定压补水系统、安全保护和温度控制等装置，除用于采暖外，可兼供生活热水、适用于设有集中供热条件的多层或单屋住宅。

2) 燃气红外线辐射采暖。

燃气红外线辐射采暖系统是采用天然气、人工煤气或液化石油气等作为热源，经过发生器燃烧后，加热发生器中的空气，借助于离心风机或真空泵的作用，将加热后的空气燃烧后的产物输送到辐射管内，加热辐射管至一定温度，辐射管产生适红外线向外传递热量，具有高效节能、安全舒适、运行费用低等特点。适用于建筑物室内全面采暖局部采暖以及室外工作地点采暖。

(3) 区域集中供热

集中供热具有较好的能源利用效率和良好的环境效益。

村镇居住区可根据不同的条件，利用工厂余热和废热或建集中锅炉房为热源的供热系统。采用燃气燃油和电热的小型锅炉房集中供暖，对大气环境的污染较小，电热则基本不存在污染问题，均无需设置规模较大的集中锅炉房，而且由于热媒输送能耗和管网损失较小，并有较好的水力平衡条件，运行使用效果更好。

(4) 电采暖

直接利用电能，通过电暖气电热膜及空调等，产生热量，供室内采暖，投资费用低，环保安全。适用于小范围或间歇采暖，电锅炉可同时提供供暖和生活热水可多种时段温控预设功能，热效高。但由于电采暖需耗用高品位电能在电力。

4. 新型节能采暖散热设备

(1) 采暖散热设备特点与选择

采暖系统的散热器是补充房间的热损失，保持室内要求的温度的关键设备。目前，国内生产的散热器种类繁多，按其制造构形式，主要分为柱型、钢制、铝制和非金属材料散热器。按其结构形式，可分为辐射型散热器和对流型散热器。

散热器的选择，除了散热器本身的技术品质之外，还受地区的使用习惯、工程技术及使用者的爱好、热网及建筑物的环境条件等因素制约。在选用散热器时，应注意在热工、经济和美观等方面的基本要求，但要根据具体情况有所侧重。一般应考虑以下一些原则：

1）散热器的特点要与所用的热媒或系统相适应。如 pH 值大于 9 的强碱性水，不宜使用铝制散热器；安装以翼式热水表作为流量传感器的热量系统，不宜采用含有铸砂的铸铁散热器；用地下水或工业废水的采暖系统，以及蒸汽采暖系统，不能选用抗腐能力低的钢质散热器。

2）散热器的工作压力，应满足系统要求的承压能力。

3）散热器以及为满足散热器要求的应用条件的初投资要低、有效寿命要长。在集中供热系统中，直连用户的散热器应该按照集中供热系统的热媒进行选择，优先选择运行费用低、维护简单、维护费用低的散热器。

4）散热器的色彩与型式要与室内装修相协调。

5）所选择的散热器的片数 n 等于房间的供暖热负荷除以散热器的单位散热量（每片或每米长）。

（2）节能采暖散热器的主要性能

以下所述钢制（板型、管型、钢管装饰型）、铜（钢）铝复合型、铝制柱翼型、内腔无粘砂灰铸铁散热器均为辐射型散热器、具有结构紧凑、工艺先进、承压高、重量轻、功能与装饰效果统一的特点，符合建筑节能要求。

1）钢制散热器。

① 分类、适用范围，见表 3-1。

表 3-1　分类、适用范围

分　类	基 本 要 求	适 用 范 围
板型	无缝钢管或优质冷轧钢板制作，承压不低于0.46～0.8MPa。主要技术指标必须达到行业标准要求。在供暖水质与运行管理不规范的情况下，应进行合格内防蚀处理。	民用建筑热水供暖系统
管型		
钢管装饰型		

② 技术经济分析，见表 3-2。

表 3-2　技术经济分析

类　别	金属热强度 /（W/kg·℃）	工作压力/MPa	使用寿命 /年	热价/（元/W）
钢制板型散热器	1.0～1.2	0.46～0.8	≮15	0.8～0.9
钢管散热器	≮1.0	1.0		0.9～1.3
装饰管型散热器	≮1.0	1.0		1.0～10.0

注：1. 使用寿命为在正常使用条件下的最低使用年限。

2. 热价：按单位标准散热量（W）计算得出的散热器价格，所列为现阶段北京市场零售价概算，仅为参考值。

3. 以上两条适用于其他型号散热器。

2）铜（钢）铝复合型散热器。

① 分类及适用范围，见表 3-3。

② 技术经济分析，见表 3-4。

表 3-3　分类及适用范围

分　　类	基本要求(基本要求中没有对钢的要求)	适　用　范　围
铜铝复合柱翼型	TP2 铜管和 LD31 铝材,承压不低于 1.0MPa。主要技术指标参照 JG 143－2002《铝制柱翼型散热器》。热水水质应不含硫化物。	民用建筑热水供暖系统
钢铝复合柱翼型		

注：钢铝复合柱翼型散热器目前国内生产厂家较少。

表 3-4　技术经济分析

类　　别	金属热强度/(W/kg·℃)	工作压力/MPa	使用寿命/年	热价/(元/W)
铜铝复合柱翼型散热器	1.8～2.5	1.0	≮15	0.3～0.9
钢铝复合柱翼型散热器	—	1.0	≮15	—

3）铝制柱翼型散热器。

① 分类、适用范围，见表 3-5。

表 3-5　分类、适用范围

分　　类	基　本　要　求	适　用　范　围
铝制柱翼型	LD31 铝材,承压不低于 0.8MPa,主要技术指标应符合 JG 143－2002《铝制柱翼型散热器》。应进行合格的内防蚀处理	民用建筑热水供暖系统

② 技术经济分析，见表 3-6。

表 3-6　技术经济分析

名　　称	金属热强度/(W/kg·℃)	工作压力/MPa	使用寿命/年	热价/(元/W)
铝制柱翼型散热器	≮1.5	0.8	≮10	0.6～0.7

注：表中产品应有内防蚀保护处理。

4）内腔无粘砂灰铸铁散热器。

① 分类、适用范围，见表 3-7。

表 3-7　分类、适用范围

分类	基　本　要　求	适　用　范　围
柱型散热器	HT150 或 HT100,主要技术指标必须达到行业标准要求;无内防蚀要求;对供暖水质与运行管理无严格要求;内腔无粘砂,能满足计量供热要求	以热水或蒸汽为热媒的民用建筑供暖系统。无内防蚀要求。
翼型散热器		
柱翼型热器		

② 技术经济分析，见表 3-8。

表 3-8　技术经济分析

名称	金属热强度/(W/kg·℃)	工作压力/MPa	使用寿命/年	热价/(元/W)
灰铸铁柱型散热器	0.28～0.42	0.5/0.8/0.2(蒸汽)	≮20	0.3～0.4
灰铸铁翼型散热器				≈0.3
灰铸铁柱翼型散热器				0.3～0.4

3.1.2　区域集中供热节能技术

1. 供热锅炉房节能技术

(1) 供热锅炉房节能的重要性

1) 供热锅炉房节能潜力。

正常技术条件下，对于一般住宅建筑，1 蒸吨可供 10000m² 供暖；至于供热锅炉的热效率，工业锅炉，2～40t/h 的蒸汽锅炉或 1.4～29MW 的热水锅炉，热效率一般为72%～80%；小于等于 4t/h 容量的锅炉的热效率为低限值，6t/h 容量以上的锅炉，其热效率都在 75%以上。锅炉运行实践证明，在正常技术条件下，一些锅炉可长期稳定在 75%以上热效率工况下运行，锅炉设备利用率较全国平均水平可提高 40%，热效率提高 13%。这两种指标的综合效益是，不但节约燃料、电能、运输、人力等，还减轻了对环境的污染、节约了初投资，其中包括设备投资、建筑投资、土地面积等。锅炉房节能除上述两种硬指标外，还有锅炉辅机节电、降低锅炉设备和辅机的储备系数，合理利用投资等。可见，锅炉房设计中锅炉容量配置合理的情况下，供热锅炉房节能潜力巨大。

2) 1 蒸吨供 10000m² 住宅采暖的概念。

所谓“1 蒸吨供若干建筑面积采暖”是目前采暖技术中的通俗说法。严格讲，锅炉容量的 1 蒸吨（热水锅炉为 0.7MW）供应若干建筑面积采暖有两种情况：一是该建筑群的热网和采暖系统的保温、系统泄漏率、热力和水力工况等基本正常，作为衡量锅炉房机组运行工况的一种尺度；二是指包含锅炉机组以及上述技术参数在不正常状态下对热网和采暖系统的综合影响。后一种情况，如保温层严重破坏、泄漏率过大或热力和水力工况严重失调等，易于暴露，用户一般比较重视，并设法解决。

3) 供热锅炉房的重要地位。

全国目前平均每蒸吨仅供 6000m²，这主要由于实际工程中存在诸多不合理因素，问题的关键是供热系统的热源——锅炉机组未达到正常技术水平。

锅炉房作为供热热源工程，是由锅炉及其辅机的产品设计和制造质量、锅炉房工艺设计、安装施工和锅炉房的管理运行等四个主要环节组成的系统工程，其中某一环节出现问题，就影响全局，造成锅炉设备运行状态恶化。

(2) 锅炉及其辅机选型

1) 锅炉选型。

就锅炉产品而言，影响锅炉负荷的重要因素是燃烧设备、炉膛结构形式及其内部的气流组织等。对锅炉部分，其受热面在长期运行期间灰污程度是否较低，也是影响锅炉负荷的重要因素。选择锅炉炉型时，不仅根据所需热负荷量、热负荷延续图、工作介质，选择锅炉结构形式、容量和台数，更重要的是针对用户本地供应燃料的品种选择燃烧设备。其次是按投资金额、施工进程、土地使用面积等因素选择组装锅炉或是散装锅炉。

① 链条炉：

在链条炉中，燃料在上部引燃，着火条件差；同时，在燃烧过程中燃料之间无相对运动，料层本身没有自身扰动作用，需人工拨火，所以燃料特性对链条炉的工作有重大影响。换言之，链条炉对燃料有较高要求。选择链条炉，其燃料最好满足如下指标：

a. 水分要适当（质量分数），10%≤W≤20%，W 为煤的收到基水分。

b. 灰分不过高（质量分数），也不过低，10%≤A≤30%，A 为煤的灰分。

c. 灰熔点不太低，t_3＞1200℃，t_3 为灰熔点中的流动温度。

d. 挥发物。一般讲，挥发物越高，越易着火，燃烧也好。挥发物少的煤燃烧很困难，严重影响锅炉出力。对于挥发物含量少的无烟煤，要在较高温度下才析出挥发物，故着火很困难，燃无烟煤的炉膛结构要特殊设计。

e. 发热量。要保证锅炉出力，收到其低位发热量 Q_{dw}^{y}＞18837kJ/kg。

f. 煤的颗粒度。燃料最好分选过。在燃用未经分选过的煤时，0～6mm 的粉末不应超过 50%～55%，煤块的最大尺寸不应超过 30～40mm。

g. 黏结性适中，不允许有强烈黏结性或碎裂成粉末的性质。黏结性强的煤，由于受到炉内高温辐射的作用，表面软化熔融，形成板状结焦。相反，黏结性弱的煤在受热时易爆裂成细屑碎末，易吹起和增加漏煤，燃烧经济性差又降低锅炉出力。

如果燃料不能满足链条炉上述要求，而又无相应的措施，则必然影响燃烧效果，即影响锅炉的出力和效率。总之，链条炉不宜单纯烧无烟煤及结焦性强和灰分高的低质煤。

② 往复斜推炉排炉：

往复斜推炉排炉（也称往复推饲炉）的燃烧过程和区段与链条炉基本一致，燃料预热干燥、燃烧和燃尽等阶段的完成由前而后地进行；但在往复炉排上，活动炉排对燃料层进行不断地耙动，使炉排与煤层之间相对运动，燃料层之间也有较强的相对运动，能使燃料层表面已着火的“红火”被翻到燃料层的下层，使之成为底层着火的火源，克服了链条炉排上面引火的弱点。活动炉排的这种耙拨作用，还可使燃料层的透气性改善，捣碎焦块，使包裹在燃料外层的灰壳脱落，有利于燃料的燃尽，强化了燃烧。往复斜推炉排着火条件较链条炉好，又实现了拨火的机械化，使其有可能在往复炉排中燃用有黏结性、多灰、发热量低和难以着火的低质烟煤，并有良好的消烟作用。

往复斜推炉排炉的弱点是，由于炉排有倾斜度，炉排片又要作近于水平运动，炉排的侧密封结构难于处理；炉排的耙拨作用易漏风、漏煤；活动炉排在运动时，其炉排片端头不断与灼热的煤层接触，易于烧坏。

总之，往复斜推炉排对煤种适应性广，对一些燃用煤种不稳定的地区，应考虑选用此种燃烧设备。但不宜燃烧挥发性低的贫煤和无烟煤，也不宜燃烧灰熔点低的优质煤。

③ 抛煤机倒转炉排炉：

现在多采用机械—风力抛煤机，大容量锅炉加装倒转链条炉设备。由于煤粒在抛撒过程中即已预热焦化，其中的细屑在炉膛中飞扬作悬浮燃烧，其余落在炽热的燃料层上，其着火条件好，属于无限着火，煤种适应性广。缺点是悬浮煤粒细屑与空气混合较差，如调节不当，常造成很高的飞灰损失，不仅降低锅炉运行效率，对后部受热面磨损也很严重，而且污染环境不适宜水分大的煤。总之，由于它具有煤种适应性广，负荷调节灵活，锅炉出力足等优点，仍有一些用户选用。

④ 组装锅炉：

组装锅炉结构紧凑、安装快。这对于节省锅炉房建筑造价、要求短期安装即可投运的用户较为适宜。对于热水锅炉而言，自然循环条件较差，处理不当易产生过冷沸腾，使水冷壁管中结垢。一些组装锅炉锅筒下壁面直接受到炉内火焰高温辐射加热，由于工作条件差引起局部过热，选择组装锅炉，水处理设备不容忽视。

目前相继出现强制循环组装热水锅炉，是由水管组成的管架式角管式结构，克服了烟、水管组装锅炉水循环的弱点。

⑤ 散装锅炉：

由于散装锅炉拥有空间的自由度，配置燃烧设备、炉膛结构形式和炉膛内气流组织有利。它的负荷率（即实际锅炉出力与额定负荷的比值）理应比组装锅炉高。只要达到额定负荷，每蒸吨容量就可供 10000m² 住宅建筑采暖。

综上所述，选择炉型时，要对该锅炉运行实例进行认真考察，并要对本地燃料特性充分掌握，选用的锅炉型号才能成为优选，否则不但浪费资金且浪费燃料。

2）锅炉辅机选型

就集中供热锅炉房的锅炉装机容量和用电设备的装机容量而言，我国尚未制定出明确的辅机容量指标。表 3-9 中仅列出 4.2MW（6t/h）热水锅炉的配套鼓风机，引风机电功率表。

表 3-9　单台 4.2MW 锅炉鼓风机、引风机配套电功率表

目项 / 名称	Ⅰ			Ⅱ			Ⅲ		
	型号	参数	电动机功率/kW	型号	参数	电动机功率/kW	型号	参数	电动机功率/kW
鼓风机	4－72 No4.5A	$Q=9194$ m³/h $H=2036$Pa	7.5	4－72 No5A	$Q=14328$ m³/h $H=2335$Pa	15	4－72 No5A	$Q=14328$ m³/h $H=2335$Pa	15
引风机	y5－47 No8c	$Q=18740$ m³/h $H=2383$Pa	22	y5－47 No8c	$Q=24000$ m³/h $H=2350$Pa	30	y5－47 No9c	$Q=340040$ m³/h $H=2471$Pa	37
合计功率/kW	29.5			45			52		

从表中可见鼓风机、引风机电功率最大相差为 22.5kW，相差幅度达 76%。一些产品达不到技术指标，建议按计算选型，计算公式可查阅各种锅炉房设计手册及有关著作。

（3）锅炉房工艺设计

锅炉设备的辅机选型是工艺系统设计的重要任务。设备选型合理，积极配合施工和对用户在运行中存在问题进行技术指导，就会取得很大的经济效益。随着集中锅炉房单机容量和总装机容量的增大，锅炉房设计还要注意以下问题。

1）运煤设备选择和系统设计。

运煤设备对大容量锅炉不仅是将煤输送给燃烧设备，而且还要将块煤破碎到合适的粒度。当煤干燥时要均匀加水，使煤的收到基水分适度。煤斗的设计，包括煤斗进料和出料都要考虑煤的粒度分布，避免块煤进入炉排两侧，煤细屑进入中区，而使炉排上煤层粒度沿横向分布不匀，尤其当燃料层薄时更容易出现火口，破坏煤的稳定燃烧。采取煤斗几个进煤口等时间进料，或采取筛分措施将块煤送入料房下部，碎煤进入料层上部的分层燃烧，对燃烧更为有利。

2）除渣系统设计。

除渣设备是锅炉房中最易出现故障之处。无论选择何种除渣设备，设计时要注意对炉膛的密封作用。有的采用重型刮链，采用水槽密封。对大容量锅炉，灰渣落差很高，这时要防止灰渣垂直向下直接落入水槽。尤其当灰渣形成块状时，大块渣具有较高温度，直落水槽，会产生大量水蒸气，进入炉膛可短时间使炉膛形成正压，重者可烧伤正在观火或拨火的工人，轻者造成锅炉房污染，而且水蒸气突然大量进入炉膛影响正常燃烧工况。故应避免这种情况的发生。

3）送风、引风系统设计。

随着单机锅炉容量的增大，鼓风机、引风机风道断面尺寸和风道壁面压力或吸力也相应增大，风道壁面要适当加厚，并采取加强刚度的措施，以减少运行中风道金属壁面振动。另外，要在风道转弯处或截断面变化剧烈处增设导流板，以避免产生漩流引起振动。大断面风道常发生振动，一旦与某些部件发生共振，则产生巨大噪声，甚至振破烟、风道，影响锅炉正常运行。

4）热工测量仪表配置。

建立微机运行调度、监测系统，按照热负荷延续图和室外温度进行合理的供热系统调节。其测试仪表给出的炉膛出口温度，炉膛负压情况，烟风道各处负压情况、排烟温度，各风室风压等都是司炉调节锅炉运行的依据。有些测试数据可用微机显示或记录，但有些数据要在司炉操作处显示，以便司炉按数据调试，而不是按视觉调试。当然对于全自控系统除外。

（4）锅炉的安装施工

锅炉的安装施工质量不仅关系到锅炉能否安全可靠地运行，而且关系到锅炉的长期运行工况，尤其对散装锅炉更为重要。散装锅炉的炉子部分由安装队伍完成，是锅炉制造工序的继续。炉排运行状态，烟、风道的密封性，炉排下风室间的密封性能，炉墙砌筑质量等对锅炉能否满负荷运行影响很大。在前述锅炉测试诊断中，锅炉炉膛过量空气系数和排烟处过量空气系数大都在2.5～3.0左右，个别情况达到7.0，其施工质量是重要原因。

1）炉排施工。

炉排施工不仅要做到炉排能运行正常，而且要对其密封部件严格按技术要求安装。尤其是炉排的两侧密封，既要考虑到受热膨胀后运动机件不致受到阻碍，又不要随意放大缝隙尺寸，以免失去密封作用。

2）炉墙施工。

墙体要严格按照耐火砖砌筑技术规范要求进行砌筑，尤其对墙角的膨胀缝，要填满石棉绳。要考虑到炉墙受热后膨胀方向，不因膨胀而破坏墙体密封性。锅炉墙体的密封性主要在耐火砖的砌筑。

3）穿墙管的施工。

锅炉墙体总有一些管道和集箱穿过，一般是在管道和集箱周围缠绕石棉绳。但此时要注意管子或集箱受热后可能发生的移动及其移动方向。它不仅是向外延伸，有时可能受相连部件的影响而有其他位移倾向。从而使炉墙产生裂缝，造成漏风。

（5）锅炉房的运行管理

锅炉运行管理是对热力公司或管理部门而言的。一般单机容量等于或大于10t/h的锅炉房，大都设置较全的热工监测仪表，甚至设有微机循环检测和显示，并配置较全的技术管理部门，使管理水平有很大提高。但目前存在如下问题值得重视：

1）配备专职司炉工。

司炉工种是一种技术性很强的工作，对锅炉运行的经济性有直接影响，对热力公司而言，是第一线技工。但是，目前临时司炉工居多，这是锅炉达不到在经济状态下满负荷运行的重要原因。因为锅炉运行要针对各种煤的特性采取不同的运行手段，即使同类品种的煤，当其收到基水分变化时，煤层厚度、煤层推进速度都要相应改变，随着室外温度变化，调节锅炉燃烧负荷，这些都不是用制度硬性规定能做到的。

2）健全检测制度。

某些地方对节煤下达的指标是炉渣含碳量，这就忽视了排烟热损失。由于司炉为了达到合格炉渣含碳量，运行中过于增加煤在炉内停留时间，增长靠渣区，结果使过量空气系数增加。现将 3 个锅炉房 7 台 20t/h 容量链条热水锅炉运行的过量空气系数列于表 3-10。炉膛内过量空气系数过大，锅炉炉膛平均温度降低，排烟过量空气系数大，除尘器阻力上升，降低了燃烧的所需空气量，使锅炉热效率大大降低。排烟热损失不是视觉所能观察到的，因而最易被忽视。

表 3-10　平时运行工况诊断测试过量空气系数值

名　称	锅炉房Ⅰ		锅炉房Ⅱ			锅炉房Ⅲ	
	1 号	2 号	2 号	3 号	4 号	1 号	2 号
炉膛出口过量空气系数 a	2.8①	4.41①	3.3①	2.95①	4.17①	2.7①	2.65②
排烟处过量空气系数 a_{py}	3.45①	6.14①	4.26①	4.22①	5.27①	3.2②	3.01②

注：实际运行负荷占额定负荷的百分比，其中最好一台仅为 58.5%，热效率为 56.7%。

① 平时运行工况，连续 4 天诊断测定记录平均值。

② 平时运行工况，连续 2 天诊断测定记录平均值。

3）建立合理的运行制度。

锅炉房运行制度不合理，是造成锅炉热效率低的又一重要原因。如某热力公司 2 台 20t/h 链条热水锅炉房的运行记录中的运行时间为：

1：00～8：00（7h）

9：35～12：30（2h 55min）

12：00～17：50（5h 50min）

18：30～22：30（4h）

全天运行近 20h，分 4 次运行，根据锅炉从压火状态启运到达基本稳定热工况至少需 2h，见表 3-11。上述运行制度，低效率下的不稳定工况占总运行时间的 42%，若是将上述运行时间改为每天两次运行，每次 9.5h，则不稳定工况占总运行时间的 21%，锅炉负荷和热效率将有很大提高。

表 3-11　锅炉压火启运后热工况

时　间	10:15～11:15	11:15～12:15	12:15～16:15
锅炉热效率(%)	56.97	64.51	76.56
锅炉热效率平均值(%)	60.74		45.56

4）防止“大马拉小车”的运行方式。

锅炉在“大马拉小车”下运行，即低负荷率下运行是锅炉浪费能源的又一重要原因。锅炉只有在 70%～110%额定负荷下运行才处于经济工作状态。从表 3-12 中可看出，稳定工况下负荷率为 76%时，锅炉效率最高为 76.6%，连续低负荷下运行锅炉的效率为 66.09%，反而高于长期停运，负荷率为 81%不稳定工况时锅炉运行效率的 63.08%。

表 3-12　同一台锅炉在不同运行方式下测试结果

项目 运行方式	运行总时间/h	锅炉效率/%	负荷率/%	备　注
连续运行	72	66.09	53	见注 1
间歇运行	37.5	63.08	81	见注 2
稳定工况负荷率下运行	7.67	76.6	76	见注 3

注：1. 3 月 18 日 2 时开始启动，连续低负荷率下运行至 3 月 21 日 8 时为止。

2. 锅炉采取停 12h，供 12h 间歇运行，3 月 21 日 8 时至 3 月 24 日 6 时停止。

3. 锅炉在上述间歇运行时的某一段稳定工况的 7.67h，即 3 月 22 日 18 时至 23 日 6 时止。

总之，锅炉房系统工程中的四个主要环节互相影响，紧密相关，如某一环节中的某一主要因素失控，就会影响锅炉的经济运行，使得每蒸吨容量供暖面积下降。

2. 供热设备调速节能技术

建筑供热系统的负荷随室外气温和室内负荷随机变化，为动态负荷。设计计算以系统最不利工况为依据，为系统最大负荷，设备和系统均按此负荷选型配置。但是绝大部分时间内，供热系统中锅炉的鼓风机、引风机、循环水泵等都在部分负荷状态下运行，为了节约能源及运行费用，应根据负荷变化，通过对系统流量的调节，不断对系统供热最进行调节。

水泵、风机的流量调节方法有两种。一种采用改变调节阀开度进行节流调节，另一种通过改变电动机转速，使水泵（风机）转速改变，从面改变水量（风量）。上述两项调节，要求使供热系统成为变流量系统。

调节电动机（水泵、风机）转速的方法有变频调速、电机变极对调速、可控硅串级调速、液力耦合调速等类别。变频调速技术特点及适用范围，见表 3-13。

表 3-13　变频调速技术特点及适用范围

类　别	特　点	适 用 范 围
变频调速调节	通过调节电动机电源频率，使水泵（风机）转速随之变化，实现流量（压头）调节，以满足供热负荷变化的需要，变频调速技术控制容易，属无级调速，可实现平稳运行，启动冲击电流小，有利电网安全，节能效果十分显著，可降低运行成本	凡用水泵（风机）输送介质，其最大流量与最小流量比较大的系统，均适用

3. 供热锅炉节煤技术

（1）煤层厚度与节煤

链条炉的煤层厚度借闸门由人工调节。根据煤种、煤质及颗粒度的异同，一般煤层控制在 100～200mm 之间。

高挥发物的优质烟煤煤层要薄，煤层厚度为 90～120mm。链条炉的链条运行速度要快，这是为了减少燃料层上方气体成分在沿炉排长度方向的不均匀性，有利可燃气体在炉膛内燃尽。

无烟煤煤层要厚，可大于 130mm，链条运行速度要慢，这样既可保证前端着火稳定，又减少未燃尽焦炭排入渣斗。

当燃用煤末时，煤层厚度不宜超过 100mm，一般粒度的混煤，厚度为 90～120mm，燃用粒度小于 50mm 的中小块选煤时，厚度可为 150～200mm。

往复推饲炉的煤层厚度也是借闸门由人工调节，一般煤层厚度控制在 100～140mm 之间。

挥发分少、水分多、难着火的煤要保持较厚的煤层，活动炉排推煤的速度要慢。多灰分易结焦的煤应保持薄煤层，炉排的往复行程加大到 50mm 以上，以增强拨火的作用。灰分少的煤应调节煤层不要太薄，以免后部煤层中断，产生大量漏风。

总之，煤层合理厚度由试验确定，确定后一般不再变动，除非煤质，如水分、粒度等变化很大，或锅炉负荷有大的变动，才予适当调整。一般只用改变炉排速度来调节负荷。

（2）分区送风与节煤

链条炉的燃烧过程是分区段的，沿炉排长度方向燃烧所需空气量各不相同。在煤的热力准备阶段，基本上不需要空气；在灰渣形成阶段，可燃物所剩无几，需要的空气也不多。空气需要量最大的区段是在炉排中段挥发物和焦炭的燃烧区域。

国内链条炉配风采用“两端少、中间多”的分段配风方式，沿炉排长度方向做成互相隔开的 4～6 个独立的小风室，每个小风室有调节风门。

调节风门的开度决定于煤种、炉排和炉拱的结构，要经常随炉排速度、燃煤粒度、水分的变动以及火床面的燃烧情况加以调整，关键是要维持火床长度。

所谓火床长度是较旺盛的或有火焰的炉排长度，一般为炉排有效长度的 3/4 以上。正常工况时，煤在进闸门后 0.2～0.3m 处，即应开始发火点燃，在除渣板前 0.3～0.5m 处基本燃尽。

烟煤等挥发分多的煤种易于引燃，着火后就需要供给多量的空气，故送风量最大的部位在炉排中间偏前，这一区段的送风门应全开。

无烟煤等挥发分少的煤较难着火，可燃物质以焦炭为主，燃烧的大部分时间是焦炭燃烧，焦炭燃烧需要大量空气，故分段送风门的开度由炉排中间部位以后逐渐开大。

在往复推饲炉的炉排上燃烧是分阶段进行的，同样采用分区送风。

(3) 二次风与节煤

链条炉中常设置二次风，即在燃料层上方借喷嘴送入炉膛一股高速气流，用来强化炉内气流的扰动和混合，减少未燃尽烟气飞出炉膛的数量，从而减小气体不完全燃烧热损失和总的过量空气系数。二次风还能帮助新燃料着火，消烟除尘，减小飞灰损失。

实践证明，正确使用二次风可以提高锅炉热效率 4%～10%，但过分增加二次风会增加排烟热损失 Q_2。

二次风量一般为总风量的 5%～15%，当燃用无烟煤和贫煤时约占总风量的 5%，烟煤时约占总风量的 7%或以上。二次风具有较高的喷嘴出口速度，一般为 50～80m/s，相应的风压为 2000～4000Pa，二次风的射程可在 1.5～2.5m 之间，根据炉膛大小选取。

二次风的布置形式与锅炉类型和燃料品种有关系。小容量锅炉，炉膛深度小，常取前墙或后墙单面布置。燃用无烟煤时装在后拱，运送后部热量，帮助着火；燃用烟煤时装在前拱上，因为前部有较多的气体可燃物，而后部氧气过剩。也可以采用前、后墙布置，要留有前后喷嘴的一定高度差和相异的喷射方向，造成切圆旋转气流，甚至采用四角布置，则其扰动和封锁作用更佳。

为了充分利用炉膛容积进行燃烧，二次风应尽量接近燃料层，一般高出燃料层约 1.25～1.5m，喷口可以水平布置，也可略向下倾斜 10°～25°。但必须注意，不要使二次风干扰燃料层的燃烧。

在运行中应根据使用煤种和锅炉负荷的变化调整二次风风量和风压。锅炉负荷增加时，二次风应适当加大。煤末含量较多时，为减小飞灰热损失，二次风也应适当加大。锅炉负荷过小时应停止使用二次风，可由调整试验确定二次风下限。在其他类似燃烧过程的炉型中，也可因炉制宜，考虑采用二次风。

4. 室外供热管网节能

(1) 管网设计的水力平衡

室外供暖管网中通过各建筑的并联环路之间的水力平衡是整个供暖系统达到节能的必要条件，因为当不利建筑环路的流量偏低时，其室内平均温度也必然低于其他建筑。为使不利建筑环路的建筑物达到起码的舒适温度而提高整个管网的运行水温，则其他建筑的平均室温往往超过设计温度，从而造成热能的浪费。

为使室外供暖管网中通过各建筑的并联环路达到水力平衡，其主要手段是在各环路的建筑入口处设置手动或自动调节装置或孔板调压装置，以消除环路余压。当采用手动调节流量时，阀门应具有接近线性关系的“流量—开启度”特性曲线。

手动调节装置有手动调节阀及平衡阀。平衡阀除具有调压的功能外，还可用来测定通过的介质流量。

采用孔板调压装置时，调压孔板用不锈钢板制作，其孔径的经验计算公式如下：

$$d=6.36\sqrt[4]{G^2/p} \tag{6-1}$$

式中 d——孔径，mm,)；

G——采暖入口流量，m^3/h；

p——采暖入口要求消除压力，kPa。

在调压孔板前的管道上应注意设置除污器，以免堵塞管道。

（2）住宅区内公共建筑的管网

连接住宅、托幼等居住建筑，属全天 24h 内要求维持一定舒适温度的建筑，夜间允许室温适当下降，但不得超过一定幅度。此类建筑应采用连续供暖。

住宅区内的公共建筑，如中小学、商店、办公楼等，在一天中的使用时间低于 24h。只要在使用时间之前把室温提高到正常温度即可。这类建筑采用间歇供暖是经济合理的，从供暖热损失与室内外平均温差成正比关系的角度来分析，是可以节能的。

在连续供暖的住宅区内公共建筑实行间歇供暖，如图 3-1 所示。

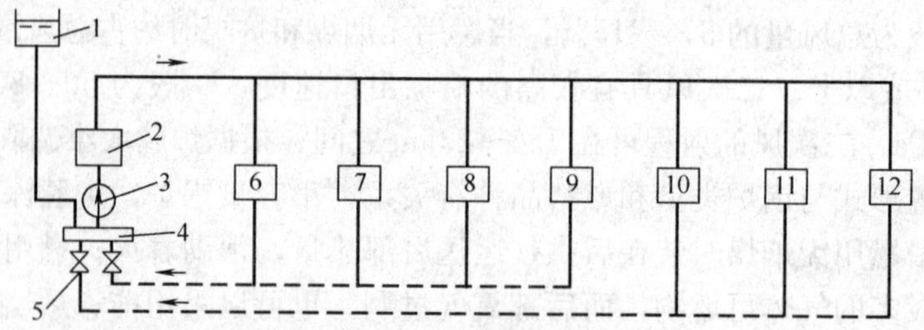

图 3-1 室外管网连接方案

1—膨胀水箱；2—锅炉；3—循环水泵；4—集水器；5—阀门；6、7、8、9—住宅、托幼；10、11、12—中小学、商店、办公楼

由图 3-1 可见，住宅建筑和公共建筑共用室外供暖的供水干管，而回水干管则分别设置，并接回到锅炉房内的集水器。在日常的运行中，通过定时起闭公共建筑回水干管连接集水器处的关闭阀 5，就可以方便地实现公共建筑的间歇供暖，从而节约其建筑耗热量。

（3）聚氨酯直埋供热管道及施工

聚氨酯直埋供热管道（俗称管中管、夹克管）可用于建筑物与热力交换站或锅炉房的室外连接，也可用于集中供热管网，具有防水、防腐、耐化学性能及抗折抗压好，导热系数低、施工简便、投资少（比地沟敷设省 1/4）、占地面积小、维护量小、寿命长等诸多优点，更适用于高地下水位地区。

1）构造及材料组成。

聚氨酯直埋供热管的构造如图 3-2 所示。防腐层由涂刷防锈漆形成；保温层采用硬质聚氨酯泡沫塑料包裹；保护层是高密度聚乙烯外壳。聚氨酯直埋供热管系工厂预制，一般钢管管径 DN320～1500mm，保温层厚度 30～100mm，由设计确定。

2）加工制作。

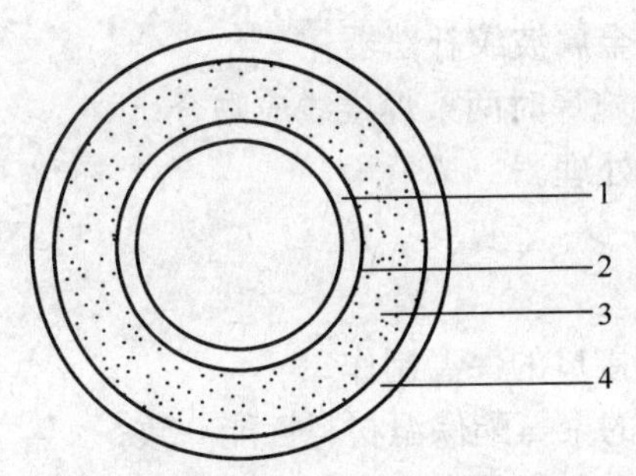

图3-2　聚氨酯直埋供热管构造
1—钢管；2—防腐层；3—保温层；
4—保护层

① 钢管加工前必须做16MPa水压试验，合格后方能进行管道防腐处理。

② 管材经除锈后，应分两次涂刷防锈漆，间隔时间不少于30min，涂刷厚度0.3mm。

③ 聚氨酯发泡孔要均匀、饱满，泡沫的闭孔率应在95%以上，不应有空洞。保温层应有足够的强度并与钢管粘结为一体。泡沫具有一定弹性，不得发酥、发脆，符合产品加工质量要求。

④ 加工后的管道，两端留施工段，不得有金属表面暴露。预制保温管、管件的保温端面必须有良好的防水漆面，管端应有保护封帽。

⑤ 保温层内设置报警线的保温管，报警线之间，报警线与钢管之间的绝缘电阻值应符合产品标准的规定。

⑥ 聚氨酯直埋供热管道使用温度一般为90～150℃，寿命一般为30年。

⑦ 聚氨酯直埋供热管道及管件应在工厂制作，现场只进行接口施工。

3）储存与堆放。

① 预制供热管运输及施工过程中应采取有效措施，防止聚氨酯保温层结构受到破坏。

② 预制供热管应分层整齐堆放，管端应有保护封帽。堆放场地应平整，无硬质杂物，不积水。堆放高度不宜超过2m，堆垛离热源不应小于2m。

③ 预制供热管堆放或加工生产坡口时（最好用机器铲坡口），不得在地面直接滚动，应在管两端光管处进行支垫。

④ 预制供热管装卸时应谨慎搬运，轻抬稳放，采用吊装带下沟，下面要放柔软保护物品，严禁丢、摔、撬等。

4）施工程序和工艺。

① 开挖沟槽：

a. 根据聚氨酯直埋供热管道直径及设计要求的埋置深度和当地地质资料，确定挖槽断面；

b. 挖沟时一侧出土，堆放在沟边1m以外，另一侧留平整地，以利于供热管下沟；

c. 应清除沟底各种杂物，进行素土夯实；

d. 下供热管前，沟底先铺设10cm厚细砂。

② 供热管就位：

a. 供热管一般采用吊带吊入沟内，宜用柔性宽吊带吊装，并应稳起、稳放，严禁将管道直接推入沟内；

b. 供热管可单根吊入沟内，也可2根或多根组焊后吊装；

c. 当组焊管段较长时，宜用两台或多台吊车抬管下沟，吊点的位置按平衡条件确定。

③ 供热管的焊接：

a. 在供热管连接处的沟槽底部，挖30～50cm工作坑，以便于焊接操作；

b. 供热管在沟内找平，并用木方支垫，支垫处设在管段的两端；

c. 当日工程完工时，应将管端用盲板封堵。

④ 管道附件安装：

a. 直埋供热管道一般均设有检查井，井内设有阀门或金属波纹补偿器；

b. 补偿器安装前，应按设计给定的伸长值调整一次，施焊时两条焊接线应吻合；

c. 固定支架附近不得安装截门，固定支架本身做直埋处理。

⑤ 管道接口的保温制作：

a. 管道及附件连接完成后，须进行管道的水压试验；

b. 管道水压试验合格后，通知供热管厂家到现场进行接口的保温制作；

c. 管道接口处使用的聚氨酯保温材料应与管道、管件的聚氨酯保温材料性能一致；

d. 用专用模具卡在管道接口处，向聚乙烯套管内浇注热熔的聚氨酯保温材料，直至充满整个接口环状空间。

⑥ 管道竣工测量和砂土回填：

a. 对直埋供热管道工程进行竣工测量，包括平面定位测量和高程测量；

b. 从供热管管顶以上 300mm 到沟底的部位，用砂回填，并须使用木夯夯实；管顶以上 300mm 至设计地坪部分，用细土回填，可用机械夯实；

d. 穿过道路且埋深少于 800mm 时，应做简易管沟，盖沟盖板，沟内做填砂处理。

5. 室内采暖系统及分户计量技术

（1）室内采供暖系统

1）热负荷计算。

住宅区锅炉房的供暖运行制度宜确定为连续供暖，以利于提高锅炉的全日平均运行效率。在住宅等居住建筑的室内供暖系统的设计时，从热损失计算开始即应按连续供暖考虑，而不考虑间歇因素的影响。不仅室内供暖系统的散热器及管道等部分的初投资有所节约，而且锅炉房的运行水温可以提高到更接近于设计水温。

2）干管分环布置。

在建筑物的主要朝向为南北向时，南向房间因受太阳直射的影响，晴天通过南向外窗单层玻璃进入室内的辐射量达 1.5～2.3kw・h/(m^2・天)，通过南向外墙的平均传热量比相同面积的北向外墙的平均传热量约少 30%左右。在设计中除采用朝向修正率的方法使南向和北向的计算热负荷的比例较为符合实际外，在室内干管的布置方面，可将南北向分开环路并设置手动或自动调节阀门进行调节，以减少南向与北向房间的室温失调现象。

3）室内供暖系统设计的水力平衡。

室内供暖系统中通过各散热器的并联环路之间的水力平衡是各供暖房间达到室温基本平衡的必要条件。任何环路的流量偏低时，其室内温度的偏低现象要求提高管网的运行水温，往往造成其他环路的室温超过设计温度和形成热能的浪费。

为使室内供暖系统中通过各并联环路达到水力平衡，其主要手段是在于管和支管的管径计算中进行较为详细、准确的阻力计算，而不是依靠阀门的手动调节来达到水力平衡。

4）温控阀。

在散热器的供水支管上设置温控阀或在回水支管上设置回水温度限制器的办法，避免各项因素可能引起的室温偏高或回水温度偏高的现象，有助于节约能源。

当温控阀的制造质量可靠、生产厂有保修服务，而且工程造价允许时，设计中采用温控阀时应注意下列问题：

① 系统布置：目前安装温控阀的系统或目前尚无条件而今后准备增设温控阀的系统宜按双管系统布置管道。

② 防堵塞：温控阀的通水阀孔断面狭小，系统水流中的污物极易在此处形成堵塞。为此，温控阀宜在室内管道通水冲洗之后安装。此外，宜在系统人口干管和立管的适当部位考虑设置过滤装置。

(2) 计量供热系统设计

1) 计量供热系统的形式。

计量供热已成为供热系统的发展方向。它不仅能做到用热分户计量，而且能满足用户热舒适和取热自由的要求，并具备室温可调、分室控温的功能。计量供热系统的形式可分为新单管系统和新双管系统，如图 3-3 所示。

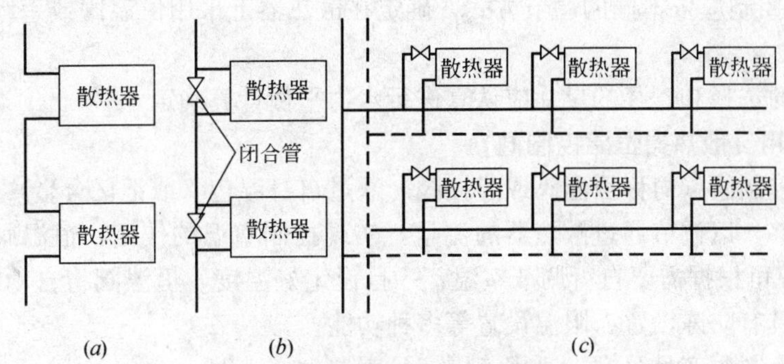

图 3-3　计量供热系统形式示意图

(a) 传统单管串联式　(b) 新单管系统　(c) 新双管系统

图 3-3 (a) 为传统的单管串联形式。其缺点是上下楼层间相互贯通，各户缺乏自主调节的手段，不宜实现按户计热的要求。图 3-3 (b) 为新单管系统，它是在已有单管串联式的每组散热器的供回水管之间加闭合管，这是已有系统的改造方案。图 3-3 (c) 为新双管系统，该系统用户可根据自己的要求设定室内温度，满足舒适度要求，增强系统水力稳定性，减少垂直失调度。各用户双管并联，入口处采用压差控制器，保证供回水压差恒定，可随意调节，互不影响。

2) 分户热计量方案。

目前较为可行的分户热计量方案有以下 3 种：

① 对于新建居住建筑，采用在楼梯间设共用的供回水立管，并与分户独立系统相连接。分户独立系统，包含有入户总阀门、过滤器、热量表以及较长的户内管道系统等环节，阻力远大于单组散热器的阻力，而共同的供回水立管的阻力和自然作用压力值相对较小，基本可避免垂直失调问题。热表可安设在楼梯间专用管井内。

② 对于既有居住建筑，可采用在每组散热器两端的管道之间，加设旁通跨越管与散热器并联。在散热器一侧安装散热器恒温阀，在散热器上安设热量分配计，形成新单管系统。此法可避免垂直失调，减少不同朝向房间的温差，并可实现室内温度的调节。

③ 采用低温地板辐射采暖技术。该技术将热水管埋设在混凝土地面内，热水管加热地面后，向上辐射散热。此法居住舒适、热稳定性较好，节约能源，较厚的地板及地板内敷设的铝箔聚苯板尚可改善楼板的隔声效果和上下楼层间的传热量。

3) 计量供暖系统的调控。

分户热计量对热源和系统的影响，表现在负荷和流量的多变特性，热源、室外系统、室内系统和户内系统均应与此适应。

① 热源设备的燃烧调节、运行过程热媒的总体质调节和变流量系统调节，应充分挖掘节能潜力。除采用自动调控装置外，还应采用手动调节。

② 实现计量供暖系统的水力平衡。静态平衡是动态平衡的基础，对于总体供暖不足的系统，应首先解决好静态平衡。为此，应做好室外区域管网的统筹设计，室内外系统须经严格的水力平衡计算，以及设置必要的调节构件作为补充手段。

③ 室外供热系统的控制。应按室外气温与回水温度自动调节供水水温；水泵宜采用适应室内采暖系统流量变化的变频控制技术。

为避免在每一分户入户口都设置自动调节装置，宜尽量增加末端系统阻力的比例。

④ 分室温度控制应依不同的调节方式，确定在散热器上采用恒温阀或手动阀实施分室温度调节。

户用热量表的选择和管径的尺寸应认真进行水力平衡计算确定。

6. 阀门的选用（散热器恒温控制阀）

散热器恒温控制阀（简称恒温阀或温控阀）通过自身温包（或记忆合金）感应室内温度，驱动阀杆产生位移，以调节通过散热器的流量，实现控制室温的作用，恒温阀调温范围通常为 6～26℃，用户可根据需要自行调节室温，一旦设定好温度，恒温阀将自动控制室温恒室，此外，恒温阀还具有防冻设置、限温设置等多种功能。

散热器恒温控制阀产品分类、适用范围，见表 3-14。

表 3-14 恒温阀的类别及适用范围

分类方式	类别	特点及适用范围
按温包感温介质分	气一液态	均能满足建筑供暖系统的要求，液枋使用较为普遍，固态温包灵敏度稍低
	液态	
	液一固态	
	电动式	
按温包形式分	内置式	温包部分称为阀头，可与阀体组成一体的称为内置式恒温阀。温包和阀体分离安装的称为外置式恒温阀。外置式分远程式、非远程式两类。恒温阀安装在散热器罩内时，应采用非远程的外置式
	外置式	
按连接形式分	两通阀	用于双管系统（高阻预设定）及单管系统（低阻非预设定）
	三通阀	用于带跨越管的单管系统
	H 型阀	较少应用

3.1.3 低温热水地板辐射采暖技术

地面辐射采暖系统是采用低温热水形式供热，以不高于 60℃的热水作为热媒，将加热管理设于地板中，热水在管内循环流动，加热地板，通过地面以辐射和对流的传热方式向室内供热。该系统具有舒适、卫生、节能、不影响室内观感和不占用室内使用面积和空间，并可以分室调节温度，便于与户计量。

1. 低温热水地板辐射采暖系统结构

低温热水地板辐射采暖系统构造形式，见图 3-4 和图 3-5。

2. 加热管材料要求

铺设于地板中的加热管，应根据耐用年限要求，使用条件等级，热媒温度和工作压力，系统水层要求，材料供应条件，施工技术条件和投资费用等因素，可选择采用以下管材。

（1）交联铝塑复合（XPAP）管

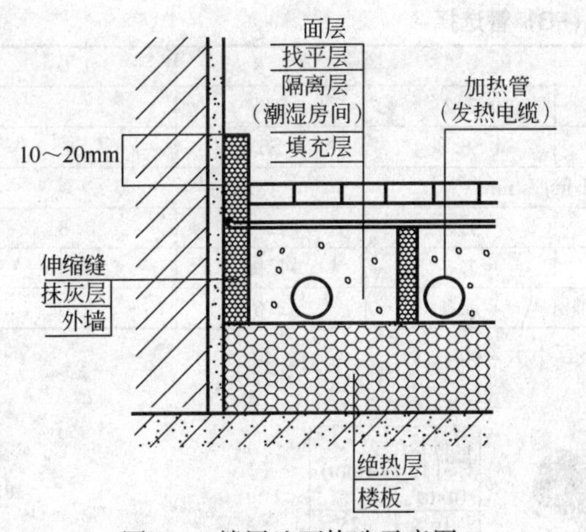

图 3-4　楼层地面构造示意图

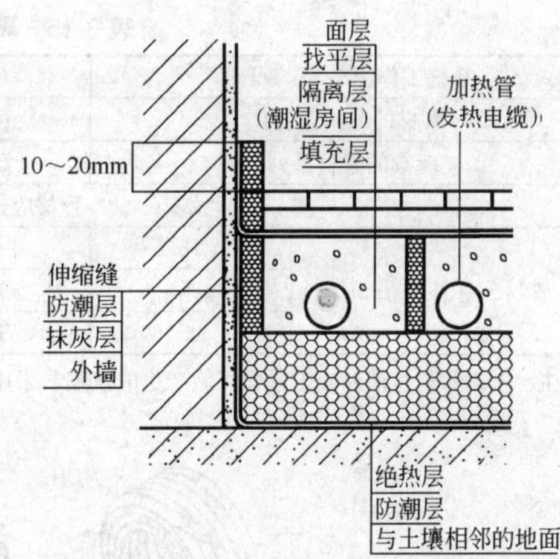

图 3-5　与土壤相邻的地面构造示意图

内层和外层为密度≥0.94g/cm³ 的交联聚乙烯、中间层为增强铝管、层间用热熔胶紧密粘合为一体的管材。

管材的一般物理力学性能包括：

1）密度：≥0.940g/cm³（交联聚乙烯层）；

2）纵向长度回缩率：≤2%；

3）蠕变特性及检测点液体压力：2.2MPa，95℃，10h；

4）交联度：≥65%（硅烷交联）；

5）断裂延伸率：≥350%（23±1℃）；

6）导热系数：≥0.45W/m·K；

7）线膨胀系数：0.025mm/m·K；

8）铝层：抗拉屈服强度≥100MPa，断裂延伸率应≥20%；

9）胶粘层：专用热熔胶密度≥0.926，熔融指数≥1g/10min，断裂延伸应≥400%，T 剥离强度≥70N/45mm；

10）设计许用应力及壁厚选择，可按交联聚乙烯（PE—X）管。

（2）聚丁烯（PB）管

由聚丁烯-1 树脂添加适量助剂，经挤出成型的热塑性管材。

管材的一般物理力学性能包括：

1）密度：≥0.920g/cm³；

2）纵向长度回缩率：≤2%；

3）热稳定性试验：环应力 2.4MPa、110℃热空气中 8760 小时无破坏或泄漏；

4）蠕变特性及检测点环应力：15.5MPa、20℃，>1h；环应力：6.0MPa，95℃、>1000h；

5）维卡软化点：113℃；

6）抗拉屈服强度：≥17MPa（23±1℃）；

7）断裂延伸率：≥280%（23±1℃）；

8）导热系数：0.33W/m·K；

9）线膨胀系数：0.130mm/m·K；

10）在使用条件下分级：5 级条件下，σ_{Δ}=4.31MPa，见表 3-15。

11）带套管的聚丁烯盘管外形及尺寸，见图 3-6。

表 3-15 聚丁烯（PB）管选择

系统工作压力 P_D/MPa		0.4	0.6	0.8	1.0
管材的 $S_{calc,max}$ 值		10.9	7.2	5.4	4.3
应选的管材系列		S10	S6.3	S5	S4
管材应选的最小壁厚/mm					
管材公称外径/mm	16	1.3	1.3	1.5	1.8
	20	1.3	1.5	1.9	2.3
	25	1.3	1.9	2.3	2.8

注：考虑管材生产和施工过程可能产生的缺陷，采用壁厚不宜小于 2mm。

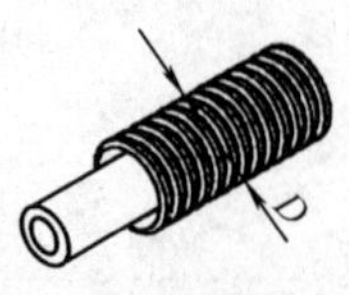

管材公称外径(mm)	D(mm)
16	25
20	30
25	24

图 3-6 聚丁烯盘管尺寸

（3）交联聚乙烯（PE-X）管

以密度≥0.94g/cm³ 的聚乙烯或乙烯共聚物，添加适量助剂，通过化学的或物理的方法，使其线型的大分子交联成三维网状的大分子结构，由此种材料制成的管材。

管材的一般物理力学性能包括：

1）密度：≥0.940g/cm³；

2）纵向长度回缩率：≤2%；

3）蠕变特性及检测点环应力：12.0MPa、20℃，>1h；环应力：4.4MPa，95℃、>1000h；

4）交联度：≥65%（硅烷交联）；

5）维卡软化点：123℃；

6）抗拉屈服强度：≥17MPa（23±1℃）；

7）断裂延伸率：≥400%（23±1℃）；

8）导热系数：0.41W/m·K；

9）线膨胀系数：0.200mm/m·K；

10）在使用条件下分级：5 级条件下，σ_Δ=3.24MPa，见表 3-16。

表 3-16 交联聚乙烯（PE-X）管选择

系统工作压力 P_D/MPa		0.4	0.6	0.8	1.0
管材的 $S_{calc,max}$ 值		7.6	5.4	4.0	3.2
应选的管材系列		S6.3	S4	S4	S3.2
管材应选的最小壁厚/mm					
管材公称外径/mm	16	1.3	1.5	1.8	2.2
	20	1.5	1.9	2.3	2.8
	25	1.9	2.3	2.8	3.5

注：考虑管材生产和施工过程可能产生的缺陷，采用壁厚不宜小于 2mm。

（4）无规共聚聚丙烯（PP-R）管

以丙烯和适量乙烯的无规共聚物，添加适量助剂，经挤出成型的热塑性管材。

管材的一般物理力学性能包括：

1）密度：≥0.89～0.91g/cm³；

2）纵向长度回缩率：≤2%；

3）热稳定性试验：环应力 1.9MPa、110℃热空气中 8760 小时无破坏或泄漏；

4）蠕变特性及检测点环应力：16.5MPa、20℃，>1h；环应力：3.5MPa，95℃、>1000h；

5）维卡软化点：140℃；

6）抗拉屈服强度：≥27MPa（23±1℃）；

7）断裂延伸率：≥700%（23±1℃）；

8）导热系数：0.37W/m・K；

9）线膨胀系数：0.180mm/m・K；

10）在使用条件下分级：5 级条件下，σ_{Δ}=4.31MPa，见表 3-17。

表 3-17　无规共聚聚丙烯（PP-R）管

系统工作压力 P_D/MPa		0.4	0.6	0.8	1.0
管材的 $S_{calc,max}$ 值		4.8	3.2	2.4	1.9
应选的管材系列		S3.2	S3.2	S2	无适合
管材应选的最小壁厚/mm					
管材公称外径/mm	16	2.2	2.2	3.3	—
	20	2.8	2.8	4.1	—
	25	3.5	3.5	5.1	—

注：考虑管材生产和施工过程可能产生的缺陷，采用壁厚不宜小于 2mm。

3. 低温热水地板辐射采暖系统工程安装施工

（1）技术准备

1）根据施工方案确定的施工方法和技术交底要求，做好施工准备工作。

2）核对管道坐标、标高、排列是否正确合理。

3）按照设计图纸，画出房间、部位、管道分路、管径、甩口施工草图。

（2）材料要求

1）管材。

① 与其他供暖系统共用同一集中热源水系统，且其他供暖系统采用钢制散热器等易腐蚀构件时，PB 管、PE-X 管和 PP-R 管宜有阻氧层，以有效防止渗入氧而加速对系统的氧化腐蚀。

② 管材的外径、最小壁厚及允许偏差，应符合相关标准要求。

③ 管材以盘管方式供货，长度不得小于 100m/盘。

2）管件。

① 管件与螺纹连接部分配件的本体材料，应为锻造黄铜。使用 PP-R 管作为加热管时，与 PP-R 管直接接触的连接件表面应镀镍。

② 管件的外观应完整、无缺损、无变形、无开裂。

③ 管件的物理力学性能，应符合相关标准要求。

④ 管件的螺纹应完整，如有断丝和缺丝，不得大于螺纹全丝扣数的 10%。

3）绝热板材。

① 绝热板材宜采用聚苯乙烯泡沫塑料，其物理性能应符合下列要求：

a. 密度不应小于 20kg/m³；

b. 导热系数不应大于 0.05W/m・K；

c. 压缩应力不应小于 100kPa；

d. 吸水率不应大于 4%；

e. 氧指数不应小于 32。

注：当采用其他绝热材料时，除密度外的其他物理性能应满足上述要求。

② 为增强绝热板材的整体强度，并便于安装和固定加热管，对绝热板材表面可分别做如下处理：

a. 敷有真空镀铝聚酯薄膜面层；

b. 敷有玻璃布基铝箔面层；

c. 铺设低碳钢丝网。

4）材料的外观质量。

① 管材和管件的颜色应一致，色泽均匀，无分解变色。

② 管材的内外表面应光滑、清洁，不允许有分层、针孔、裂纹、气泡、起皮、痕纹和夹杂，但允许有轻微的、局部的、不使外径和壁厚超出允许偏差的划伤、凹坑、压入物和斑点等缺陷。轻微的矫直和车削痕迹、细划痕、氧化色、发暗、水迹和油迹，可不作为报废处理。

5）材料检验。

材料的抽样检验方法，应符合国家标准《逐批检查抽样程序及抽样表》（GB/T2828）的规定。

（3）主要机具

1）机具：试压泵、电焊机、手电钻、热烙机等。

2）工具：管道安装成套工具、切割刀、钢锯、水平尺、钢卷尺、角尺、线板、线坠、铅笔、橡皮、酒精等。

（4）作业条件

1）土建地面已施工完，各种基准线测放完毕。

2）敷设管道的防水层、防潮层、绝热层已完成，并已清理干净。

3）施工环境温度低于 5℃时不宜施工。必须冬季施工时，应采取相应的措施。

（5）施工工艺流程

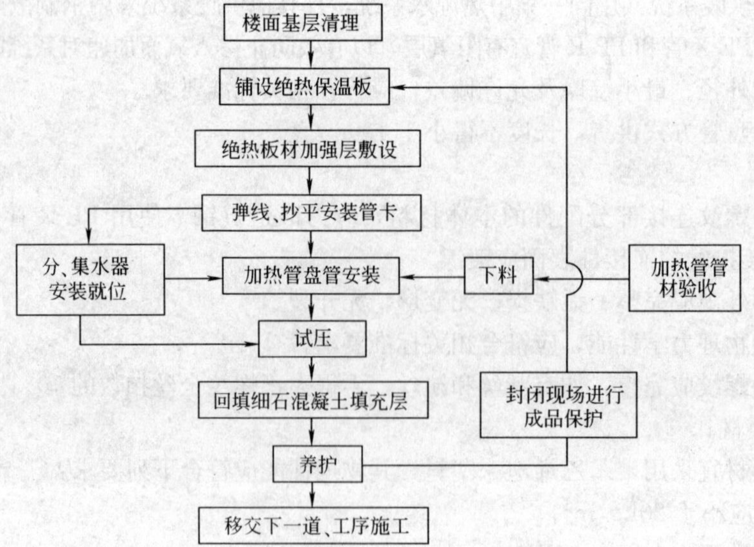

（6）施工工艺要点

1）楼地面基层清理。

凡采用地板辐射采暖的工程在楼地面施工时，必须严格控制表面的平整度，仔细压抹，其平整度允许误差应符合混凝土或砂浆地面要求。在保温板铺设前应清除楼地面上的垃圾、浮灰、附着物，特别是油漆、涂料、油污等有机物必须清除干净。

2）绝热板材铺设。

① 房间周围边墙、柱的交接处应设绝热板保温带，其高度要高于细石混凝土回填层。

② 绝热板应清洁、无破损，在楼地面铺设平整、搭接严密。绝热板拼接紧凑，间隙为10mm，错缝铺设，板接缝处全部用胶带粘接，胶带宽度 40mm。

③ 房间面积过大时，以 6000mm×6000mm 为方格留伸缩缝，缝宽 10mm。伸缩缝处，用厚度 10mm 绝热板立放，高度与细石混凝土层平齐。

3）绝热板材加固层的施工（以低碳钢丝网为例）。

① 钢丝网规格为方格不大于 200mm，在采暖房间满布，拼接处应绑扎连接。

② 钢丝网在伸缩缝处不能断开，铺设应平整，无锐刺及跷起的边角。

4）加热盘管敷设。

① 加热盘管在钢丝网上面敷设，管长应根据工程上各回路长度酌情定尺，一个回路尽可能用一盘整管，应最大限度地减小材料损耗。填充层内不许有接头。

② 按设计图纸要求，事先将管的轴线位置用墨线弹在绝热板上，抄标高、设置管卡，按管的弯曲半径≥10D（D 指管外径）计算管的下料长度，其尺寸偏差控制在±5%以内。必须用专用剪刀切割，管口应垂直于断面处的管轴线。严禁用电、气焊、手工锯等工具分割加热管。

③ 按测出的轴线及标高垫好管卡，用尼龙扎带将加热管绑扎在绝热板加强层钢丝网上，或者用固定管卡将加热管直接固定在敷有复合面层的绝热板上。同一通路的加热管应保持水平，确保管顶平整度为±5mm。

④ 加热管固定点的间距，弯头处间距不大于 300mm，直线段间距不大于 600mm。

⑤ 在过门、过伸缩缝、过沉降缝时，应加装套管，套管长度≥150mm。套管比盘管大两号，内填保温边角余料。

5）分、集水器安装。

① 分、集水器安装可在加热管敷设前安装，也可在敷设管道回填细石混凝土后与阀门、水表一起安装。安装必须平直，牢固，在细石混凝土回填前安装需作水压试验。

② 当水平安装时，一般宜将分水器安装在上，集水器安装在下，中心距宜为 200mm，且集水器中心距地面不小于 300mm。

③ 当垂直安装时，分、集水器下端距地面应不小于 150mm。

④ 加热管始末端出地面至连接配件的管段，应设置在硬质套管内。加热管与分、集水器分路阀门的连接，应采用专用卡套式连接件或插接式连接件。

6）细石混凝土层施工。

① 在加热管系统试压合格后方能进行细石混凝土层回填施工。细石混凝土层施工应遵循土建工程施工规定，优化配合比设计、选出强度符合要求、施工性能良好、体积收缩稳定性好的配合比。建议强度等级应不小于 C15，卵石粒径宜不大于 12mm，并宜掺入适量防止龟裂的添加剂。

② 浇筑细石混凝土前，必须将敷设完管道后的工作面上的杂物、灰渣清除干净（宜用小型空压机清理）。在过门、过沉降缝处、过分格缝部位宜嵌双玻璃条分格（玻璃条用 3mm 玻璃裁划，比细石混凝土面低 1～2mm），其安装方法同水磨石嵌条。

③ 细石混凝土在盘管加压（工作压力或试验压力不小于 0.4MPa）状态下浇筑，回填层凝固后方可泄压，填充时应轻轻捣固，浇筑时不得在盘管上行走、踩踏，不得有尖锐物件损伤盘管和保温层，要防止盘管上浮，应小心下料、拍实、找平。

④ 细石混凝土接近初凝时，应在表面进行二次拍实、压抹，以防止顺管轴线出现塑性沉缩裂缝。表面压抹后应保湿养护 14 天以上。

7）检验。

① 中间验收：

地板辐射采暖系统，应根据工程施工特点进行中间验收。中间验收过程，从加热管道敷设和热媒分、集水器装置安装完毕进行试压起至混凝土填充层养护期满再次进行试压止，由施工单位会同监理单位进行。

② 水压试验：

浇捣混凝土填充层之前和混凝土填充层养护期满之后，应分别进行系统水压试验。水压试验应符合下列要求：

水压试验之前，应对试压管道和构件采取安全有效地固定和养护措施。

试验压力应为不小于系统静压加 0.3MPa，但不得低于 0.6MPa。

冬季进行水压试验时，应采取可靠的防冻措施。

③ 水压试验应按下列步骤进行：

a. 经分水器缓慢注水，同时将管道内空气排出；

b. 充满水后，进行水密性检查；

c. 采用手动泵缓慢升压，升压时间不得少于 15min；

d. 升压至规定试验压力后，停止加压 1h，观察有无漏水现象；

e. 稳压 1h 后，补压至规定试验压力值，15min 内的压力降不超过 0.05MPa、无渗漏为合格。

8）调试。

① 系统调试条件：

供回水管全部水压试验完毕符合标准；管道上的阀门、过滤器、水表经检查确认安装的方向和位置均正确，阀门启闭灵活；水泵进出口压力表、温度计安装完毕。

② 系统调试：

热源引进到机房通过恒温罐及采暖水泵向系统管网供水。调试阶段系统供热温度起始温度为常温 25℃～30℃范围内运行 24h，然后缓慢逐步提升，每 24h 提升不超过 5℃，在 38℃恒定一段时间，随着室外温度不断降低再逐步升温，直至达到设计水温，并调节每一通路水温达到正常范围。

9）竣工验收。

符合以下规定，方可通过竣工验收：

① 竣工质量符合设计要求和施工验收规范的有关规定；

② 填充层表面不应有明显裂缝；

③ 管道和构件无渗漏；

④ 阀门开启灵活、关闭严密。

(7) 质量验收要点

1) 地面下敷设的盘管埋地部分不应有接头。

检验方法：隐蔽前现场查看。

2) 盘管隐蔽前必须进行水压试验，试验压力为工作压力的 1.5 倍，但不小于 0.6MPa。

检验方法：稳压 1h 内压力降不大于 0.05MPa 且不渗不漏。

3) 加热盘管弯曲部分不得出现硬折弯现象，曲率半径应符合下列规定：

① 塑料管：不应小于管道外径的 8 倍。

② 复合管：不应小于管道外径的 5 倍。

检验方法：尺量检查。

4) 水表、过滤器、排气阀及截止阀或球阀的型号、规格、公称压力及安装位置应符合设计要求。

检验方法：对照图纸检验产品合格证。

5) 分、集水器装置的安装及分户热计量系统入户装置，应符合设计要求。安装位置应便于检修、维护和观察。

检验方法：对照图纸及产品说明书，尺量检查，现场观察。

6) 加热管始末端出地面至连接配件的管段，应设置在硬质套管内。加热管与分、集水器装置的连接，应采用专用卡套式连接件或插接式连接件。

检验方法：观察检查。

7) 加热盘管管径、间距和长度应符合设计要求，间距偏差不大于±10mm。

检验方法：拉线和尺量检查。

8) 同一通路的加热管应保持水平，管顶平整度控制在±5mm 内。

检验方法：尺量和观察检查。

9) 填充层强度等级应符合设计要求。

检验方法：做试块抗压试验。

10) 混凝土填充层浇捣和养护过程中，系统应保持不小于 0.4MPa 的余压。

检验方法：现场抽查，并检查工序施工记录。

11) 加热管与分、集水器装置牢固连接后，或在填充层养护期后，应对加热管每一通路逐一进行冲洗，至出水清为止。

检验方法：观察和检查管路冲洗记录。

12) 热管始末端的适当距离内或其他管道密度较大处，当管间距≤100mm 时，应采取保温措施。

检验方法：观察和检查管路。

13) 防潮层、防水层、隔热层及伸缩缝应符合设计要求。

检验方法：填充层浇灌前观察检查。

(8) 成品保护

1) 各类塑料管和绝热板材在运输、搬运过程中，不能有划伤、压伤、折断等损伤，轻装、轻卸，不能拖拉运送，在敷设前应认真检查，发现不合格者绝对不能使用，并对不合格产品做标记，另行堆放。

2) 各类塑料管和绝热板材，不得接触明火。

3）在加热管开始敷设至隐蔽之前，杜绝交叉施工，防止践踏、落物砸伤，在施工现场要标注提示牌，严禁闲杂人员误入。

4）若主体完工直接交付给业主或交给装修施工单位进行下道工序时，应给装修队伍发出地面装修施工须知，进一步完善成品保护。

3.1.4 节能型建筑天棚低温辐射采暖制冷技术

节能型建筑天棚低温辐射采暖制冷系统主要是取代暖气片及户式空调系统，应用辐射的传热效率高，比对流和导热的方式快。天棚辐射采暖制冷是将聚丁烯盘管敷设在顶部混凝土板内，通过载体的不断循环加热或对顶板降温，传热以辐射为主的新方法。在夏季将冷水通入埋在混凝土中的聚丁烯盘管里，冷水在夏季供水温度为20℃，回水温度为22℃，通过2℃温差来吸收室内热量，有效地解决了夏季降温问题；而在冬季，聚丁烯盘管内供水温度为28℃，回水温度为26℃，同样是通过2℃温差来向室内辐射热量，其均匀的温度创造了最佳的舒适环境，取得良好的经济效益和社会效益。

1. 技术特点

(1) 在低能耗采暖制冷设备上有所突破，以实现建筑的真正高舒适度低能耗，环保节能。采用低温差辐射方式的特点是采暖和制冷的效率高于空气对流，其辐射传热形式无其他传热形式引起的空气对流所造成的不适感。

(2) 采用在埋设于混凝土楼板中的水管内流通循环水的方式进行工作，具有简单易学、操作方便、节约能源、环保和舒适度高等特点。

(3) 天棚低温辐射采暖制冷系统改善了室内卫生环境和舒适环境的质量标准，解决了建筑物需要消耗大量的能源，减少了能源造成大量的环境污染。

(4) 天棚低温辐射采暖制冷系统属于低能耗建筑的重要部分，它不仅可以降低建筑使用中制冷和采暖的能量消耗，还可以降低设备使用的功率强度，降低建筑使用的长期投入。

(5) 天棚低温辐射采暖制冷系统工作自动控制，没有热惯性的影响。由于制冷和采暖的负荷强度降低到了一定范围，所以系统提供制冷和采暖的工作温度可以控制在舒适范围之内，这样系统的工作就无形地处在了无控制系统的自动控制工作状态之下，不会因气候和使用条件的变化而出现室内过热和过冷的现象。

2. 适用范围

适用于寒冷、炎热及高温度及高湿度地区。各类工业和民用建筑的天棚采暖和制冷系统，特别适用于高舒适度低能耗建筑的采暖和制冷系统。

3. 材料性能

主要材料为国产PB管（聚丁烯管），管径分25mm和32mm两种。PB管外表不得有划痕。PB管之间用丙烯酸酯型密封乳胶连接。材料性能符合规范要求。系统运行时管内通20～28℃的水，最大水压为7～8kg。

在此工作压力下，该PB管使用年限与整楼的使用年限与建筑物的使用年限相同相同。

采用PB管用于天棚采暖降温系统将比其他管材要有更高的保险系数，PB管能保证在几十年后仍能承受较大的压力而不出现损坏。

4. 工艺原理

天棚低温辐射采暖制冷系统是一种低能耗采暖制冷设备，它的工作温度控制在20～28℃这个低温范围之内，采用“辐射”这种高效热交换方式。本系统采用埋设在混凝土楼板（天棚）中的PB管内流通循环水对天棚加热或降温，天棚再向室内进行辐射的方式进行工作。夏季供应空调冷水，供水水温为20℃，回水水温为22℃；冬季供应采暖热水，供水水温为28℃，回水水温为26℃。本系统传热介质为低温热水，属环保、节能型项目。

在工程的每个分、集水器前均安装了自力式流量平衡阀，解决了水力失调问题，以保证每个分、集水器的使用压力。在分室户内控制方面，于分、集水器供水回路上加装远传温控阀，使各个房间内可通过调节旋钮来对室温进行随意的控制或开断，自动控制在舒适范围内，并有着较好的保持作用。

（1）制冷原理

夏季它是依靠埋在混凝土楼板中的PB管路系统送20℃的凉水进行工作。其特点是制冷效率高、辐射均匀、制冷无气流感和噪声，冷却的楼板可以吸收室内大量的多余热量，并通过系统的循环水带走。当制冷期间室外气温出现陡降情况、温度等于或低于舒适温度时，系统中的循环水会自动停止制冷，或进而进行室内辐射采暖。系统这种自身的工作原理可以使系统具有很好的自动调温性能。

（2）采暖原理

冬季系统送水温度控制28℃左右这个低温范围进行采暖，依靠遍布于天棚内的盘管将天棚均匀加热，天棚再向室内进行热辐射。当因日照室内自由温度上升至人体舒适范围时，系统会自动停止热交换，节省能源，详见图3-7。

5. 工艺流程

（1）天棚采暖制冷系统构造

本系统是将PB管预埋设于200mm厚楼板现浇层的下铁之上、水电管线及上铁之下的混凝土中（见图3-8），通过辐射方式进行热交换。

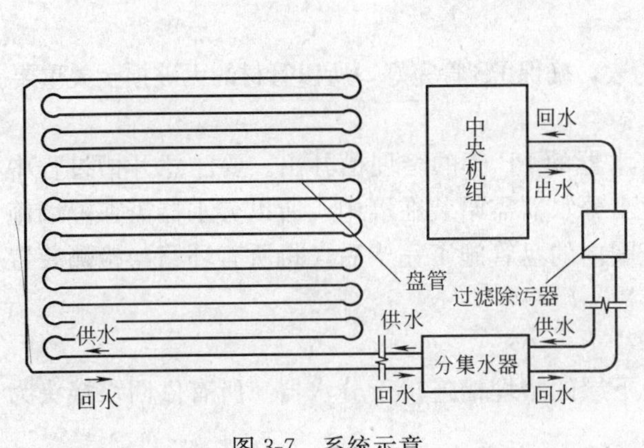

图3-7　系统示意

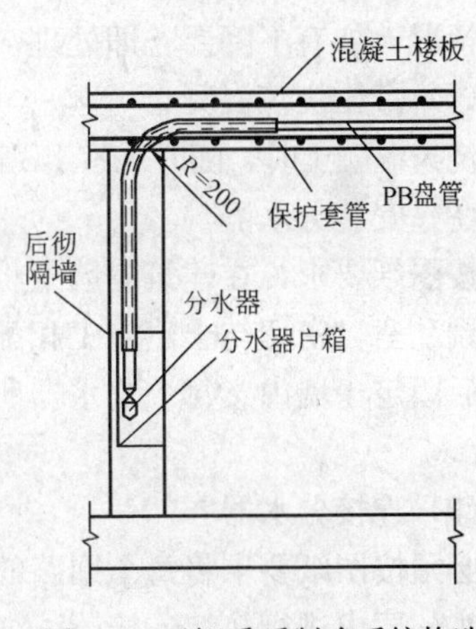

图3-8　天棚采暖制冷系统构造

（2）具体工艺流程

安装准备→支模板→绑扎下层钢筋→划线打孔→套管安装→排管安装→配合→打压试验→水电专业管道敷设→绑扎上层钢筋→浇筑混凝土→安装分水器→连接分水器→连接主立管→综合打压调试

6. 施工方法

（1）安装准备

在施工前，需要准备好设计图纸及其他相关技术文件，组织好施工力量和机具，并对施工人员进行技术交底，使工人了解建筑结构、施工方案及其与其他工种的配合措施，安装人员应熟悉管材的一般性能，掌握基本操作要点，严禁盲目施工。

（2）划线打孔

在土建已支好的模板上，根据设计图纸标出PB管敷设的位置线路，然后将引至分水器的供水、回水管在模板上打好孔。

（3）套管安装

当供水和回水管穿楼板洞引至分、集水器时，该段PB管路需套上塑料保护管，以保证PB管完好，无破损及事故发生。

（4）排管、安装

严格按照设计图纸上的盘管布置施工，以相应的间距按划好的线将PB管用尼龙绑扎带紧固在楼板下排结构钢筋上（详见图3-9）。注意PB管安装与外墙的间距不小于20cm。排管时不得将管扭曲或折叠，同时保证弯曲直径不小于400mm。

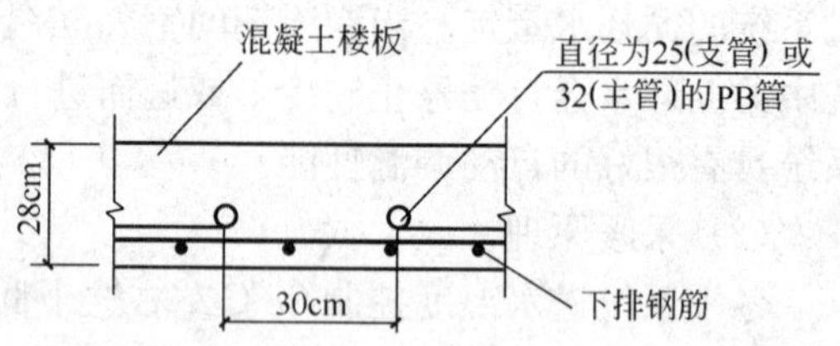

图3-9　PB管埋设剖面

（5）配合

由于系统要求在土建每层楼板绑扎钢筋过程中加入一个工序，因此，所有PB排管的工作必需要与土建紧密结合起来，双方而共同商讨合理的施工工序和流水段，进行有序的交叉作业，尽量减少上间隔时间。

（6）打压试验

连接各环路，充气打压，浇筑混凝土时，充气压力保持0.3MPa。密切观察PB盘管中压力的情况，如有下降要立即处理。

（7）带压浇筑混凝土

浇筑混凝土时，随时观察PB管及压力表，确保PB管完好，所以管材的无破损至关重要。

（8）安装分水器

按图纸要求，在建筑隔墙上将连接分水器的PB管的暗埋槽开出。要注意开槽过程中不得乱剔乱凿，密切与土建施工相配合。由于分水器需暗装在墙中，所以分水器需在隔墙施工完毕后固定于墙内。每个分水器所控制范围内的盘管施工完毕后，将所有环路与检测装置相连接。

（9）连接分水器

必须按图纸要求将每个回路的管道沿下层的暗埋槽连接于分水器。所有供回水接头为专用接头，要求进行热熔连接。

（10）连接主立管，进行综合打压、调试

在每组分水器安装完毕后，进行系统的最终压力检测。开始加压至0.3MPa后停止加压。由于塑料管膨胀等诸多原因，系统会出现一定的降压，此过程要求保持1小时，观察有无泄漏现象。

7. 机具设备

小型空气压缩机、专用剪管器、热熔机、活动扳手、钢卷尺等。

8. 劳动组织

每栋号设一个施工管理组（一名组长，按流水段面积大小配备6～10名施工人员）和一名专职质量管理员（负责打压试验和报验）。

9. 质量要求和保证措施

应按照 GB 50242—2002《建筑给水排水及采暖工程施工质量验收规范》、GB 50243—2002《通风与空调工程施工质量验收规范》及 DBJ/T 01—49—2000《低温热水地板辐射供暖应用技术规程》的相关要求制定严格的质量控制项目。

（1）质量主控项目

1）盘管时施工现场气温必须在0℃以上。

2）混凝土内盘管部分不得有接头。

3）盘管弯曲部分不得出现硬折弯现象，曲率半径不应小于管道外径的8倍。

4）系统安装完毕，管道应进行水压试验。试验压力应符合设计要求。当设计未注明时，热水供应系统水压试验压力应为系统顶点工作压力的1.5倍，且不小于0.6MPa。系统在试验压力下稳压1h内压力降不大于0.05MPa，且各连接处不渗不漏。

（2）质量一般项目

1）分、集水器型号、规格、公称压力及安装位置、高度等应符合设计要求。

2）加热盘管管径、间距和长度应符合设计要求，间距偏差不大于±10mm。

3）防潮层、防水层、隔热层及伸缩缝应符合设计要求。

4）填充层强度应符合设计要求。

（3）质量保证措施

本系统PB管在楼板内不允许有任何接头，但由于该PB管易受伤害，因此在结构施工中PB管的成品保护问题就成为了一个重点和难点，是天棚采暖制冷系统成败的关键。为保证PB管安装工作的质量，不出现管接头，在结构施工中制定了严格的奖惩办法和严格的管理制度以及相应的技术措施加以保护。

1）划分布置流水段时结合PB管布置情况，将施工缝留置在PB管尽量少的部位，以降低下一阶段施工时对PB管的破坏几率。

2）顶板施工人员要固定，并提前培训交底，要求挂牌上岗。不经培训，人员不得进入顶板施工现场。设专人在作业层监督检查，进行成品保护。

3）钢筋下铁绑扎电盒固定后，钢筋工种与PB管施工进行交接检，PB管铺设后，PB管与水电工种进行交接检。

4）PB管的固定只允许用尼龙绑带，不许用铁丝。PB管出楼面处、施工缝处、大梁处加聚乙烯保护套管，套管长度为穿过点前后最少各1m。

5）为保证PB管的完整性，在结构施工的工作面上存料时，采用落地平台，工作面上搭马凳跳板作为施工人员马道。马凳摆放位置保证离PB管100mm以上，并固定牢固。不允许任何人踩踏PB管。

6）在PB管敷设区内电焊作业时要采用湿石棉布覆盖，防止施焊时火花飞溅到PB管上，施焊后要对焊接部位及时浇水降温。电焊机接地线接地要牢固，不虚接；焊把线确保绝缘。

7）钢制电线管采用支架支护，避免任何情况下出现挤压其下部PB管的现象，支架应绑在下铁钢筋的交叉点上，支撑一个构件。

8）充气打压后浇筑混凝土（充气压力为0.3MPa），并带压浇筑混凝土。浇筑混凝土时禁止用铁锹直接铲混凝土，防止伤管。大面振捣采用平板式表面振动器。局部使用振捣棒振捣时，避免直接接触PB管。

10. 安全措施

(1) 施工人员进入现场必须戴好安全帽，管道井内作业必须系挂好安全带。

(2) 塔吊运送 PB 管时，材料要绑紧，防止滑落。

(3) 机械必须设置防护措施，每台机械必须一机一闸，并设漏电保护开关。

11. 效益分析

(1) 节约能源：水温控制在 20～28℃之间，根据天气变化自动进行温度调节，可节约大量燃烧资源。

(2) 增加使用面积：由于此采暖制冷管线埋设在结构中，不占用建筑空间，因此可增加住户的有效使用面积，节约用户的费用。

(3) 减少污染：由于节约燃烧资源，减少了烟雾的排放，自然减少了环境污染。

(4) 舒适度高：由于系统有很好的自动调节功能，室内无气流感和噪声。

(5) 低能耗：用户冬夏两季采暖和降温适用费用降低，采暖和制冷使用同一系统，设备投入简化，设备的功率低，降低了成本。

3.1.5 新型采暖散热器及其安装技术

1. 散热器安装的基本要求

(1) 散热器的组对

1) 散热器组对前先检查外观是否有破损、砂眼、须认真清除内部杂物，刷底漆前必须清除表面的灰尘、砂粒、污垢锈班和焊渣等。

2) 组对散热器所用的橡胶石棉垫厚度不超过 1.5mm，使用前用机油或铅油浸泡，随用随浸，组对的散热器应平直紧密，垫片不得露出颈外。

3) 散热器的组装片数和长度一般不宜超过：

① 片式散热器：柱型（每片长 50～60mm）为 25 片，（每片长 80mm）20 片；其他片式散热器的组装长度为 1.6m；②光面管散热器长度为 4.0m。

(2) 散热器的试压

散热器组对后，以及整组出厂的散热器在安装之前应进行水压试验，试验压力如设计无要求时，应为工作压力的 1.5 倍，但不小于 0.6MPa，试验时间为 2～3min，压力不降且不渗为合格。

(3) 散热器的安装

1) 将试压合格的铸铁散热器刷防锈底漆两遍及色漆两遍。

2) 带足的柱型散热器，安装足片时其数量 14 片以下为 2 片；14～25 片为 3 片，上部固定使用托架钩或卡子。

3) 散热器支托架埋设应平整牢固，数量和位置参照表 3-18。

4) 散热器宜安装在外墙窗台下，当安装或布置管道有困难时，也可靠内墙安装。

5) 挂墙安装的散热器，距地面高度按设计要求确定。设计无要求时，无窗台板下部距地不少于 70mm，上部不高出窗台板下皮。

6) 散热器与管道的连接要安装可拆装的连接件。

7) 散热器支管长度大于 1.5 米时，在中间安装管卡托钩。

8) 热水双管系统连接散热器的回水支管上是否装设阀门由设计定。

9) 散热器在安装前应与所选厂家产品样本核对后，做好预留预埋，安装尺寸以产品样本为准。

表 3-18　散热器支、托架位置

散热器形式	片数或米数	散热器支、托架位置示意图
1. 扁管及板式散热器		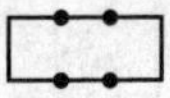
2. 柱型、柱翼型散热器（挂墙）	3～8 片 9～12 片 13～16 片 17～20 片 21～25 片	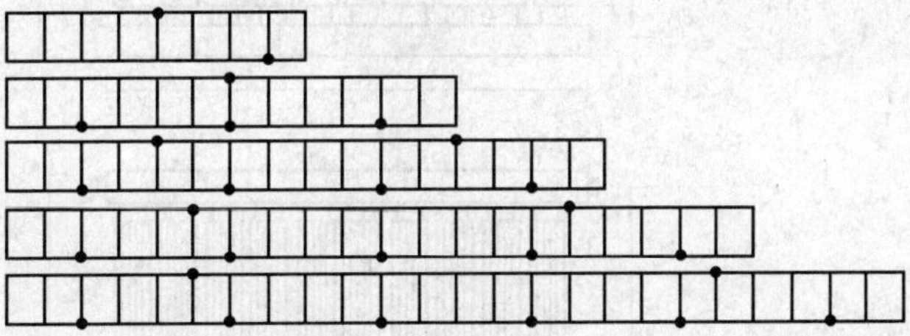
3. 柱型、柱翼型散热器（带足落地）	3～12 片 13～25 片	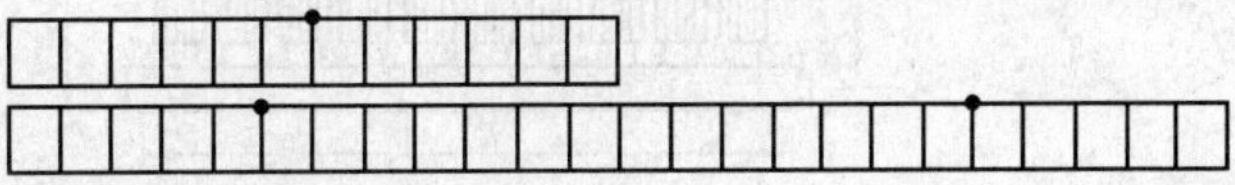
4. 辐射对流散热器不带足	4～8 片 9～15 片 16～20 片 21～25 片	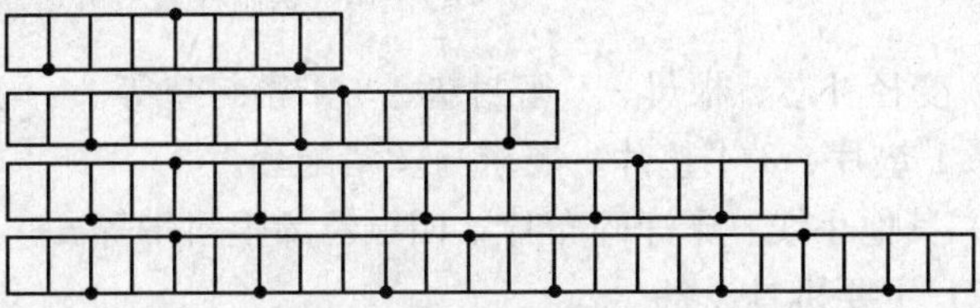
5. 光排管散热器	1.5、2.0 米 2.5、3.0 米 3.5、4.0 米	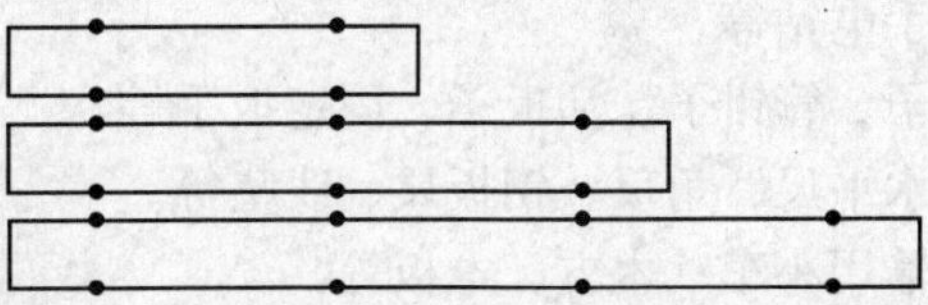

2. 铝制柱翼型耐蚀节能散热器安装

(1) 设备、材料要求

1) 铝制柱翼型耐蚀节能散热器

铝制柱翼型采暖散热器要求铝合金材质符合 GB/T5237 标准规定，采用铝合金牌号为 LD31，用硬钎焊焊制而成，散热器内腔应采用耐蚀材料处理，高温固化散热器工作压力不小于 0.8MPa，热媒温度不大于 95℃，适用水质 PH 值不大于 12，氯离子含量不大于 120×10^{-6}。表面采用静电喷塑，颜色应符合设计要求。产品应有生产厂家注册商标、质量合格证，其名称、规格、工作压力及试验压力（试验压力为工作压力的 1.5 倍），均应符合设计的规定铝制柱翼型散热器示意图见图 3-10。

2) 铝制柱翼型耐蚀节能散热器专用配件

① 托钩（或挂板）：应与散热器的型号、规格相配套。

② 膨胀螺栓、螺帽、螺垫：要求相互配套，挂板等的膨胀螺栓应与挂板、托架配套，其螺纹应符合有关规定。

③ 补芯、放气丝堵、疏通孔丝堵。要求为钢铝复合材料制成，其螺纹应符合《采暖散热器系列参数、螺纹及配件》（JG/T6）标准的规定。

④ 专用出水阀门、专用进水阀门：要求采用钢铝复合材料制成，避免铝制螺纹直接与钢管相连接。

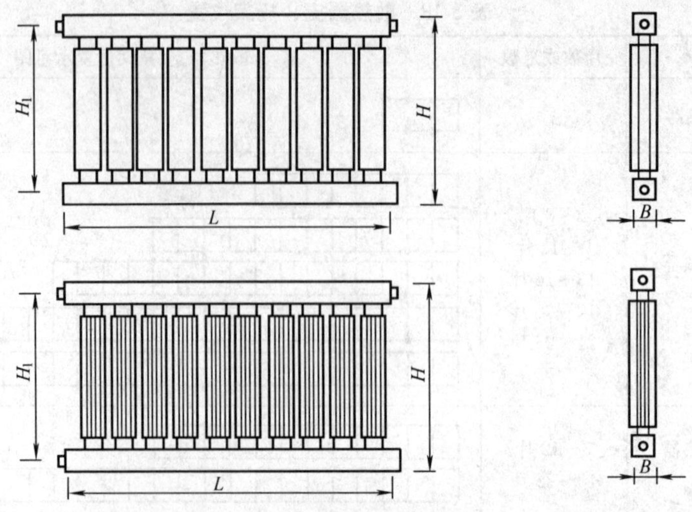

图 3-10　铝制柱翼型散热器示意

⑤ 变径补芯、根母、1″密封垫、3/4″密封垫等。

⑥ 1″垫片、3/4″垫片，要求与丝堵配套。

3）其他小线、干净碎布片，四氟乙烯生料带等。

（2）主要机具设备

1）冲击钻或手电钻等。

2）手锤、钎子、管钳子、活扳子、固定扳手等。

3）钢卷尺、水平尺、角尺、钢板尺、线坠等。

4）散热器运输用小车、木方、木板等。

（3）作业条件

1）建筑施工主体工程已经全部完工，安装散热器的墙面已经抹完灰，刷面漆或局部做了喷涂。如果建筑装修标准较高时，应在墙面抹完底子灰后，先进行试安装，然后再卸下，待建筑完成装修后再正式安装散热器。

2）安装施工设计图已经过会审，并向安装施工人员进行了图纸、技术、质量、安全交底。

3）室内供暖干管、立管已经完成，立管上的预留支管甩口位置准确。

4）铝制柱翼型耐蚀散热器及其专用配件、材料已经全部进场，能满足安装的连续施工。

5）现场的水源、电源及照明条件具备。

6. 安装散热器的地方先将障碍物清理干净。

（4）安装施工工艺

工艺流程：

托钩（或挂板）安装 → 散热器安装 → 散热器进出口处的连接

1）托钩（或挂板）安装。

① 托钩（或挂板）定位：

a. 先根据设计图纸中供暖系统中散热器的布置尺寸，找出房间里散热器所安装位置上的窗口或墙面，量尺取窗口或墙面的一半，在其中点吊线坠，弹画出散热器安装的垂直中心线。

b. 根据设计要求的散热器型号、规格，从表 3-19 中查得散热器的进、回水接管的中心距（300mm～3000mm），查图纸得安装标高，在弹画的散热器安装的垂直中心线上，自室内地面标高线向上量散热器距地面标高尺寸（100～250mm）得出交点 A，从 A 点向上量取散热器总高减去与同侧进出口中心距差值后的数得出 B 点。

表 3-19　散热器规格尺寸及技术参数

规格/mm		300	400	500	600	740	1250	1550	1850	2050	2550	3050
总高 H/mm		340	440	540	640	740	1250	1550	1850	2050	2550	3050
同侧进出口中心距 H_1/mm		300	400	500	600	900	1200	1500	1800	2000	2500	3000
柱距 A/mm		100										
单柱宽 B(mm)		46										
接口尺寸/in		G3/4″～G1″										
单柱长 L_1	LZY0.88−155		$L'=80$		LZY0.8−8−180		$L'=80$		LZY−0.7−8−131		$L'=69$	
总长 L		$L=100\times$柱数				$L=100\times$柱数				80×柱数+10		
水容重/(kg/柱)	80	0.5	0.54	0.62	0.65	0.81	0.97	1.18	1.29	1.39	1.66	1.92
	80	0.55	0.63	0.7	0.77	1.0	1.21	1.44	1.65	1.74	2.17	2.56
	69	0.44	0.48	0.53	0.58	0.74	0.88	1.01	1.15	1.24	1.47	1.70
散热面积/(m^2/柱)	80	0.22	0.29	0.35	0.42	0.64	0.85	1.06	1.27	1.44	1.76	2.11
	80	0.25	0.34	0.42	0.51	0.76	1.02	1.27	1.52	1.61	2.11	2.53
	69	0.21	0.27	0.33	0.41	0.60	0.8	1.16	1.20	1.33	1.66	1.99
散热量/(W/柱)	80	93	124	155	186	295	388	481	574	636	791	946
	80	108	144	180	216	342	450	558	666	738	918	1098
	69	79	105	131	157	249	328	406	485	537	668	799
重量/(kg/柱)	80	0.43	0.55	0.68	0.79	1.15	1.5	1.87	2.23	2.45	3.07	3.73
	80	0.49	0.62	0.76	0.9	1.32	1.74	2.16	2.58	2.86	3.56	4.26
	69	0.41	0.52	0.63	0.74	1.07	1.58	1.74	2.07	2.29	2.85	3.40

c. 过 A 点和 B 点两交点水平线，将小线两端用钎子固定。此上下两条水平线即为托钩安装定位水平线。

d. 按照铝制柱翼型耐蚀散热器不同的型号和规格，选定托钩的类型和数量，然后把进场或自制成的托钩（带膨胀螺栓），在上下两根拉直的水平线上，分别确定上下托钩位置。

② 托钩（或挂板）钻眼：

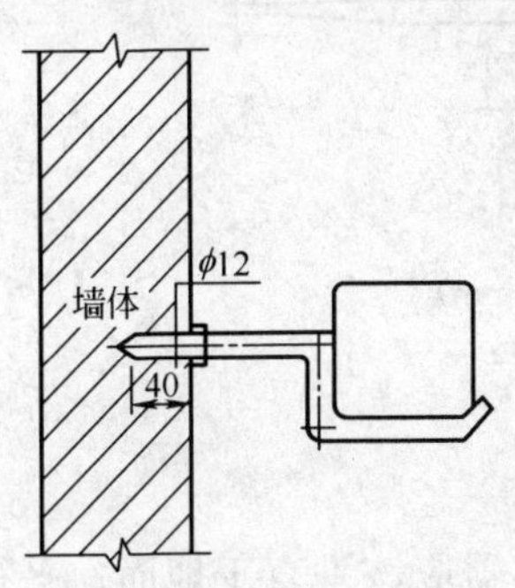

图 3-11　膨胀螺栓的深度

用冲击钻或手电钻按照在墙上标注的“十”字记号打孔眼，打至带有膨胀螺栓的深度值，如图 3-11 所示。铝制柱翼型耐蚀散热器的上挂板、下托架的构造尺寸，如图 3-12 所示。“中空型”上挂板、下托架构造如图 3-13 所示。

③ 托钩（或挂板）就位固定：

把上、下托钩（挂板）的膨胀螺栓拧入孔眼内将托钩（或挂板）固定，见图 3-14、图 3-15、图 3-16。托钩（挂板）安装时，其托钩的钩位应在水平拉线上，必须将左右找齐。托钩（或挂板）安装时，应垂直于墙面，用水平尺和线坠吊直、找正后方可最后固定。

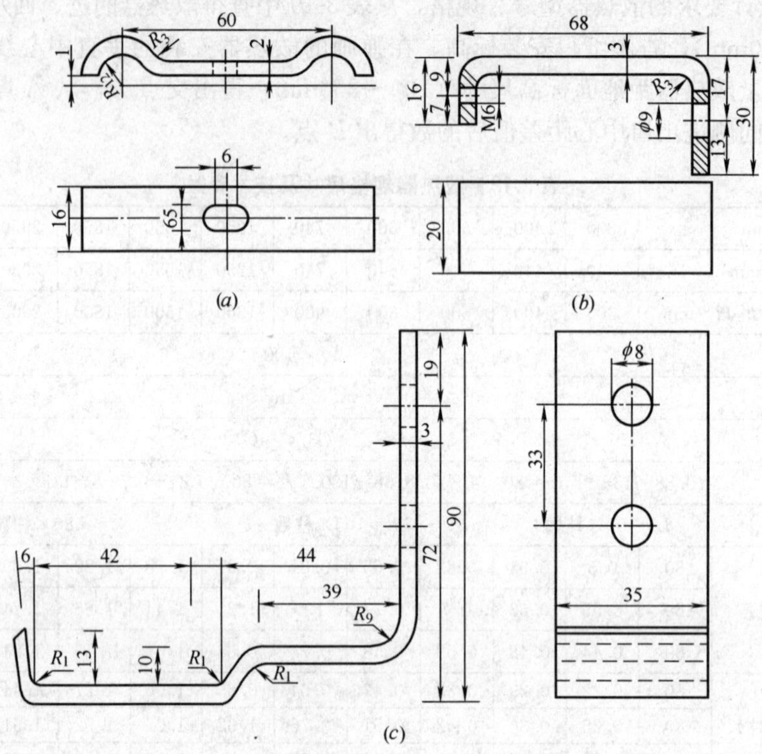

图 3-12 铝制柱翼型耐蚀散热器的上挂板下托架构造尺寸（单位：mm）

(*a*) Ⅰ型；(*b*) Ⅱ型；(*c*) Ⅲ型

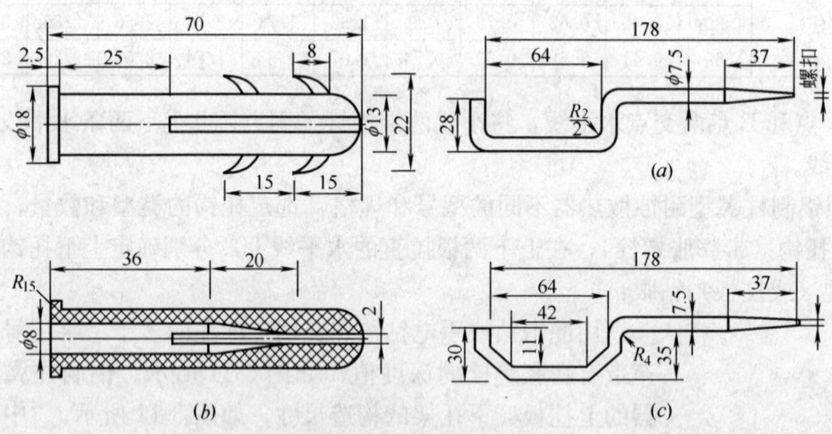

图 3-13 “中空型”上挂板下托架构造详图（单位：mm）

(*a*) 挂钩螺栓；(*b*) 挂（托）钩膨胀螺栓；(*c*) 托钩螺栓

2）铝制柱翼型（中空）耐蚀节能散热器安装

用人力将散热器挂托在已固定的托钩或挂板上，安装后的散热器应该垂直于地面、平行于墙面，散热器的背部距墙面净距为 50mm。经吊线坠、水平尺找平，散热器应与托钩（或挂板）紧密接触，平稳地安装就位在其上面，如图 3-14、图 3-15 所示。

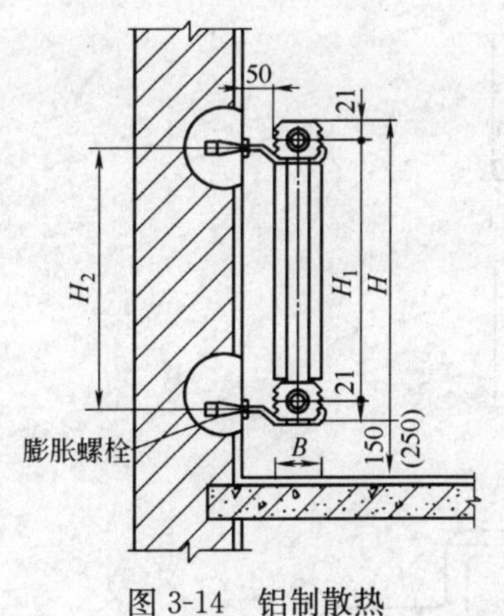

图 3-14　铝制散热器安装（Ⅰ）

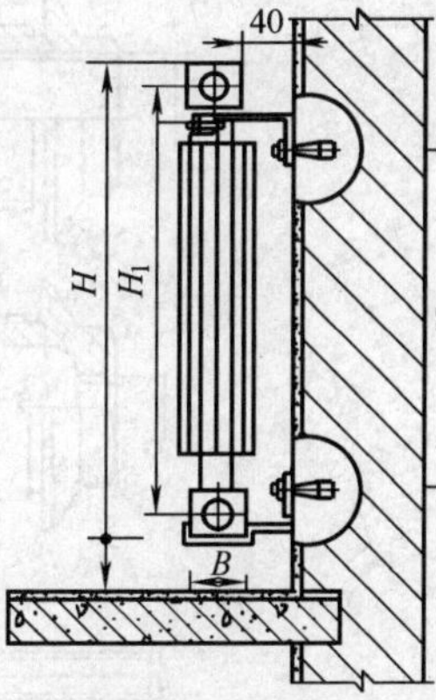

图 3-15　铝制散热器安装（Ⅱ）

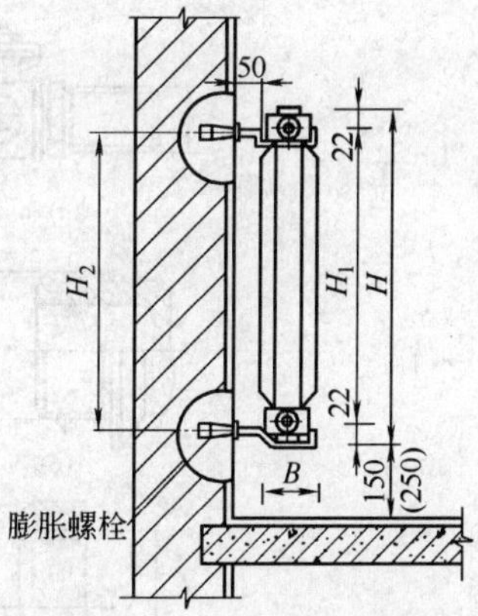

图 3-16　中空型铝制散热器安装（Ⅲ）

3）铝制柱翼型中空耐蚀散热器进口处的连接

铝制柱翼型（中空）耐蚀散热器的进出口处铝制螺纹均不得用钢管直接连接。一般生产家都配有专用接头，在散热器的进出水口处均配制了专用阀门，在上面另一端口配备了专用丝堵，在下面的另一端口配有专用疏通孔的丝堵及密封垫，如图 3-17、图 3-18、图 3-19 所示。

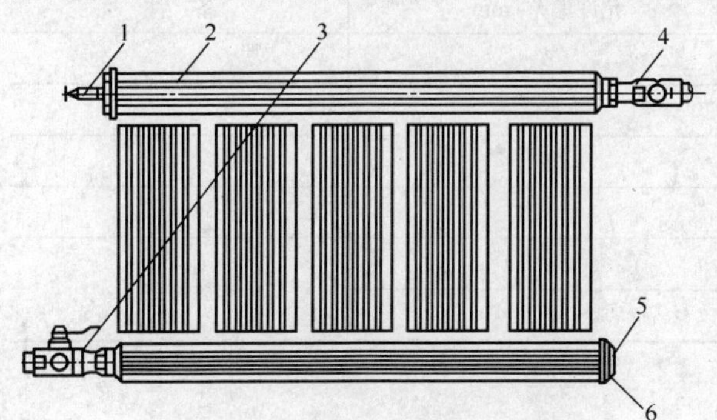

图 3-17　铝制柱翼型耐蚀散热器

1—放气丝堵；2—散热器；3—出水阀门；4—进水阀门；5—疏通孔丝堵；6—密封垫

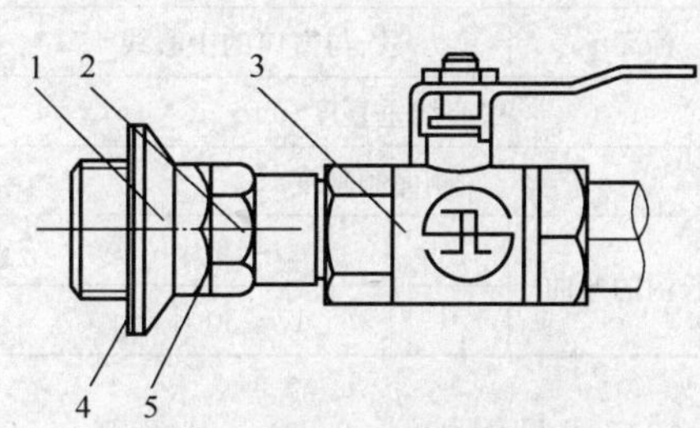

图 3-18　配件连接示意图

1—变径补芯；2—根母；3—专用阀门；4—1″密封垫；5—3/4″密封垫

（5）质量标准

1）主控项目。

① 散热器在安装前应抽样进行水压试验，试验压力为 1.2MPa，合格后方可安装。

② 散热器的内腔耐蚀涂料处理，经高温固化，散热器的外表面采用静电喷塑，均应达到有关质量标准并符合设计规定。

2）一般项目。

① 托钩（或挂板）安装必须牢固、平稳，应垂直于墙面。

② 散热器的安装应符合设计在型号、规格上的规定与要求。

3）允许偏差。

铝制柱翼型耐蚀节能散热器安装允许偏差，见表 3-20。

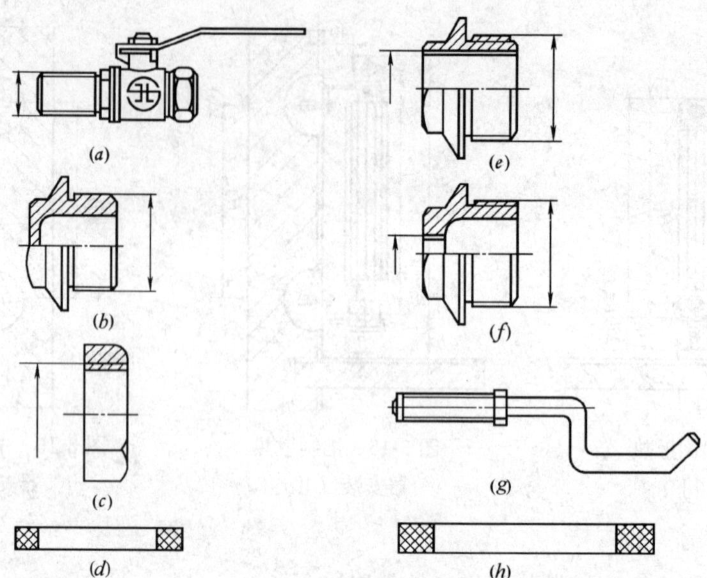

图 3-19　专用配件示意图

(*a*) 专用阀门；(*b*) 疏通孔丝堵；(*c*) 根母；(*d*) 3/4″密封垫；(*e*) 变径补芯；(*f*) 放气丝堵；(*g*) 挂钩；(*h*) 1″密封垫

表 3-20　铝制柱翼型耐蚀节能散热器安装允许偏差

项　目		允许偏差/mm	备　注
坐标	内表面与墙面距离	6	
标高	与窗口的中心线	20	
中心线垂直度/mm		3	
侧面倾斜度		3	
全长内的弯曲	2～16 片	4	参考数
	17～30 片	6	

(6) 成品保护

1) 铝制柱翼型耐蚀节能散热器进场后，应妥善保管，存放时应在地上垫好木块和木板，不得叠放过高。

2) 散热器在运输、安装过程中，不得被撞击、被重物挤压。

3) 安装后的散热器不得作凳子踩踏，不得在上面放置跳板作支撑。

4) 散热器没交工前应覆盖好，保护漆面干净。

(7) 安全措施

1) 使用冲击钻或手电钻打孔眼时，应先检查设备和电缆线是否完好，不得有漏电现象。

2) 安装前对使用的机具进行检查，必须完好方可使用，以防掉头砸伤人和损坏散热器。

3) 散热器托钩（挂板）安装牢固后方可安装散热器。

4) 使用扳手、管钳时，钳口要适当，不可用力过猛。

(8) 施工注意事项

1) 铝制柱翼型耐蚀节能散热器表面静电喷塑有各种色彩，安装前按设计要求进行选色，分别就位安装，不要弄错。

2) 散热器进场后须抽样试压检查，水压试验稳压 2min，气压试验稳压时间 1min。

（9）散热器安装施工要点

1）散热器，不宜再加装暖气罩。

2）辐射型散热器外表面涂刷银粉漆或金粉漆，将显著降低辐射散热能力，故不应采用。但可涂刷不含金属材质的涂料，以提高外观和装饰性能。

3）避免在轻型隔断墙面上直接挂装散热器。

4）钢制、铝制散热器应选用经严格涂装工艺进行过内防蚀处理的产品。满足下列要求的系统，对产品无内防蚀要求：

① 钢制散热器：闭式循环采暖系统的水质应符合 GB 1576 低压锅炉水质标准要求，能够实现非采暖季节满水保养。

② 铝制散热器：用于独立户式供暖、或 pH 值 6.5～8.5 的闭式循环二次水供暖系统。

5）住房装修时更换散热器，需注意：

① 换装不同材质（如铝）的轻型散热器，将可能使混装系统中的轻型散热器提前蚀穿（水流程不接触轻金属的铜、钢铝复合型散热器除外），不应采用。

② 系统要进行校核计算和调节，避免更换散热器破坏系统原有的水力平衡。

6）铝、铜（钢）铝复合等轻型散热器宜带包装安装，在内装饰装修完成后或使用前拆除包装物（膜）。

7）散热器成组和连接宜选用专用配件。禁止铝制散热器的铝制螺纹与系统钢管直接连接。

3. 铜管铝翅片对流散热器安装

铜管铝翅片散热器由散热无件、外罩、附件等组成。散热元件由铜管和铝起片组成，外罩由冷轧钢板喷塑制成，附件由连接件，支架等组成。散热器元件排列结构见图 3-20。

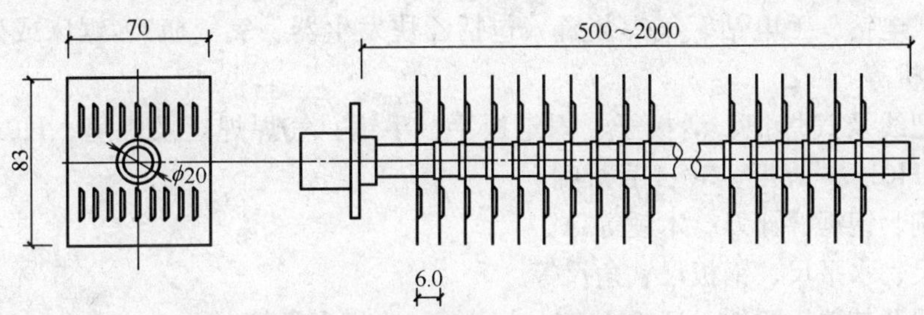

图 3-20　铜管散热器元件排列结构

（1）设备、材料要求

1）铜管铝翅片对流散热器套件。

套件应包括背板、前壳板、伸缩式托架、支架、气流调节器和散热器部件。要求每套件装配完好，有生产厂名称、产品名称及规格、工作压力及试验压力，有标号和色彩编码。

2）铜管铝翅片对流散热器选配附件。

① 端帽：前板带折页、单端封闭长度 L＝102mm、95mm、102mm，前板不带折页，单端封闭 L＝64mm。

② 临墙端帽：前板带折页、单端封闭且开通口，长度 L＝102mm、95mm、102mm。

③ 阀箱：前板带折页；

单端封闭：长度 L＝203mm；

单端封闭且开通口：长度 L＝203mm；

两端敞口：长度 $L=203\text{mm}$。

④ 区域阀箱：前板带折页、内部安装动力驱动阀门，长度 $L=214\text{mm}$。

⑤ 内角：前板带折页、圆弧外形。角件靠墙处直角边的宽 B：90°角件 $\begin{cases}B=59\text{mm}\\B=51\text{mm}\end{cases}$，135°角件 $\begin{cases}B=59\text{mm}\\B=95\text{mm}\\B=121\text{mm}\end{cases}$。

⑥ 外角：整体单件，前板无折页，90°角件 $\begin{cases}B=48\text{mm}\\B=51\text{mm}\end{cases}$，135°角件 $\begin{cases}B=114\text{mm}\\B=51\text{mm}\end{cases}$。

⑦ 内角后板：角形。

⑧ 跨接组件：同散热器的外壳相同，包括背板、前壳板和气流调节板，$L=178\text{mm}$ 或 356mm。

⑨ 连接套板：修饰相连的背板、前板、气流调节板接缝，每套 3 件，$L=51\text{mm}$。

⑩ 临墙镶条：前板带折页时有后板；若前板无折页时，则无后板应为整件，外形轮廓应该与散热器外壳一致，两端敞口，带折页时长度 $L=102\text{mm}$；无折页时长度 $L=51\text{mm}$、114mm、171mm、51mm、102mm。

3）钎料选用 QWY－9、QJY－2B 或 QJY－5B、102 银焊粉钎剂。膨胀螺栓、螺帽、螺垫或专用螺钉、水泥钉、专用连接进出口管接头（与铜管相接一头内丝）。要求型号、规格、质量必须符合设计要求和相关规范规定。

4）细齿锯条、小线、砂纸或砂布、碎布块（干净）。

（2）主要施工机具设备

1）冲击式电钻、手电钻、气焊装置（包括乙炔发生器、氧气瓶）、锯床或砂轮切割机、角向砂轮磨光机等。

2）气焊把线及气焊把、活扳子、固定扳手、手锤、气焊焊炬及焊嘴、H01－12 焊炬、1～2号焊嘴、H01～6 焊炬、3～4 号焊嘴。

3）钢丝刷、钢锯、锉刀、木锤等。

4）钢卷尺、水平尺、钢板尺、角尺等。

5）散热器及其选用配件、运输小车、小水桶、木板夹具等。

（3）作业条件

1）建筑施工主体工程和室内工程已全部结束，室内最后装修之前。

2）室内的供暖管道的供回水干管已安装完。

3）散热器的进水、回水支管甩头位置已确定、穿墙管已预埋套管或预留孔眼。

4）设计图纸经过会审，并向安装施工人员进行过图纸会审、技术、质量、安全交底。

5）电源、水源已经接通，能保证连续施工。

6）安装散热器的位置，已无障碍物并已打扫干净。

（4）安装施工工艺

工艺流程：

开箱检查和清点 → 量测、排尺、定位 → 散热器及其选用配件试组合排列 → 散热器及其选用部件安装 → 散热器进出水口的连接

1）开箱检查和清点。

散热器套件和选用附件的开箱应在建设单位有关人员参加下进行：

① 检查箱号、箱数及其外包装的完好情况。

② 检查散热器的名称、型号、规格、标号、彩色编码和数量是否符合设计要求。

③ 检查和清点散热器选用附件的名称、型号、规格、标号、彩色编码及数量是否符合安装的需求与设计规定（按照装箱清单和技术文件进行）。

④ 检查设备和附件表面是否有缺陷和损伤情况。

⑤ 检查情况和其他有关问题均做好记录。

2）量测、排尺、定位。

① 根据设计图中的散热器的平面位置，用钢卷尺或钢板尺分别对散热器及其选用配件端帽、临墙端帽、阀箱、区域阀箱、内角、外角、内角后板、跨接组件、连接套板和临墙镶条进行实地量测，将所量的实际长度尺寸标注在事先画好的连接草图上面。连接示意如图 3-21 所示。

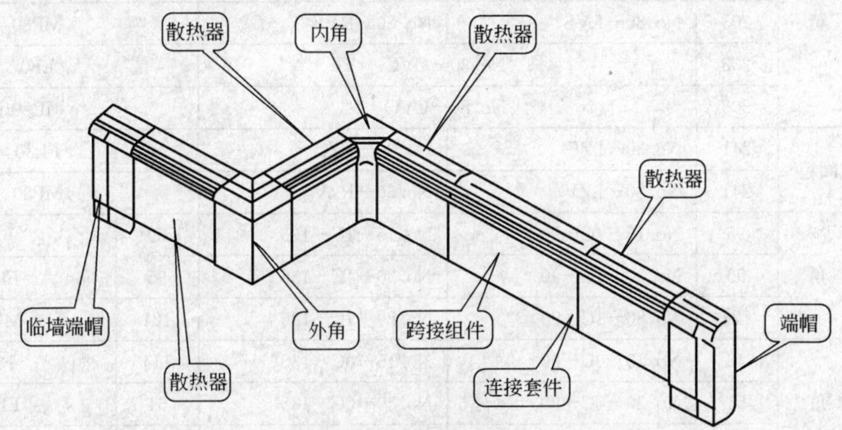

图 3-21　铜管铝翅片对流散热器连接示意图

② 在安装散热器及其选用配件的各房间现场，用相同的尺进行排版、量尺，量尺和排版时，需在上述各件之间，留出间隙，每 2m 的散热器留出 3mm 间隙。

③ 然后，在各个量点上用角尺和水平尺向墙上作垂线，在有散热器的方位上，从地面向上返，量出散热器连接管的进出口中心标高、与墙上的垂线相交，各交点连线的水平线为散热器的安装基准线。

3）散热器及其选用配件试排列组合。

① 对应选配，对号入座。按照设计要求，将不同的型号，不同的规格尺寸、不同的彩色散热器，选与其相对应的配件，分别用小车运送到各个房间的安装地点。各种型号的散热器所选配件的型号与长度或者是角度的顶宽各不相同，如表 3-21 所示，切不可弄错。

② 试排列组合：

依据已定位的安装基准线，将已经搭配好的选用配件和散热器，按表 3-22 中所示的配件作用及安装位置，进行试排列组合就位。

4）散热器及其选用部件的固定安装、组合成型。

① 将散热器及其选配部件的前壳板，用手打开锁扣取下来放在旁边，不得弄混，以便安装完进行复原。再从散热器结构里把铜管串铝翅片散热部件，从支架上取下来，安放在干净的垫物上，不得碰撞，防止变形。

表 3-21 选用附件技术参数 单位：mm

序号	附件	长度(mm)	型号		配用散热器型号	
			左	右		
1	端帽	102	No. 15－LECH	No. 15－RECH		FK15
		95	No. 30－LEC	No. 30－REC		FL30
		102	No. 80－LEC	No. 80－REC		MD80
		64	No. 15－LECN	No. 15－RECN		FL5
2	临墙端帽	102	No. 15－LESH	No. 15－RESH		FL5
		95	No. 30－LWT	No. 30－RWT		FL30
		102	No. 80－LWT	No. 80－RWT		MP80
3	阀箱	203	No. 30－LVC	No. 30－RVC		FL30
		203	No. 80－LVC	No. 80－RVC		MP80
		203	No. 80－LVS	No. 80－RVS		MP80
		203	No. 30－CVC			LF0
		203	No. 80－CVC			MD80
4	区域阀箱	241	No. 30－LZC	No. 30－RZC		FL30
		241	No. 80－LZV	No. 80－RZV		MP80
5	内角	95	No. 15－1C－90	No. 15－1C－135	59	FL5
		95	No. 30－1C－90	No. 30－1C－135	95	FL30
		121	No. 80－1C－90	No. 80－1C－135	121	MP80
6	外角	48	No. 15－0C－90	No. 15－0C－135	114	FL5
		51	No. 30－0C－90	No. 30－0C－135	51	FL30
		51	No. 80－0C－90	No. 80－0C－135	51	MP80
7	内角后板		No. 30－1CBP－90	No. 30－1CBP－135		PL30
			No. 80－1CBP－90	No. 80－1CBP－135		MP80
			25mm～52mm（可调范围）	25mm～305mm（可调范围）		
8	跨接组件	178	No. 15－FS－7	No. 15－FS－14		FL15
		或	No. 30－FS－7	No. 30－FS－14		FL30
		356	No. 80－FS－7	No. 80－FS－14		MP80
9	连接套板	51	No. 15－SP			FL15
			No. 30－SP			FL30
			No. 80－SP			FL30
10	临墙镶条	102	No. 15－WTH－4	带折页		FL15
		51	No. 15WT－4	无折页		FL15
		114	No. 15WT－4			
		171	No. 15WT－675			
		171	No. 15WT－7FL(垂直高度)			
		51	No. 30W1－2	无折页		FL30
		102	No. 30WT－4			
		按需要	No. 80WT	无折页		MP80

注：顶宽指角件靠墙处直角边的宽度。

表 3-22　散热器附件使用位置及其作用

序　号	附　　件	使用位置及其作用
1	端　　帽	安装在散热器端部靠门口处，起封闭作用
2	临墙端帽	安装在房间的隔墙处，起封闭作用
3	内　　角	安装在内墙角拐角处，起拐角连接作用
4	外　　角	安装在外墙角拐角处，起外拐角连接作用
5	内角后板	安装在内角内部作装饰用
6	跨接组件	安装在两组分开布置的散热器中间起着跨接作用
7	连接套板	分别套接顶板、前板和气流调节板，修饰相连的外屋接缝
8	临墙镶条	安装在散热器的左、右端靠墙处或者用作一件跨接件，弥补过大的间隙
9	阀　　箱	安装在散热器端部或通管处和管道阀门处
10	区域阀箱	安装在管道上阀件处

② 把散热器的背板，特别是相连的两组或三组等散热器的背板找正后，用冲击电钻或手电钻、专用螺钉将背板固定在墙上。也可以采用膨胀螺栓、螺垫、螺帽进行固定，如图3-22所示。

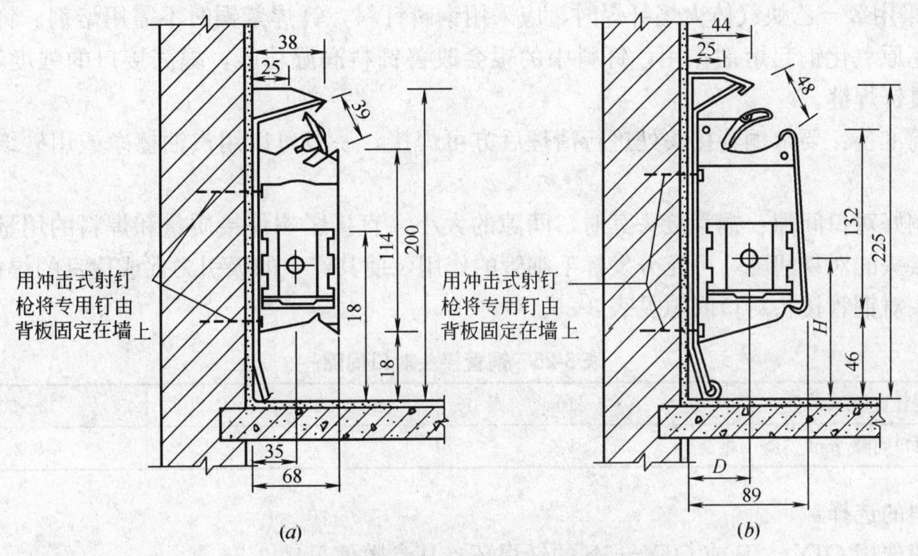

图 3-22　铜管铝翅片对流散热器安装图（单位：mm）
（*a*）FL－30 系列安装图；（*b*）MP80 系列安装图

③ 将铜管串铝翅片散热部件重新安置在支架上，把相邻两组散热器中散热部件的铜管对好缝，对缝间隙如表 3-23 所示。如果无相邻散热器，则在间隔的两散热器中间，按间隔尺寸量尺下料，截断铜管后，两端对缝。

表 3-23　装配对口间隙　　（单位：mm）

管子公称直径	6～10	15～25	32～50	65～100
装配对口间隙	0.1	0.2	0.3	0.5

④ 铜管切断采用锯床、砂轮切割机、手工钢锯等方法都可。切割时采用细齿锯条。管子需加工坡口时采用锉刀或角向砂轮机等工具，不可用氧－乙炔焰切割坡口。在操作过程中，如果需夹持铜管时，夹持管子两侧必须用木板衬垫，不可夹伤铜管壁。需局部调直铜管时，

只可用木锤轻轻敲击，如需弯曲，由于散热器中管径＜100mm，只可用冷弯，并且采用冷弯机进行。

⑤ 散热器部件的铜管之间须进行对接焊接，一般可采用氧－乙炔焊，称为气焊。气焊中又可采用焊丝气焊，也可采用钎焊气焊，又称为氧－乙炔气体火焰钎焊。根据现场情况有时也用氩弧焊。

a. 采用焊丝气焊对接时，焊前仔细检查和清理焊丝表面及焊口连接处。用钢丝刷或砂纸进行打磨，露出金属光泽即可。磷脱氧紫铜的气焊工艺参数见表 3-24。

表 3-24　磷脱氧紫铜的气焊工艺参数

壁厚/mm	焊丝直径/mm	根部间隙/mm	焊炬与焊嘴号码	乙炔流量/(L/min)
＜1.5	1.5	无	H01－2 焊炬 4－5 号焊嘴	3
1.5～2.5	2	1.0～1.5	H01－6 焊炬 3～4 号焊嘴	6
2.5～4	3	1.5～2.0	H01－12 焊炬 1～2 号焊嘴	8
4～8	5	2.0～4.0	H01－12 焊炬 2～3 号焊嘴	12

焊接之前，一般情况下必须以 400℃～500℃温度预热，采用平焊，单道焊接。

b. 采用氧－乙炔气体火焰钎焊时，应采用铜磷钎料，钎焊紫铜时不需用熔剂。钎料中的磷可以还原氧化铜起熔剂作用，钎料中的银会改善钎料润湿功能，提高接口的强度和塑性，获得优良钎焊缝。

焊前准备：要求铜管接头处进行清理后方可焊接，一般可以用汽油擦净或用砂纸打出金属光泽。

控制好对口间隙：铜管接头其对口间隙的大小，直接影响焊接质量和焊料的用量，控制好焊接接头的对口间隙，可充分发挥毛细管的作用，使其产生的吸引力促成优良的焊接质量，铜管接头对铜管接头对口间隙见表 3-25。

表 3-25　铜管接头对口间隙

铜管直径/mm	6～10	15～25	32～50
对口间隙/mm	0.1	0.2	0.3

钎料的选择：

一般选用 QJY－2B 或 QJY－5B 的钎焊环，其参数值见表 3-26。

表 3-26　QJY－2B 及 QJY－5B 的钎焊环参数

牌　号	主要化学成分/%			熔化区间/℃
	P	Ag	Cu	
QJY－2B	68～7.5	1.8～2.2	余量	634～782
QJY－5B	6.5～7.0	4.6～5.2	余量	640～770

c. 氧-乙炔焰钎焊工艺操作要求：

用中性火焰先预热焊接接头，切勿用火焰直接加热焊料环。在温度 750℃左右送入焊料，当加热钎焊环时，加热温度相同，也尽量不加热焊料环。一般只加热焊料环上部，由于毛细管作用产生的吸引力使熔化了的钎料往对口间隙内渗透，形成饱满的焊角即停止加热，否则钎料会流淌掉。

焊接后的处理。钎焊对口完成后，用湿布擦抹连接部分，稳定钎焊。

⑥ 然后把铜管连接完的散热器的前壳板就位，并将板锁扣好恢复原状。

⑦ 散热器全部连接完毕后，把选配部件的前壳板也陆续安装好，都进行锁扣恢复原状，然后用连接套板和临墙镶条进行找缝修饰。

5）散热器铜管与室内立支管连接

铜管铝翅片对流散热器和其选用的配件全部安装完，在进行铜管铝翅片对流散热器的立支管连接时，若立支管全为铜管，则可根据设计要求进行焊接连接。假若供回水干管和立支管均为钢管时，在散热器的进出口铜管上可先安装一头内丝的专用接头，接头的一端没有螺纹丝扣，另一头则加工有内螺纹丝扣。无丝扣的一端直接和散热器的送、回水口的铜管扣焊接，有丝扣的一头则和立支管用螺纹连接。

（5）质量标准

1）主控项目。

① 散热器安装之前应有水压试验合格证明、试验压力应符合设计要求和施工规范规定。安装前全数检查。设计无要求时，试验压力为工作压力的1.5倍，但不小于0.6MPa。

② 连接散热器之间的铜管、部件、焊接材料等的型号、材质、规格，必须符合设计要求和有关规范规定。

③ 散热器的铜管焊接连接表面用放大镜检查，不得有裂缝、气孔和未熔合等缺陷。

2）一般项目。

① 散热器及其选用配件的安装固定应该牢固，用手拉动和观察应没有晃动现象。

② 钎焊焊缝表面应光滑，不得有焊瘤及边缘熔化等缺陷。

③ 铜管铝翅片散热器安装时检查其铝串翅片应无松动现象。

3）允许偏差。

铜管铝翅片散热器安装允许偏差见表3-27。

表3-27 铜管铝翅片散热器安装允许偏差

散热器名称	项　目	允许偏差/mm
铜管铝翅片散热器 FL15、FL30、MP80 系列	标高	±20

（6）成品保护

1）铜管铝翅片对流散热器在运输、保管、存放、安装过程中均不得以重物压在散热器及其选用配件上面，以免变形。

2）铜管在焊接之前，接口部位必须彻底清理干净，严禁有潮湿现象，以保证焊口处的铜不被氧化。

3）铜管铝翅片对流散热器安装后，不得当脚蹬子用。

（7）安全措施

1）铜管铝翅片对流散热器的安装，铜管焊接连接，都是在建筑室内初步装修完成后进行，应该注意防火，并应有防火措施。

2）氧气瓶应设有支架固定，尽可能立放垂直使用，但要防止跌倒。

3）慢慢打开氧气阀门，检查减压器接头是否漏气，表针指示是否灵活。开启氧气阀门时，不可面对减压表。检查漏气时，严禁使用烟头或明火。

4）氧气瓶与乙炔发生装置、易燃物品或其他明火的距离不得小于10m，如果确实达不到

10m，最少应距 5m，但必须有特殊防护措施。

（8）施工注意事项

1）不同型号的铜管铝翅片散热器对应其所选配的附件也有各种型号和尺寸，不可弄错。

2）铜管焊接连接之前，要用砂布将接头处清理干净方可焊接。

3）在铜管接管焊接时，应注意焊接速度不可太快，要注意降低熔池冷却速度，有利于氧的析出，可避免焊口在使用过程中产生裂纹。

4）钎焊结束后，用干净的布块醮些水，以湿抹布擦拭联结部位，既可以稳定钎焊接头，又可以防止在前壳板复位安装时不慎烫伤手。

4. 钢制板式及钢制扁管型散热器的安装

（1）设备、材料要求

1）设备。

① 钢制板式散热器，要求其出厂加罩前逐组进行水压试验或气压试验合格，每一组散热器应具有制造厂的注册商标，有质量合格证、产品名称、规格、试压检测标记、生产日期等。钢制板式散热器型号、型式及示意见图 3-23 所示。

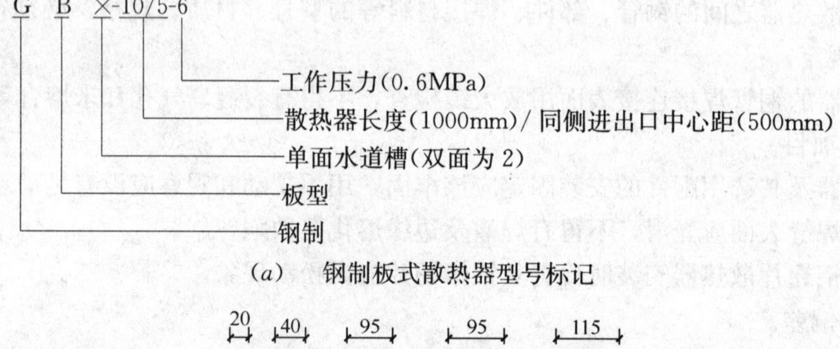

(*a*) 钢制板式散热器型号标记

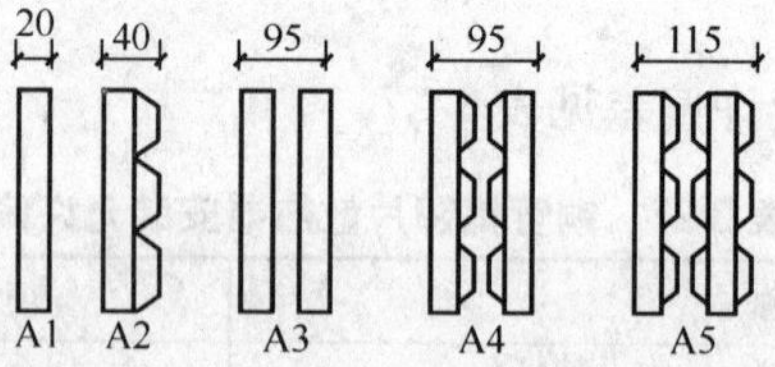

(*b*) 钢制板式散热器五种型式（单位：mm）

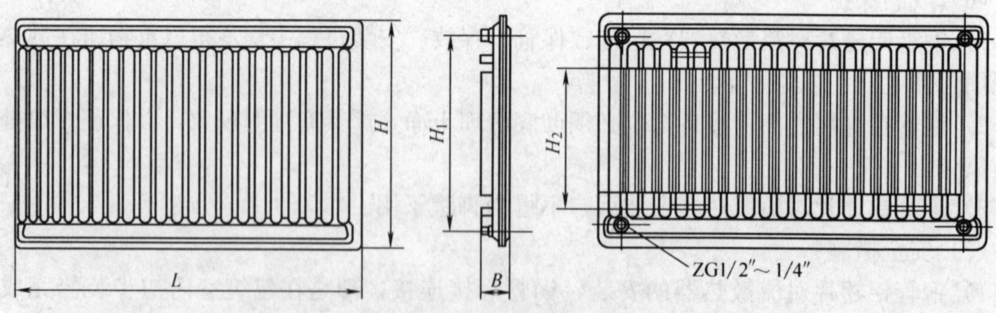

(*c*) 钢制板式散热器平面尺寸

图 3－23 钢制板式散热器的型号、型式及示意图

② 钢制扁管散热器，设备要求同钢制板式散热器。型号标记及型式见图 3-24。

2）材料和配件。

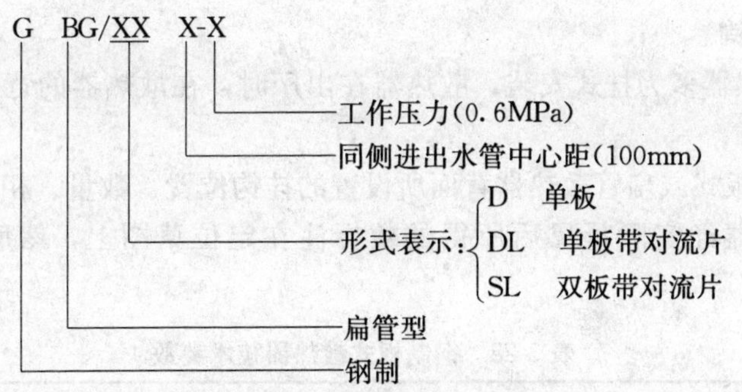

(*a*) 钢制扁管散热器型号标记

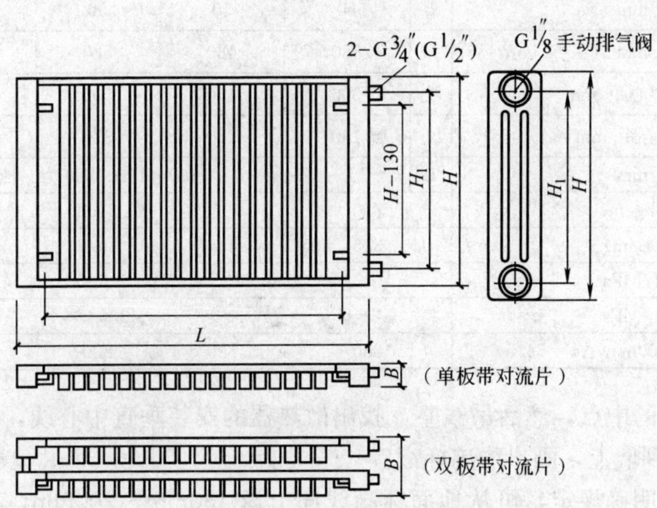

(*b*) 钢制扁管散热器型式（单位 mm）

图 3－24 钢制扁管散热器型号标记及型式

① 托钩架、膨胀螺栓；

② 石棉橡胶垫，耐热橡胶垫；

③ 铅油、清油。

(2) 主要机具设备

1) 电动打孔钻、射钉枪。

2) 管钳子、活扳子、固定扳手、手锤、錾子。

3) 水平尺、线坠、钢卷尺、角尺、板尺。

4) 散热器运输小车。

(3) 作业条件

1) 板式及扁管散热器等材料均已进场。

2) 图纸经过会审，已向安装施工人员进行了技术、质量、安全交底。

3) 室内的墙面、地面均已施工结束。

4) 供汽（水）及回水主导管、水平管、立管已施工完，立管甩头位置正确、符合设计标高。

5) 室内安装散热器的位置已无任何障碍物。

(4) 安装工艺

1) 工艺流程。

定位栽托钩 → 钢制板式和扁管散热器安装

2）定位、栽托钩。

板式和扁管散热器多为挂式安装，散热器在出厂时，在散热器的背面都设有挂钩与安装在墙上的托架相挂靠。

① 根据进场的板式或扁管散热器背面所设置的挂钩位置、数量、相距尺寸，绘制定位草图。把每一组散热器经实际量尺后所得的数标注在定位草图上，然后与表 3-28、表 3-29 对照。

表 3-28　钢制板式散热器技术参数

项　　目		参　数　值				
宽　度/mm	B	50	50	50	50	50
高　度/mm	H	380	480	580	680	980
同侧进出口中心距/mm	H_1	000	400	500	600	900
托架安装中心距/mm	H_2	130	230	330	430	730
长　度/mm	L	600～1800(200 为一档)				
重　量/(kg/m)		7.0	10.2	21.8	30.8	49.7
水容量/(L/m)		3.5	4.5	10.6	12.6	19.0
工作压力/MPa		0.6				
工作压力/MPa		0.6				
最小散热量/Q(L=100mm,ΔT=64.5)		680	825	820	1113	1532

② 量出窗户口的中点，然后吊线坠，找出散热器的安装垂直中心线，再用弯尺和水平尺将此垂直中心线过到墙上，画出线迹标记。

③ 如果设计无明确规定，可从地面标高线向上返 150mm～200mm，与散热器垂直中心线交得出交点，此点为散热器距地面标高尺寸。

表 3-29　钢制扁管散热器技术参数

型号	高度 H /mm	同侧进出口中心距 H_1/mm	宽　度 B /mm	长　度 L /mm	工作压力 t<100℃ /MPa	试验压力 /MPa	水容量 /(L/m)	重　量 /(kg/m)	标准散热量 /(W/m)
DL SL D	416	360	60 124 45	600～2000 (100 为一档)	0.8	1.2	3.76 7.52 3.76	17.5 35.0 12.1	915 1649 596
DL SL D	520	470	61 124 45				4.71 9.42 4.71	23.0 46.0 15.1	980 1933 820
DL SL D	624	570	61 124 45				5.49 10.98 5.49	27.4 54.8 18.1	1163 2221 978

④ 根据定位加工草图，从墙上排尺，可拉上、下托钩位置的两条水平线，用水平线量尺在托钩位上画出“十”字标记，从头复查一遍，再与表 3-30 核对。

表 3-30　钢制板式及扁管散热器托架

散热器型号	长　度	上部托架	下部托架	总　计
钢制板式散热器	600～2000mm	2	2	4
钢制扁管散热器	600～1800mm	2	2	4

⑤ 按"十"字标记的托架位置，用电动打孔机或凿子、手锤打出栽托架的孔洞，再按施工工艺标准进行，将散热器的托架栽好，见图 3-25。

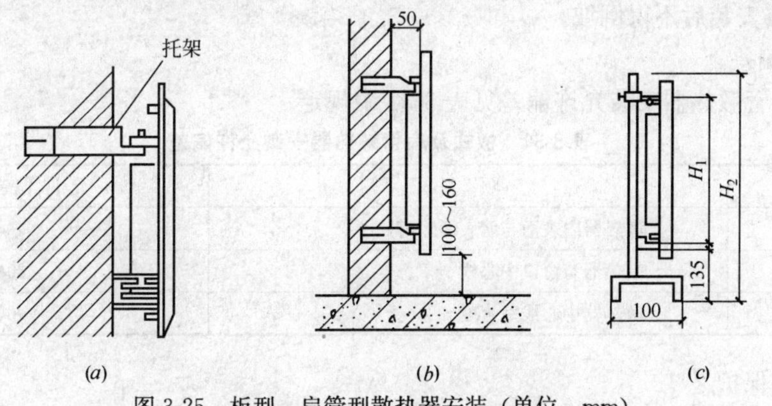

图 3-25　板型、扁管型散热器安装（单位：mm）
（a）挂托安装；（b）挂式安装；（c）支架式安装

⑥ 扁管散热器和板式散热器的托架，往往根据产品的不同要求和施工现场具体情况，也常采用膨胀螺栓或射钉枪先将托架固定在墙上，如图 3-26 所示。

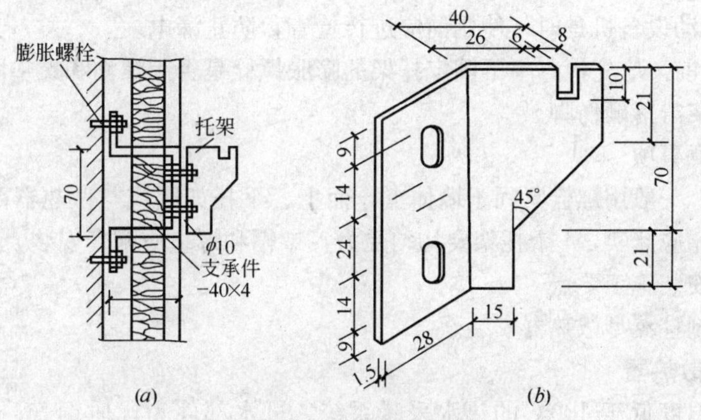

图 3-26　扁管散热器的安装（单位：mm）
（a）扁管散热器的安装；（b）托架

⑦ 待托架达到强度后，方可进行散热器的安装。

3）钢制板式和扁管散热器安装。

① 先按照设计图上各个房间所规定的散热器型号、规格，对实物重新进行查对，并将各种规格型号对号入座地运到安装位置。

② 散热器就位安装时，先脱下包装薄膜（不得撕破薄膜），然后将散热器挂在托架上。

③ 安装就位后，将立、支管与散热器碰头连接好。仍用原塑料薄膜将散热器图面重新包装保护好，直至交工时再拆除。

（5）质量标准

1）主控项目。

① 板式和扁管散热器安装后经试验不渗、不漏方为合格。

② 散热器托架位置必须准确，不论采用细石混凝土埋栽，还是用膨胀螺栓固定或用射钉枪定位，都必须固定牢靠，托架栽平栽稳。

2）基本项目。

① 板式和扁管散热器的内沿边距墙表面的距离为 30mm。

② 散热器安装后不得倒坡。

3）允许偏差。

板式及扁管散热器安装允许偏差见表 3-31 中规定。

表 3-31　板式及扁管散热器安装允许偏差

项　次	项　目	允许偏差/mm
1	散热器内表面与墙表面距离	6
2	散热器与窗口中心线	20
3	散热器中心线垂直度	8

（6）成品保护

1）钢制板式和扁管散热器出厂前，一般都用烤漆膜色彩处理表面图案，在运输过程中，垫上软性垫物，防止刮伤。交工前再脱除塑料保护薄膜。

2）接管碰头时严禁用脚蹬踩安装就位的散热器。

（7）安全措施

1）在使用电动设备机具时，使用前应进行检查，防止漏电。

2）挂散热器前，应先检查一下固定托架的膨胀螺栓是否用螺帽和螺垫固定牢靠，防止挂上散热器时，托架滑落砸伤脚。

（8）施工注意事项

托架安装时，一般用螺栓紧固于墙体上，而上、下托架则应与散热器两侧上、下的安装耳环挂接，其挂靠应严实，4 个托架要均匀受力，螺帽和螺垫应配套安装，确保栽牢。

（9）散热器安装施工要点

参见本书铝制柱翼型散热器安装。

5. 铜铝复合散热器

适用于供水温度低于 100℃的热水采暖系统。过水部件为优质铜管，耐腐蚀，寿命长，适用水质范围宽。铝型材内衬铜管的结构设计有效提高了产品的热工性能。散热器内腔洁净，可满足分户热计量技术要求，水容量小，升温迅速。厚度薄，承压高，可有效节省居室空间。

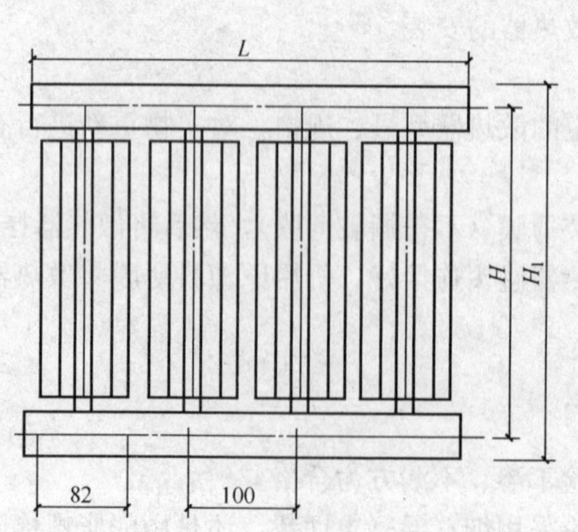

图 3-27　铜铝复合散热器示意

重量轻，仅为同样散热量铸造铁散热器重量的 1/10，可有效降低楼体荷载，便于安装。外表面采用静电喷塑处理，光洁美观。基本颜色为白色，也可根据使用要求喷塑不同颜色。

（1）铜铝复合散热器示意，见图 3-27。

（2）铜铝复合散热器的型号标记示例，见图 3-28。

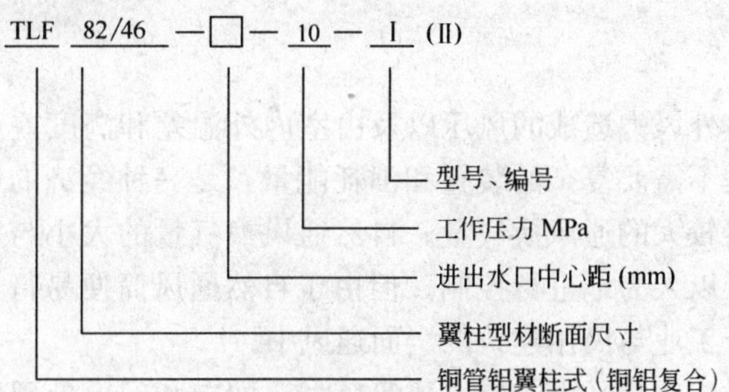

图 3-28 铜铝复合散热器的型号标记示例

（3）铜铝复合散热器的技术性能，见表 3-32。

表 3-32 铜铝复合散热器的技术性能

项目	单位	TL82/46－400－1.0－Ⅰ(Ⅱ)	TL82/46－500－1.0－Ⅰ(Ⅱ)	TL82/46－600－1.0－Ⅰ(Ⅱ)	TL82/46－700－1.0－Ⅰ(Ⅱ)
高度 H1	mm	440	540	640	740
同侧进出口中心 H	mm	400	500	600	700
翼柱长度	mm	74/82	74/82	74/82	74/82
翼柱宽度	mm	50/46	50/46	50/46	50/46
水容量	L/m	2.331	2.553	2.77	2.99
标准散热量	W/m	996	1248	1488	1728
长度 L	mm	L＝400＋100n(n＝柱数)			

（4）铜铝复合散热器的安装

铜铝复合散热器采用壁挂式安装，散热器下沿距地面不应小于 150mm，标准型设置左、右进出水接口，也可按要求设计成下进下出接口。安装工艺基本与其他散热器相同。

3.2 通风与空调节能技术

3.2.1 建筑物通风

1. 自然通风

自然通风是利用室外风力造成的风压以及由室内外温差和高度差产生的热压使空气流动的通风方式。其特点是不需要复杂的装置和消耗能量，是一种经济的通风方式。自然通风不消耗动力，也可以获得较大的通风换气量。自然通风换气量的大小与室外气象条件、建筑物自身结构密切相关，难以人为地进行控制。但由于自然通风简便易行，节约能源，有利于环境保护，已广泛应用于工业与民用建筑的全面通风中。

在进行建筑设计时应在总平面布置、建筑体型、朝向和门窗处理以及利用地形和绿化等方面组织好自然通风，以取得良好的环境效果和节省投资。但同时应考虑采光遮阳及防雨的要求。

（1）自然通风的原理

1）用室外风力造成压作用下的自然通风。

室外气流与建筑物相遇发生绕流，由于建筑物的阻挡；建筑物周围的空气压力将发生变化。在迎风面，空气流动受阻，速度减小，静压升高，室外压力大于室内压力。在背风面和侧面，由于空气绕流作用的影响，静压降低，室外压力小于室内压力。如图 3-29 所示，如果在风压不同的迎风面和背风面外墙上开两个窗孔，在室外风速的作用下，在迎风面，由于室外静压大于室内空气的静压，室外空气从窗孔 a 流入室内。在背风面由于室外静压小于室内空气的静压，室内空气从窗孔 b 流向室外，当窗孔 a 流入室内的空气量等于从窗孔 b 流到室外的空气量时，室内静压保持为某个稳定值，自然通风就形成了。

2）利用室内外温差和高度差产生的热压作用下的自然通风。

如图 3-30 所示。在建筑物外墙的不同高度上开有窗孔 a、b，两窗孔之间的高差为 h。假设开始时两窗孔外面的静压分别为 P_a、P_b，两窗孔里面的静压分别为 P'_a、P'_b，室内外的空气温度和密度分别是 t_n、t_w 和 ρ_n、ρ_w。当室内空气温度高于室外空气温度时，$\rho_n < \rho_w$。窗孔 a 外侧压强大于内侧压强，窗孔 b 内侧压强大于外侧压强，这时同时开启窗孔 a、b，室外空气就会在压差作用下从窗孔 a 向室内流动，室内空气也会在压差作用下从窗孔 b 向室外流动。

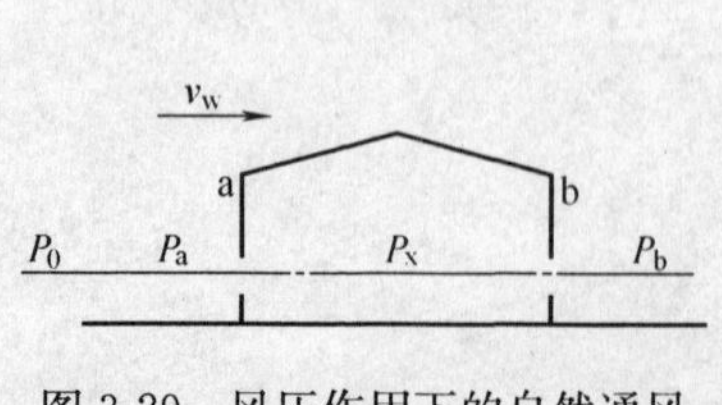

图 3-29 风压作用下的自然通风

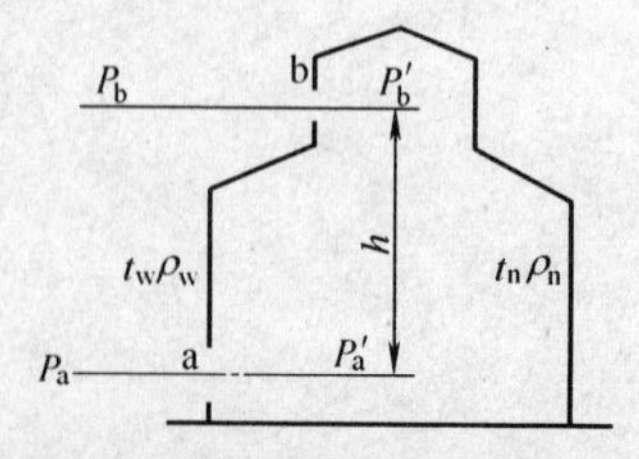

图 3-30 热压作用下的自然通风

3）风压和热压共同作用下的自然通风。

当建筑物受到风压和热压的共同作用时，在建筑物外围护结构各窗孔上作用的内外压差等于其所受到的风压和热压之和。如果建筑物的进、排风窗孔布置成如图 3-31 所示情况，就可利用热压和风压的共同作用，增大建筑物的自然通风量。但由于室外风速、风向经常变化，不是一个稳定可靠的作用因素，为了保证自然通风的效果，在实际的自然通风设计中，通常只考虑热压的作用，但要定性地考虑风压对自然通风效果的影响。

在工业建筑中，通常都是利用有组织的自然通风来改善工作区的工作条件。自然通风效果的好坏与通风车间的建筑形式、总平面布置、车间内的工艺布置，以及风压和热压的作用情况等因素有关。

（2）自然通风的形式

建筑物周围的不同环境，对日辐射热的吸收和反射多少各有不同。如图 3-32 中，白色部分为吸收的热量，称射入辐射，到夜间再向外辐射称射出辐射，白色部分愈大，微气候愈温和；网纹部分为受日照射时反射的热量，网纹部分愈大，在夏季白天愈感到不舒适。

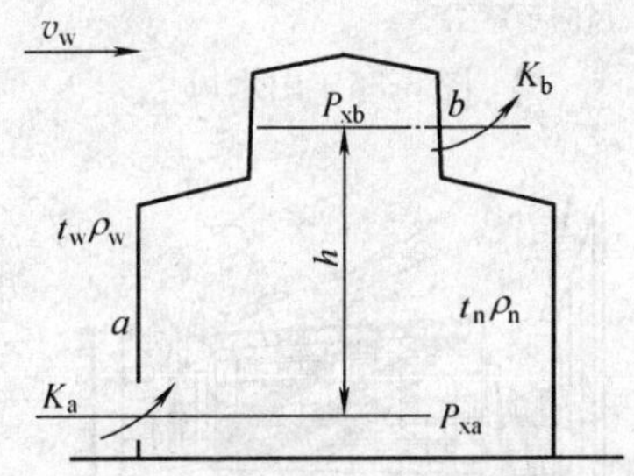

图 3-31　风压、热压共同作用下的自然通风

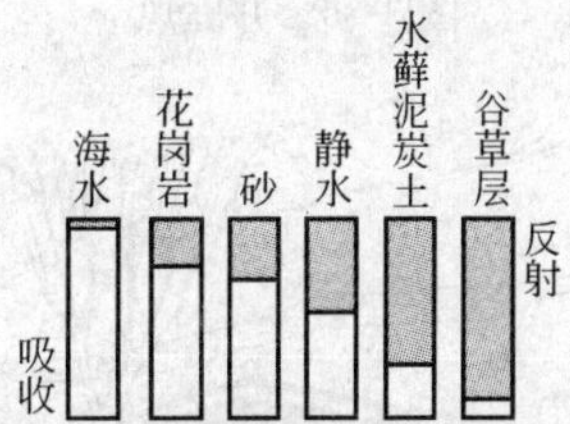

图 3-32　不同环境对日辐射的吸收与反射

同时，因地表面上水陆分布、地势起伏、表面覆盖等的不同，在日辐射热的射入和射出辐射的过程中，产生地方风而形成气流的流动，如陆地与江河水面相接处，水的射入辐射较大，水面上空气温度升高速度比陆面慢，形成由陆到水的陆风（见图 3-37）。

因此在总体布置和配置建筑物周围环境时，须充利用地方风以取得穿堂风的通风效果。几种地方风的形成和风向，见图 3-33～图 3-44 所示。建筑物的位置应使需要通风的房间门窗朝向地方风的风向，并可综合利用几种地方风以加强穿堂风的持久性，如我国的民居和园林（如图 3-43 和图 3-44）。这些是一般的规律，在应用中还得根据日照、地区等条件有所变化。

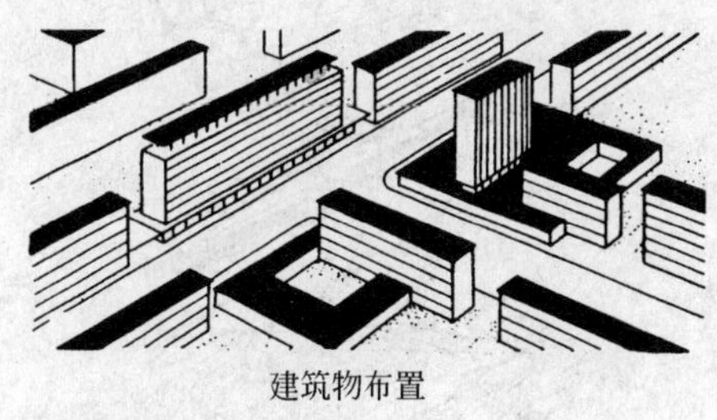

建筑物布置

风向示意图

注：十字口、丁字口比街内升降温快，白天为出口风，夜间为入口风。

图 3-33　街巷风（1）

建筑物布置

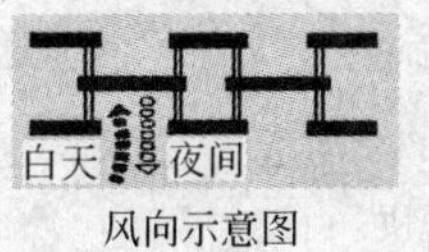

风向示意图

注：建筑物错综排列，亦可得到街巷风。

图 3-34　街巷风（2）

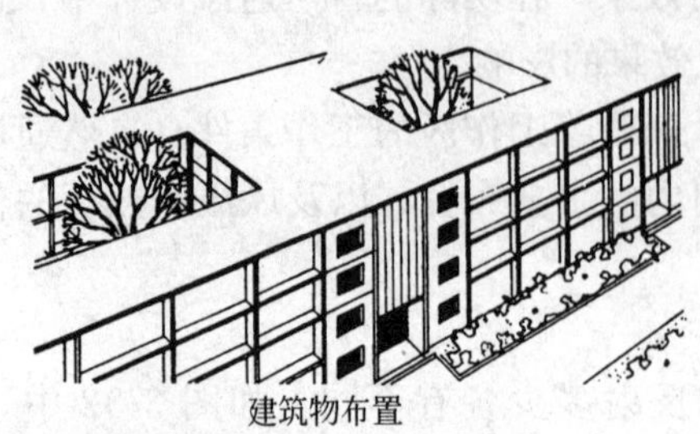

建筑物布置

风向示意图

注：房屋周围比天井升降温快，白天出门风，夜间进门风

图 3-35　井庭风

建筑物布置

白天
夜间
风向示意图

注：有岩石的出地比海面升降温快白天水风夜间山风

图 3-36　山水风

建筑物布置

白天
夜间
风向示意图

注：陆地比流动的水面升降温快，白天水风，夜间陆风

图 3-37　水陆风

建筑物布置

白天
夜间
风向示意图

注：陆地稍比静水面升降温快，白天静水风，夜间陆风

图 3-38　静水风

建筑物布置

白天
夜间
风向示意图

注：山坡比谷底升降温快，白天谷风，夜间山风

图 3-39　山谷风

建筑物布置

白天
夜间
风向示意图

注：山的阳坡比阴坡升降温快，山顶白天阴坡风，夜间阳坡风

图 3-40　山顶风

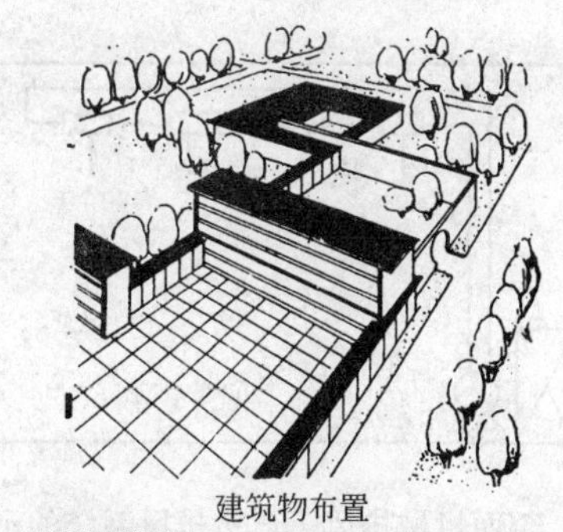

白天
夜间
风向示意图

注：房屋向阳面比背阴面及后院升降温快，白天后门风，夜间前门风

图 3-41　后院风

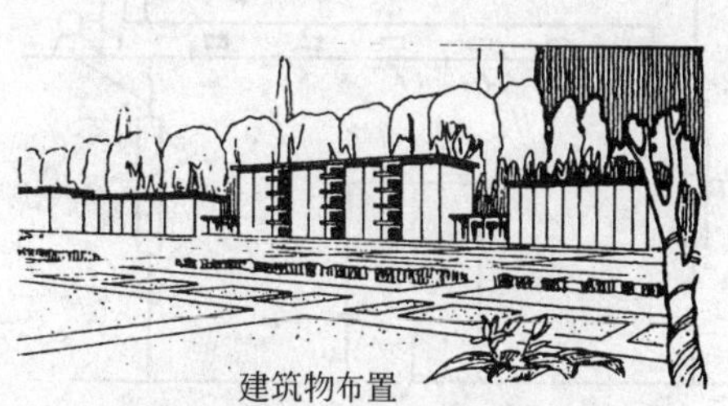

风向示意图

注：田园比森林升降温快，白天林风，夜间园风

图 3-42　林园风

注：综合井庭风、静水风、后院风、林园风、更加强白天花园风、夜间前院风

图 3-43　花园风（1）

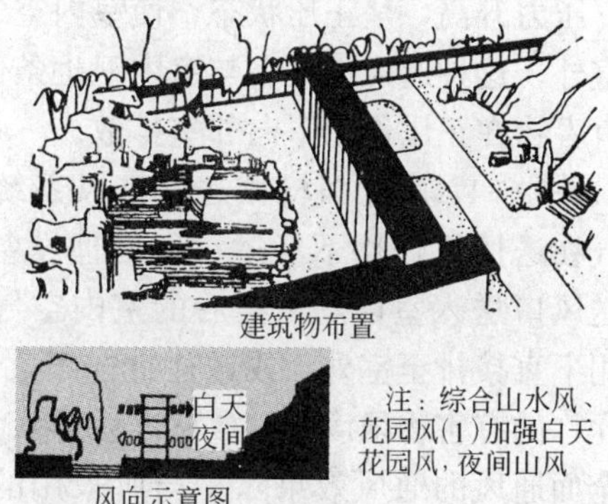

注：综合山水风、花园风(1)加强白天花园风，夜间山风

图 3-44　花园风（2）

2. 机械通风

机械通风是依靠风机提供的动力强制性地进行室内、外空气交换的通风方式。与自然通风相比，机械通风的作用范围大，可采用风道把新鲜空气送到需要的地点或把室内指定地点被污染的空气排到室外，机械通风的通风量和通风效果可人为地加以控制，不受自然条件的影响。但是，机械通风需要配置风机、风道、阀门以及各种空气净化处理设备，需要消耗能量，结构也较复杂，初投资和运行费用较大。

机械通风系统根据其作用范围的大小，可分为全面通风和局部通风两种类型。

(1) 全面通风

是对整个房间进行通风换气，用送入室内的新鲜空气把整个房间里的有害物浓度稀释到卫生标准的允许浓度以下，同时把室内被污染的污浊空气直接或经过净化处理后排放到室外大气中去。

全面通风包括全面送风和全面排风，两者可同时或单独使用。单独使用时需要与自然进、排风方式相结合。

1）图 3-45 是全面机械排风、自然进风系统的示意图。室内污浊空气在风机作用下通过排风口和排风管道排到室外，而室外新鲜空气在排风机抽吸造成的室内负压作用下，通过外墙上的门、窗孔洞或缝隙进入室内。这种通风方式由于室内是负压，可以防止室内空气中的有害物向邻室扩散。

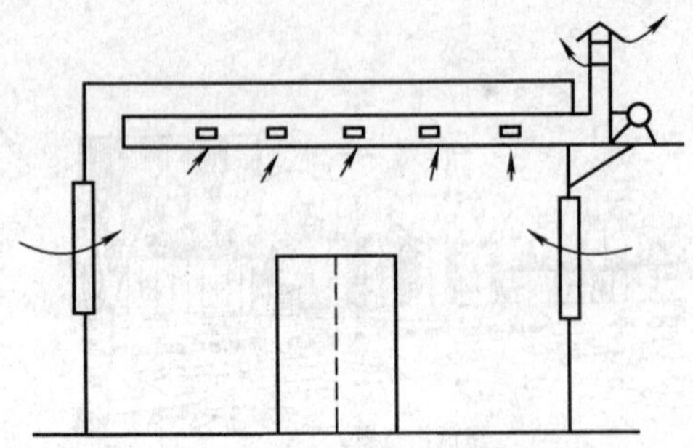

图 3-45 全面机械排风、自然进风示意图

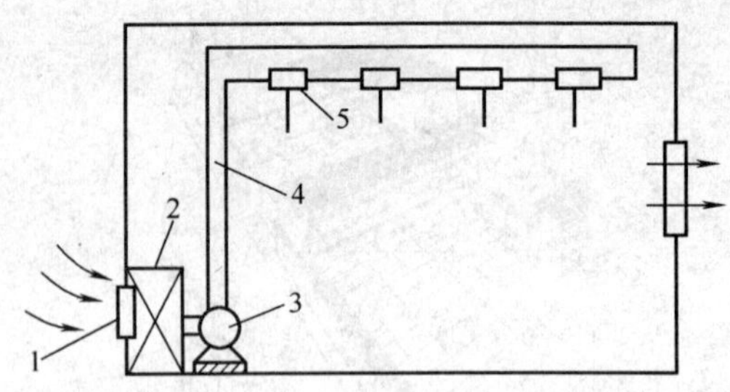

图 3-46 全面机械排风、自然排风系统的示意图
1—进风口；2—空气处理设备；3—风机；
4—风道；5—送风口

2）图 3-46 是全面机械送风、自然排风系统的示意图。室外新鲜空气经过空气处理设备处理达到要求的送风状态后，用风机经送风管和送风口送入室内。这时，室内因不断地送入空气，压力升高，呈正压状态，使室内空气在正压作用下，通过外墙上的门、窗孔洞或缝隙排向室外。这种通风方式在与室内卫生条件要求较高的房间相邻时不宜采用，以免室内空气中的有害物在正压作用下向邻室扩散。

3）图 3-47 是全面机械送、排风系统。室外新鲜空气在送风机作用下经过空气处理设备、送风管道和送风口送入室内，污染后的室内空气在排风机的作用下直接排至室外，或送往空气净化设备处理，达到允许的有害物浓度的排放标准后排入大气。

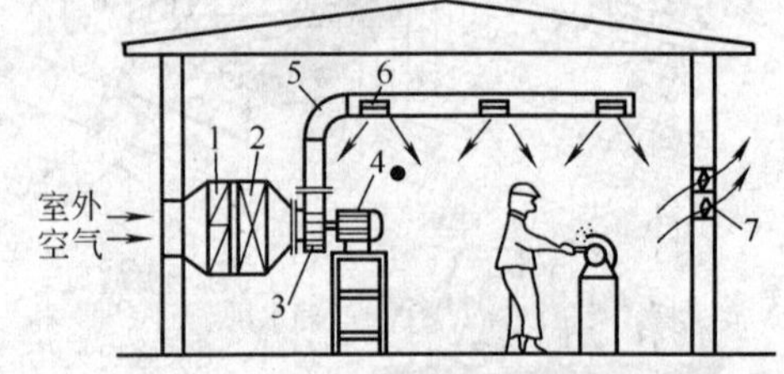

图 3-47 全面机械送、排风系统
1—空气过滤器；2—空气加热器；3—风机；
4—电动机；5—风管；6—送风口；
7—轴流风机

全面通风的通风效果除了与所采用的通风系统的形式有关外，还与通风房间的气流组织形式有关。为了获得良好的全面通风效果，需要合理的选择和设置送、排风口的形式、数量和位置。

（2）局部通风系统

包括局部送风和局部排风，两者都是利用局部气流，使局部的工作区域不受有害物的污染，以造成良好的局部工作环境。局部通风系统通常由送风口（或局部排风罩）、风道、空气净化处理设备和风机几部分组成。

1）局部送风。

局部送风就是将干净的空气直接送至室内人员所在的地方，改善每位工作人员周围的局部环境，使其达到要求的标准，而并非使整个空间环境达到该标准。这种方法比较适用于大面积的空间、人员分布不密集的场合。图 3-48 是一种局部送风系统的示意图。空气经处理后由风管送到每个人附近。

2）局部排风。

局部排风就是在产生污染物的地点直接将污染物捕集起来，经处理后排至室外。在排风系统中，以局部排风最为经济，有效，因此对于污染源比较固定的情况应优先考虑。

一个典型的局部排风系统如图 3-49 所示。污染源产生的污染物经局部排风罩收集后，通过风管送至净化设备处理后，排至室外。

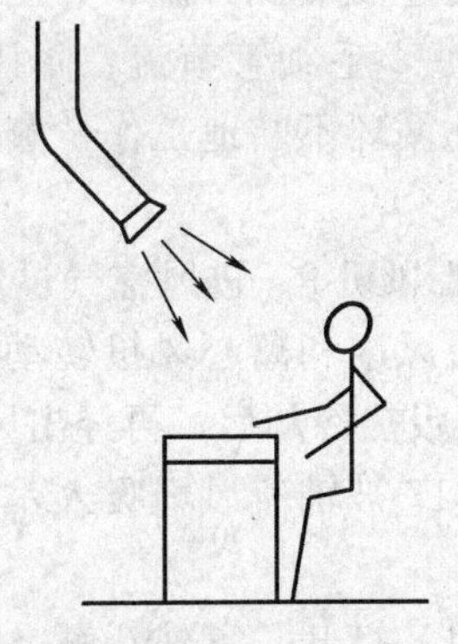

图 3-48　局部送风示意图

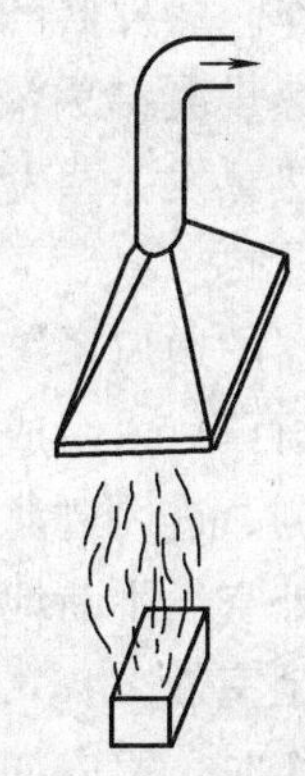

图 3-49　局部排风示意图

3.2.2　家用空调器节能技术

1. 家用空调器的组成与结构

家用空调器因其体积小，安装使用方便、灵活，故广泛地使用于住宅、小型旅馆、饭店、办公室、商店以及实验室、手术室等场所。

家用空调器已经非常普及，在最热月其用电量可能占到家庭总用电的 30%～40%，比例相当大，而且最热时间的用电，一般属于高峰电，加大了峰谷差。所以，房间空调器节能是很重要的。

（1）家用空调器的原理及组成部件

家用空调器的种类、型式非常多，但其基本工作原理和组成部件都是大同小异的。它主要由制冷系统、通风系统及电器系统等几部分组成。把如上的几部分有机地组装在一个箱体或几个箱体内，在现场安装好后，只需接通电源，就可使空调房间成为舒适的工作环境和生活环境。

1）窗式空调器，如图 3-50 所示。

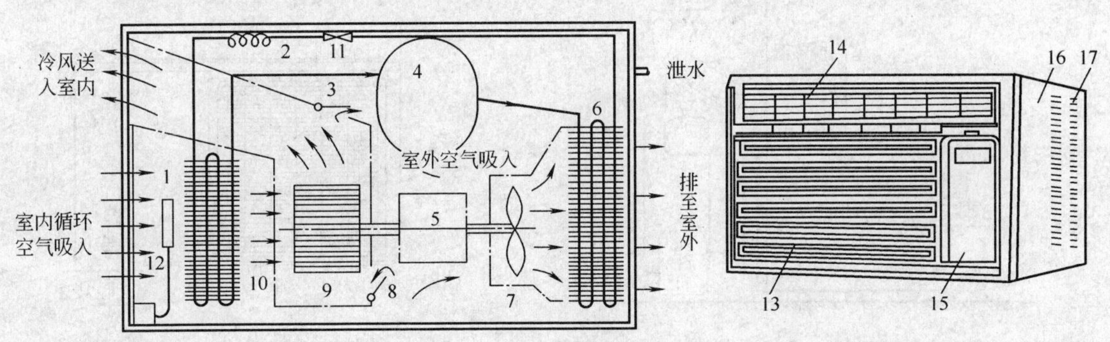

图 3-50　窗式空调器系统及外形

1—温控器；2—毛细管；3—排风门；4—压缩机；5—风扇电机；6—冷凝器；7—轴流风扇；8—新风门；9—离心风机；10—蒸发器；11—过滤器；12—进风空气过滤器；13—进风格栅；14—出风百页；15—控制系统盖板；16—机壳；17—室外侧风百页

从图中可以看出，这种空调器的制冷系统由制冷压缩机 4、冷凝器 6、过滤器 11、毛细管 2 和蒸发器 10 组成。这些设备用铜管连接起来，系统内注入制冷剂。当系统接通电源后，由于压缩机的工作，蒸发器产生的制冷剂气体被其吸入，通过压缩机升温、升压，再输送到冷凝器中，放出热量凝结为液体。这些液体再经过滤器过滤，毛细管节流、降压、降温后，进入蒸发器，吸热蒸发，蒸发的气体，再进入压缩机。如此循环不断地工作，蒸发器不断吸热，冷凝器不断放热。

该房间空调器的通风系统由电动机 5、轴流风扇 7、离心风机 9、进风空气过滤器 12、进风格栅 13 和出风百页 14 组成。当电动机运转时，带动轴流风扇和离心风机转动，室内空气不断地经进风格栅、进风过滤器被离心风机吸入，被蒸发器吸热冷却后，再经出风百页 14 送入空调房间；室外空气不断地从机壳 16 上开出的出风百页 17 被轴流风扇吸入，吸收冷凝器放出热量后，排至室外。

当空调器工作时，室内如需补充新鲜空气，可把新风门 8 打开，室外新鲜空气被离心风机吸入，送入室内。当空调房间内仅需通风换气时，排风门 3 被打开，室内污浊空气通过离心风机排到室外。

空调器的控制系统，一般均装在一块控制板上，固定在空调器室内侧的面板上，便于操作。控制系统一般由选择操作开关、温控器、定时器等组成，通过导线控制压缩机和风机的运行。控制系统有手动控制、集成电路控制、微电脑控制、模糊控制等。

在空调器运行时，由于蒸发器肋片管壁表面温度较低，一般低于被冷却空气的露点温度。当流经蒸发器的空气被冷却时，空气中的部分水蒸气将凝结成水滴，沿着蒸发器的肋片流到下部的集水盘中，通过泄水孔和泄水管排出空调器。

2）柜式空调器，其基本原理如图 3-51 所示。

3）挂壁式空调器，示意图见图 3-52。

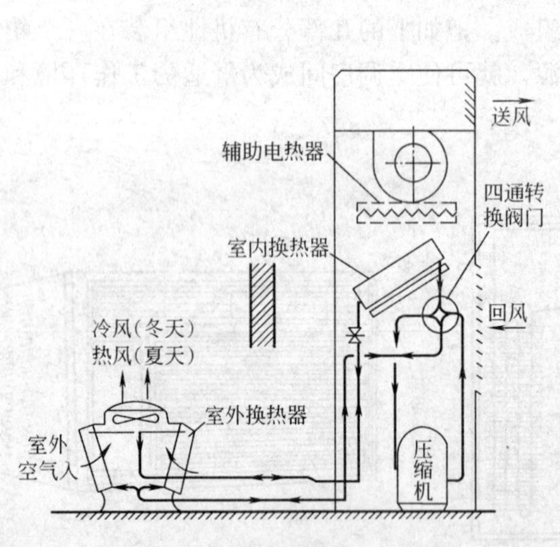

图 3-51　风冷式空调机组（冷凝器分开安装、热泵式）

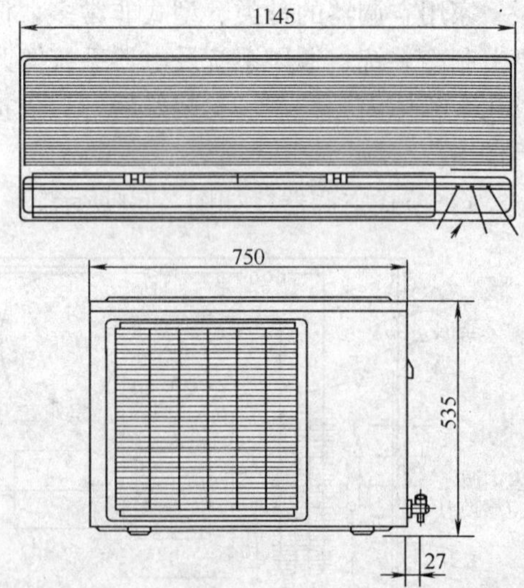

图 3-52　挂壁机和吊装机（风冷式热泵）

（2）空调器的分类及特点

1）空调器按使用气候环境（最高温度）分为：

类型	T1	T2	T3
气候环境	温带气候	低温气候	高温气候
最高温度	43℃	35℃	52℃

2）空调器按结构形式分为：

① 整体式，其代号 C；整体式空调器结构分类为窗式（其代号省略）、穿墙式等[1)]，其代号为 C 等。

② 分体式，其代号 F；分体式空调器分为室内机组和室外机组。室内机组结构分类为吊顶式、挂壁式、落地式、嵌入式等，其代号分别为 D、G、L、Q 等，室外机组代号为 W。

③ 一拖多空调器。

3）家用空调器按功能的分类及特点：

① 单冷型（冷风型）：

单冷型空调器，只能吹冷风，多用于夏季室内降温。这种形式的空调器也具有一定的除湿功能，在房间内创造一个温湿度比较舒适的环境。这种空调器的特点是比较简单，可靠性高，价格便宜。但是因其功能少，所以使用率不高。

② 单冷、除湿型：

这种空调器不仅在夏季能向房间吹冷风，而且能在多雨季节（即相对湿度比较高时）保持房间比较干燥的环境，起到比较理想的防霉、防潮的作用。

该空调器的除湿方法有两种。一种是通过自动或手动保持空调器的间歇开停控制，使空调器制出的冷量，只用来吸收空气中水蒸气的热量，使水蒸气凝结为水。另一种方法是在制冷剂供液管与压缩机吸气管之间用管路连接起来，中间装一小型电磁阀，当室内空气湿度较高（例如相对湿度≥70%）时，电磁阀被打开，部分制冷剂液体从供液管经连接管及电磁阀，进入压缩机吸气管，减少流经蒸发器的制冷剂流量，即减少空调器的制冷量。和第一种方法一样，使空调器产生的这部分冷量用来除湿。电磁阀开、关可手动，也可自动。空调器具有除湿功能，在夏热冬冷地区和炎热地区对家庭作用很大，它解决了雨季室内潮湿的苦恼，受到用户欢迎。

③ 冷暖型：

这种空调器不仅在夏季能吹冷风，而且在冬季可吹热风。根据供暖方式的不同，分为热泵型、电热型和热泵辅助电热型。

a. 热泵型，代号 R。

热泵制热是在空调器制冷系统中加一个电磁换向阀，使两个换热器（蒸发器与冷凝器）的功能转换，以达到逆反效应——制热。热泵空调器是一种节能产品，它制取的总热量总是比消耗的电能大得多。如用电制热，1kW 的电能最高只能制取 1kW 的热量，而用热泵空调器，消耗 1kW 的电能，可以得到 2000kW 以上的热量。如某台 KCR－30 热泵型空调器，在额定工况下，其制热量为 3480W，消耗电能 1160W，其制热量为消耗的电量的 3 倍。

b. 电热型，代号 D。

即在单冷型空调器内安装电加热器制热。这种电加热型空调器冬天耗电多，不符合节能标准，且不安全。

c. 热泵辅助电热型。

由于热泵空调器的制热量一般与夏天的制冷量相差不大，在冬季温度比较低的地区，热泵空调器的制热量往往不能满足要求，此时，在热泵空调器上增加一个辅助电加热器，增加供热量。

d. 冷暖除湿型。

这种空调器具有多种功能，无论是在经济上还是在节能上，都有很大好处，而且节省了房间的使用空间，是很有发展前途的一种家用空调器。

4）空调器按冷却方式分为：

① 空冷式，其代号省略；

② 水冷式，其代号 S。

5）空调器按压缩机控制方式分为：

① 转速一定（频率、转速、容量不变）型，简称定频型，其代号省略；

② 转速可控（频率、转速、容量可变）型，简称变频型，其代号 Bp；

③ 容量可控（容量可变）型，简称变容型，其代号 Br。

(3) 产品型号及含义

1）产品型号及含义见图 3-53：

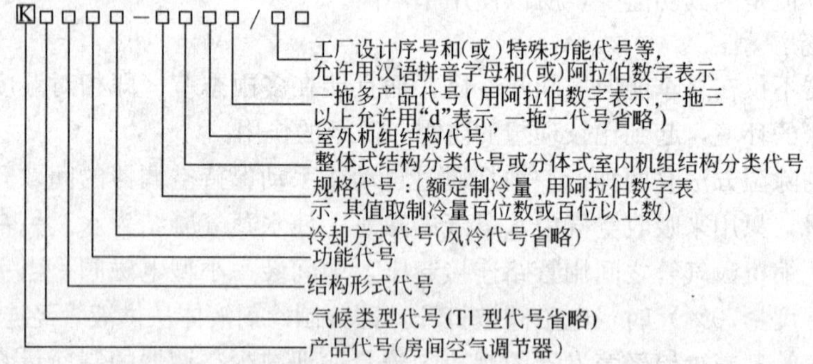

图 3-53　产品型号及含义

2）型号示例：

例 1：KT3C－35/A

表示 T3 气候类型、整体（窗式）冷风型房间空气调节器，额定制冷量为 3500W，第 1 次改型设计。

例 2：KFR－28GW、KFR－28G、KFR－28W

LFR－28GW 表示 T1 气候类型、分体热泵型挂壁式房间空气调节器（包括室内机组和室外机组），额定制冷量为 2800W。

KFR－28G 表示 T1 气候类型、分体热泵型挂壁式房间空气调节器室内机组，额定制冷量为 2800W。

KFR－28W 表示 T1 气候类型、分体热泵型房间空气调节器室外机组，额定制冷量为 2800W。

例 3：KFR－50LW/Bp、KFR－50L/Rp、KFR－50W/Bp

KFR－50LW/Bp 表示 T1 气候类型、分体热泵型落地式变频房间空气调节器（包括室内机组和室外机组），额定制冷量为 5000W。

KFR－50L/Bp 表示 T1 气候类型、分体热泵型落地式变频房间空气调节器室内机组，额定制冷量为 5000W。

KFR－50W/Bp 表示 T1 气候类型、分体热泵型变频房间空气调节器室外机组，额定制冷量为 5000W。

(4) 房间空调器的主要性能指标

1）制冷量和供热量。

空调器制冷或供热时，在国家规定的试验工况下，单位时间从密闭空间、房间或区域内除去的热量称为名义制冷量；而向密闭空间、房间或区域内供给的热量称为名义制热量。名义制冷量或供热量的试验工况见表3-33。空调器在该工况下的实测制冷量或制热量不应比名义制冷量或供热量小8%以上。

表3-33　试验工况

工况条件			室内侧回风状态/℃		室外侧进风状态/℃		水冷式进、出水温/℃[b]	
			干球温度	湿球温度	干球温度	湿球温度[a]	进水温度	出水温度
制冷运行	额定制冷	T1	27	19	35	24	30	35
		T2	21	15	27	19	22	27
		T3	29	19	46	24	30	35
	最大运行	T1	32	23	43	26	34	与制冷能力相同的水量
		T2	27	19	35	24	27	
		T3	32	23	52	31	34	
	冻　　结	T1	21[c]	15	21	—	—	21[d]
		T2			10	—		10[d]
		T3			21	—		21[d]
	最小运行		21[c]	15	制造厂推荐的最低温度[e]		10	（或21℃）
	凝露凝结水排除		27	24	27	24	—	27
制热运行	热泵额定制热[f]	高温	20	15（最大）	7	6	—	—
		低温			2	1		
		超低温			−7	−8		
	最大制热运行		27	—	24	18	—	—
	最小制热运行[g]		20	—	−5	−6	—	—
	自动除霜		20	12	2	1	—	—
	电热额定制热		20	—	—	—	—	—

a. 在空调器制冷运行试验中，空气冷却冷凝器没有冷凝水蒸发时，湿球温度条件可不做要求。

b. 冷凝器进出水温指用冷却塔供水系统，用基水泵时可按制造商明示进、出水温或水量及进水温度。

c. 21℃或因控制原因在21℃以上的最低温度。

d. 水量按制造厂规定。

e. 制造厂未指明时，以21℃为最低温度。

f. 制造厂未规定适于在低温、超低温工况运行的空调器，应进行低温、超低温工况的试验；若制热量（高温、低温或超低温）试验时发生除霜，则应采用空气焓值法进行制热量试验。

g. 如果空调器在超低温条件下进行制热运行试验，其最小运行制热试验可以不做。

2）循环风量。

空调器在新风门和排风门完全关闭的情况下，单位时间内向密闭空间、房间或区域送出（或吸入）的空气量，单位m^3/h。风量的大小直接影响着送风温度和换热器的传热效果。因此，使空调器适应不同的使用要求而采用相应的循环风量，可以提高空调器的能效比，这需要通过对风机采用一定的控制手段来实现。

3）输入功率。

空调器在名义工况工作时，所消耗的总功率。包括压缩机电机功率、风机电机功率以及一些辅助电器所消耗的功率。

4）性能系数。

也称能效比。它等于空调器的额定工况条件下制冷量或供热量与输入功率的比值。

2. 家用空调器的节能技术

（1）性能指标

能效比是空调器最重要的经济性能指标。能效比高，说明该空调器具有节能、省电的先决条件。《房间空气调节器能效限定值及能源效率等级》GB 12021.3 中规定，空调器的能效比实测值应大于等于表 3-34 的规定值。

空调器能源效率等级（简称能效等级）是表示空调器产品能源效率高低差别的一种分级方法，依据空调器能效比的大小确定，分成 1、2、3、4、5 五个等级，1 级表示能源效率最高，见表3-35。空调器出厂时，必须由生产厂家按照规定注明空调器能源效率等级。

家用空调器节能评价值是指空调器制冷运行时在额定工况条件下，达到节能认证产品所允许的能效比最小值，空调器的节能评价值为表 3-35 中能效等级的 2 级。

国家标准对 2009 年实施的空调器能效标准技术的要求，见表 3-36。

表 3-34　能效限定值

类型	额定制冷量(*CC*)/(W)	能效比(EER)/(W/W)
整体式		2.30
分体式	*CC*≤4500	2.60
	4500<*CC*≤7100	2.50
	7100<*CC*≤14000	2.40

表 3-35　能源效率等级指标

类型	额定制冷量(*CC*)/W	能效等级				
		5	4	3	2	1
整体式		2.30	2.50	2.70	2.90	3.10
分体式	*CC*≤4500	2.60	2.80	3.00	3.20	3.40
	4500<*CC*≤7100	2.50	2.70	2.90	3.10	3.30
	7100<*CC*≤1400	2.40	2.60	2.80	3.00	3.20

表 3-36　2009 年实施的空调器能效限定值

类型	额定制冷量(*CC*)/W	能效比(*EER*)/(W/W)
整体式		2.90
分体式	*CC*≤4500	3.20
	4500<*CC*≤7100	3.10
	7100<*CC*≤1400	3.00

要节约家用空调器消耗的电能，首先要提高空调器的能效比。按照现行国家标准的规定，国产空调器达到节能型空调器的指标以后，节约的电能将是十分可观的，以制冷量在 2500～4500W 的整体式空调器为例，如果能效比达到 2.90，则大约可节省电耗 20%。所以，在空调器的设计制造方面，开发、采用先进的节能技术，是节约建筑物空调能耗的重要途径，选用能源效率等级指标高的空调器，在整个采暖、空调季会节约可观的电能。

能效比是在某种特定工况下测得的空调器性能指标，单独用它还不能全面反映空调器的能效特性。这是因为在使用过程中，空气环境是不断变化的，空调器的运行启停状况、工作环境温度、房间的夏季需冷量和冬季需热量处在不停的变化之中，它的能效比也在不停地变化。为比较科学地评价空调器的综合能效特性，对空调供冷提出了季节能效比（SEER)、对空调供热提出了供暖季节性能系数（HSPF）的评价指标。SEER 为整个供冷期间的总制冷量与供冷期间总电耗之比（W/W)，HSPF 为整个供暖期间总的供热量与供暖期间总电耗之比(W/W)。

(2) 压缩机节能技术

制冷压缩机是制冷装置中最主要的设备，通常称为制冷机中的主机。

制冷压缩机的性能直接影响着制冷装置的能效比。理想的压缩机的工作过程没有余隙和泄漏等容积损失、没有制冷剂流动的压力损失以及各个运动部件摩擦面之间的摩擦功、泄漏蒸汽再压缩等能量损失。实际的压缩机无法做到。这两方面的损失大小是评价压缩机优劣的重要指标。前者用容积效率来衡量，后者用指示效率和机械效率来衡量。

1）活塞式压缩机是靠曲柄连杆机构带动活塞的往复运动来实现压缩过程的，它的零部件多、结构复杂，余隙较大、吸气、排气机构等处的损失造成它的容积效率低、能效比小，所以在家用空调器中的应用越来越少。

2）旋转式压缩机有滚动转子式和滑动叶片式两种，与活塞式相比，它的容积效率高10%～15%，零部件少33%，重量轻30%，能效比高出10%左右。因此，现代家用空调器上使用的压缩机绝大多数是这种压缩机。

3）涡旋式压缩机的主要优点是：①没有余隙容积，压缩过程泄漏少，所以压缩机的容积效率高；而且，即使液体进入压缩机也没关系，不会发生液击事故。②振动小，噪声低，吸气、压缩、排气过程同时进行，排除的气体几乎是连续流动，压力脉动非常小，压缩机的转速可达每分钟13000转。③没有吸气、排气阀及因此而产生的阻力损失和噪声，压缩机可靠性好。

这种压缩机与活塞式相比，体积小30%，重量轻50%，效率高20%，零部件少80%，是一种性能非常优越的压缩机，被称为第三代压缩机。将其应用于空调器，可显著提高空调器的能效比。

(3) 制冷剂问题

制冷剂是在制冷装置中循环工作的物质。制冷装置正是依靠制冷剂在较低温度下的蒸发吸热来达到制冷目的的。制冷装置的理想工作循环是逆卡诺循环，在这种循环下有着最高的制冷系数。实际循环接近理想循环的程度与制冷剂的性质有关，比如制冷剂的液化潜热、液体以及蒸汽的比热等。一般选用制冷剂的条件是：① 不燃、不爆、无毒、无刺激性；②蒸发潜热大，以便有较高的制冷效率；③临界温度高于室温；④蒸发压力最好略高于大气压力，可以避免空气渗入系统内；在常温下的冷凝压力不太高，以使冷凝器制造容易并减少压缩机作功；⑤传热系数大，便于热交换；⑥黏度小，以减小流动阻力；⑦比容小，节省系统空间；⑧没有腐蚀性；⑨有一定的溶解水的能力，以免降温时结出冰渣，堵塞管路；⑩价格便宜。

在空调用制冷装置的应用中，满足这些条件的制冷剂主要有R12、R22、R134a、R502等，它们都属于氟里昂系列，其化学结构为卤代烷或卤代烷的共沸化合物。这些物质中含有的氯元素在太阳光紫外线的照射下，释放出氯原子，它与大气中的O_3相结合，夺取O_3中的一个氧原子，使O_3变成普通的氧气分子，从而破坏了大气中的O_3层，而O_3层对于减弱太阳的紫外线强度具有重要作用。所以，国际上制定了一些协议来限制这类制冷剂的使用。这些物质对O_3层的破坏作用不尽相同，如R12、R502，破坏作用严重，1996年以前就被禁止使用（发展中国家顺延10年）；现在空调设备中广泛使用的制冷剂是R22，它具有良好的工作特性，其分子式中只含有一个氯原子，对O_3层的破坏作用较轻，但也被规定在2020年以前基本停用，2030年以前禁止使用。现在还没有R22的良好替代物。所以，从长远看，研制既环保、又具有良好制冷特性、从而使制冷系统具有较高性能的替代物，也是空调节能的一个重要任务。

(4) 蒸发器与冷凝器的节能技术

制冷装置的制冷系数随着蒸发温度的升高和冷凝温度的降低而增高。在制冷系统中，冷凝器的作用是把压缩机排出的高温、高压制冷剂蒸汽冷却并使之液化。提高冷凝器的换热性能，就能减小制冷剂蒸汽与环境之间的传热温差，从而也就降低了冷凝温度。对蒸发器也是如此，增强其换热性能，就能提高蒸发温度。一些可用于空调器的高效换热技术主要有：①采用内螺纹槽管——内螺纹管的主要形式有：内表面加工有数十条内螺纹槽线；三角形槽；各种梯形槽。采用上述内螺纹槽管，其制冷剂侧换热系数可比光管提高 50%～100%。②铝肋片——有高效传热肋片（如双向开槽片、百页窗式开槽片等）加亲水膜技术，即在空调器蒸发器的肋片表面浸上一层氧化铝等溶液的膜，使凝结水不形成水珠而是成膜状流下，据实验，采用此项技术蒸发器阻力可减少 40%～50%，风机功率下降 17.7%，制冷量增加 2%～3%，从而提高了空调器的能效比。③采用蒸发式冷凝器——即在冷凝器上喷水，其形式有两种：一种是用甩水装置把蒸发器外的凝结水甩洒到冷凝器表面；其二是凝结水＋补充水用小水泵喷淋在冷凝器的表面，经实验验证，该方法可显著提高空调器的能效比。④换热器的合理排列——为减小空调器的外形尺寸、增大风量、降低风机转速、减小噪声，日本的一些分体式空调器的室内机组采用了多段式排列，如东芝用二段，夏普用三段，大金用 V 形排列手段等。这些措施都起到了强化传热、降低风机能耗的作用。

(5) 先进的节能控制手段在空调器中的应用

1) 变速控制空调器。

传统的房间空调器主要由定转速压缩机、毛细管、蒸发器、冷凝器等组成。虽然它具有结构简单、工作可靠、制造成本低等优点，但是由于没有能量调节功能，在部分负荷时，停机过于频繁，耗电量增加；对于像“一拖多”这样的负荷变化剧烈、制冷量变化大的空调器，这种结构很难适用。

针对传统空调器的不足，近年来发展了基于变速控制技术的空调器。对压缩机采用变转速控制，节流部件可采用电子膨胀阀，并采用微计算机进行运行参数检测、运行控制和安全保护。与传统空调器相比较，变速空调器有以下主要优点：

① 能量调节能力强。变速制冷压缩机的制冷能力几乎与转速成正比，而变速制冷压缩机的最高转速为最低转速的三倍左右或更高；电子膨胀阀可以随工况的需要任意调节开度，实现不同流量的制冷剂调节。因此，变速空调器具有良好的制冷量调节能力。

② 系统运转平稳，启动时间短。变速空调器采用微机控制运行，当优化调节规律后，可以消除传统空调器启动后系统内的流量、压力等参数震荡剧烈，启动时间长的缺点。

③ 根据过热度调节通过电子膨胀阀的流量；并且易于调节系统的蒸发温度。传统的空调器采用毛细管节流，根据过冷度调节制冷剂流量。这种调节方式的流量调节范围不大，并且在制冷工况时，蒸发器传热温差变化大；热泵工况时，由于室外温度变化范围大，因此可能造成系统制热效率降低，甚至不制热。

④ 实现热泵工况和制冷工况使用同一套节流装置。电子膨胀阀流量调节能力强，并且具有双向通过能力，因此可以使用同一电子膨胀阀进行制冷或制热。

⑤ 在制热循环中，变速空调器具有很强的热气除霜能力。因此，当采用逆循环热气除霜时，可以减少除霜所需时间。

变速空调器的上述优点使它全年运行耗电量比传统空调器约少三分之一，并且噪声低、运转平稳，空调环境更宁静、舒适。因此在发达国家，特别是在日本，变速空调器已占空调市场的90%。我国目前由于没有很好地解决高性能变速压缩机的一些关键技术和制造成本等方面的问题，影响了变速空调器的推广，所以，要达到房间空调器节能的目的，必须加快先进节能技术的国产化，以降低成本，使之广泛地为用户所使用。

目前变速制冷压缩机电机调节转速的方法主要有交流变频调速（VVVF—M）和直流无刷电机调速（DC—M）两种方式。变频调速的工作原理是根据异步交流电机的转速与交流电的频率成正比的关系，利用变频器改变施加在压缩机电机的电频率，从而改变电机转速。直流无刷电机保留了普通直流电机所具有的良好调速性能和启动性能，又利用电子换向开关电路和位置传感器代替电刷及转向器，从根本上消除了转向火花、无线电干扰等弊端，具有寿命长，可靠性高和噪声低，维修、控制方便等优点。与交流变频电机相比，直流无刷电机明显具有的低转速、低负荷时效率高，启动时扭矩小的优点，因此虽然它的价格较高，但是应用前景更好。

电子膨胀阀有电磁式和电动式两大类，变速房间空调器多采用电动式。目前使用的电动式膨胀阀多采用4相脉冲电机驱动针阀。当控制电路的脉冲电压按一定逻辑关系作用到电机定子的各相线圈时，永久磁铁制成的电机转子受到磁力矩作用产生旋转运动，通过螺纹的传递，使针阀上升或下降，从而调节阀的开度，改变通过阀的制冷剂流量。

2）模糊控制空调器

模糊控制空调器＝空调器＋模糊控制器，它根据空调房间温度、湿度、风速等，通过模糊软件控制空调器压缩机和风扇的转速等，达到空调房间的舒适性提高和减少压缩机的频繁启动，因而有利于节能和延长空调器的使用寿命。实验证明，用常规空调器每小时压缩机启停6次，而模糊控制的空调器无一次启停，其电耗只有前者的76%。

3）神经网络控制空调器

1995年以后日本生产的分体式空调的主力机型普遍采用了神经网络控制器。神经网络控制是在模糊控制的基础上发展起来的一种更高级的控制方式，它是模仿人脑神经的特性，对测得的各种参数进行“学习”、“记忆”、“判断”、“联想”等处理，指挥空调器按照人感觉的最舒适条件进行运转，达到最舒适、最节能的效果。日本1995年各厂生产的神经网络控制的空调器，在按照舒适指标进行运转时，一年中比常规空调器节电25%以上。

需要说明，模糊控制及神经网络控制的空调器，必须匹配变速压缩机和风扇，否则达不到预期效果。国内有的空调器厂也宣传自己生产的模糊控制空调器如何节能，但使用的是定转速压缩机和三速风扇，这如何能达到节能的目的呢？1996年国内已有变频调速的分体式空调器问世，但价格比普通空调器高一倍以上，大多数消费者难以承受。

（6）空调器使用中的节能技术

生产出来的空调器具有优良的节能特性，只能说该空调器具有了节能的“先天条件”，空调器在使用过程中，到底能不能节省电耗，还得依赖于用户是否能“节能地”使用。这主要包括以下几个方面：

1）正确选用空调器的容量大小。

根据空调器在实际工作中承担负荷的大小进行选择是很有必要的。如果选择的空调器容量过大，会造成使用中启停频繁，电能浪费和初投资多；选得过小，又达不到使用要求。房间空调负荷受很多因素的影响，计算比较复杂，这里介绍一种简易的计算方法。用户根据实际的使用要求，在表3-37中（ ）内填入相应的数据进行计算，然后累加，即可求出所需选购的空调器制冷量。

表 3-37 房间空调负荷计算表

项 目	耗冷量(W)		
	室温要求 24℃	室温要求 26℃	室温要求 28℃
一、维护结构负荷 Q1			
1. 门的面积(m^2)	()m^2×40W	()m^2×36W	()m^2×20W
2. 窗的面积(m^2)			
太阳直射无窗帘	()m^2×380W	()m^2×370W	()m^2×360W
太阳直射有窗帘	()m^2×260W	()m^2×250W	()m^2×240W
非太阳直射	()m^2×180W	()m^2×170W	()m^2×160W
3. 外墙面积(m^2)			
太阳直射	()m^2×36W	()m^2×33W	()m^2×30W
非太阳直射	()m^2×24W	()m^2×21W	()m^2×18W
4. 内墙面积(m^2)(邻室无空调)	()m^2×16W	()m^2×13W	()m^2×10W
5. 楼层地板面积(m^2)(上下无空调)	()m^2×16W	()m^2×13W	()m^2×10W
6. 屋顶面积(m^2)	()m^2×43W	()m^2×40W	()m^2×37W
7. 底层地板面积(m^2)	()m^2×8W	()m^2×6.5W	()m^2×5W
二、人员负荷 Q2			
1. 静坐(室内常有人数)	()人×115W	()人×115W	()人×115W
2. 轻微劳动(室内常有人数)	()人×125W	()人×125W	()人×125W
三、室内照明负荷 Q3			
1. 白炽灯功率(W)	()W	()W	()W
2. 日光灯功率(W)	()×1.2W	()×1.2W	()×1.2W
四、室内电器设备负荷 Q4			
室内电器总功率(W)	()×0.7W	()×0.7W	()×0.7W
五、空调器制冷量 Q=Q1+Q2+Q3+Q4			

2）正确安装。

空调器的耗电量与空调器的性能有关，同时也与合理的布置、使用空调器有很大关系。下面分窗式空调与分体式空调两种情况，具体说明空调器应如何布置，以充分发挥其效率。

① 窗式空调器。窗式空调器的安装既要考虑室外条件，又要考虑室内要求。综合各种因素后，来确定最优位置，使空气能良好地循环，降低能耗。选择时可以从以下几方面考虑：

a. 应避免安装在阳光直射的地方。空调器在阳光直射下工作会产生一些弊端，如冷凝器散热差，冷凝压力升高，制冷能力降低，耗电量增加等。如果安装位置无法避免阳光照射应设置遮篷，如图 3-54（*a*）所示，遮篷不能装得太低，如图 3-54（*b*）。在阳光直接照射下，太低的遮篷之下温度偏高，同时还会影响空调器顶部百叶窗通风，并使冷凝器排出气体受阻。

b. 应根据房间不同的朝向，选择最合理的安装方位。北面是安装窗式空调器的最佳位置，因为夏季北面的温度比南面要低，对空调散热有利，可减少电耗。

c. 空调器两侧及顶部的百页窗不允许遮盖，并且百页旁边应留出足够大的空间。因为这些百页窗是冷凝器的进风口，没有足够的空间就会影响进风量，影响制冷效果，并增加电耗，如图 3-54（*c*）所示。窗式空调器两侧与墙面，以及顶部与遮篷之间的距离 S 一般应在 60mm 以上。如果墙的厚度较大，应按图 3-54（*d*）要求改造墙体，以保证空调器百页窗外露，且留有足够大的空间，使进风、排风口通风良好。图中 L（墙的厚度）的大小应根据空调器说明书确定。

d. 一般要求距空调冷凝器的出风口 1m 内不允许有障碍物，否则会引起冷凝器排出气体

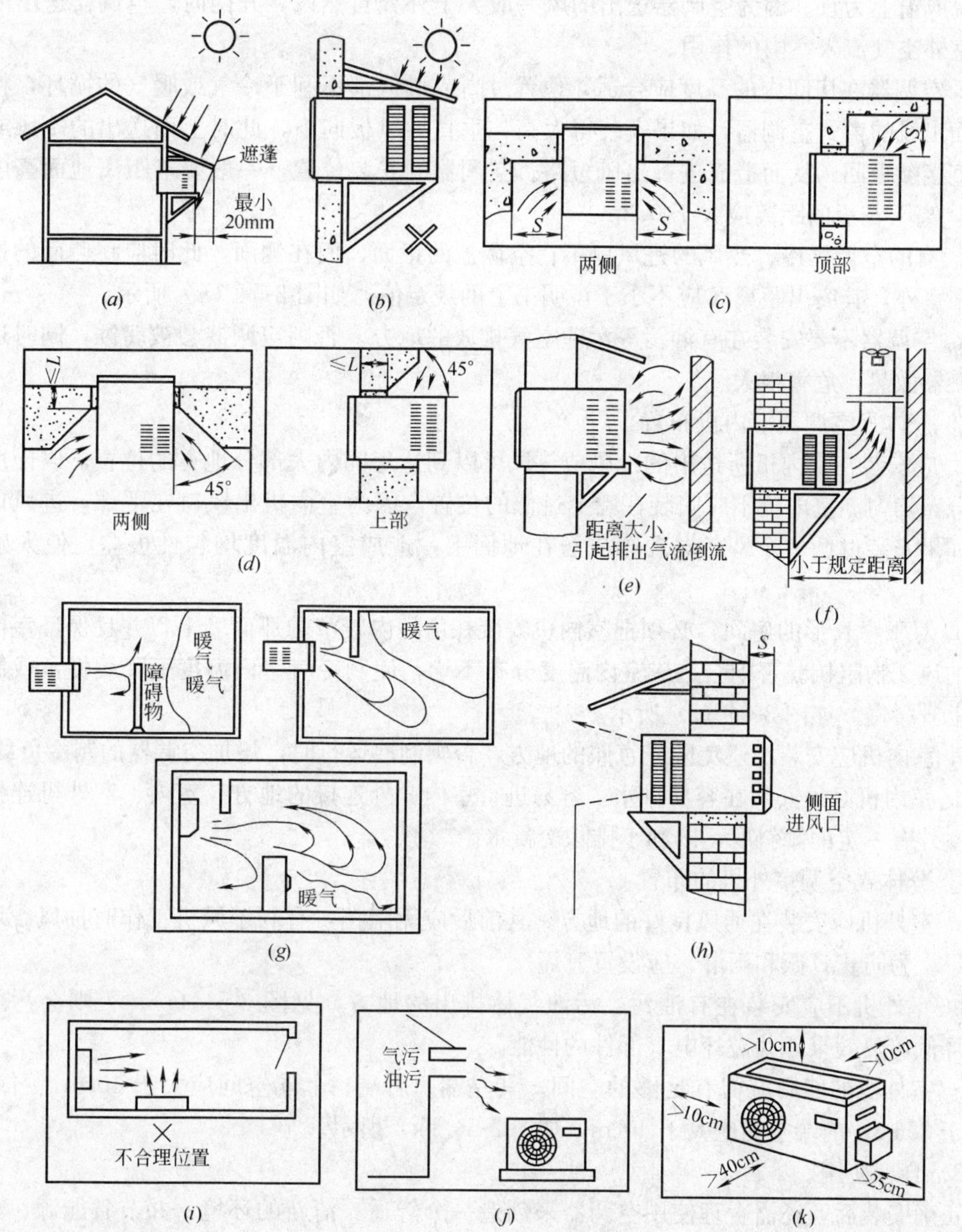

图 3-54　空调器正确安装方法

（a）空调器应避免受阳光直射；（b）遮篷不能装得太低；（c）空调器两侧及顶部百页窗外露；（d）厚墙改造图；（e）冷凝器出风口不应受阻；（f）附加风管帮助排气；（g）障碍物对气流的影响；（h）侧面进风口应露在墙外；（i）窄长房间合理的安装位置；（j）安装位置避免油污；（k）室外机安装的空间要求

倒流，影响冷凝器的散热效果。如果现场条件有限，冷凝器与障碍物之间的距离小于规定值，应采用附加风管或风管加排气扇的方法，帮助排气，如图 3-54（e）、（f）所示。

e. 空调器室内位置的选择应尽量使空调器所送出的冷风或暖风能遍及室内各个方位，当空调器安装在长而窄的房间时，为了能向长的方向送风，应安装在短墙一边，见图 3-54（i）。空调器前不宜放置障碍物，以免造成气流短路，如图 3-54（g）。另外空调器以安装在对着房门的墙或窗上为宜。因为空调器送出的风一般大于外界自然风，开门时，空调器送出的风有抵抗室外空气流入室内的作用。

f. 空调器在房间内的高度应合适，位置过高或过低都不利于冷气或暖气的循环，特别是从上面出风的窗式空调器，如果安装得太高，垂直导风板向下，此时上面送出的冷风或暖风容易直接被吸回，从而造成进、出风短路。空调器的安装位置，一般要求距离地面高度大于0.6m，离天花板的距离应大于0.2m。

g. 有的空调器冷、热风的进风口不在空调器的正面，而在侧面，此时应将侧面的进风口突出在室外，其突出距离S应不小于说明书上的规定值，如图3-54（*h*）所示。

h. 空调器不要安装在有油污等污浊空气排放的地方。否则空调器会被腐蚀，同时还会影响冷凝器散热，危害很大。

② 分体式空调器室内机布置：

a. 应安装在室内机所送出的冷风或热风可以到达房间内大部分地方的位置，以使房间内温度分布均匀。室内机不应安装在墙上过低的位置，因为室内机出风口在下部，进风口在正面，如果安装过低，冷风直吹人体或送在地面上，造成室内温度均匀性极差，使人感到不舒服。

b. 对于窄长形的房间，必须把室内机安装在房间内较窄的那面墙上，并且保证室内机所送出的风无物阻挡。否则会造成室内温度分布不均，使制冷时室内温度下降缓慢，或制热时温度上升缓慢。如图3-54（*i*）所示。

c. 室内机应安装在避免阳光直照的地方，否则制冷运行时，增加空调器的制冷负载。

d. 室内机必须安装在容易排水，容易进行室内、外连接的地方。室内、室外机连接管必须向室外有一定的倾斜度，以利于排除冷凝水。

③ 分体式空调室外机的布置：

a. 室外机应安装在通风良好的地方。其前后应无阻挡，有利于风机工作时抽风，增加换热效果。为防止日照和雨淋，应设置遮篷。

b. 室外机不应安装在有油污、污浊气体排出的地方，见图3-54（*i*）。否则会污染空调器，降低传热效果，并破坏电气部件的性能。

c. 室外机的四周应留有足够的空间。其左端、后端、上端空间应大于10cm，右端空间应大于25cm，前端空间应大于40cm，如图3-54（k）所示。

3）合理使用。

正确安装后，还需合理使用空调器来创造一个舒适、清新的环境，并节省能源、延长空调器使用寿命。

① 学习掌握一定的制冷空调知识，充分发挥空调器的各项功能。目前市场上出售的空调器，为适应人们各种不同的要求，所开发的功能齐全。如：变频技术、模糊控制技术的应用，可以为用户提供快速供冷供暖，改变空调器的送风状态，改变室内空气分布状况，除湿、除味、空气清洁、过滤等等。因此，空调器在使用时，首先要了解所购空调器具有的全部功能，充分发挥其作用。使用说明书一般具备以下几方面内容：产品的主要性能、特点和各项技术指标；基本工作原理；操作方法和步骤；产品的安装方法和正常维护方法；故障判断和处理；与生产厂的联系方法等等。

② 设定适宜的温度是保证身体健康、获取最佳舒适环境和节能的方法之一。温度的设定主要考虑以下因素：人体舒适感。一般来说，夏季人们衣着较少，环境温度22～28℃、相对

湿度 40%～70%，略有微风时，人们会感到舒适，这时人们做些轻微的活动，也不易出汗。冬季，当人们进入室内，脱去外衣时温度在 16～22℃、相对湿度大于 30%的环境下，人会感到十分轻松。室内外温差不宜过大。温差过大，使人在从一种环境进入到另一种环境时感到难以适应，极易因忽冷忽热而引起伤风感冒；再从节能角度看，设定温度每提高 1℃（指夏季）一般空调器可减少 5%～10%的用电量。夏季室温过低，对人体健康不利。在夏季，人们呆在有空调的房间里，会感到很舒适，如果温度设定得较低，时间一长，很容易得关节炎等疾病。夏季室内温度的设定一般在 25～28℃、室内外温差在 5～8℃为宜；冬季室内温度一般设定在 16～20℃为宜。

③ 加强通风，保持人体健康。在许多有空调的房间里，为节省冷量，往往是门窗紧闭，密不透风。由于没有新鲜空气补充，房间内空气污浊，许多人会产生头昏乏力等现象，各种呼吸道传染性疾病也容易流行。因此，加强通风，保持室内正常的空气流通是空调器用户必须注意的。一般可利用早晚比较凉爽的时候开窗换气，或在没有阳光直晒的时候通风换气；当室内人数较多时，更应加强换气；也可以选用具有热回收装置的设备来强制通风换气。

④ 空调器使用中还应注意如下的几个问题：空调器由于自身电容量较大，应有专用电源，连接要牢固，尽可能避免与其他家用电器共用同一回路，以防线路过载发生危险，有条件时，可对空调器的电源进行稳压。空调器的接地要可靠，发现电气故障要及时修理，切记不可带病运行。除正常关门窗外，房间应有严密的密封和保温，玻璃门窗应有窗帘遮掩阳光，以防止由于漏风和传热造成空调负荷的增加。空调器的进出风口应保持畅通，避免各种杂物进入空调器内，空调器的过滤网要定期清洗，为空调器创造一个良好的气流流通环境，也是提高空调器效率、减少故障的重要措施。在使用和维修分体空调器时，应特别注意不要使空调器随意移动，以免造成制冷剂泄漏。

3.3 绿色照明与采光

3.3.1 绿色照明工程设计

绿色照明是节约能源、保护环境和提高照明质量的照明。它是通过科学设计，采用效率高、寿命长、安全和性能稳定的照明电器产品（包括光源、灯具、电器附件、配电及调光、控制设备等)，以及充分利用天然光，工作和生活质量的照明系统。

1. 照明功率密度值的确定

(1) 照明功率密度值

1）居住建筑每户照明功率密度值。

居住建筑每户照明功率密度值不宜大于表3-38的规定。当房间或场所的照度值高于或低于表3-28规定的对应照度值时，其照明功率密度值应按比例提高或折减。

表3-38 居住建筑每户照明功率密度值

房间或场所	照明功率密度/(W/m²)		对应照度值/lx
	现行值	目标值	
起居室	7	6	100
卧　室			75
餐　厅			150
厨　房			100
卫生间			100

2）办公建筑照明功率密度值。

办公建筑照明功率密度值不应大于表3-39的规定。当房间或场所的照度值高于或低于表3-39规定的对应照度值时，其照明功率密度值应按比例提高或折减。

表3-39 办公建筑照明功率密度值

房间或场所	照明功率密度/(W/m²)		对应照度值(lx)
	现行值	目标值	
普通办公室	11	9	300
高档办公室、设计室	18	15	500
会议室	11	9	300
营业厅	13	11	300
文件整理、复印、发行室	11	9	300
档案室	8	7	200

3）商业建筑照明功率密度值。

商业建筑照明功率密度值不应大于表3-40的规定，当房间或场所的照度值高于或低于表3-40规定的对应照度值时，其照明功率密度值应按比例提高或折减。

4）旅馆建筑照明功率密度值。

旅馆建筑照明功率密度值不应大于表3-41的规定。当房间或场所的照度值高于或低于表3-41规定的对应照度值时，其照明功率密度值应按比例提高或折减。

表 3-40　商业建筑照明功率密度值

房间或场所	照明功率密度/(W/m²)		对应照度值/(lx)
	现行值	目标值	
一般商店营业厅	12	10	300
高档商店营业厅	19	16	500
一般超市营业厅	13	11	300
高档超市营业厅	20	17	500

表 3-41　旅馆建筑照明功率密度值

房间或场所	照明功率密度/(W/m²)		对应照度值/(lx)
	现行值	目标值	
客　房	15	13	—
中餐厅	13	11	200
多功能厅	18	15	300
客房层走廊	5	4	50
门　厅	15	13	300

5）医院建筑照明功率密度值。

医院建筑照明功率密度值不应大于表 3-42 的规定。当房间或场所的照度值高于或低于表 3-42 规定的对应照度值时，其照明功率密度值应按比例提高或折减。

表 3-42　医院建筑照明功率密度值

房间或场所	照明功率密度/(W/m²)		对应照度值/(lx)
	现行值	目标值	
治疗室、诊室	11	9	300
化验室	18	15	500
手术室	30	25	750
候诊室、挂号厅	8	7	200
病　房	6	5	100
护士站	11	9	300
药　房	20	17	500
重症监护室	11	9	300

6）学校建筑照明功率密度值。

学校建筑照明功率密度值不应大于表 3-43 的规定。当房间或场所的照度值高于或低于表 3-43 规定的对应照度值时，其照明功率密度值应按比例提高或折减。

表 3-43　学校建筑照明功率密度值

房间或场所	照明功率密度(/W/m²)		对应照度值/(lx)
	现行值	目标值	
教室、阅览室	11	9	300
实验室	11	9	300
美术教室	18	15	500
多媒体教室	11	9	300

7）工业建筑照明功率密度值。

工业建筑照明功率密度值不应大于表 3-44 的规定。当房间或场所的照度值高于或低于表 3-44 规定的对应照度值时，其照明功率密度值应按比例提高或折减。

表 3-44　工业建筑照明功率密度值

房间或场所		照明功率密度/(W/m^2)		对应照度值/(lx)
		现行值	目标值	
1　通用房间或场所				
试验室	一般	11	9	300
	精细	18	15	500
检验	一般	11	9	300
	精细，有颜色要求	27	23	750
计量室，测量室		18	15	500
变、配电站	配电装置室	8	7	200
	变压器室	5	4	100
电源设备室、发电机室		8	7	200
控制室	一般控制室	11	9	300
	主控制室	18	15	500
电话站、网络中心、计算机站		18	15	500
动力站	风机房、空调机房	5	4	100
	泵　房	5	4	100
	冷冻站	8	7	150
	压缩空气站	8	7	150
	锅炉房、煤气站的操作层	6	5	100
仓库	大件库（如钢坯、钢材、大成品、气瓶）	3	3	50
	一般件库	5	4	100
	精细件库（如工具、小零件）	8	7	200
车辆加油站		6	5	100
2　机、电工业				
机械加工	粗加工	8	7	200
	一般加工，公差≥0.1mm	12	11	300
	精密加工，公差<0.1mm	19	17	500
机电、仪表装配	大件	8	7	200
	一般件	12	11	300
	精　密	19	17	500
	特精密	27	24	750
电线、电缆制造		12	11	300
线圈绕制	大线圈	12	11	300
	中等线圈	19	17	500
	精细线圈	27	24	750

续表

房间或场所		照明功率密度/(W/m²)现行值	照明功率密度/(W/m²)目标值	对应照度值/(lx)
线圈浇注		12	11	300
焊接	一般	8	7	200
	精密	12	11	300
钣金		12	11	300
冲压、剪切		12	11	300
热处理		8	7	200
铸造	熔化、浇铸	9	8	200
	造型	13	12	300
精密铸造制模、脱壳		19	17	500
锻工		9	8	200
电镀		13	12	300
喷漆	一般	15	14	300
	精细	25	23	500
酸洗、腐蚀、清洗		15	14	300
抛光	一般装饰性	13	12	300
	精细	20	18	500
复合材料加工、铺叠、装饰		19	17	500
机电修理	一般	8	7	200
	精密	12	11	300
3　电子工业				
电子元器件		20	18	500
电子零部件		20	18	500
电子材料		12	10	300
酸　碱、药液及粉配制		14	12	300

注：房间或场所的室形指数值等于或小于 1 时，本表的照明功率密度值可增加 20%。

8）其他场所照明功率密度值。

①设装饰性灯具场所，可将实际采用的装饰性灯具总功率的 50%计入照明功率密度值的计算。

② 设有重点照明的商店营业厅，该楼层营业厅的照明功率密度值每平方米可增加 5W。

2. 使用高效率光源

（1）各种光源的光效等技术指标

各种光源的光效、显色指数、色温和平均寿命等技术指标见表 3-45。

由表 3-45 可知，低压钠灯光效最高，国内几乎不生产，主要用于道路照明；其次是高压钠灯，主要用于室外照明；再次金属卤化物灯，室内外均可应用，一般低功率用于室内层高不太高的房间，大功率应用于体育场馆，以及建筑夜景照明等；再次为荧光灯，在荧光灯中尤以三基色荧光灯光效最高；高压汞灯光效较低；卤钨灯和白炽灯光效就更低。

表 3-45 各种电光源的技术指标

光源种类	光效/(lm/W)	显色指数/(Ra)	色温/(K)	平均寿命/(h)
普通照明	15	100	2800	1000
卤钨灯	25	100	3000	2000～5000
普通荧光灯	70	70	全系列	10000
三基色荧光灯	93	80～98	全系列	12000
紧凑型荧光灯	60	85	全系列	8000
高压汞灯	50	45	3300～4300	6000
金属卤化物灯	75～95	65～92	3000/4500/5600	6000～20000
高压钠灯	100～200	23/60/85	1950/2200/2500	24000
低压钠灯	200		1750	28000
高频无极灯	55～70	85	3000～4000	40000～80000

(2) 各种光源的经济效益

各种光源由光效较高的光源取代后，其节电效果和电费节省由表 3-46 可知。

1) 普通照明白炽灯由紧凑型荧光灯取代（在照度相同条件下）。

取代后的效果由表 3-46 可知。

表 3-46 紧凑型荧光灯取代白炽灯的效果

普通照明白炽灯	照明效果相当的荧光灯	节 电 效 果	电 费 节 省
15W	3W	12W	80%
25W	5W	20W	80%
40W	8W	32W	80%
60W	11W	49W	81%
75W	13W	62W	82%
100W	18W	82W	82%
150W	23W	127W	84%

2) 粗管径荧光灯由细管径荧光灯取代。

从表 3-47 可以看出粗管径荧光灯用细管径荧光灯代替的节电和节省电费的效果。

表 3-47 细管径荧光灯取代粗管径荧光灯的效果

灯管径	镇流器种类	功率/W	光通量/lm	光效/lm/W	替换方式	照度提高/%	节电率或电费节省/%
T12(38mm)	电感式	40	2850	72			
T8(26mm)三基色	电感式	36	3350	93	T12→T8	17.54	10
T8(26mm)三基色	电子式	32	3200	100	T12→T8	12.28	20
T5(16mm)	电子式	28	2900	104	T12→T5	1.75	30

(3) 合理选用光源的措施

1) 尽量减少白炽灯的使用量。

白炽灯因其安装和使用方便，价格低廉，目前在国际上及我国其生产量和使用量仍占照明光源的首位，但因其光效低、能耗大、寿命短，应尽量减少其使用量。在一些场所应禁止使用白炽灯，无特殊需要不应采用 100W 以上的大功率白炽灯。如需采用，宜采用光效稍高些的双螺旋灯丝白炽灯（光效提高 10%～15%）、充气白炽灯、涂反射层白炽灯或小功率的高效卤钨灯（光效比白炽灯提高 1 倍）。

2）推广使用细管径 T8 荧光灯和紧凑型荧光灯。

荧光灯光效较高，寿命长，节约电能。目前应重点推广细管径（26mm）T8 荧光灯和各种形状的紧凑型荧光灯以代替粗管径（38mm）荧光灯和白炽灯，有条件时，可采用更节约电能的 T5（16mm）的荧光灯。美国已于 1992 年禁止销售 40W 粗管径 T12（38mm）荧光灯。

3）逐步减少高压汞灯的使用量。

因其光效较低、显色性差，不是很节能的电光源，特别是不应随意使用能耗大的自镇流高压汞灯。

4）积极推广高光效、长寿命的高压钠灯和金属卤化物灯。

钠灯的光效可达 120lm/W 以上，寿命 12000h 以上，而金属卤化物灯光效可达 90lm/W，寿命达 1 万 h。特别适用于工业厂房照明、道路照明以及大型公共建筑照明。

（4）光源的适用场所及举例

应根据使用场所、建筑性质、视觉要求、照明的数量和质量要求来选择光源。在照明设计时，主要考虑光源的光效、光色、寿命、启动性能、工作的可靠性、稳定性及价格因素。各种光源适用场所及其对灯性能的要求见表 3-48。

表 3-48　各种电光源的适用场所及举例

光源名称	适用场所	举例
白炽灯	(1)照明开关频繁，要求瞬时启动或要避免频闪效应的场所； (2)识别颜色要求较高或艺术需要的场所； (3)局部照明、应急照明； (4)需要调光的场所； (5)需要防止电磁波干扰的场所	住宅、旅馆、饭馆、美术馆、博物馆、剧场、办公室、层高较低及照度要求也较低的厂房、仓库及小型建筑等
卤钨灯	(1)照度要求较高，显色性要求较好，且无振动的场所； (2)要求频闪效应小的场所； (3)需要调光的场所	剧场、体育馆、展览馆、大礼堂、装配车间、精密机械加工车间
荧光灯	(1)悬挂高度较低(例如 6m 以下)要求照度又较高(例如 100lx 以上)的场所； (2)识别颜色要求较高的场所； (3)在无天然采光或天然采光不足而人们需长期停留的场所	住宅、旅馆、商店、办公室、阅览室、学校、医院、层高较低但照度要求较高的厂房、理化计量室、精密产品装配、控制室等
荧光高压汞灯	(1)照度要求较高，但对光色无特殊要求的场所； (2)有振动的场所(自镇流式高压汞灯不适用)	大中型厂房、仓库、动力站房、露天堆场及作业场地、厂区道路或城市一般道路等
金属卤化物灯	高大厂房、要求照度较高，且光色较好场所	大型精密产品总装车间、体育馆或体育场等
高压钠灯	(1)高大厂房，照度要求较高，但对光色无特别要求的场所； (2)有振动的场所； (3)多烟尘场所	铸钢车间、铸铁车间、冶金车间、机加工车间、露天工作场地、厂区或城市主要道路、广场或港口等

3. 照明灯具选择

（1）在满足眩光限制条件下，宜选用开启式灯具。在采用带格栅或保护罩的灯具及嵌入式灯具时，应采用灯具效率高的产品。灯具效率不宜小于表 3-49、表 3-50 的规定。

表 3-49 荧光灯灯具的效率

灯具出光口形式	敞开	保护罩(玻璃或塑料)		铝翅片格栅
		透明、棱镜	磨砂	
灯具效率	75%	65%	55%	60%

表 3-50 高强度气体放电灯灯具的效率

灯具出光口形式	敞 开	格栅或透光罩
灯具效率	75%	55%

（2）用作间接照明的灯具（荧光灯或高强度气体放电灯），其灯具效率不宜小于 75%。

（3）投光灯的灯具效率不宜小于 55%。

（4）应按室空间比（*RCR*）选用配光合理的灯具，灯具配光宜符合表 3-51 的要求。

表 3-51 灯具配光的选择

室空间比 *RCR*	灯具最大允许距高比	配光种类
1～3	1.5～2.5	宽配光
3～6	0.8～1.5	中配光
6～10	0.5～1.0	窄配光

（5）应选用具有光维持率高的灯具，灯具的反射材料和透射材料宜采用反射比和透射比高、耐久性好的材料。

（6）宜选用易于维护和更换光源的灯具。

4. 镇流器的选择

（1）当采用紧凑型荧光灯时，其镇流器应选用电子镇流器。

（2）当采用 T8 直管形荧光灯时，宜选用电子镇流器，或节能型电感镇流器；当采用 T5 直管形荧光灯时，必须选用电子镇流器。

（3）当采用高压钠灯、金属卤化物灯时，宜选用节能型电感镇流器；对于 150W 及以下的高压钠灯，可选用电子镇流器。

（4）直管形荧光灯采用电子镇流器时，灯电流波形的峰值与均方根值之比不得大于 1.7；电源侧功率因数（cosφ）不宜小于 0.95；其总谐波和三次谐波含量值应符合国家标准《管形荧光灯用交流电子镇流器的性能要求》(GB/T15144) 中有关规定。

（5）采用荧光灯用电子镇流器时，要求供货方承诺在正常使用情况下应确保 2 年内不失效，损坏率不应超过使用个数的 1%，损坏时应予免费更换或维修。

5. 照明配电

（1）配电系统

1）配电箱位置应设在照明负荷中心，并靠近电源侧。

2）三相配电干线的各相负荷应分配平衡，最大相负荷不宜超过三相负荷平均值的 110%，最小相负荷不宜小于平均值的 90%。

3）当线路负荷电流值不超过 30A 时，可采用单相供电。

4）照明单相分支回路电流不宜超过 16A，当采用大功率气体放电灯时，不宜超过 30A。

5）照明配电干线的功率因数值不宜低于 0.9。

6）气体放电灯宜装设补偿电容，其功率因数值不宜低于 0.9。

7）功率在 1000W 以上的高强度气体放电灯宜采用电压为 380V 的灯泡。

8）采用独立的配电变压器专给照明供电时，变压器应选用 D，YnⅡ型。

9）建筑物夜景照明宜有独立的配电线路供电，中间不宜连接其他用电负荷。

10）大中型建筑的配电设计，应预留独立的供夜景照明的配电回路。

（2）导线选择

1）照明配电干线和分支线应选用铜芯绝缘导线或电缆。

2）照明分支回路用铜芯绝缘导线的截面不宜小于 $2.5mm^2$。

3）照明配电线路的截面积应满足载流容量和允许电压损失的要求。从配电变压器到灯头的电压损失值不宜大于额定电压的 5%。

4）照明单相回路及两相回路，其中性线截面应和相线截面相等；主要供电给气体放电灯的三相配电线路，中性线截面不应小于相线截面。

（3）照明控制

1）居住小区、工厂区的道路照明以及庭院照明应采用自动控制，可采用光控、时控、程控或其他控制方式。

2）道路照明应实行间隔分组控制，在设定时间减少点灯数量。

3）办公楼、旅馆及其他建筑的走廊、楼梯间、门厅、候梯厅等公共场所照明，宜采用分区域、分组集中控制；当该建筑设置有建筑物自动化系统（BAS）时，上述照明宜用 BAS 实行集中分组控制。

4）旅馆客房宜采用与房门钥匙（或门卡）相关连的通断电源开关方式，锁门时断电宜不小于 5s 的延时。

5）住宅的楼梯间、走道照明宜采用声光控、红外光控方式。

6）夜景照明应按平日和节日采用不同开灯方式控制。

7）房间照明每个开关控制的灯数不宜太多；所控灯列宜与采光侧窗墙面平行。

8）房间或车间照明，宜按该场所的生产工序或生产工段、班组划分区域分组控制。

9）住宅照明应分户装设电量计度表；工厂照明宜分厂房、分车间装设电度表；办公楼照明宜分楼层分单位装设电度表。

6. 充分利用自然光

（1）住宅起居室和卧室应直接采光，其采光窗的窗地面积比不应小于 1/7。

（2）办公室和学校教室的窗地面积比不应小于 1/5。

（3）工业建筑宜采用平天窗采光。

（4）商业建筑和旅馆大厅在有条件时宜采用顶部采光窗采光。

（5）应采用总透射比高的采光窗。

（6）建筑室内各房间表面装修材料的反射比应符合下列要求：

顶棚面　　70～80

墙面　　50～60

地面　　20～40

（7）在供电不方便的场合，宜利用太阳能作为照明能源或标志灯能源。

3.3.2　天然采光

太阳为人类提供了一种巨大的安全的清洁的天然光源，把天然光引进室内照明，可以起到节约资源和保护环境的作用，同时还可以创造出舒适的光照环境，有益于身心健康。我国地处温带，天然光资源很丰富，具有充分利用天然光的有利条件。

1. 采光标准

（1）采光系数

天然光是一种非常不稳定的光源。室外天然光照度由太阳直射光和天空散射光两部分组成，两种光线的组成比例以及总照度随天空中太阳高度、云量、云状、大气透明度、日照率等变化而变化。

按我国年平均总照度分布，全国分为5个光气候区，北京地区为Ⅲ区，在9～17时的时间内，室外地平面照度达到5000lx的天数全年占90％，达到10000lx的天数全年占82％，属于天然光资源较丰富的地区。

但由于室外照度经常变化，必然引起室内照度随之变化，因此对采光的要求一般采用相对值，称为采光系数C，它是室内某一点的天然光照度E_n与同一时间的室外无遮挡水平面上的天空扩散光照度E_w的比值，即：

$$C=E_nE_w\times100\%$$

对于不同的视觉工作等级以及不同的采光窗口位置，所要求的采光系数应该是不同的。我国采光标准以第Ⅲ光气候区（北京地区）为基准，规定了采光系数标准值。由于室外天然光照度是经常变化的，当室外照度很低时，即使再好的采光设计，虽然达到了采光系数标准值，也不能满足室内要求。因此室外照度有一个临界照度，即室内开始需要人工照明时的室外照度。在临界照度下，采光标准规定了与采光系数标准值相对应的室内最低照度，见表3-52。

表3-52 采光系数标准值

视觉工作分级	视觉工作特征		侧面采光		顶部采光	
	工作精确度	识别物件细节尺寸/(d/mm)	室内天然光照度/lx	采光系数/C_{min}/%	室内天然光照度/lx	采光系数/C_{av}(%)
Ⅰ	特别精细工作	d≤0.15	250	5	350	7
Ⅱ	很精细工作	0.15<d≤0.3	150	3	250	5
Ⅲ	精细工作	0.3<d≤1.0	100	2	150	3
Ⅳ	一般工作	1.0<d≤5.0	50	1	100	2
Ⅴ	粗糙仓库工作	d>5.0	25	0.5	50	1

（2）照度均匀度

视野内照度分布不均匀，易使人眼疲乏，视功能下降，影响工作效率。因此，要求房间内照度分布应有一定的均匀度。采光标准规定：顶部采光时，视觉工作等级为Ⅰ～Ⅳ的采光均匀度要求在0.7以上。

（3）眩光限制

眩光限制是采光质量的重要部分。在晴天，太阳直射光的照度很高，由侧窗直接引进室内容易出现眩光，引起视觉不舒适、降低物体可视度。因此采光标准规定了侧窗窗口亮度的限值。例如，对于绘图设计室，侧窗窗口的亮度不能超过4000cd/m²。

2. 采光方法

（1）合理设计采光窗

采光窗分侧窗和天窗两种，其中侧窗使用最普遍。它的优点是构造简单、布置方便、造价低廉，光线具有明确的方性，有利于形成阴影，对观看立体物件特别适宜，并可同过它看到外界景物，扩大视野。它的缺点是室内照度不均匀，近窗处容易形成眩光。

1）侧窗采光。

如图 3-55 所示，侧窗采光就是在房间一侧或两侧的墙上开窗采光。

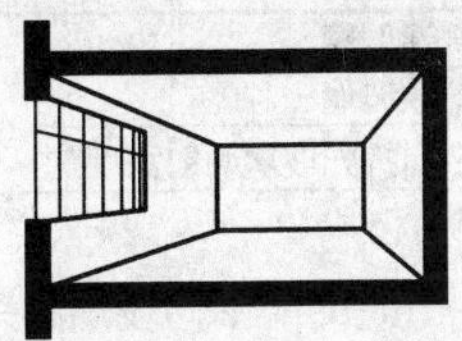
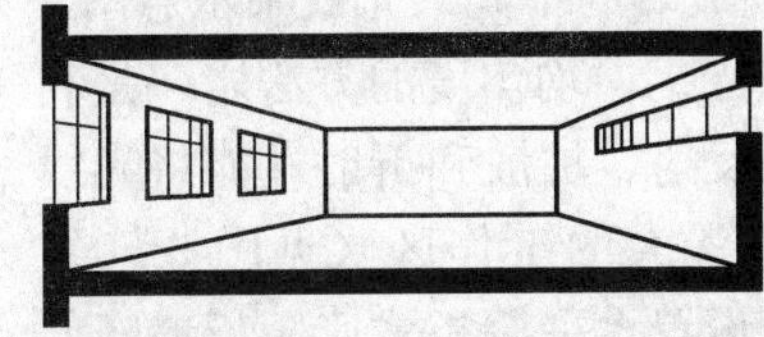

图 3-55 侧窗的形式

在房屋进深不大或内走廊建筑，仅有一面外墙的房间，一般都是利用单侧窗采光。这种采光方法的特点是窗户构造简单、布置方便、造价较低、采光的光线的方向性强，照射立体物件或人貌时可获得良好的光影造型效果。

当单侧采光房间的工作台与窗面垂直布置时，采光可有效地避免光幕反射引起的不舒适眩光，而且工作人员还可通过侧窗直接观赏室外景物，从而扩大视野，调节视力，减轻视觉疲劳，见图 3-56。

单侧窗采光的主要问题是采光的纵向均匀度较差，进深大，离窗远的区域往往达不到采光标准的要求。影响纵向采光均匀度的因素，一是窗的形状，如图 3-57 所示，高而窄的采光窗比低而宽的采光窗的纵向均匀度好；二是窗位的不同，图 3-58 所示不同侧窗位置对室内采

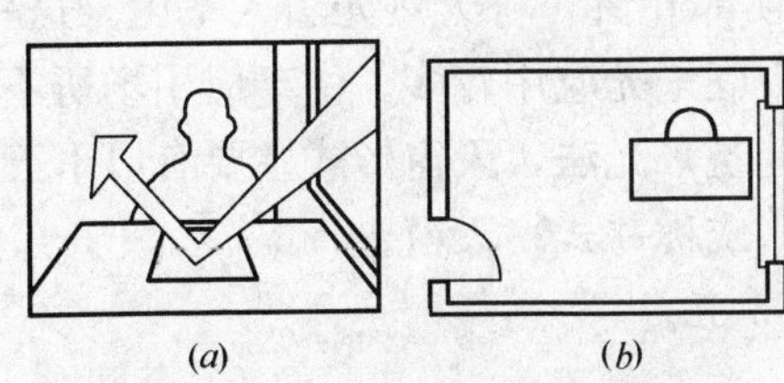

图 3-56 单侧窗和工作台的关系

（a）光线来自侧方；（b）工作台与窗子相垂直布置

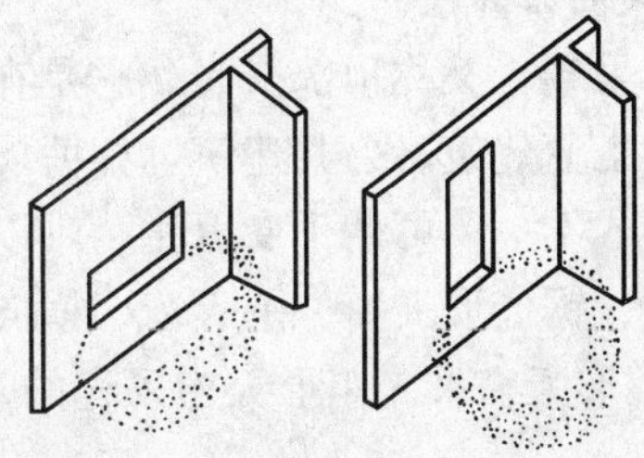

图 3-57 不同形状侧窗的光线分布

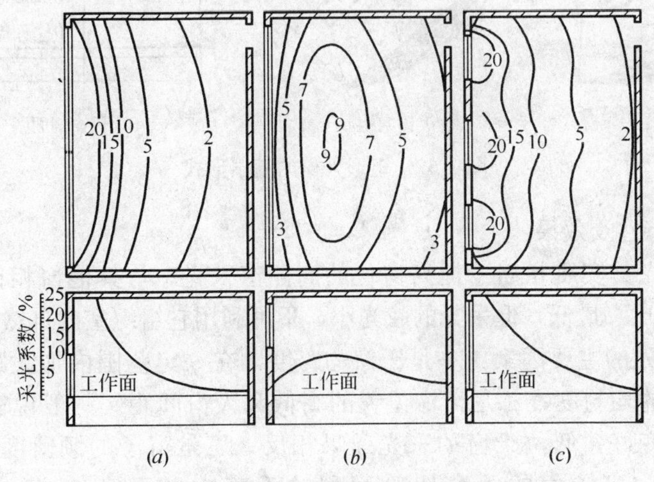

图 3-58 窗的不同位置对室内采光的影响

光的影响。高侧窗的纵向采光均匀度明显优于低侧窗的采光均匀度。为了使单侧采光具有良好的采光均匀性，房间进深一般不宜超过窗的上框高度的2～2.5倍。

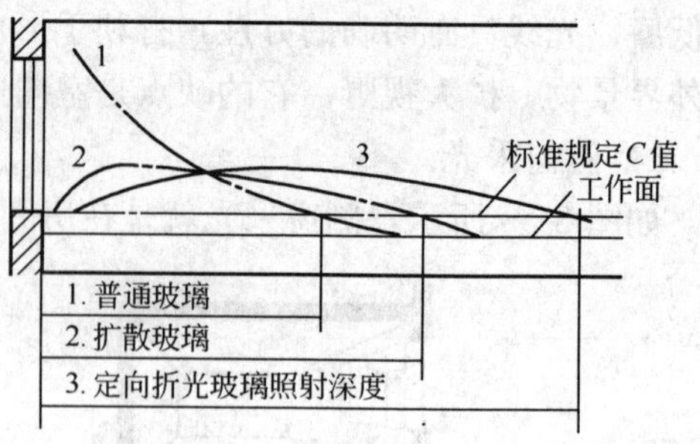

图3-59　不同玻璃的采光效果

图3-59是不同玻璃的不同采光效果示意图。

改善单侧窗采光纵向均匀度的方法之一是利用透光材料本身的反射、扩散和折射性能将光线通过顶棚反射到进深大的工作区（见图3-60）；方法之二是在窗上设置水平搁板式遮阳板，降低近窗工作区的照度，同时利用遮阳板的上表面及房间顶棚面将光线反射到进深大的工作区（见图3-61）。

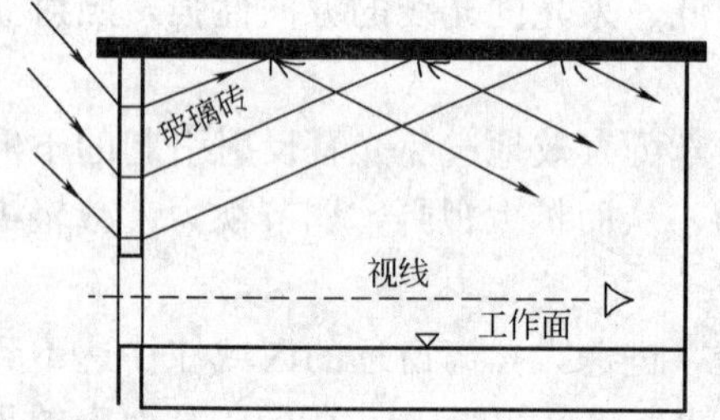

图3-60　利用玻砖折射光增加昼光照射进深

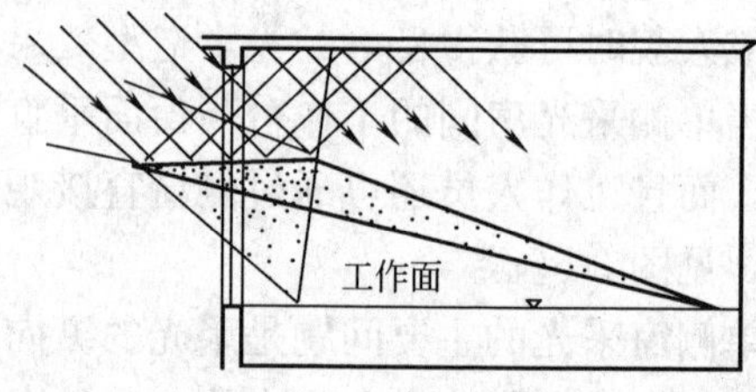

图3-61　水平搁板反光窗

2）天窗采光法。

天窗采光，又称顶部采光。它是在房间或大厅的顶部开窗，将天然光引入室内。这一采光方法在工业建筑、公共建筑，如博展建筑和建筑的中庭采光应用较多。由于应用场所不同，天窗的形式不一，可谓千变万化，难以统计。对工业建筑采光法，天窗形式主要有以下五种：矩形天窗、锯齿形天窗、平天窗、横向天空、下沉式（或称井式）天窗。

① 矩形天窗采光矩形天窗采光的基本形式，见图3-62。

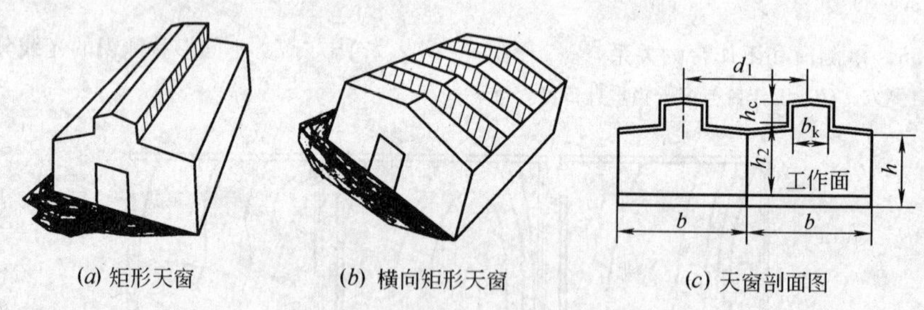

(*a*) 矩形天窗　(*b*) 横向矩形天窗　(c) 天窗剖面图

图3-62　矩形天窗的基本形式

矩形天空采光特性及效果：

a. 矩形天窗采光其实质相当于提高窗位的高侧窗采光。与其他窗相比，它的采光效能（进光量与窗洞面积比）最低，但采光的眩光小，不可利用它组织室内自然通风。

b. 影响天窗采光的主要因素：一是天窗的跨度，在一定范围内加大跨度，可提高采光的水平照度及照明的均匀度；二是天窗位置的高低和天窗间距。一般说窗越高，采光的照度越低，但均匀度变好；低位天窗的采光效果相反；三是窗子的倾斜度，倾斜角度越大，采光量越多，比如60°倾角的天窗比等面积的垂直矩形天窗的光，可提高工作照度

40%～60%。

② 锯齿形天窗采光的基本形式，见图 3-63。

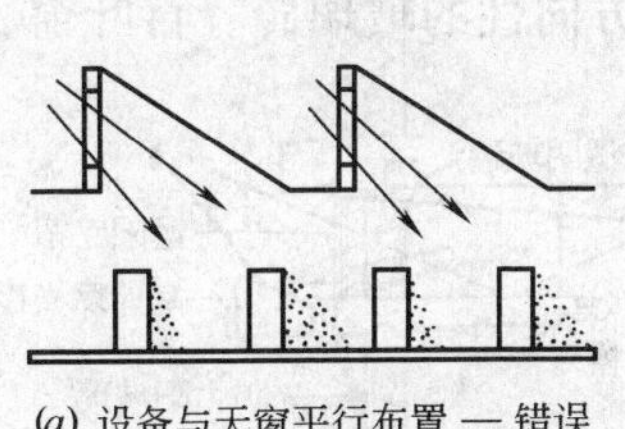

(a) 设备与天窗平行布置 — 错误

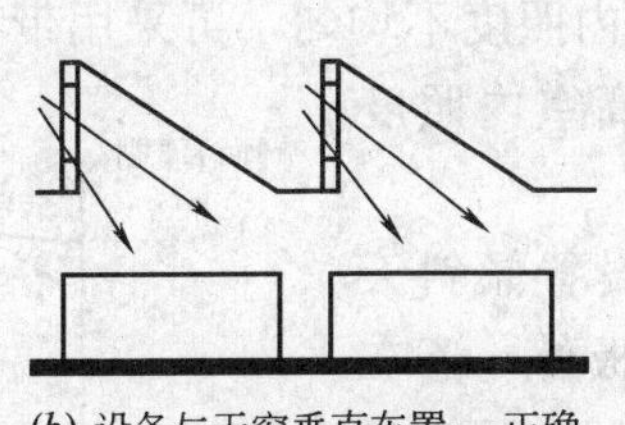

(b) 设备与天窗垂直布置 — 正确

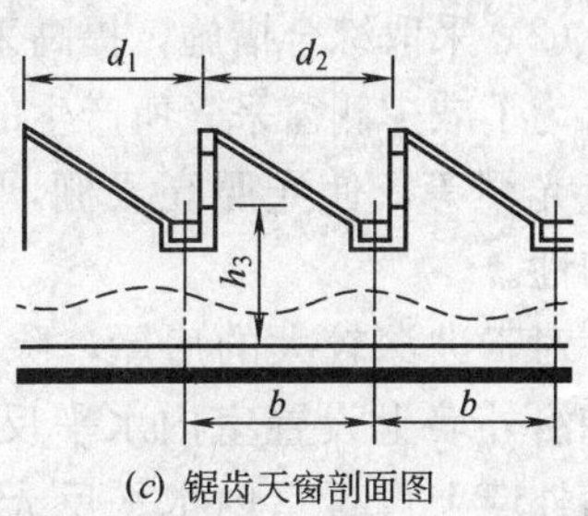

(c) 锯齿天窗剖面图

图 3-63　锯齿形天窗的基本形式

锯齿形天窗特性及效果：

a. 锯齿形天窗的特征是屋顶倾斜，可充分利用顶棚的反射光，采光效能比一般矩形天窗高。在同一采光系数的情况下，锯齿形天窗的玻璃面积比矩形天窗可减少 15%～20%。

b. 当锯齿形天窗的窗口朝向北面天窗时，可避免直射阳光射入室内，有利于室内温度的调节。

c. 这类天窗具有高侧窗的采光效果，加上倾斜面的反光，以致采光的匀度比高侧窗还要好。为保证车间采光的均匀度，天窗间距应不超过天窗下沿高度的 2 倍。当天窗口向北时，室内采光均匀稳定，适合在博展馆，特别是在美术馆使用。

d. 锯齿形天窗可达到 7%采光系数的要求，较适合于纺织厂的纺纱、织布、印染和一般的机加工车间使用。天窗的窗架复杂，工程造价较高。

②平天窗采光的基本形式，见图 3-64。

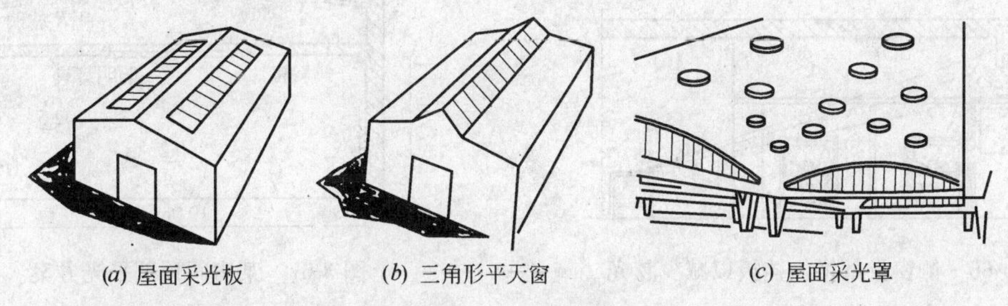

(a) 屋面采光板　　(b) 三角形平天窗　　(c) 屋面采光罩

图 3-64　平天窗类型

平面天窗采光特性及效果：

a. 在建筑屋面直接开洞，再利用透光材料，如钢化玻璃、嵌入铁丝网的平板玻璃、透明玻璃和塑料透光板等将窗洞封闭起来，见图 3-64（*a*）。因此，窗的特征之一是省去了天窗的窗架，结构简单，施工方便，造价只有矩形天窗的 21%～37%。

b. 平天窗的采光效率，大约比矩形天窗高 2～2.5 倍。

c. 大面积平天窗，适合于建筑中庭采光，体育馆、温室和博物馆中使用，特征是采光效率很高。使用时应注意防水、安全和维修。

d. 三角形或板式平天窗，见图 3-64（*b*），这合工厂车间或超市作用，特征是采光效率高。

e. 采光罩，用成形的采光罩将屋顶采光口封闭形成的天窗，见图 3-64（c）。特征是重量轻，采光效率高，在工业和民用建筑的应用较广。

（2）采取综合措施，提高采光质量

为了减少侧窗采光所产生的室内照度不均匀，可采用带有方向性的玻璃砖、百叶窗、水平遮光栅等，使光照亮天棚，提高室内照度均匀性。

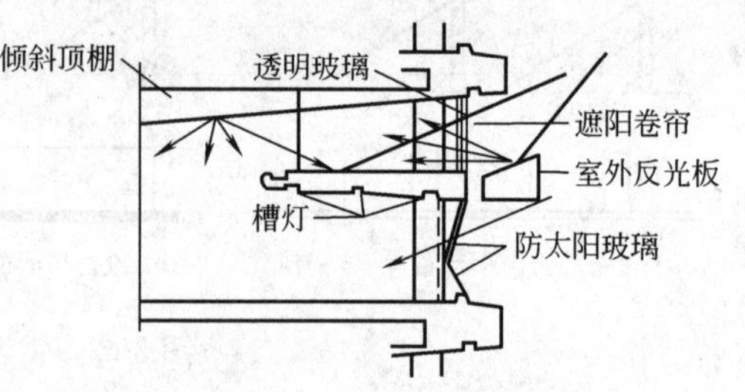

图 3-65　某房间采光方案

对于进深较大的房屋，除了设置倾斜天棚和沿外墙上设置室内水平反光板外，还在朝南外墙上设置室内水平反光板，如图 3-65 所示，反光板表面均涂有高反射比的涂层，使更多的光线反射到天棚上，这对提高天棚亮度有明显效果。同时水平反光板还可防止太阳在近窗处产生高温、高照度的眩光。在反光板上下采用不同的玻璃，上面用透明玻璃，使更多的光线进入室内，提高室内深处的照度；下面用特种玻璃，以降低近窗处照度，使整个房间照度更均匀。采用这些措施后，室内深处的照度可提高 50%。

由于侧窗位置一般较低，人眼很容易看到天空，形成眩光，故可采用水平挡板、窗帘、百叶、绿化等办法。图 3-66 为某房间的一个较为成功的采光设计方案。对于为了争取更多光线的墙面，通常采用高侧窗和天窗，如图 3-67、图 3-68 所示，并综合应用反光天棚、遮光格片、活动控光百叶、扩散透光玻璃等措施，既可防止直接眩光，又可增加墙面照度，满足要求。

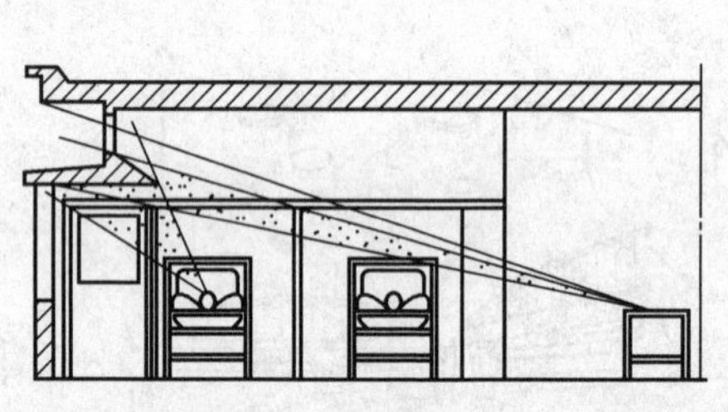
图 3-66　侧窗上部增加挡板以减少眩光

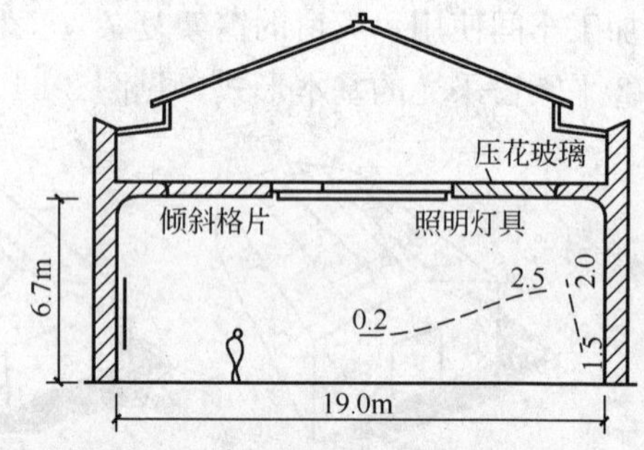

图 3-67　某房间顶部采光方案

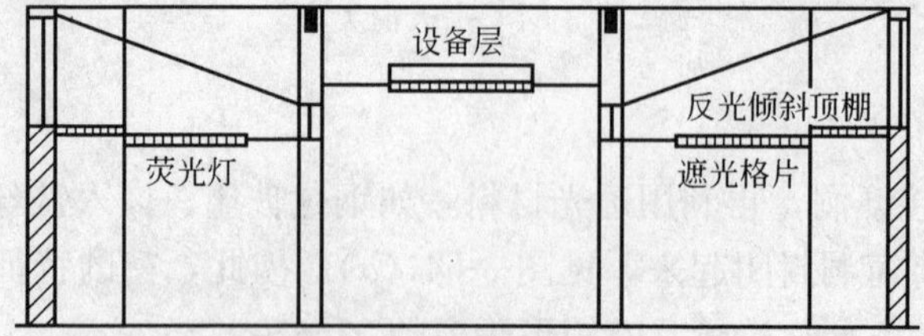

图 3-68　某公共建筑顶部采光方案

（3）采用新技术，扩大天然采光范围

常规采光方法适宜于距离采光窗较近的位置，而对于一些体量大、进深长的公用建筑深处，以及见不到阳光的地下建筑等，可以采用高透过率的光导纤维法解决采光问题，也可用导光管将太阳光集光器收集的光线送到室内需要照明的地方，如图 3-69 所示。

3.3.3　绿色照明系统配置及自动控制节能

1. 节能灯

荧光灯是最常用的一种节能灯。是一种热阴极弧光放电灯，以卤磷酸钙荧光粉为主要发光材料。

（1）直管荧光灯

1）直管荧光灯构造，见图 3-70。

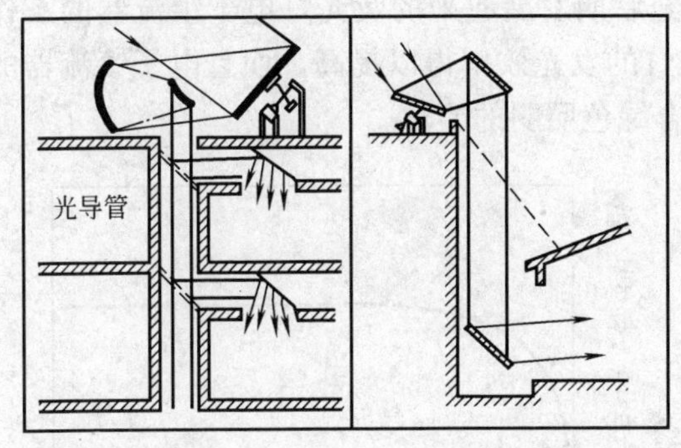

图 3-69　将反射光引入不见阳光的室内

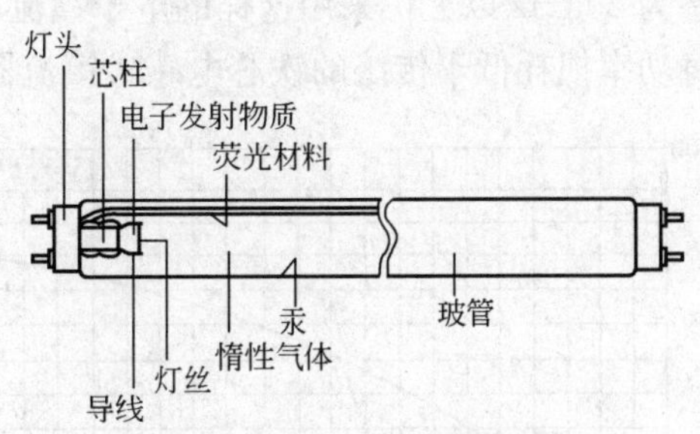

图 3-70　直管形荧光灯构造图

2）直管荧光灯的使用特性。

① 电压特性：

电源电压变化时荧光灯的各项参数随之变化，电源电压上升，灯管功率增加，光通量上升。但是同时灯管电流增加，引起电极过热而加速电子发射材料的溅散和灯管端头发黑，灯管寿命将会缩短。反之电源电压下降将引起灯管电流减少，电极温度不足也将促使电极电子发射材料的溅散而缩短灯管寿命。因此荧光灯电源电压应当满足于额定电压的 90％～105％。

② 温度特性：

荧光灯的发光特性与灯管内汞蒸气压强的关系非常密切，而汞蒸气压强受环境温度的影响。荧光灯中充入过量的汞，汞蒸气压强取决于蒸发的汞量，而蒸发汞量的多寡决定于荧光灯玻管最冷部位的温度高低。直管形荧光灯的最佳冷端温度为 40～42℃，其相应的最佳点灯环境温度为 20～30℃（图 3-71 为直管形荧光的温度特性）。

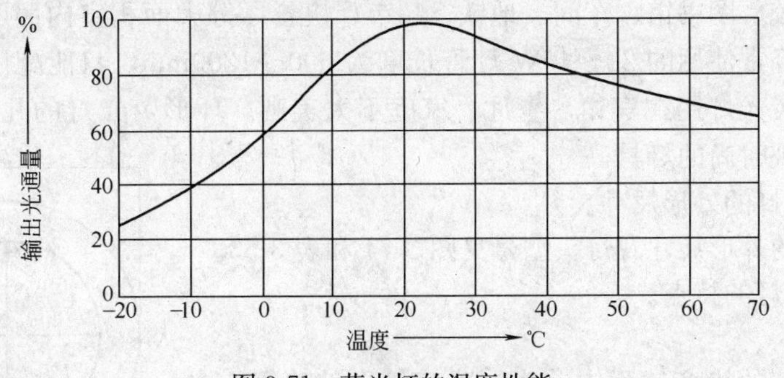

图 3-71　荧光灯的温度性能

近年来采用汞齐形式给荧光灯注入汞，汞齐荧光灯的温度特性平缓，可在更大的温度范围内获得最佳光通量输出。

③ 启动特性：

如上所述热阴极荧光灯的寿命决定于电极上电子发射物质的损失速率，当电极上电子发射物质损失尽了、或者残留部分已失去电子发射能力，荧光灯的寿命也就终了。荧光灯每启动一次将损失一部分电子发射物质，因此启动越频繁，荧光灯的寿命越短。图 3-72 显示荧光灯寿命与启动周期的关系。荧光灯标准规定额定寿命是每次启动点灯 3h 的寿命数值。

④ 高频特性：

通常荧光灯在频率为 50Hz 或 60Hz 的交流电源中使用。实验证明电源的频率提高后荧光灯的发光效率可以提高 10%（见图 3-73）。20 世纪后期发展起来的荧光灯电子镇流器的工作频率为 20kHz 以上，采用这样的电子镇流器荧光灯的发光效率得以提高，而且电子镇流器的本身功率损耗低于传统的铁芯电感式镇流器，符合绿色照明的要求。

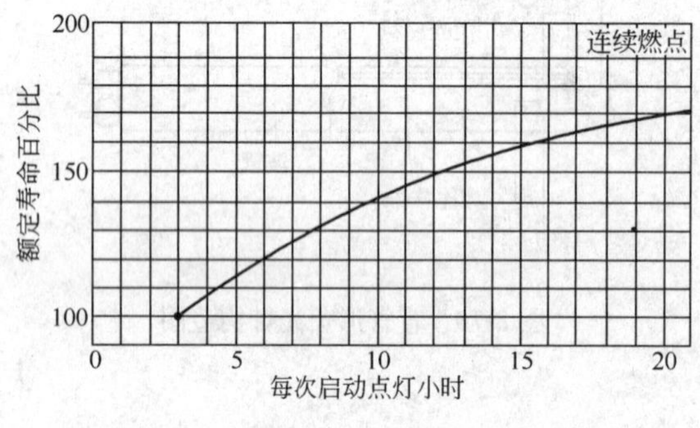

图 3-72　荧光灯启动次数与寿命关系

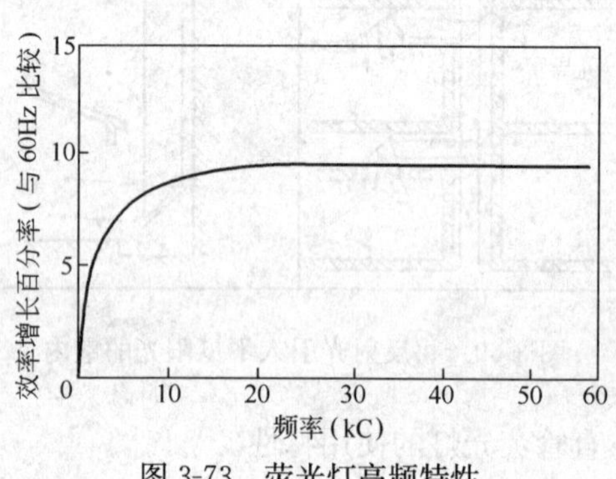

图 3-73　荧光灯高频特性

⑤ 频闪效应：

交流电源燃点荧光灯时在每半周波期间随着电流的增加与减小，荧光灯的光通量也相应增加与减少，形成闪烁现象，称为荧光灯的频闪效应。

闪烁的频率为电源频率的二倍，闪烁程度因荧光粉的余辉长短而异，日光色荧光灯的频闪比较明显，电极区的闪烁现象比灯管中部的正柱放电发光区更易被人觉察。由于存在频闪效应在荧光灯照明下高速运动的物体让人感觉轮廓模糊，旋转的物体给人以停转或反转的假象。

采用电子镇流器高频点灯是解决荧光灯频闪现象的好方法。

(2) 环形荧光灯

与白炽灯相比，直管形荧光灯的发光效率高，寿命长，是一种优良的节能光源，广泛应用于办公室、学校、图书馆、车间、地铁、超市、快餐厅等大面积室内照明。但是直管形荧光灯太长，例如经常使用的 20～40W 灯管长度为 600～1200mm，只能配用荧光灯支架或格栅灯具。直管形荧光灯用在宾馆、餐厅、家庭不太美观。环形荧光灯的几何尺寸大大缩小，可以配用比较美观时尚的灯具。

1) 环形荧光灯的外形尺寸。

环形荧光灯的外形尺寸及灯头型号见图 3-74 和表 3-53。

2) 环形荧光灯的特点。

① 玻管：

在环形荧光灯的生产过程中首先制成直管形玻璃管，内壁涂敷荧光粉，两端封接电极之后在加热炉中将直管形玻管加温至 550～650℃；接近软化状态时再用力把玻管弯成环形。弯管时外半圆部位玻璃被拉伸，内半圆部位玻璃被压缩。拉

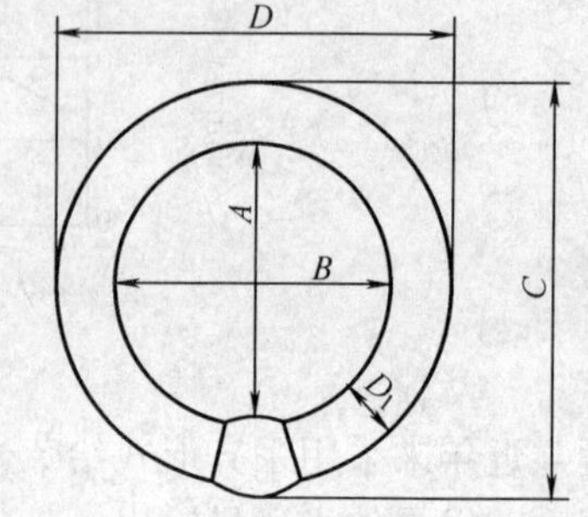

图 3-74　环形荧光灯的主要尺寸

表 3-53　环形荧光灯的外形尺寸与灯头型号

灯的功率/W	外形尺寸/mm								灯头型号
	A		B		C 和 D		D_1		
	最大值	最小值	最大值	最小值	最大值	最小值	最大值	最小值	
20	—	—	151.0	139.0	216.0	—	36.0	26.0	G10q
22	155.6	149.1	157.2	147.6	215.9	203.2	30.9	26.2	G10q
30	—	—	247.0	235.0①	307.0	—	33.0	25.0	G10q
32	246.1	239.7	246.1	236.5	311.2	298.5	34.1	29.4	G10q
40	347.7	341.2	347.2	388.1	412.8	409.0	34.1	29.4	G10q

① 此项不考核。

伸和压缩的程度与弯曲半径和玻管直径有关，弯曲半径越小，玻管直径越大，外圆拉伸内圆压缩的程度越大。拉伸部位玻璃变薄，压缩部位玻璃增厚，环形玻管的机械强度下降。因此环形荧光灯多采用比较细的 T10（ϕ32mm）或 T9（ϕ28mm）玻璃管，而且玻璃厚度从直管形荧光灯的 0.7～0.9mm 增加到 1.1～1.3mm。

② 荧光粉涂层：

环形荧光灯弯管时荧光粉层同时受到拉伸和挤压，荧光粉容易脱落。为此减小荧光粉的平均粒度，提高粉层的附着力，必要时加入适量的磷酸三乙酯、磷酸氢二铵等胶粘剂。采取上述措施之后环形荧光灯的掉粉现象大大减少，但是发光效率和流明维持率略有下降。

③ 灯头：

环形荧光灯采用 G10q 型专用灯头。灯头由两个半圆形截面的环形塑料件组成，装上该灯头之后灯头与环形玻璃管构成一个完整的圆周，美观而且比较坚固。两片塑料件与玻管固定处不用焊泥而是用螺丝钉联结。灯头上有四个电极，分别连接灯管两端电极的四条引线。

④ 点灯电路：

环形荧光灯多采用预热式点灯电路，灯头上的两个电极连接起辉器。另外两个电极串联电感镇流器后接人市电电源。环形荧光灯也可以采用快速启动式点灯电路。环形荧光灯的两端电极引线非常接近，绝缘强度比较低，因此不宜使用瞬时启动式点灯电路。

⑤ 配用灯具：

环形荧光灯灯头与玻管连接比较宽松，机构强度比较低，不具备支持固定灯管的力量（灯头安装过于牢固可能造成环形灯管的机械应力损坏），而且防潮性能低，因此环形荧光灯不能裸灯使用。事实上环形荧光灯的优势正是可以与多种美观的灯具配合使用而进入家庭照明。

3）环形荧光灯的光电参数。

环形荧光灯的光电参数见表 3-54。近年来一些环形荧光灯采用三基色荧光粉，发光效率高，显色性好，并且制成 2900K 色温与普通照明白炽灯、卤钨灯的光色匹配，用在家庭照明中更加舒适自然。

（3）紧凑型荧光灯

紧凑型荧光灯又称紧凑型节能荧光灯，在相同光输出时消耗的电能仅为白炽灯泡的 20%，而寿命是白炽灯泡的 10 倍以上，是一种十分重要的绿色照明光源产品。在许许多多照明工程中紧凑型荧光灯已经逐渐取代白炽灯泡。紧凑型荧光灯是当今发展最快的照明光源。

表 3-54 环形荧光灯光电参数

灯头型号	灯的功率/W			灯两端电压/V			灯电流①/A		光通量(额定值)/lm			色坐标(目标值)	
	额定值	实际值	最大值	额定值	最大值	最小值	工作	预热	优质品	一等品	合格品	X	Y
YH20RR YH20RL YH20RN	20	20	21.5	61	67	53	0.375	0.53	890 1005 1005	800 900 900	715 805 805	0.313 0.372 0.440	0.337 0.375 0.403
YH22RR YH22RL YH22RN	22	22	23.6	62	68	55	0.400	0.600	980 1115 1115	880 1000 1000	790 895 895	0.313 0.372 0.440	0.337 0.375 0.403
YH30RR YH30RL YH30RN	30	30	32.0	81	91	71	0.425	0.61	1560 1835 1835	1400 1650 1650	1255 1480 1480	0.313 0.372 0.440	0.337 0.375 0.403
YH32RR YH32RL YH32RN	32	32	34.1	81	91	71	0.450	0.675	1560 1835 1835	1400 1650 1650	1255 1480 1480	0.313 0.372 0.440	0.337 0.375 0.403
YH40RR YH40RL YH40RN	40	40	42.5	110	120	100	0.42	0.63	2225 2560 2580	2000 2300 2320	1795 2070 2085	0.313 0.372 0.440	0.337 0.375 0.403

注：①此项不考核。

1. 灯的型号中，字母和数字代表的意义：Y—荧光灯；H—环形；RR—发光颜色为日光色；RN—发光颜色为暖白色；RL—发光颜色为冷白色；表示发光颜色字母前面的数字—灯的额定功率（W）。
2. 光通量的最小值是额定值的90%。
3. 灯经过100h正常燃点后的光电参数应符合表中之规定。

1）紧凑型荧光灯的特点。

① 结构紧凑：

管型荧光灯的发展趋势是缩小玻管直径、提高发光效率、改善显色能力。管型荧光灯的玻管直径由T12（ϕ38mm）减小为T10（ϕ32mm）、T8（ϕ26mm）和T5（ϕ16mm）。如果进一步把荧光灯管的玻管直径减小为T4（V12ram）和T3（ϕ9mm），并且再从玻管中部弯曲过来呈U形，或者再弯曲一次成双U形，则原来细长的直管形荧光灯就变成一只短小紧凑与白炽灯泡大小差不多的一类新型光源，这就是紧凑型荧光灯。

紧凑型荧光灯一方面发挥了管型荧光灯发光效率高、寿命长的优点，同时又兼备白炽灯泡体积小巧便于与各种灯具配合的优势，可以取代部分白炽灯泡，节约照明消耗的电能。

② 三基色荧光粉：

大部分直管型荧光灯使用锑锰激活的卤磷酸钙荧光粉，这种荧光粉的工作温度比较低，而且不能承受高密度的185.0nm紫外线的轰击，T8荧光灯管还可以使用这种荧光粉，玻壳直径再小就不能使用了。近年来开发成功三基色荧光粉，这种荧光粉的温度范围很宽，可以用在T8、T5、T4、T3玻管荧光灯中。三基色荧光粉的发光效率更高，显色指数达到85以上，而且在寿命过程中光通量的衰减率也更小。紧凑型荧光灯只能使用三基色荧光粉。三基色荧光粉是稀土金属荧光粉，我国稀土金属资源丰富，因此我国发展紧凑型荧光灯具有极大的优势。

③ 冷端效应荧光灯：

是一种低气压汞蒸气弧光放电灯，最佳汞蒸气压强为5×10^{-3}mmHg(1mmHg=133.32Pa，下同)，过高与过低的汞蒸气压强均会降低放电时253.7nm紫外线的效率，从而降低荧光灯的发光效率。汞蒸气压强的高低决定于灯管内汞蒸发的多寡，而汞蒸发量决定于玻管最冷区域的温度。最佳汞蒸气压强5×10^{-3}mmHg对应于最佳玻管冷区温度为42～45℃。

紧凑型荧光灯玻管直径很细，管壁负载（单位玻管面积的功率）很高，因此管壁温度很高，又经过多次弯曲成单 U、双 U、三 U 甚至四 U 形状，玻管集中在一起难以散热，温度进一步升高，大大超过所需的最佳冷区温度。为此在紧凑型荧光灯中人为地设置冷区，例如将弯曲部位圆滑的 U 型顶部改为 H 型或 M 型，放电电弧走最短路径，在 H 型、M 型的两个顶端则形成温度比较低的区域，称为冷端。

使用紧凑型荧光灯时仍应注意灯具的通风散热，防止过高温度对灯管性能的影响。

④ 汞齐技术：

紧凑荧光灯发展很快，品种日新月异，体积越来越小，功率越来越大，即使采用冷端技术仍难以保证灯内最佳汞蒸气压强。近来引入汞齐技术，汞齐是一种汞和其他金属的合金，放入灯管可以代替液态汞。汞齐在更宽温度范围提供更稳定的汞蒸气压强。图 3-75 是汞齐灯与液态汞灯的性能比较图。采用汞齐的紧凑型荧光灯的优点如下：在－5～65℃温度范围内光输出稳定；流明输出不受点灯位置影响；低温启动性好；在寿命期流明维持率高；不含液态汞，减少环境污染。

汞齐灯管开灯时，光通量随汞蒸发而慢慢升高，一般在 1min 内达到 80％的光输出，而且启动时电极部位存在暗区，完全启动之后灯管才能全部明亮起来。

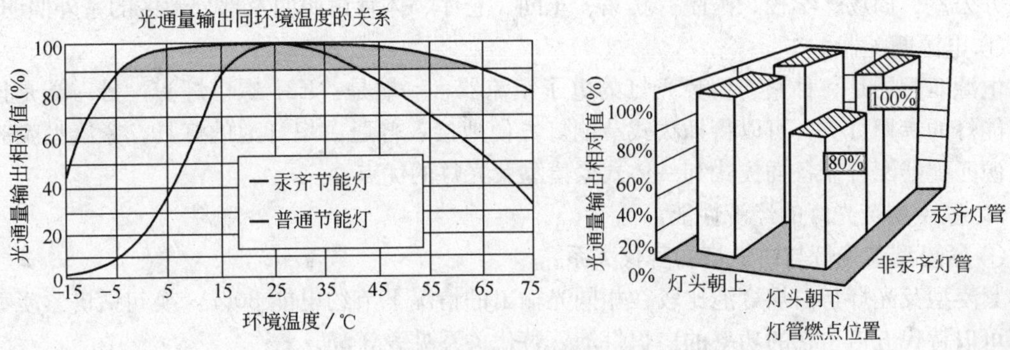

图 3-75 紧凑型荧光灯的汞齐技术

⑤ 调光性能：

紧凑型荧光灯可以代替白炽灯，但是调光不如白炽灯泡方便。紧凑型荧光灯的灯头有两针与四针之分，即灯头有两个或四个电极引出线。两针灯管的灯头内含启动器适宜于预热式点灯电路，不能调光。如需调光应选用四针式灯管，配合可调光电子镇流器。

2）紧凑型荧光灯的分类。

① 插拔式紧凑型荧光灯：

作为气体放电灯紧凑型荧光灯必须加上镇流器才能使用。插拔式灯的灯管与镇流器分别安装在灯具上，使用一定时间之后如果灯管坏了，可以把坏灯管拔下来插上一支新灯管继续使用。因为一般而言镇流器的寿命远长于灯管的寿命，这样可以充分发挥镇流器寿命长的优点。图 3-76 是插拔式紧凑型荧光灯的照片，包括单 U 形：7W、9W、11W；双 U 形：10W、13W、18W、26W；三 U 形：13W、18W、26W、32W、42W；长 U 形：18W、24W、34W、36W、40W、55W；2D 形：16W、28W、38W、55W 等型号灯泡。

② 一体式紧凑型荧光灯：

一体式紧凑型荧光灯把荧光灯管和镇流器制成为一个整体，配上 E27 螺口灯头，使用十分方便，可以立即替换白炽灯泡，便于家庭、餐厅选用。

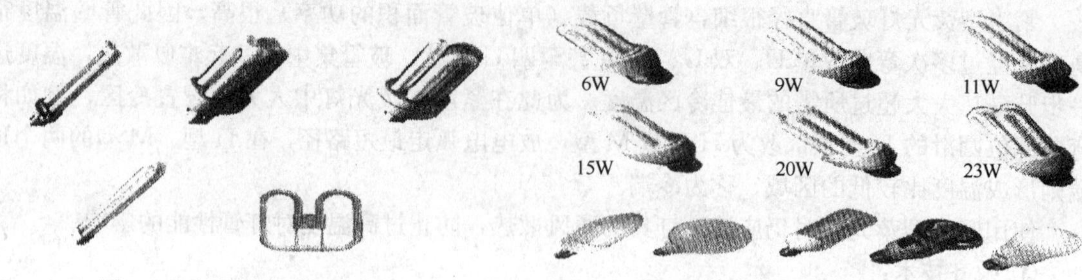

图 3-76 插拔式紧凑型荧光灯　　图 3-77 一体式紧凑型荧光灯

图 3-77 是一体式紧凑型节能荧光灯的照片，包括双 U 形：6W、9W、11W；三 U 形：15W、18W、20W；四 U 形：23W；梨形、烛形、球形、子弹头形、螺旋形、反射形等型号灯泡。

③ 高光通量紧凑型荧光灯：

紧凑型荧光灯向大功率方向发展，陆续开发成功 50W、60W、70W 四 U 八管插拔式紧凑型节能荧光灯。例如 70W 节能灯，初始光通量 5000lm，额定寿命 12000h，色温 2700K、3500K、4000K，显色指数 82，－15℃时的启动电压不大于 670V，可以在－5～＋50℃温度环境中正常工作，全长仅 200mm，可以代替 350W 白炽灯泡。高光通量紧凑型荧光灯可以应用在办公室、商场、学校，医院、宾馆、车间、仓库、体育馆照明及部分地区的室外照明。

④ 电源匹配器：

电源匹配器是一种紧凑型荧光灯的电子镇流器，一端是：E27 螺口灯头，另一端是插拔式节能灯的专用灯头，可以将插拔式节能灯方便地接入普通白炽灯泡的灯具。紧凑型荧光灯与电源匹配器配合兼备插拔式和一体式紧凑型荧光灯的优点。

3）紧凑型荧光灯的经济性能。

① 紧凑型荧光灯与白炽灯的替代关系：

紧凑型荧光灯与白炽灯泡比较在相同光输出的情况下节约电能 80%，换句话讲紧凑型荧光灯可以替代五倍于它的功率的白炽灯泡，替代关系见表 3-55。

表 3-55 紧凑型荧光灯替代白炽灯关系

紧凑型荧光灯功率/W	替代白炽灯功率/W	紧凑型荧光灯功率/W	替代白炽灯功率/W
6	25	15	75
9	40	18	75
11	60	20	100
13	60	23	120

② 紧凑型荧光灯的照明成本：

如图 3-78 所示，照明成本由灯泡费用、电费和替换灯泡及擦拭灯具的劳动力费用三部分构成，一般灯泡费用仅占 4.4%，电费占 94.6%，劳动力成本占 1%。因此尽管高质量节能荧光灯比白炽灯泡昂贵许多倍，但长期使用中节约的电费却更多，因此采用节能荧光灯既节能又省钱。

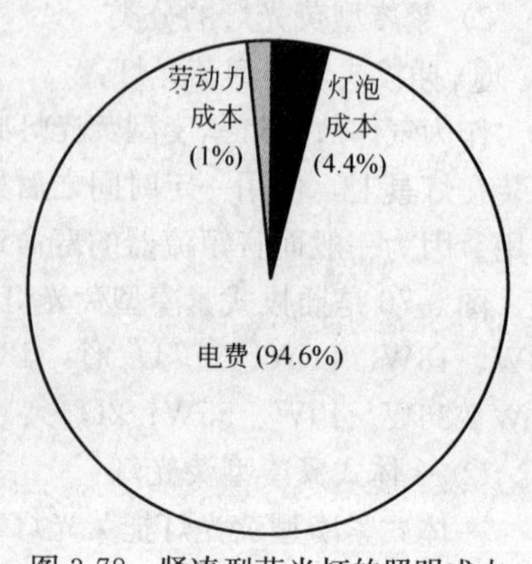

图 3-78 紧凑型荧光灯的照明成本

试计算用六只 11W 紧凑型荧光灯替换一盏使用六只 60W 白炽灯泡的吊灯在 10000h 期间能节约多少照明费用？假设白炽灯泡售价为 1.50 元，而紧凑型荧光灯售价为 25.00 元，白炽灯泡寿命为 1000h，节能荧光灯寿命为 10000h，假设电费每度（kW·h）1.00 元，计算见表 3-56。

表 3-56　节电费用表

所用灯泡	灯泡购置费/元	10000h 电费/元	总计照明电费/元
11W 紧凑型荧光灯	25.00×6=150.00	11W×6×10000×1.00/kW·h=660.00	810.00
60W 白炽灯泡	1.50×6×10=90.00	60W×6×10000×1.00/kW·h=3600.00	3690.00

因此采用紧凑型节能荧光灯替代白炽灯泡，尽管灯泡单价高达 16 倍之多，但是在节能灯的一个寿命周期（10000h）其总计照明成本可以节约 2880.00 元之多。节能荧光灯的节约效果显而易见。

（4）高压钠灯

高压钠灯的发光效率达到 150lm/W，平均寿命 28 500h 以上，流明维持率 90%，是一种非常重要的节能光源，广泛地用于街道、公路、车站、码头、机场、工厂、仓照明照及建筑景观照明。

高压钠灯的构造见图 3-79。其构造如下述：

1）放电管。

高压钠灯的放电管用耐高温、抗钠蒸气侵蚀的多晶氧化铝陶瓷管制成。多晶氧化铝陶瓷管用氧化铝粉经模具成型后再以 2100K 高温烧结而成，严格控制氧化铝粉的纯度和粒度，管子的透明度可以达 90%～97%。加入氧化镁可进一步提高透明度。为了减少钠谱线的自吸收，放电管管径直径仅 7～8mm。放电管两端各封一只电极，抽真空之后充入钠、汞（以钠汞齐形式定量充入），并且充入惰性气体。

2）电极。

高压钠灯采用锆酸钡或钨酸钡作为电子发射物质，发射材料涂覆在钨丝螺旋的内层，外螺旋保护发射材料。

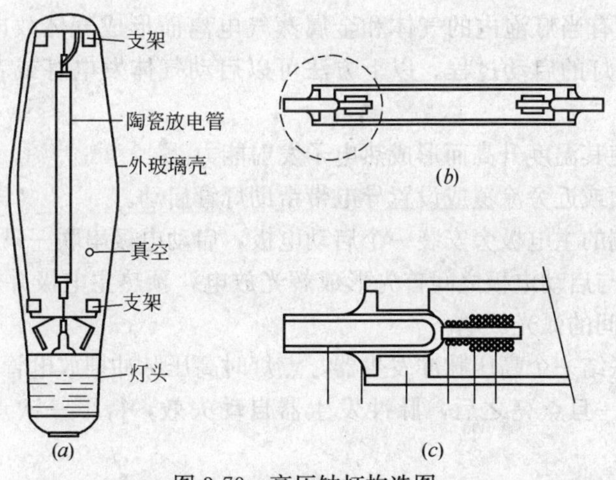

图 3-79　高压钠灯构造图

（*a*）灯泡结构图；（*b*）放电管结构图；（*c*）放电管端部放大图

钨电极与氧化铝管的封接采用金属铌过渡，铌化学性质稳定，热膨胀系数与多晶氧化铝陶瓷管的热膨胀系数非常接近。钨杆与铌管焊接，铌管再通过陶瓷塞与陶瓷封接。铌管、陶瓷塞、陶瓷管之间的空隙用玻璃态焊料熔封。另一种方法是铌管与铌帽焊接，铌帽与陶瓷管之间用玻璃焊接熔封。

3）外玻壳。

为了减少放电管的热损失，保证放电管温度从而保证放电管内的钠蒸气压强，外玻壳与放电管之间抽成高真空，并且使用消气剂维持其真空度。大部分高压钠灯外玻壳是透明的，少部分灯泡外玻壳内壁涂覆二氧化钛或荧光粉，涂层对光色没有影响，而且光通量减少5%～7%，但可以减少眩光，获得比较柔和的光线。

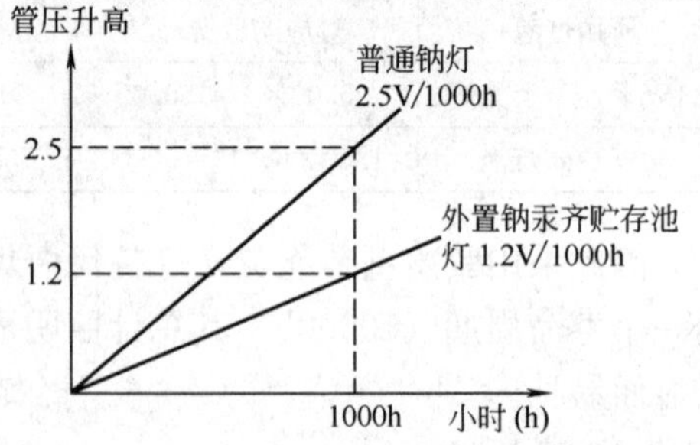

图 3-80　高压钠灯寿命期间管电压升高情况

4）外置钠汞贮藏池。

如图 3-80 所示，高压钠灯寿命期间放电管电压逐渐升高，一般每点灯 1000h，放电管电压升高 2.5V。当放电管电压上升一定幅度后，镇流器供给的电压不足以维持放电电弧，灯管熄灭。放电管电压升高的原因是寿命期间放电管内的钠渗漏，钠减少后管电压升高。钠渗漏是影响高压钠灯寿命的主要因素。

放电管外置钠汞齐贮存池放电管内钠损失后，外置钠汞齐贮存池内的过量钠可以源源不断地向放电管内补充，这样灯泡每点灯 1000h 放电管电压升高仅 1.2V，从而延长了寿命。采用外置钠汞齐的高压钠灯平均寿命达到 25500h 以上。

2. 照明电器附件

(1) 点灯电路

白炽灯泡的灯丝可以视为一条电阻丝，因此可以直接接人直流或交流电源中使用。荧光灯、紧凑型节能荧光灯气体放电灯都不可直接接入电源中使用，启动时需要一个启动器（又称触发器），工作时需要一个镇流器，有时启动器和镇流器可以合并为一个器件，此外气体放电灯的功率因数比较低，还需要用电容器校正功率因数。

气体放电中的气体和金属蒸气在通常状况下是绝缘体，不能导电，即使接通电源灯泡也不会立即点亮。只有当灯泡内的气体和金属蒸气电离而形成气体放电之后才能点亮，这个过程称为气体放电灯的启动过程。以下方法可以启动气体发电灯或者帮助气体发电灯的启动：

1）预热电极，使其温度升高而形成热电子发射能力。

2）在放电管表面或近旁涂覆或设置导电带帮助灯管启动。

3）在放电管一端的主电极旁安装一个启动电极，启动电极串联一只电阻与另一端主电极联结。点灯时主电极与启动电极之间首先形成辉光放电，预热主电极并注入带电粒子，最终过渡为两端主电极之间的弧光放电。

4）放电灯两端联结一个高压脉冲发生器，点灯时高压脉冲把放电管内气体击穿，形成放电，把灯点燃。灯泡一旦点亮之后，脉冲发生器自动失效，待下一次点灯时重复以上启动功能。

绝大多数照明用气体放电灯都是弧光放电灯，弧光放电时电子碰撞原子使之电离，产生更多的电子，这些电子又使更多的原子电离进一步产生电子……如此周而复始形成雪崩效应，此时即使放电管电极之间电压不变甚至降低，电离雪崩现象也将继续下去。因此弧光放电灯呈现负伏安特性（负电阻特性），灯泡工作时必须接上限制电流的镇流器，否则灯泡将立即烧毁。镇流器原理见图 3-81。

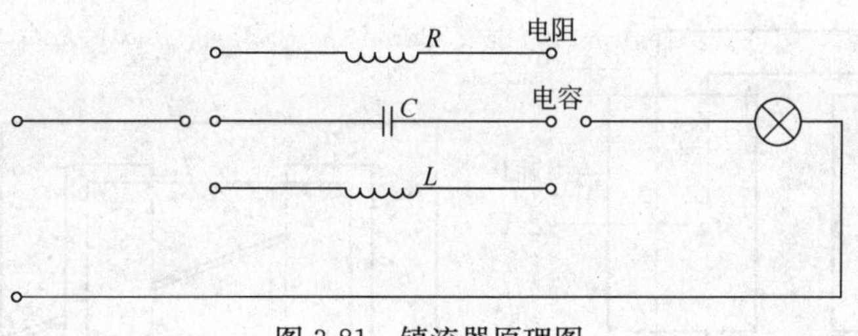

图 3-81　镇流器原理图

如图 38 所示，直流供电时可以串联一只电阻 R 作为气体放电灯的镇流器。交流供电时可以串联电阻 R、电容 C、电感 L 或者它们之组合作为镇流器。

① 电阻镇流器电阻镇流器的最大缺点是作为有功元件的电阻耗费电能，降低了系统发光效率。早期直流点灯时确曾采用过电阻镇流器，但后来都采用逆变技术将直流变为交流（高频交流）再用电感器或电容器等无功元件作为镇流器。

交流点灯而采用电阻镇流的惟一实际案例是自镇流高压汞灯，该灯泡的白炽灯丝补充汞灯缺乏的红色光兼作镇流器使用，但是自镇流高压汞灯发光效率太低，不符合绿色照明之宗旨。

② 电容镇流器在 50Hz 或 60Hz 的工频交流电源中，如果采用电容器镇流，每半周开始时对电容器充电将产生一个很强的脉冲电流，该脉冲对气体放电灯十分有害。在高频交流电路中，不会产生很强的脉冲电流，因此可以采用电容镇流器。

③ 电感镇流器电感是无功元件，而且电源电压与灯泡工作电流之间形成 50°～65°相位差，因此每半周灯泡再启动时正好有一个较高的维持电压，使灯泡顺利启动，所以灯泡工作更加稳定，工作电流的波形畸变也更小。

气体放电灯在交流电源中燃点时几乎无一例外地采用电感镇流器（扼流圈或漏磁升压变压器）或电感与电容组合式镇流器。

近年来随着电子技术的进步，气体放电灯电子镇流器日臻完善，日益普及。

（2）电感镇流器

1）扼流圈。

扼流圈是一种结构简单使用广泛的电感镇流器。气体放电灯泡和扼流圈串联后接入交流电源，工作时电源电压等于放电灯电压（俗称管压降）加镇流器电压之和（向量和）。

为了保证气体放电灯工作稳定，电源电压应高于放电灯电压并保持足够的电压差，电压为 100～120V 的交流电源，串联扼流圈点灯时灯泡电压约为 55V；电压为 220～240V 的交流电源，灯泡电压为 70～145V；电压为 380～480V 的交流电源，灯泡电压为 230～250V。设计气体放电灯时一般都尽量提高放电管电压，这样灯泡发光效率比较高，而且可以减少灯泡工作电流，低电流可以降低扼流圈的体积、重量和功率消耗。

扼流圈自身的功耗源于铜耗和铁耗。铜耗是铜线绕组中电阻引起的线圈发热，发热量和铜线电阻成正比和电流平方成正比。铁耗是指铁芯中的功率消耗，包括铁芯磁滞、涡流和间隙边沿漏磁损耗。扼流圈自身功率消耗约为 10％～20％。

扼流圈的结构如图 3-82 所示，分芯式和壳式两种，由线圈、铁芯和绝缘封装材料三部分构成。线圈用高强度漆包铜线在绝缘框架上绕制而成，线圈电阻小则温升低、功耗小、寿命长。线圈套在铁芯上，铁芯由具有高磁导率的硅钢片叠置而成。叠片之间相互绝缘以减低铁芯中的涡流损耗。两组叠片对接时留有空气漏磁间隙。线圈和铁芯组装在一起之后先通电调

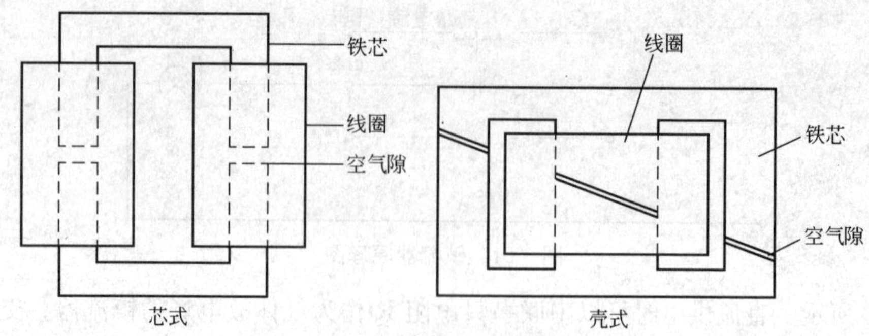

图 3-82　扼流圈结构图

整参数，做绝缘处理，然后用树脂或沥青封装在金属壳中。封装可以提高绝缘强度、增加导热散热能力并且降低蜂鸣噪音。

2）漏磁变压器。

当气体放电灯的放电管电压比较高而电源电压又比较低时，应当采用漏磁升压变压器或漏磁自耦升压变压器来作镇流器。漏磁分路提供气体放电灯所需的阻抗，稳定灯泡工作电流，例如当灯泡电流升高时，变压器输出到灯泡的电压下降以抑制电流上升。

这类镇流器体积大、重量重、功耗高，在我国 220～240V 电源地区很少采用。

（3）电子镇流器

在交流电路中线圈的感抗 $X_L = 2\pi fL$，式中 L 为线圈电感量，f 为交流电源的频率，感抗与电感量和频率成正比，因此提高电源频率可以减少气体放电灯电感镇流器所需电感量。以一只 40W 荧光灯为例，在 50Hz 的交流电源中燃点，镇流器电感量为几亨，如果电源频率提高到 20～50kHz，则镇流器电感量仅需几毫亨即可，前者是一只十分笨重的铁芯流圈，后者则是一只十分轻巧的铁氧体线圈。

电子镇流器由交流直流转换器（整流器、滤波器）、直流高频交流转换器（高频波发生器）、电感镇流器三个基本部分组成。

40W 荧光灯的扼流圈镇流器的自身功率消耗约为 8～9W，而电子镇流器中镇流线圈功耗不足 1W，加上电路功耗约 2W。用高频交流电燃点荧光灯还有许多优点：发光效率提高、消除频闪现象、消除镇流器的 50Hz 蜂鸣音。

但是电子镇流器会带来另外一些技术问题：①电源电流的谐波畸变；②射频干扰（包括发射射频干扰和传导射频干扰）。如果电子镇流器输入端电源电流谐波含量过高，则电流波形畸变严重，大量使用后会给电力系统带来严重污染，干扰自动控制系统和计算机系统，影响计量检测仪器和医疗设备的精确度。国标 GB/T15144－94《管型荧光灯用交流电子镇流器性能要求》规定，H 级（高畸变型）和 L 级（低畸变型）电子镇流器的电源电流中谐波含量应满足表 3-57 的标准。

国标中还规定高功率因数电子镇流器的功率因数不小于 0.85；灯电流的峰值与方均根值的最大比值不得超过 1.7。

为了降低发射射频干扰和传导射频干扰，电子镇流器电路中应当加有防射频干扰的电源滤波器，并且采用严格的射频屏蔽技术。此外一只实用的电子镇流器还应包含过电流熔断器、瞬时过电压保护元件、灯管失效（灯管开路、灯管不能启动）保护电路等完善的保护措施。

表 3-57 电子镇流器电流谐波畸变标准 **表 3-57**

谐波 n	最大值(用镇流器基波电流的百分比表示) %
带“L”标志镇流器电源电流中谐波含量	
2	5
3	30λ
5	7
7	4
9	3
	2
带“*H*”标志镇流器电源电流中谐波含量	
谐波 n	最大值(用镇流器基波电流的百分比表示)
2	5
3	37λ
≥5	不作限制

注：λ为电路的功率因数。

3. 照明灯具

(1) 照明灯具的作用

照明灯具对节约能源、保护环境和提高照明质量具有重要的作用。根据国际照明委员会(CIE) 的定义，灯具是透光、分配和改变光源光分布的器具，包括除光源外所有用于固定和保护光源所需的全部零、部件以及与电源连接所必须的线路附件。灯具具有如下作用：

1) 控光作用。

即通过灯具将光源所发出的光强或光通量重新分配（配光)，从而提供符合各种照明场所的光分布，使之有合理的配光，可以使灯具所发出的光量照射到被照面上，以满足照明的数量和质量的要求。

2) 保护光源的作用。

即保护光源免受机械损伤，或将光源与外界隔开，免受污染，或将灯具中光源产生的热量尽快散发出去，避免灯具内部温度过高，使光源和导线过早老化和损坏。

3) 安全作用。

即使灯具具有电气和机械的安全性，采用符合使用环境条件的电气零件和材料，防止带电部分外露，保持适当的绝缘距离，确保适当的耐压性，在导线允许的电流下工作。此外，要求在灯具的构造上，具有足够的机械强度，有抗风、雨、雪的性能。

4) 美化环境作用。

即灯具有美化和装饰室内外景观环境的作用，此点在民用建筑中尤为重要，它是一个重要的装饰品。

(2) 灯具的光学性能

灯具除具有机械和电气性能外，最重要的是光学性能，该性能对于节约能源有重要的影响，其光学性能主要由下列参数决定：

1) 光强分布，配光。

任何灯具的配光曲线是不同的，用曲线或表格表示光源或灯具在空间各方向的发光强度值，称为光强分布或配光。借此，可以进行照度、亮度、利用系数、眩光等照明计算。

对于室内照明灯具，通常以极坐标表示灯具的光强分布、连接灯具在空间各方向的发光强度的矢量端点，即形成光强分布曲线，也称配光曲线，见图 3-83。

通常灯具的光强分布有两种类型，一种是光分布为轴对称灯具，如图的点光源灯具，这种灯具的光强分布曲线在空间各个截面上都是相同的，故可用一个极坐标表示的光强分布曲线（见图 3-80）；另一种是光分布为非轴对称灯具，如管形荧光灯灯具，其光强分布曲线在各截面上是不同的，通常取 2～3 个截面（即纵向、横向和 45°）的光强分布曲线表示（见图 3-84）。

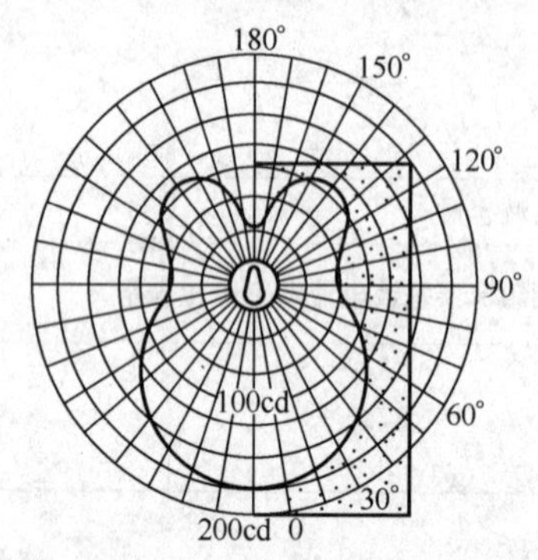

图 3-83 极坐标光强分布曲线（白炽灯）

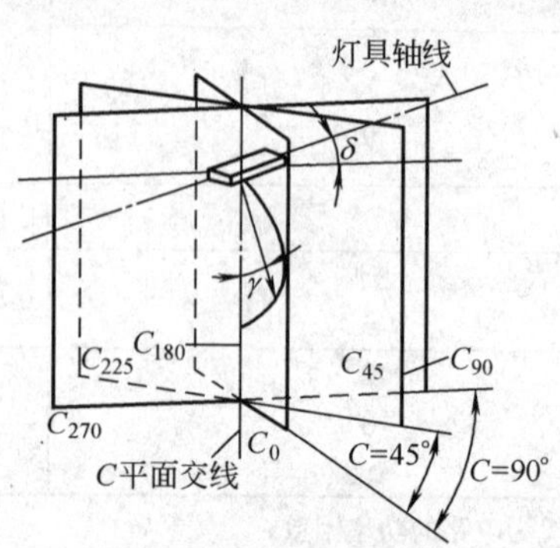

图 3-84 C 平面坐标系

为了比较各种灯具的光强分布特性，各个生产厂家和测试单位给出的光强分布曲线是灯具产生的光通量为 1000lm 时的光强值。

因此灯具的实际光强值是给出的配光曲线的光强值（测定值）乘以灯具的实际光通量值与 1000lm 之比值。低矮的房间与高大的房间，采用的光分布是不同的。

2）灯具的截光角和遮光角。

灯具的截光角 y 是灯具的垂直轴与刚好看不见高亮度发光体之间的夹角，遮光角是用来表示灯具防止眩光的范围，它是指灯罩边沿和发光体边沿的连线与水平所成的夹角 7（见图 3-85）。灯具的遮光角用下式表示：

$$\tan\gamma \frac{2h}{D+d} \tag{3-1}$$

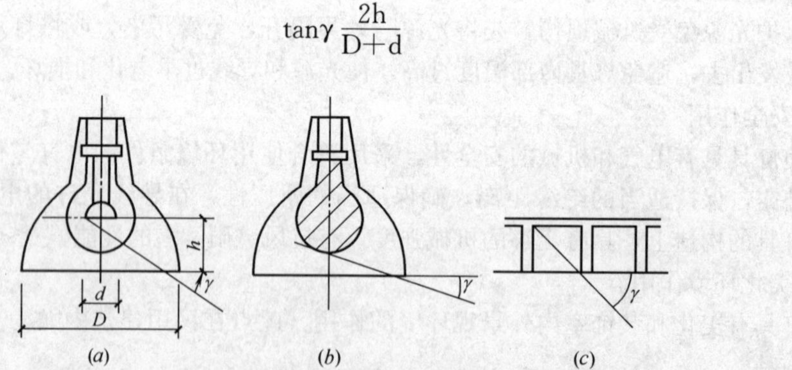

图 3-85 各种照明器的遮光角

当人眼水平观看目标时，如果灯具与人眼的连线与水平的夹角小于遮光角时，则看不见高亮度的光源，如果灯具位置提高，与视线所形成的夹角大于遮光角时，虽可见光源，但眩光作用已经减小。

遮光角越大，虽防眩光效果好，但光的出射率变小，即灯具的效率随之降低，造成能源的效率的降低；反之，则可节约能源。如何解决两者之间的矛盾，是照明设计所应解决之问题。

3）灯具效率。

即在规定条件下，测得的灯具发出的总光通量占灯具内所有光源发出的总光通量的百分比，称为灯具效率。灯具效率永远是小于 1 的数值，灯具的效率越高说明灯具发出的光通量越多，人射到被照面上的光通量也越多，被照面上的照度越高，越节约能源。

（3）照明灯具的类型和造型

1）按灯具的配光性能分类和选型。

从绿色照明角度来看，灯具最重要的性能还属其光学性能。根据国际照明委员会的分类，按灯具在上下半球空间的光通量的比例分为五类：直接型、半直接型、全漫射型（直接一间接型）、半间接型和间接型。五类灯具的光通量分配比例如表 3-58 所示，直接型灯具分类和选型如表 3-59 所示。

表 3-58　按灯具的配光分类和选型　　　　**表 3-58**

<table>
<tr><th>光通量分布
上半球光通量/%
下半球光通量/%</th><th>直接型灯具
0～10
100～90</th><th>半直接型灯具
10～40
90～60</th><th>漫射型灯具
40～60
60～40</th><th>半间接型灯具
60～90
40～10</th><th>间接型灯具
90～100
100～0</th></tr>
<tr><td>典型配光曲线</td><td> </td><td> </td><td> 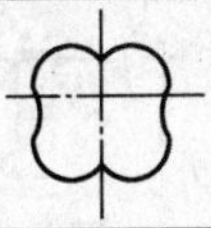</td><td> </td><td> 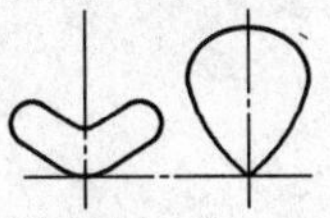</td></tr>
<tr><td rowspan="3">光照特性</td><td rowspan="3">·有窄、中、宽多种配光
·光通量集中在下半球
·光通量利用率高
·易获得局部高照度
·灯具投资少
·维护费用少
·室内表面反射比对照度影响小
·顶棚暗
·室内表面亮度对比大
·窄配光时，垂直照度低
·立体感效果差</td><td rowspan="2">·下半球光多于上半球光，有直接照明特点
·顶棚较暗
·直接照明时稍亮，改善明暗对比，眩光少
·空间光线柔和
·无明显阴影</td><td rowspan="2">·上下半球的光通量大致相同，具有直接照明或间接照明的特点
·空间的明亮效果好
·直接眩光少
·无阴影
·光线柔和</td><td>·向下光少，光通量利用率较低</td><td>·绝大部分光射向上半球，通过顶棚将光反射到室空间</td></tr>
<tr><td colspan="2" rowspan="2">·照明光线均匀柔和
·无明显阴影
·光通量利用率低
·设备投资高
·不便于维护</td></tr>
<tr><td colspan="2">·光通量利用率中等
·投资和维护费用中等</td></tr>
<tr><td>灯具类型</td><td>·深照型灯具
·配照型灯具
·广照型灯具
·控照型荧光灯具</td><td>·灯具上部开口可透光
·采用透光罩的灯具、花吊灯</td><td>·乳白玻璃球罩灯具</td><td colspan="2">·反射型吊灯
·反射型壁灯
·暗槽反射式灯</td></tr>
<tr><td>适用场所</td><td>·适用于房间的一般照明
·窄配光适用于高大（大于 6m）的工业厂房
·局部照明</td><td colspan="2">·适用于有一定环境气氛的公共建筑照明</td><td colspan="2">·适用于不太注重经济效果和照度要求不高，以环境气氛照明为主的场所，如某些居住和公共建筑</td></tr>
</table>

① 直接型灯具：

如图 3-86 所示直接型灯具是一种节能型灯具。

表 3-59 直接型灯具分类和选型

分类＼指标	1/2 照度角 θ	允许的距离比 λ	适用场所
特狭照型(光束高度集中型)	$\theta<14°$	$\lambda<0.5$	顶棚高的房间
狭照型(光束集中型或深照型)	$14°<\theta<19°$	$0.5\lambda<0.7$	顶棚较高的房间
中照型(光束中等散开型和余弦配光型)	$19°<\theta<27°$	$0.7\lambda<1.0$	顶棚中等高度的房间
特广照型(特广散开型)	$27°<\theta<37°$	$1.0<\lambda<1.5$	顶棚较低的房间
特广照型(特广散开型)	$\theta>37°$	$\lambda>1.5$	顶棚低的房间

注：1. 1/2 照度角是指灯下水平面上的某点的照度为灯轴线正下方的 1/2 照度值时该点与光源联线与灯轴线的夹角。
2. 距高比 A 是指为保持规定的照度均匀度时相邻两个灯具间的距离与灯具的安装高度之比。

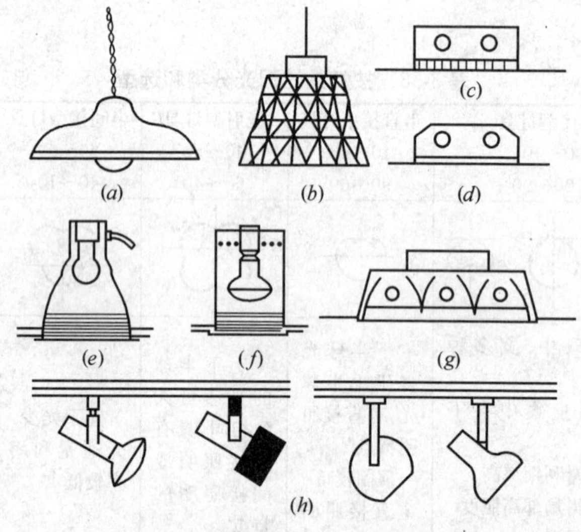

图 3-86 直接型灯具

(*a*) 斗笠形搪瓷罩；(*b*) 块板式镜面罩；(*c*) 方形格栅荧光灯具；(*d*) 棱镜透光板荧光灯具；(*e*) 下射灯（普通灯泡）；(*f*) 下射灯（反射型灯）；(*g*) 镜面反射罩，单向格栅荧光灯具；(*h*) 点射灯（装在导轨上）

斗笠形搪瓷罩灯具见图 3-86（*a*）几乎无遮光角，效率很高，绝大部分光能量投向下半球空间，适用于工厂照明。

块板式镜面罩灯具见图 3-86（*b*），由于块板的光学设计，使多数光线通过块板射出，灯具效率约提高 5%，多用于工厂照明。

方形格栅荧光灯具是用格栅遮住光源，以减少灯具的眩光，方形格栅使灯具效率降低 30%～40%，遮光角一般为 25°～45°见图 3-86（*c*）。条形格片与灯管轴线成垂直排列，在纵向可遮挡光源，减少眩光，而横向靠灯罩本身挡光见图 3-86（*g*）。条形格片的灯具效率比方形格栅的灯具效率高。格片可用镜面反射材料制成，使光向下反射，以降低灯具的亮度。

下射式灯是一种嵌装在顶棚内的轻小直接型灯具见图 3-86（*e*）、（*f*），灯具内可以安装普通白炽灯、紧凑型荧光灯等。灯具内有反射器，亦可在灯具出光口设置透镜或格栅等，以减少眩光，此灯具适用于多种场所。

射灯亦属小型直接型灯具见图 3-86（*h*），多为窄光束，灯可能转动，使光投向所需照射的方向；灯一般设在有电源线的导轨上，可以沿导轨滑动，使用方便灵活，常用于商店、展览馆和陈列馆的照明等。

② 半直接型灯具：

半直接型灯具如图 3-87 所示。灯具向上方发出少量的光线照亮顶棚，以降低灯具与顶棚的亮度对比，使环境亮度分布舒适。外包半透明漫射罩的灯具，下面敞口的半透明罩以及上方留有通风、透光空隙的灯具均属半直接型灯具，较节能。

③ 均匀漫射型灯具：

均匀漫射型灯具如图 3-88 所示。最典型的是配有乳白玻璃球形灯具，其他带各种漫射透光的封闭灯罩的灯具，也属此类灯具，这种灯具将光线均匀发射空间各方向。若将一对直接型和间接型灯具组合在一起，或者用不透光材料遮住灯泡，而上下均敞口透光的灯具，其发出的光通量近似各一半的均为均匀漫射（直接型—间接型）灯具，能耗稍大。

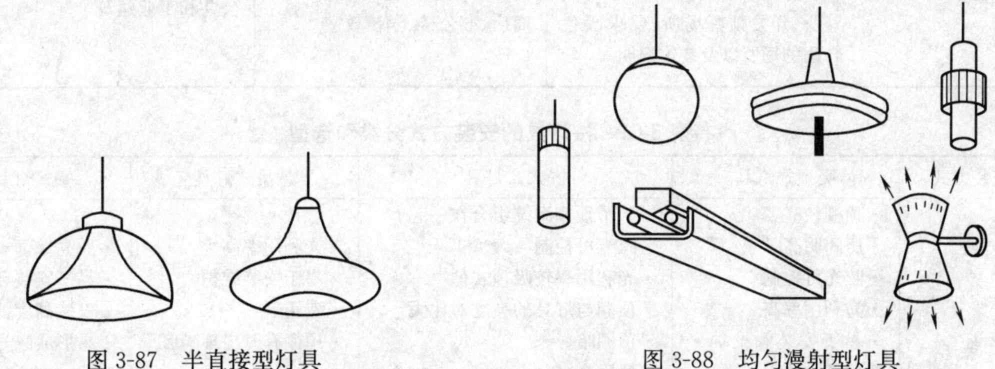

图 3-87　半直接型灯具　　　　图 3-88　均匀漫射型灯具

④ 半间接型灯具：

上面敞口的半透明罩属于此类灯具，大部分光线投向顶棚或墙上部，光线柔和，适用于建筑装饰照明。较不节能，能耗较大。

⑤ 间接型灯具：

间接型灯具如图 3-89 所示。

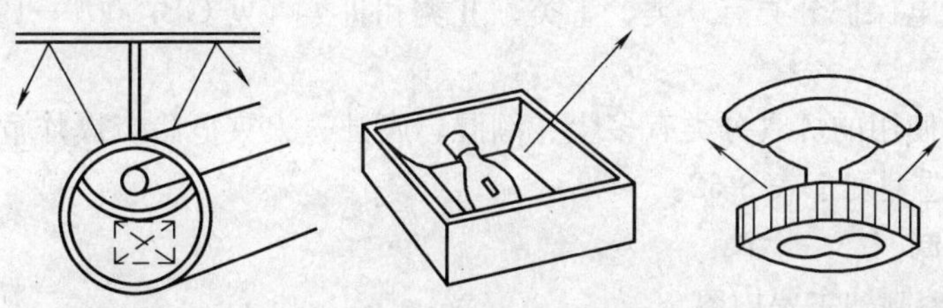

图 3-89　间接型灯具

间接型灯具将光线全部投向顶棚，使顶棚成为二次光源。室内光线扩散性好。几乎无阴影和反射，更无直接眩光，不节能，能耗大。

2）灯具的其他类型分类和选型。

①按灯具所使用的光源分类有：白炽灯灯具、荧光灯灯具、高强度气体放电灯灯具等，其分类和选型列于表 3-60。

② 按灯具的安装方式分类有：吸顶灯、悬吊式灯具、嵌入式灯具、壁式灯具等，其分类和选型列于表 3-61。

③ 按灯具外壳的防护等级的分类有：一种是防止人体触及或接近外壳内部带电部分，防止固定异物进入外壳内部；另一种是防止水或潮气进入外壳内部达到有害程度。防护等级的

表 3-60 按灯具使用的光源分类和选型

性能 \ 分类	白炽灯灯具	荧光灯灯具	高强度气体放电灯灯具
配光控制	容易	难	较易
眩光控制	较易	易	较难
显色性	优	良	差(金卤灯,显改钠灯除外)
调光	容易	较难	难
红外线占灯功率的百分比/%	83	41	48～64
适用场所	因光效低和发热量大,不适用于要求高照度的场所,适用局部照明,照度要求低的场所、开关频繁场所、要求暖色调的场所以及装饰照明	用于顶棚高度 5～6m 以下的低顶棚公共建筑场所。如商店、办公楼、学校教室	用于厅棚高度大于 5～6m 的公共和工业建筑

表 3-61 按灯具的安装方式分类和选型

安装方式	吸顶式灯具	嵌入式灯具	悬吊式灯具	壁式灯具
特征	·顶棚较亮 ·房间明亮 ·眩光可控制 ·光利用率高 ·易于安装和维护 ·费用低	·与吊顶棚系统组合在一起 ·眩光可控制 ·光利用率较吸顶式低 ·顶棚与灯具的亮度对比大 ·顶棚暗 ·费用高	·光利用率高 ·易于安装维护 ·费用低 ·顶棚有时出现暗区	·照亮壁面 ·易于安装和维护 ·安装高度低 ·易形成眩光
适用场所	·适用于低顶棚照明场所	·适用于低顶棚但要求眩光小的照明场所	·适用顶棚较高的场所	·适用于装饰照明兼作加强照明和辅助照明用

代号用特征字母 IP 和两个特征数字表示，第一个特征数字表示第一种防护，第二个特征数字表示第二种防护形式。其分类见表 2-1-21。

④ 按灯具防触电保护分类有 0 类、Ⅰ类、Ⅱ类和Ⅲ类（见 GB70001—1996《灯具的一般要求与试验》)。

⑤ 按特殊场所使用的灯具分类有多尘、潮湿、腐蚀、火灾危险、爆炸危险等场所所使用的灯具，其分类和选型列于表 3-62。

4. 照明节能控制

(1) 照明节能控制的主要内容

1) 控制：有自动控制和手控，自控有时钟控制、光控、红外线控制等，还有用微电脑实施智能控制。

2) 调节：通过调节照明的电压，调节光源功率、调节频率等方式，以调节灯的光通输出。

3) 稳定：稳定灯的输入电压，以达到光的稳定。

4) 监测：监视照明系统的运行状态，测量各种参数。

(2) 照明节能控制的目的

1) 节能：以上各项控制内容的主要目的之一是合理节约能源。

2) 提高照明的视觉质量：保持有一个稳定的光照度，降低光的闪烁、波动。

3) 延长灯泡及电器附件的使用寿命。

表 3-62　特殊场所的灯具分类和选型

场所	环境特点	对灯具选型的要求	适用场所
多尘场所	·大量粉尘积在灯具上造成灯具污染，效率下降（不包括有可燃或有爆炸危险的场所）	·采用尘密灯 ·灰尘不多的场所可采用开启式灯具 ·采有不易污染的反射型灯泡	如水泥、面粉、煤粉等生产车间
潮湿场所	·特别潮湿环境，相对湿度在95%以上，常有冷凝水出现，降低绝缘性能，产生漏电或短路，增加触电危险	·灯具的引入线处严格密封 ·采用带瓷质灯头的开启式灯具	浴室、蒸汽泵房
腐蚀性场所	·有大量腐蚀介质气体或在大气中有大量盐雾、二氧化硫气体场所、对灯具的金属部件有腐蚀作用	·腐蚀性严重的场所采用密闭防腐灯，外壳由抗腐蚀的材料制成 ·对灯具内部易受腐蚀的部件实行密封隔离 ·对腐蚀性不太强烈的场所可采用半开启式灯具	如电镀、酸洗、铸铝等车间以及散发腐蚀性气体的化学车间等
火灾危险场所	·生产、使用、加工、贮存可燃气体（H—1 级）的场所 ·有固体可燃物（H—3 级）的场所	·为防止灯泡火花或热点成为火源而引起火灾 ·在 H—1 级场所采用保护型灯具 ·固定安装的灯具、在 H—2 级场所采用将光源隔离，密闭的灯具如防水防尘灯具，在 H—3 级场所，可采用一般开启式灯具，但应与固体可燃材料保持一定的安全距离	H—1 级：地下油泵间、贮油槽、变压器维修和贮存间 H—2 级：煤粉生产车间、木工锯料间 H—3 级：纺织品库、原棉库、图书、资料、档案库
爆炸危险场所	空间有爆炸性气体蒸气（Q1、Q2、Q3 级）和粉尘、纤维（G—1、G—2）的场所。当介质达到适当温度形成爆炸性混合物，在有燃烧源或热点温升达到闪点情况下能引起爆炸的场所	采用具有防爆间隙的隔爆型灯或具密封性的增安型灯并限制灯具外壳表面温度 Q1、G—1 级用隔爆型灯 Q—2 级用增安型灯 Q—3、G—2 级用防水防尘灯	Q—1 级：非桶装贮漆间 Q—2 级：汽油洗涤间、液化和天然气配气站、蓄电池仓 Q—3 级：喷漆室、干燥间

4）建立在不同时间、不同条件下的光环境和气氛，以满足人们对照明的舒适度和情趣的欲望。

5）提高照明系统的可靠性。

6）提高管理水平，节省运行管理人力。

（3）照明节能控制措施

1）分布式智能照明控制系统。

这是以 PC 监控机和微处理器为核心，多种功能综合，具有智能特点的照明控制系统，用于酒店、餐厅、会堂、办公楼等，其功能有：

① 开灯软启动：防止电压突变对灯的冲击，有利于延长灯的寿命和节能。

② 调光：对不同场所按不同需要调光，用调压方式平缓调节白炽光源的光输出，用调频控制带调光的电子镇流器以调节荧光灯的光通。

③ 实施多场景预置：以满足不同区段照明亮度和气氛的变化，将多个场景存放在调光器的存贮器中，按指令调用。

④ 按多种方式和要求开关灯：

a. 按设定程序；

b. 按预设时钟；

c. 按天文时钟：按所处地纬度自动调整按每天日出、日落时间开关灯，适用于道路照明；

d. 合理利用天然光的照度补偿，以调节室内灯光；

e. 用红外跟踪检测、动静检测方式自动开关灯，用于个人办公室等；

f. 远控开关灯，通过键盘发指令操作。

⑤监测：测量各种参数，显示运行状态，发出信号和报警。

2）智能照明调控装置。

该装置以微处理器和多抽头变压器、固态开关等组成，具有多种功能的智能调控系统，主要用于道路、隧道、停车场、港口、机场等照明，其功能如下：

① 开灯软启动，调节平缓过渡：从 200V 启动（保持 2.5min），再平缓升压至 210～220V（经 10min），有效地延长了灯寿命。见图 3-90。

② 稳压：装置维持输出电压在±2%范围内，有利节能、延长灯寿命，保持照度恒定和光色的稳定。用高压钠灯作城市道路照明，若后半夜电压平均升高 8%计算，灯功率约增加 22%，后半夜年运行约 2200h，则一只 400W 钠灯，稳压条件下可节电达 193.6kWh。

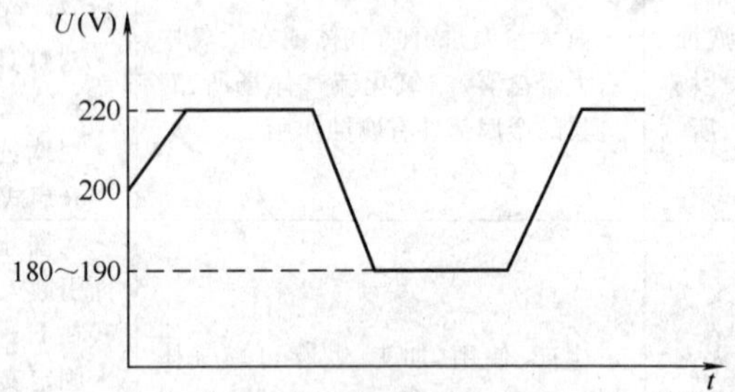

图 3-90　软启动和平缓调压降功率图

③ 节能调压降功率运行：对道路照明，后半夜在车流、人流少，可以适当降低路面亮度时，定时自动平缓将电压降至 180～190V，见图 3-87。当用高压钠灯，电压降至 187V 时，光通降至 59%，灯功率降至 66%。一只 400W 钠灯，后半夜降功率运行 2200h，年节电 299.2kW·h。

④ 智能控制灯光开关时间：对路灯按天文时间逐日自动调整开关灯时间。

3）照明调控系统。

该系统由输出电源控制设备和系统输入装置组成。前者按控制指令控制各种照明负荷的开关和调光，对白炽灯用相位控制可控硅调光，对荧光灯用可调光电子镇流器进行调光；后者提供操作控制界面，选择场景，控制多个回路灯光亮度。

该系统主要用于酒店、餐厅、会议中心、多功能厅、舞厅、展览馆等场所，以节约能源，控制室内空间的色彩、明暗分布，创造多种光环境效果。

4）照明节能调光器。

该调光器是一个自动稳压和调压装置，由电子控制器、自耦变压器、变速装置组成，适用于道路、广场、体育场馆、港口、机场、工厂、办公楼等场所。主要功能如下：

① 开灯软启动；

② 稳压：调光器的输出电压稳定到±1%范围；

③ 节能调压：在允许降低照度的条件下，降低电压运行，对高压钠灯和金属卤灯可降到 183～190V，荧光灯不低于 190V。

5）照明节能电源。

该装置以微电脑和自控装置、自动变换器组成。根据使用要求，可分档调节电压，降低电压 3%～9%，通过调压可使三相电压保持平衡。另外，当电压过高时，可保持电压稳定在额定值以内

6）照明节能自动调光系统。

该系统适用于办公室、会议室、教室等场所，为了更好利用天然光，节约电能。通过检

测室内相关区段（如近窗）照度，调节可调光电子镇流器以降低近窗段荧光灯功率，保持室内照度近似恒定。

7）几种节能调节型镇流器。

为了节能，延长光源的寿命，有多种节能调光或稳定型镇流器，如：

① 可调光电子镇流器：运用自动、远控或手动方式调节电子镇流器的控制电压，以降低灯功率，获得节能效果。可广泛用于各种室内外场所。

② 恒功率型节能电感镇流器：当电压升高时，镇流器能自动保持灯功率的恒定，有很好的节能效果，提高灯寿命，稳定照度。

③ 双功率节能电感镇流器：用于道路照明的高压钠灯或金属卤化物灯，通过变更镇流器参数，可以在额定功率和降低功率两种状态下运行。降低功率到额定功率的 50%～60%，用于后半夜需要降低光输出的条件下运行。

3.3.4 住宅和公共建筑照明节能技术措施

1. 住宅建筑照明节能技术措施

（1）住宅的照明方式

1）由于人们在夜间有较强的趋光性，建议在客厅、起居室内结合室内布置设一组较明亮的中心照明器以强调中心感，同时适当设置部分辅助性照明保持空间的完整。

2）卧室顶棚上设置的照明器应避开卧床的正上方，或采用表面亮度低的漫射型灯具，避免仰卧时视线内的不舒适眩光。

3）书房内写字台上应设置台灯作为局部照明，并保证视觉工作面上的照度不低于 500lx。起居室一般可设置落地灯作为局部照明，但要注意预留的电源插座与落地灯的位置的关系，避免电线对人的行动产生干扰。卧室的床头应设置局部照明。

4）厨房、卫生间宜选用带罩的漫射型灯具。一方面便于灯具本身的清洁，另一方面由于厨房、卫生间一般杂物较多，采用漫射光可以避免产生局部的浓重阴影，避免磕碰，方便清扫。

5）户门及门厅处宜设有局部照明或保持一定的照度，便于主人迅速辨识客人的面貌。

（2）节能技术措施

1）住宅建筑的门厅、走道以及多层住宅的楼梯间除上下班时间外，很少有人通行或逗留，宜采用声控或延时开关作为照明控制，以避免电能的浪费。

2）高层住宅的楼梯间若作为安全疏散通道时，为保证疏散时的通行安全，不应采用声控或延时开关。

2. 办公建筑照明节能技术措施

（1）大空间办公室的照明节能技术措施

1）在有明确划分工作区和交通区的大开间办公室，宜采用分区一般照明方式，既有利于节能，也可以避免大面积亮度均匀的顶棚给人沉闷的感觉。

2）应充分考虑对照明系统的集中控制与智能化控制。其作用有以下几点：

① 在白天便于跟随自然光的变化对照明系统进行有效和相对正确的控制，从而避免手动控制不当造成照明不足或照度过高导致不必要的浪费；

② 可以在工作场所不需要照明时大面积切除系统供电，避免由于疏漏或忘记关灯造成电能浪费；

③ 避免不适当或恶意的开关操作；

④ 智能化控制系统可以全面监控照明系统的工作状态，有利于运行维护。

3）在有条件的办公室，宜采用直接照明与间接照明相结合的照明方式。直接照明用于工作面照明，而间接照明作用于空间和顶棚与墙壁，构成适当的亮度比，营造出更加舒适的光环境。

4）在照明设计时，布灯方案应考虑日后对空间重新分隔的适应性，一般可按照建筑柱网或轴线形成单元。

5）值得注意的是，面积较大的房间在高度增加时并不会导致照度的明显减少。对于一个30m×60m 的大房间，当其净高度由 4m 提高到 6m 时，地面照度只减少了约 8%左右；即便是房间高度达到 12m，地面照度也只减少了约 25%。因此在设计时应认真计算，以免造成浪费。

（2）会议室、洽谈室的照明节能技术措施

1）小型会议室、洽谈室的照明宜选用较低色温的光源，适当营造出亲和、愉悦的环境气氛，缓解心理压力并易于相互沟通。

2）会议室、洽谈室的照明应保证足够的垂直照度，以便于显现出所有参加者的面部细节，一般而言背窗者的面部垂直照度不低于 300lx。

3）为了适应幻灯或电子演示的需要，宜在照明设计时考虑调光控制或设置几种不同照明方案。有条件时，建议设置智能化控制系统。

4）适度的墙面照明、充分利用顶棚与墙面反射的间接照明可以舒缓小会议室的压迫感。而完全由安装于顶部的直射型配光灯具构成的照明方案，由于对人的面部照明不足而不可取。

3. 学校建筑照明节能技术措施

（1）教室的各表面应为无光泽明亮色装修；墙面反射比宜为 40%～60%，顶棚反射比宜为 70%～85%，地面反射比宜为 15%～30%。

（2）对于单侧采光窗的房间，侧窗的上半部宜采用定向型玻璃砖或设置明亮的白色百叶栅，可有效地增加教室深处的光线并平衡照度差（见图 3-91）。

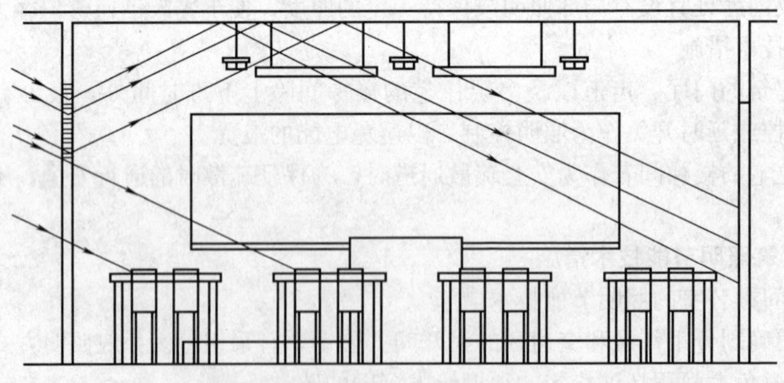

图 3-91　延伸自然光线的方法

（3）有条件的学校宜设置集中控制系统，根据学校的作息时间，应局部或全部切除普通照明负荷（应急照明除外），以防止由于疏忽关灯所造成的能源浪费。

4. 商业建筑照明节能技术措施

（1）店堂内一般照明宜分级分区进行控制，在商店不营业的时间，仅保留原照度的

20%～30%作为清扫、整理上货等工作照明即可。

(2) 橱窗、广告照明等宜针对白日、营业、非营业、深夜等不同的使用时段，确定合理的亮度水平并分级控制。

5. 旅馆及餐饮建筑照明节能

(1) 一般照明宜选用小功率低色温紧凑型荧光灯、低压卤钨灯和PAR灯等，光源显色指数不应低于85。建议选用带罩的直接配光型灯具，减少不必要的空间亮度同时也节省能源。

(2) 若选用高显色直管荧光灯或较大功率的紧凑型荧光灯，应安装在不使光源直接外露的装修或带罩灯具内。

(3) 设于装饰华丽的厅堂内的吊灯建议将光源外露，以较小的光源功率换取辉煌明亮的效果，并兼顾对建筑装饰的照明。

(4) 楼梯间、各主要通道的照明应选用可瞬时点燃的光源。当灾害发生时，保证疏散通道的通畅。

(5) 用于疏散指示的标志灯应配备蓄电池组作为备用应急电源。当灾害发生时即便是供电线路受到破坏，仍可维持一段时间（一般不少于30min）的指示作用。

6. 医疗卫生建筑照明节能

(1) 一般照明宜选用T8、T5型高显色性直管荧光灯或高显色紧凑型荧光灯，较高的色温配以较明亮的照度会给病人及家属洁净、安宁的感觉。显色指数一般不宜低于80，用于细致检查的局部照明的光源显色性不宜低于90。

(2) 门诊部、住院部等治疗区域一般照明宜采用半间接型配光和温射型配光的灯具，以避免光源外露形成眩光。普通办公和后勤区域一般照明仍应采用直接型配光或直接—间接型配光的灯具，有利于节约能源。

(3) 药房和药品库房宜采用蝠翼式配光灯具以保证足够的垂直照度。确保医务人员准确地识别药品。

(4) 一般不宜选用较华丽的花灯，以减少对病人的心理压力。

(5) 手术室的一般照明应选用低色温、高显色性荧光灯，灯具应具备防水性能以便于消毒清洗。为防止对手术创面产生不利影响，不应装设具有较多热辐射的光源。

3.3.5 村镇企业建筑照明节能设计

1. 工业建筑的特点

(1) 工业生产的性质和环境特点

1) 工业生产的性质。

工业建筑内的一切活动是围绕产品的加工、制作、包装、存贮进行的，是以生产流量和工人的活动为中心。一切设施应保证生产的安全、高效和不间断地进行，保持足够高的劳动生产率，降低生产的差错和废品率，节约能源，降低成本。

2) 工业建筑的环境特点。

工业建筑由于生产而导致不同的环境条件，主要有以下几类：

① 正常环境生产场所：生产中产生灰尘较少的干燥场所，如仪表装配；

② 洁净房间：生产需要环境中含尘量极少的干燥房间，如微电子加工；

③ 有火灾危险的生产场所：如纸张库、润滑油库等；

④ 有爆炸危险的生产场所：如石油、化工车间等；

⑤ 其他特殊环境场所：如潮湿和特别潮湿场所，多尘场所，有腐蚀性气体或蒸汽的场所。

（2）工业建筑结构特点

工业建筑随生产需要有多种形式，主要特点有：

1）结构上分单层工业建筑和多层工业建筑，单层建筑高度从几米到四十多米。

2）从采光方式分，有侧窗采光和顶部天窗采光，或同时有两种形式采光，还有全封闭的无天然采光厂房。

3）通常是有围护结构的建筑，也有敞开式，即有顶无墙的建筑。

这些不同形式的建筑对照明要求不同，选用的光源、灯具等都有很大差异。

2. 工业建筑照明的目的和要求

（1）工业建筑照明的目的

1）必要的照度，保证生产的正常、快捷进行，以提高劳动生产率。

2）建立清晰、良好的视觉条件，保证产品质量，提高正品率。

3）创造舒适的照明环境，减轻视觉疲劳，避免事故，确保生产安全。

（2）对照明的要求

1）为生产工作面提供足够的照度，保证容易看清生产细节。

2）良好的照明质量，包括必要的限制眩光，合理的亮度分布，适宜的光色和颜色显现。

3）更高的照明能源效率，力求以较低的电能消耗达到较高的照明水平。

4）安全、实用的照明系统，方便、经济的运行、维护条件。

3. 照明方式和照明种类

（1）照明方式

1）工业建筑的所有场所都要设置一般照明，作为照亮工业生产的操作面和工作面的全部或一部分，同时也作为人员检查、巡视和活动，产品、零部件搬运等工作用照明。

2）按生产需要设置局部照明，对照度要求较高的操作面增设局部照明，有利于节能。需要装设局部照明的生产工作面有：冷加工机床、钳工台、精密仪表装配、电子元器件生产、电子产品装配、零部件检验台等。

（2）照明种类

所有工业建筑均应设置正常照明；按工业建筑的规模、人员多少、发生停电故障、火灾等造成的危险程度，以及停电后继续维持生产和处置的需要，考虑设置应急照明（包括疏散照明、安全照明和备用照明）中的一种或几种。

工业建筑的大型车间或房间，应装设值班照明，作为非生产时间的值班、检查巡视、清扫之用，有利节能。

4. 工业建筑照明的照度和质量

（1）照度

工业建筑照明的照度应符合现行国家标准和相关行业标准的规定。在执行这些标准时，应注意工业生产的视觉要求的特点，合理确定照度值。如生产流程的危险性；生产加工的零部件的贵重性，照明对加工误差的影响，对生产视觉工作的紧张程度和连续性；观看和处理产品所在的流水线的移动速度等情况；还有生产和辅助设备对灯光的遮挡，生产场所尘埃、蒸汽等造成的严重污染等因素。

（2）照明质量

工业建筑照明质量应符合国家照明设计标准有关规定，特别注意处理好以下两个问题：

1）满足生产需要的显色性要求：了解生产过程中哪些场所有辨别颜色的要求，特别是化学实验室、光谱分析室、油漆车间、检验台等。

2）符合眩光限制要求条件下重视节能：高大工业建筑的一般照明悬挂很高时，眩光对视觉影响较小，因此，应选择更高效的灯具；关于局部照明的灯具，应重视限制眩光要求，灯具应按装设的位置和高度确定其保护角，应使操作人员（按正常操作、使用取坐姿或站立）不能直接看到光源。

5. 照明光源、镇流器和灯具选择

（1）光源选择

1）光源选择的原则。

① 光源选择是实施绿色照明的重要因素，因此应选择发光效率高、显色性好、使用寿命长的光源。选用的光源应符合该工业建筑应用的特点，并符合环保要求。

② 选用光源，不应单纯比较其价格，而应作全面的技术经济分析比较，根据光源的效率、寿命，并计及其配套的电器附件和灯具等综合考虑。通常应按同一房间、同样照度所使用不同光源的数量，计算光源、电器附件及灯具的全部费用，并计算运行所耗电费和维护费综合比较后确定。

2）光源类型的选择。

① 高度较低的工业房间，如仪表装配、微电子生产、理化实验、检验、计量、纺织、卷烟等生产场所，应选用直管荧光灯。

② 高度较高的工业生产、使用场所，如机械加工、钣金、冲压、大件焊接、热处理、锻造、机械装配、发电等车间，应选用金属卤化物灯，当显色性要求不高（Ra＜40）时，宜选用高压钠灯。

③ 工业建筑内的辅助场所，如走廊、洗手间、楼梯间等，宜选用直管荧光灯或紧凑型荧光灯。

④ 工业区的露天生产作业场地，有显色要求的宜用金属卤化物灯，显色要求不高(Ra＜40)的，宜用高压钠灯；厂区道路、露天堆放场地，宜用高压钠灯。

3）光源规格的选用。

① 选用荧光灯者，应选用光效更高、显色性好的稀土三基色荧光灯。

② 选用直管荧光灯者，应选用光效更高、节能环保效果更好的 T8 型（直径 26mm）荧光灯和 T5 型（直径 16mm）荧光灯。

③ 选用金属卤化物灯者，宜选用陶瓷内管金属卤化物灯。

4）限制应用的光源。

① 普通照明白炽灯的光效低，一般不应在工业建筑中应用；有特殊需要采用时，不宜选用 100W 以上的灯泡。

② 由于荧光高压汞灯和自镇流荧光高压汞灯的光效低，显色性不高，不应在工业建筑场所应用。

③ T12 型（直径 38mm）直管荧光灯光效低于 T8 荧光灯，不应选用 T12 灯管。

（2）镇流器选择

1）选择原则。

镇流器是气体放电灯的重要电器附件之一，其自身能耗较大，所以，应选择自身损耗小的节能型产品，同时应具有安全、可靠、寿命长、能保护灯的使用寿命等特点，并使整个灯光系统具有良好的视觉性能。

2）镇流器选择。

① 直管荧光灯宜选用节能型电感镇流器或电子镇流器。

② 工业建筑中有下列要求之一的场所，宜选用电子镇流器：

a. 有可看见的快速转动的机器设备的场所；

b. 连续而紧张的视觉作业的场所；

c. 需要荧光灯调光的场所；

d. 用荧光灯而要求特别安静的场所。

③ 采用电子镇流器时，宜选用低谐波含量的L级产品。

④ 高压钠灯和金属卤化物灯宜选用节能型电感镇流器，灯泡功率在150W及以下时，也可选用电子镇流器。

⑤ 三班制生产车间、厂区道路等的照明，使用金属卤化物灯或高压钠灯及节能型电感镇流器的，宜选用恒功率型产品。

⑥ 厂区道路照明，使用高压钠灯时，宜选用双功率型或调光型镇流器，以便在后半夜降低功率运行，以节约电能。

（3）灯具选择

1）选择原则。

① 为节约能源，应选用灯具效率高的产品；

② 灯具应满足使用场所对眩光限制的要求；

③ 灯具应与选用的光源类型和尺寸相配套；

④ 选择的灯具应便于维护，包括更换光源方便，容易清洁，抗老化性能好。

2）灯具选择。

① 高度较大的工业厂房，应选用带反射罩的开启式灯具，灯具效率不宜小于75%。

② 低矮的房间，使用直管荧光灯，对眩光限制要求不高的，宜选用筒式灯；限制眩光要求高的，宜选用带格栅的荧光灯具，灯具效率不宜小于60%。

③ 应按房间的室空间比（RCR）选用配光合适的灯具，以提高光的利用系数。

④ 灯具防护结构应符合该场所的环境条件：在有火灾危险、有爆炸危险的场所，灯具应符合相关规范的规定；在多尘、特别潮湿的场所，灯具应选用相应的防护结构；在有腐蚀性气体或蒸汽的场所，灯具应有相应的防腐措施。

⑤ 应选用光通维持高的灯具，灯具的反射和透射材料应有良好的抗老化性能。

6. 灯具布置方案

（1）确定布灯的原则

对于单层工业厂房，屋架或梁离地高度通常为5～20m，个别厂房超过这个高度达40m，不论是单跨或多跨厂房，应按以下原则布置灯具：

1）一般照明通常应均匀布置，对有高大生产设备或装置，为避免对灯光的遮挡，应采用部分非均匀布灯。

2）布灯应考虑灯具安装的建筑结构条件，应方便安装和维护，通常在屋架、梁或桁架下方或侧面装设灯具。

3）布置灯具的间距，应计及灯的高度，使灯间距（几何平均距）与高度之比，不超过该类灯具允许最大距高比，以保证照度均匀度符合规定。

4）在符合照度均匀度和限制眩光要求的条件下，应选用单个光源功率较大的布灯方案，以获得较佳的能效和较经济的初建费用。

（2）布灯方案及应用

1）常用的几种典型布灯方案。

① 建筑尺寸：柱距按 6m；常用跨度为 9m、12m、15m、18m、21m、24m、30m、36m；灯具离工作面高度，一般为 5～25m。

② 7 种常用的典型布灯方案，列于图 3-89。

③ 图 3-92 中的灯具间距：每屋架装 2 个灯具的，灯具间距为跨度的 1/2；每屋架装 3 个灯具的，灯具间距为跨度的 1/3。

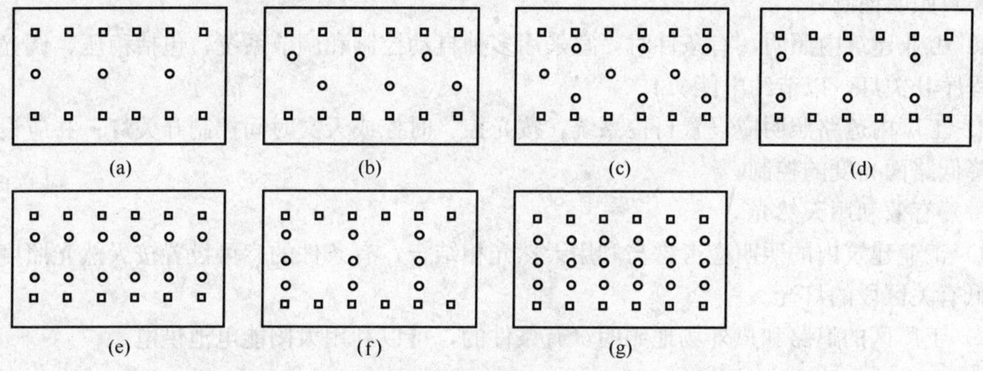

图 3-92　典型布灯方案

2）各种布灯方案适用范围。

① 布灯方案 *a*、*b*、*c*、*d* 四种适用于较低照度，方案 *e*、*g* 适用于较高照度。

② 方案 *a*、*b* 适用于 9～12m 跨度，方案 *c* 适用于 9～15m 跨度，方案 *d*、f 适用于大跨度，如 24～36m。

③ 各种跨度和高度建议的方案列于表 3-63。运用表 3-63 时，必须结合场所照度要求选取。

各种跨度推荐的布灯方案　　　　**表 3-63**

灯具离工作面高度/m	跨度(m)							
	9	12	15	18	21	24	30	36
5～8	*e* (*c*、*b*)	*e* (*c*、*b*)	*e* (*c*)	*g*、*e* (*c*)	*g* (*e*、*c*)	*g* (*f*、*c*、*d*)	—	—
8～15	*c* (*b*、*e*、*a*)	*c* (*b*、*e*、*a*)	*e* (*c*)	*c* (*d*、*g*)	*c* (*d*、*g*)	*f* (*g*、*c*、*d*)	*f* (*d*)	*f* (*d*)
15～25	—	—	*e* (*c*、*b*)	*d* (*c*、*g*)	*d* (*c*、*g*)	*d* (*c*、*f*)	*d* (*f*)	*d* (*f*)

说明：表中的英文字母表示按图 3-89 推荐的布灯方案，括号中的英文字母表示可选方案。

7. 工业建筑照明节能措施

（1）选用高效节能光源

选用光源应按本节第 5 条第（1）款的要求进行。

（2）选用自身功耗小、节能效果好的镇流器镇流器的选用应按本节第5条第（2）款的要求进行。

（3）选用效率高、配光适合的灯具

灯具的选用应按本节第5条第（3）款的要求进行。

（4）提高照明配电系统和照明灯的功率因数

1）有条件时，荧光灯宜选用功率因数大于0.97的电子镇流器；

2）气体放电灯宜设置单灯补偿，使功率因数不小于0.9；不设单灯补偿的，应在配电干线装设电容器补偿，$\cos\phi$不宜小于0.9。

（5）降低配电系统电能损耗

1）照明用配电变压器应选用节能型变压器，变压器的负载率宜适当降低；

2）适当加大照明配电线路的截面。

（6）照明控制

1）工业建筑内照明，有条件时，宜采用多种自动控制和调节系统，包括稳压、调光和按各种程序开关灯，以节约电能。

2）工厂内道路照明应设置自控系统，按光控、时控或天文时间控制开关灯；并应设置后半夜降低路面亮度的控制。

（7）有效利用天然光

1）工业建筑内的照明应考虑与利用天然光相结合，有条件的，可设置按天然光照度关闭或降低有关区段的灯光。

2）工厂区的道路和户外场地照明，有条件的，可以利用太阳能电池供电。

附录：新农村建设规划设计相关法规文件

村庄和集镇规划建设管理条例

中华人民共和国国务院令　第116号

第一章　总则

第一条　为加强村庄、集镇的规划建设管理，改善村庄、集镇的生产、生活环境，促进农村经济和社会发展，制定本条例。

第二条　制定和实施村庄、集镇规划，在村庄、集镇规划区内进行居民住宅、乡（镇）村企业、乡（镇）村公共设施和公益事业等的建设，必须遵守本条例。但是，国家征用集体所有的土地进行的建设除外。

在城市规划区的村庄、集镇规划的制定和实施，依照城市规划法及其实施条例执行。

第三条　本条例所称村庄，是指农村村民居住和从事各种生产的聚居点。

本条例所称集镇，是指乡、民族乡人民政府所在地和经县级人民政府确认由集市发展而成的作为农村一定区域经济、文化和生活服务中心的非建制镇。

本条例所称村庄、集镇规划区，是指村庄、集镇建成区和因村庄、集镇建设及发展需要实行规划控制的区域。村庄、集镇规划区的具体范围，在村庄、集镇总体规划中划定。

第四条　村庄、集镇规划建设管理，应当坚持合理布局、节约用地的原则，全面规划，正确引导，依靠群众，自力更生，因地制宜，量力而行，逐步建设，实现经济效益、社会效益和环境效益的统一。

第五条　地处洪涝、地震、台风、滑坡等自然灾害易发地区的村庄和集镇，应当按照国家和地方的有关规定，在村庄、集镇总体规划中制定防灾措施。

第六条　国务院建设行政主管部门主管全国的村庄、集镇规划建设管理工作。

县级以上地方人民政府建设行政主管部门主管本行政区域的村庄、集镇规划建设管理工作。

乡级人民政府负责本行政区域的村庄、集镇规划建设管理工作。

第七条　国家鼓励村庄、集镇规划建设管理的科学研究，推广先进技术，提倡在村庄和集镇建设中，结合当地特点，采用新工艺、新材料、新结构。

第二章　村庄和集镇规划的制定

第八条　村庄、集镇规划由乡级人民政府负责组织编制，并监督实施。

第九条　村庄、集镇规划的编制，应当遵循下列原则：

（一）根据国民经济和社会发展计划，结合当地经济发展的现状和要求，以及自然环境、资源条件和历史情况等，统筹兼顾，综合部署村庄和集镇的各项建设；

（二）处理好近期建设与远景发展、改造与新建的关系，使村庄、集镇的性质和建设的规模、速度和标准，同经济发展和农民生活水平相适应；

（三）合理用地，节约用地，各项建设应当相对集中，充分利用原有建设用地，新建、扩建工程及住宅应当尽量不占用耕地和林地；

（四）有利生产，方便生活，合理安排住宅、乡（镇）村企业、乡（镇）村公共设施和公益事业等的建设布局，促进农村各项事业协调发展，并适当留有发展余地；

（五）保护和改善生态环境，防治污染和其他公害，加强绿化和村容镇貌、环境卫生建设。

第十条 村庄、集镇规划的编制，应当以县域规划、农业区划、土地利用总体规划为依据，并同有关部门的专业规划相协调。

县级人民政府组织编制县域规划，应当包括村庄、集镇建设体系规划。

第十一条 编制村庄、集镇规划，一般分为村庄、集镇总体规划和村庄、集镇建设规划两个阶段进行。

第十二条 村庄、集镇总体规划是，是乡级行政区域内村庄和集镇布点规划及相应的各项建设的整体部署。

村庄、集镇总体规划的主要内容包括：乡级行政区域的村庄、集镇布点，村庄和集镇的位置、性质、规模和发展方向，村庄和集镇的交通、供水、供电、邮电、商业、绿化等生产和生活服务设施的配置。

第十三条 村庄、集镇建设规划，应当在村庄、集镇总体规划指导下，具体安排村庄、集镇的各项建设。

集镇建设规划的主要内容包括：住宅、乡（镇）村企业、乡（镇）村公共设施、公益事业等各项建设的用地布局、用地规模，有关的技术经济指标，近期建设工程以及重点地段建设具体安排。

村庄建设规划的主要内容，可以根据本地区经济发展水平，参照集镇建设规划的编制内容，主要对住宅和供水、供电、道路、绿化、环境卫生以及生产配套设施作出具体安排。

第十四条 村庄、集镇总体规划和集镇建设规划，须经乡级人民代表大会审查同意，由乡级人民政府报县级人民政府批准。

村庄建设规划，须经村民会议讨论同意，由乡级人民政府报县级人民政府批准。

第十五条 根据社会经济发展需要，依照本条例第十四条的规定，经乡级人民代表大会或者村民会议同意，乡级人民政府可以对村庄、集镇规划进行局部调整，并报县级人民政府备案。涉及村庄、集镇的性质、规模、发展方向和总体布局重大变更的，依照本条例第十四条规定的程序办理。

第十六条 村庄、集镇规划期限，由省、自治区、直辖市人民政府根本地区实际情况规定。

第十七条 村庄、集镇规划经批准后，由乡级人民政府公布。

第三章 村庄和集镇规划的实施

第十八条 农村村民在村庄，集镇规划区内建住宅的，应当先向村集体经济组织或者村民委员会提出建房申请，经村民会议讨论通过后，按照下列审批程序办理：

（一）需要使用耕地的，经乡镇人民政府审核、县级人民政府建设行政主管部门审查同意并出具选址意见书后，方可依照《土地管理法》向县级人民政府土地管理部门申请用地，经县级人民政府批准后，由县级人民政府土地管理部门划拨土地；

（二）使用原有宅基地、村内空闲地和其他土地的，由乡级人民政府根据村庄、集镇规划和土地利用规划批准。

城镇非农业户口居民在村庄、集镇规划区内需要使用集体所有的土地建住宅的，应当经其所在单位或者居民委员会同意后，依照前款第（一）项规定的审批程序办理。

回原籍村庄、集镇落户的职工、退伍军人和离休、退休干部以及回乡定居的华侨、港澳台同胞，在村庄、集镇规划区内需要使用集体所有的土地建住宅的，依照本条第一款第（一）项规定的审批程序办理。

第十九条 兴建乡（镇）村企业，必须持县级以上地方人民政府批准的设计任务书或者其他批准文件，向县级人民政府建设行政主管部门申请选址定点，县级人民政府建设行政主管部门审查同意并出具选址意见书后，建设单位方可依法向县级人民政府土地管理部门申请用地，经县级以上人民政府批准后，由土地管理部门划拨土地。

第二十条 乡（镇）村公共设施、公益事业建设，须经乡级人民政府审核、县级人民政府建设行政主管部门审查同意并出具选址意见书后，建设单位方可依法向县级人民政府土地管理部门申请用地，经县级以上人民政府批准后，由土地管理部门划拨土地。

第四章 村庄和集镇建设的设计、施工管理

第二十一条 在村庄、集镇规划区内、凡建筑跨度、跨径或者高度超出规事实上范围的乡（镇）村企业、乡（镇）村公共设施和公益事业的建筑工程，以及二层（含二层）以上的住宅，必须由取得相应的设计资质证书的单位进行设计，或者选用通用设计、标准设计。跨度、跨径和高度的限定，由省、自治区、直辖市人民政府或者其授权的部门规门。

第二十二条 建设设计应当贯彻适用、经济、安全和美观的原则，符合国家和地方有关节约资源、抗御灾害的规定，保持地方特色和民族风格，并注意与周围环境相协调。农村居民住宅设计应当符合紧凑、合理、卫生和安全的要求。

第二十三条 承担村庄、集镇规划区内建筑工程施工任务的单位，必须具有相应的施工资质等级证书或者资质审查证书，并按照规定的经营范围承担施工任务。

在村庄、集镇规划内从事建筑施工的个体工匠，除承担房屋修缮外，须按有关规定办理施工资质审批手续。

第二十四条 施工单位应当按照设计图纸施工。任何单位和个人不得擅自修改设计图纸；确需修改的，须经原设计单位同意，并出具变更设计通知单或者图纸。

第二十五条 施工单位应当确保施工质量，按照有关的技术规定施工，不得使用不符合工程质量的建筑材料和建设构件。

第二十六条 乡（镇）村企业、乡（镇）村公共设施、公益事业等建设，在开工前，建设单位和个人应当向县级以上人民政府建设行政主管部门提出开工申请，经县级以上人民政府建设行政主管部门对设计、施工条件予以审查批准后，方可开工。

农村居民住宅建设开工的审批程序，由省、自治区、直辖市人民政府规定。

第二十七条 县级人民政府建设行政主管部门，应当对村庄、集镇建设的施工质量进行监督检查。村庄、集镇的建设工程竣工后，应当按照国家的有关规定，经有关部门竣工验收合格后，方可交付使用。

第五章 房屋、公共设施、村容镇貌和环境卫生管理

第二十八条 县级以上人民政府建设行政主管部门，应当加强对村庄、集镇房屋的产权、产籍的管理，依法保护房屋所有人对房屋的所有权。具体办法由国务院建设行政主管部门制定。

第二十九条 任何单位和个人都应当遵守国家和地方有关村庄、集镇的房屋、公共设施的管理规定，保证房屋的作用安全和公共设施的正常使用，不得破坏或者损毁村庄、集镇的道路、桥梁、供水、排水、供电、邮电、绿化等设施。

第三十条 从集镇收取的城市维护建设税，应当用于集镇公共设施的维护和建设，不得挪作他用。

第三十一条 乡级人民政府应当采取措施，保护村庄、集镇饮用水源；有条件的地方，可以集中供水，使水质逐步达到国家规定的生活饮用水卫生标准。

第三十二条 未经乡镇人民政府批准，任何单位和个人不得擅自在村庄、集镇规划区的街道、广场、市场和车站等场所修建临时建筑物、构筑物和其他设施。

第三十三条 任何单位和个人都应当维护村容镇貌和环境卫生，妥善处理粪堆、垃圾堆、柴草堆，养护树木花草，美化环境。

第三十四条 任何单位和个人都有义务保护村庄、集镇内的文物古迹、古树名木和风景名胜、军事设施、防汛设施，以及国家邮电、通信、输变电、输油管道等设施，不得损坏。

第三十五条 乡级人民政府应当按照国家有关规定，对村庄、集镇建设中形成的具有保存价值的文件、图纸、资料等及时整理归档。

第六章 罚则

第三十六条 在村庄、集镇规划区内，未按规划审批程序批准而取得建设用地批准文件，占用土地的批准文件无效，占用的土地由乡级以上人民政府责令退回。

第三十七条 在村庄、集镇规划区内，未按规划审批程序批准或者违反规划的规定进行建设，严重影响村庄、集镇规划的，由县级人民政府建设行政主管部门责令停止建设，限期拆除或者没收违法建筑物、构筑物和其他设施；影响村庄、集镇规划，尚可采取改正措施的，由县级人民政府建设行政主管部门责令限期改正，处以罚款。

农村居民未经批准或者违反规划的规定建住宅的，乡级人民政府可以依照前款规定处罚。

第三十八条 有下列行为之一的，由县级人民政府建设行政主管部门责令停止设计或者施工、限期改正，并可处以罚款：

（一）未取得设计资质证书承担建筑跨度、跨径和高度超出规定范围的工程以及二层以上住宅的设计任务或者未按设计资质证书规定的经营范围，承担设计任务的；

（二）未取得施工资质等级证书或者资质审查证书或者未按规定的经营范围，承担施工任务的；

（三）不按有关技术规定施工或者使用不符合工程质量要求的建筑材料和建筑构件的；

（四）未按设计图纸施工或者擅自修改设计图纸的。

取得设计或者施工资质证书的勘察设计、施工单位，为无证单位提供资质证书，超过规定的经营范围，承担设计、施工任务或者设计、施工的质量不符合要求，情节严重的，由原发证机关吊销设计或者施工的资质证书。

第三十九条 有下列行为之一的，由乡级人民政府责令停止侵害，可以处以罚款；造成损失的，并应当赔偿：

（一）损坏村庄和集镇的房屋、公共设施的；

（二）乱堆粪便、垃圾、柴草，破坏村容镇貌和环境卫生的。

第四十条 擅自在村庄、集镇规划区内的街道、广场、市场和车站等场所修建临时建筑物、构筑物和其他设施的，由乡级人民政府责令限期拆除，并可处以罚款。

第四十一条 损坏村庄、集镇内的文物古迹、古村名木和风景名胜、军事设施、防汛设施，以及国家邮电、通信、输变电、输油管道等设施的，依照有关法律、法规的规定处罚。

第四十二条 违反本条例，构成违反治安管理行为的，依照治安管理处罚条例的规定处罚；构成犯罪的，依法追究刑事责任。

第四十三条 村庄、集镇建设管理人员玩忽职守、滥用职权、徇私舞弊的，由所在单位或者上级主管部门给予行政处分；构成犯罪的，依法追究刑事责任。

第四十四条 当事人对行政处罚决定不服的，可以自接到处罚决定通知之日起十五日内，向作出处罚决定机关的上一级机关申请复议；对复议决定不服的，可以自接到复议决定之日起十五日内，向人民法院提起诉讼。当事人也可以自接到处罚决定通知之日起十五日内，直接向人民法院起诉。当事人逾期不申请复议，也不向人民法院提起诉讼，又不履行处罚决定的，作出处罚决定的机关可以申请人民法院强制执行或者依法强制执行。

第七章 附则

第四十五条 未设镇建制国营农场场部、国营林场场部及其基层居民点的规划建设管理，分别由国营农场、国营林场主管部门负责，参照本条例执行。

第四十六条 省、自治区、直辖市人民政府可以根据本条例制定实施办法。

第四十七条 本条例由国务院建设行政主管部门负责解释。

第四十八条 本条例自一九九九年十一月一日起施行。

建设部关于村庄整治工作的指导意见

建村［2005］174号

各省、自治区建设厅，直辖市建委（农委），新疆生产建设兵团建设局，计划单列市建委：

为贯彻落实中央关于建设社会主义新农村的战略部署，做好新时期村庄整治工作，搞好村庄规划建设，改善农民居住条件，改变农村面貌，我部对村庄整治工作提出以下指导意见。

一、充分认识村庄整治工作的重要意义

建设社会主义新农村是新形势下促进农村经济社会全面发展的重大战略部署，是实现全面建设小康社会目标的必然要求，是贯彻落实科学发展观和构建和谐社会的重大举措，是改变我国农村落后面貌的根本途径，是系统解决“三农”问题的综合性措施。村庄整治是社会主义新农村建设的核心内容之一，是惠及农村千家万户的德政工程，是立足于现实条件缩小城乡差别、促进农村全面发展的必由之路。加强村庄整治工作，有利于提升农村人居环境和农村社会文明，有利于改善农村生产条件、提高广大农民生活质量、焕发农村社会活力，有利于改变农村传统的农业生产生活方式。

村庄整治工作是新时期党中央、国务院赋予建设部门的重要战略任务。各地建设行政主管部门要认清形势，振奋精神，充分认识建设社会主义新农村的重要意义，增强做好村庄整治工作的自觉性、责任感、使命感和紧迫感，求真务实，与时俱进，改革创新，勇挑重担，发挥传统工作优势，积极探索新思路和新方法，扎实工作，完成党和国家交给我们的历史重任。要在各级党委、政府的统一领导下，把村庄整治工作列入重要议事日程，制定切实可行的工作方案和实施计划，协调各有关部门有计划、有步骤、创造性地推动村庄整治工作，及时研究新情况，解决新问题，总结推广新经验。

二、村庄整治工作的指导思想和基本要求

村庄整治工作要紧紧围绕全面建设小康社会目标，坚持以邓小平理论和“三个代表”重要思想为指导，牢固树立和落实科学发展观，一切从农村实际出发，尊重农民意愿，按照构建和谐社会和建设节约型社会的要求，组织动员和支持引导农民自主投工投劳，改善农村最基本的生产生活条件和人居环境，促进农村经济社会全面进步。村庄整治要充分利用已有条件，整合各方资源，坚持政府引导与农民自力更生相结合，完善村庄最基本的公共设施，改变农村落后面貌。

村庄整治工作要因地制宜，可采取新社区建设，空心村整理，城中村改造，历史文化名村保护性整治等有效形式；以村容村貌整治，废旧坑（水）塘和露天粪坑整理，村内闲置宅基地和私搭乱建清理，打通乡村连通道路和硬化村内主要道路，配套建设供水设施、排水沟渠及垃圾集中堆放点、集中场院、农村基层组织与村民活动场所、公共消防通道及设施等为主要内容进行整村整治；使整治后的村庄村容村貌整洁优美，硬化路面符合规划、饮用水质达到标准，厕所卫生符合要求，排水沟渠和新旧水塘明暗有序，垃圾收集和转运场所无害化处理，农村住宅安全经济美观、富有地方特色，面源污染得到有效控制，医疗文化教育等基本得到保障，农民素质得到明显提高，农村风尚得到有效改善。

三、因地制宜、试点引路、稳步推进村庄整治工作

村庄整治工作要认真做好两个规划。一是适应农村人口和村庄数量逐步减少的趋势，编制县域村庄整治布点规划，科学预测和确定需要撤并及保留的村庄，明确将拟保留的村庄作为整治候选对象。二是编制村庄整治规划和行动计划，合理确定整治项目和规模，提出具体实施方案和要求，规范运作程序，明确监督检查的内容与形式。

村庄整治工作要坚持试点引路，量力而行，稳步推进。根据地方经济发展水平，科学制定村庄整治的计划，确定分批分期整治方案。村庄整治是一项政策性很强的工作，各地要积极探索，先试点总结经验，然后逐步推开，以点带面，防止不顾当地财力，超越集体经济和农民的承受能力，违背群众意愿、侵害群众利益，一哄而起、盲目铺开。

村庄整治工作要因地制宜，分类指导。要尊重农村建设的客观规律，以满足农民的实际需要为前提，坚决防止盲目照抄照搬城镇建设模式。要充分利用现有条件和设施，凡是能用的和经改造后能用的都不要盲目拆除，不搞不切实际的大拆大建，坚决防止以基本建设和行政命令的方式强行推进。坚持以改善农村最迫切需要的生产生活条件为中心，以中心村整治为重点，完善各类基础设施和公共服务设施，突出地方特色，体现农村风貌。

村庄整治工作要坚持政府管理与引导相结合。要通过村庄整治，引导农民逐步集中建房，解决农民建房占地过多问题，实现集约节约使用土地，降低人均公共设施配套成本。一方面，要加强建设管理，防止农民不按规划分散建房；另一方面，要搞好中心村规划，完善公共设施，引导独立农户和散居农户集中建房。

四、改革创新，明确责任，建立村庄整治工作的推进机制

建立分级责任制，将村庄整治任务落到实处。省区市负责提出本地区村庄整治的引导性项目、阶段性目标与实施方案；县乡负责指导与实施组织。村庄自治组织负责组织具体项目的建设，村民自主投工投劳参与项目建设及管理。建设行政主管部门要按照统一部署，从农村工作大局出发，履行工作职责，加强部门协调，密切配合，整合资源，加大村庄整治工作的技术服务和项目实施的技术指导。

建立农民参与机制，动员组织农民广泛参与。村庄整治改善农民生产生活环境，广大农民非常欢迎，参与积极性高。要为农民参与村镇建设提供制度性保障，加强政府引导与支持，确立农民在村庄整治中的主体地位，尊重农民意愿和对项目的选择，充分调动农民自力更生建设家园的积极性，激发农民自主、自强、勤勉、互助、奉献精神，让农民得到实际利益。凡是农民不认可的项目，不能强行推进；凡是农民一时不接受的项目，要先试点示范让农民逐步理解接受。

建立村庄公共设施管理的长效机制。村庄公共设施建设是手段，使用是目的，运营维护管理比建设更复杂、更具长期性。要创新体制和机制，探索村民自主管理的途径，组织引导农村干部群众参与公共设施运营维护与管理，通过村民缴费或村集体经济解决管理资金来源问题。逐步完善和推广村民理事会制度，在党支部领导下参与决策，直接听取村民的建议与诉求，畅通上情下达与下情上达渠道，密切基层组织与广大村民的联系，凝聚全体村民的力量搞好人居环境。凡能市场化运作的公共设施，均要积极利用市场机制。

建立公推民选的村庄整治驻村指导员制度。各地要根据实际情况，与县乡机构改革和公务员分流安置相结合，建立基层公推民选的村庄整治驻村指导员工作制度，鼓励公务员特别是县乡公务员参与村庄整治。驻村指导员要切实负责对村庄整治的组织与技术指导，接受村镇建设助理员的业务指导和监督。要加强对村庄整治指导员的全面培训和资金与技术支持。

建立村庄整治的培训制度。要分期、分批培训新农村建设的村镇领导干部和驻村指导员。加强对农民建设新农村基本技能的培训，提高农民的参与能力。要有计划地组织各种形式的观摩学习，总结交流各地的经验，充分发挥各地示范点、示范村、示范镇的引导、带动和辐射作用，取长补短、相互借鉴。

建立村庄整治的督促检查制度。各地要加强对村庄整治实施过程中资金与实物使用的监管，防止挪用、滥用。建立上级对下级的督察机制，鼓励社会各界、新闻媒体和广大农民对村庄整治进行监督。要接受各级人大、政协和有关部门的定期或不定期督察。建设部将会同有关部门对村庄整治工作进行指导和监督。

五、组织动员各方面力量，形成合力，共同推进村庄整治工作

村庄整治工作要与当地农村的中心工作结合起来，与村务公开民主管理工作结合起来，与基层党建工作结合起来，与保持共产党员先进性教育活动结合起来，与增加农民收入、减轻农民负担的各项改革措施结合起来，使村庄整治切实成为为农民解决实际问题，为农民群众办好事做实事的工作平台。

农村和城市是一个有机统一的整体，农业发展是整个国民经济发展中的重要一环。要建立城乡一体互动的体制和机制，通过村庄整治促进城乡经济社会协调发展和城乡二元结构的逐步改变。要争取税收、补助、贴息等政策，鼓励和引导社会资本特别是工商资本参与村庄整治，建立和增加为村庄整治服务的金融产品。动员全社会力量，鼓励社会团体、志愿者积极参与村庄整治活动，改善农村人居环境。

各地要根据本地实际情况，制定村庄整治工作的实施意见。执行中的问题与建议，请及时告我部村镇建设办公室。

中华人民共和国建设部

2005 年 9 月 30 日

北京市关于郊区城镇和农村建设规划管理的若干规定

北京市人民政府令［1991］年5号

为加强本市城乡建设规划管理，保证各项建设按照统一规划实施，根据《中华人民共和国城市规划法》和《中华人民共和国土地管理法》，作如下规定：

一、全市行政区域16800平方公里范围，都是“城市规划区”的范围。“城市规划区”范围内一切城市和农村各项建设工程、建设用地都必须执行统一规划，服从城市规划管理部门的统一规划管理。

二、根据《中华人民共和国城市规划法》第三十一条和第三十二条的规定，本市的乡镇机关、乡镇村企事业单位、新集镇、新农村和农民住宅等建设工程的选址定点，必须经城市规划管理部门审查批准，核发建设用地规划许可证和建设工程规划许可证后，方可建设。

三、城乡建设规划管理工作，实行集中统一领导和市、区（县）两级分工负责的原则。市城市规划管理局是本市城乡规划行政主管部门，区、县规划管理局在市城市规划管理局业务领导下依法管理本区、县的城乡建设规划管理工作。

（一）朝阳区、海淀区、丰台区、石景山区行政区域内和其他区县县城、建制镇行政区域内，以及工矿区、文物保护区、风景游览区、水源保护区等特定地区规划范围内的农村建设和城市建设的选址定点、核发建设工程规划许可证和建设用地规划许可证，按照法定的分工，分别由市城市规划管理局和区、县规划管理局实施统一管理。

（二）上述第（一）项地区以外地区的城市建设，按市、区（县）分工管理，乡镇村企事业单位、新农村建设，按批准的规划方案由所在区县的规划管理局实施规划管理，但重要建设工程的选址定点必须征得市城市规划管理局同意。

（三）各区、县旧农村农民新建住宅，由所在区（县）规划管理局负责审批。

市、区（县）规划管理局规划管理工作的具体分工由市城市规划管理局规定。

四、各区（县）人民政府要加强对县域规划、乡域规划、城镇规划编制工作的领导。农村的规划方案（包括乡镇村、农民住宅、乡镇机关和乡镇村企事业），由规划管理部门组织编制。各项规划方案的审批，按《中华人民共和国城市规划法》规定的权限进行。市人民政府农林办公室所属农村建设管理机构依据审定的规划方案组织农村建设和管理。

五、未取得城市规划行政主管部门核发的建设用地规划许可证、建设工程规划许可证的一切建设活动，均属违法行为，统由规划管理部门依法处理。

六、各级城市规划行政主管部门的工作人员，要忠于职守，依法办事，切实加强对郊区城镇和农村建设的规划管理工作。对执法不严、越权审批造成不良后果的要依法追究责任。

七、本规定执行中的具体问题，由市城市规划管理局负责解释。

八、本规定自1991年3月10日起施行。

北京市远郊区旧村改造试点指导意见

京政农发［2005］19号

远郊各区县人民政府，各有关单位：

近年来，随着郊区经济的快速发展和城市化的进程的不断加快，我市远郊区旧村改造取得了改造取得了一定成效，但也存在着一些突出矛盾和问题。为进一步引导和规范旧村改造工作，改善农民的生产和生活环境，市政府决定在远郊区选择一批村庄，进行旧村改造试点。

一、旧村改造试点工作的意义和目标任务

(一)、试点工作的意义

进行旧村改造，是推进郊区城市化的一项重要内容，是实现农村现代化、加快城乡一体化发展的客观要求，也是促进农村可持续发展的重要途径，有利于改善农村基础设施和农民生活环境，提高农民生活质量；有利于进一步规范农村建设，促进农村土地集约利用，提高土地利用效益和利用水平；有利于促进农村二、三产业发展，增加农民收入，提高农民社会保障水平；有利于加强农民住宅建设的安全管理，提高施工质量，增强农村地区抗灾防灾能力；有利于加强农村基层政权建设和社会事业发展，构建和谐社会。

(二)、试点工作的目标任务

科学规划，合理布局，政策引导，规范发展，建设一批集体经济夯实、农民生活富足、住宅居住舒适、生态环境良好、社会安定有序、具有经济和建设特色的新农村，带动周边地区经济、社会和生态的协调发展；通过试点工作，探索符合首都经济发展要求、适应北京城市化、工业化和现代化发展水平的村庄建设新途径与新模式。

二、旧村改造试点工作的基本原则和实施思路

(一)、基本原则

1、坚持保护环境，可持续发展的原则。试点村改造要着眼于长远利益，立足于资源的节约于综合利用，切实保护好生态环境，加强环境综合整治，大力发展循环经济，推广使用新材料、新能源、新技术，建设节能省地、防震防灾型住宅，实现经济、社会和生态的可持续发展。

2、坚持规划先行，合理有序建设的原则。试点村改造必须依据所在乡镇的总体规划和土地利用总体规划，做好试点村的总体规划、建设规划和土地利用规划，并按照有关程序报批，依法办理招标投标、质量监督、安全监督、施工许可和竣工验收备案等手续，确保工程质量和施工安全，杜绝违法、违规等建设行为。

3、坚持农民自愿，维护农民利益的原则。试点村改造要尊重农民的意愿，充分发挥农民在旧村改造的主体作用，调动和发挥农民的积极性和创造性，统筹经济发展、产权制度改革、就业安置、社会保障等方面的工作，妥善处理农民与集体经济组织的利益关系，切实维护农民的权益，提高农民的收入水平。

4、坚持合理推进，防止盲目开发的原则。试点村改造必须考虑农村的经济基础、就业环境和改造后的问题，必须进行充分论证和可行性研究，防止急功近利，不切实际，一哄而上，搞遍地开花、低水平分散建设。

5、坚持保护耕地，集约利用土地的原则。试点村改造的建设用地要严格控制在村庄占地范围内，严格控制占用农用地，严禁占用耕地，特别是基本农田，严禁开山造地、占河造地、毁林造地，要节约并集约利用土地，大力发展二三产业，提高土地的利用效益。

（二）、实施思路

1. 先行试点，科学规划。旧村改造是一项系统工程，内容繁杂，涉及面广，必须先行选择一批基础条件好的村庄进行试点，并科学合理地做好试点村的规划和建设工作。起到引导示范作用。

2. 因村制宜，多种形式。由于各区县、各乡镇、各村之间基础条件不同，差异性较大，因此不能搞“一刀切”，要结合本村的实际情况，本着相互合作、共同发展的原则，选择适合于本村的改造方式，创出特色。

3. 点面结合，带动周边。在规划建设上应于心诚、中心镇、中心村建设、山区险村搬迁结合起来，在经济发展上应与产业结构调整结合起来，在基础设施建设上应与周边的公路干线、天然气管道等大市政结合起来，同时带动周边村向试点村聚集。

4. 多元筹资，共同建设。要充分发挥市场配置资源的基础性作用，采取多种方式，多渠道筹措建设资金，形成政府、社会、企业、农民等性结合的多元化投资渠道。

三、旧村改造试点工作的配套政策和措施

（一）加强规划，提供旧村改造规划编制指导

试点村所在乡镇要坚持规划先行的原则，按照国家《村庄和集镇规划建设管理条例》和《北京城市总体规划》等要求编制试点村改造总体规划和建设规划，按照《中华人民共和国土地管理法》和《北京市土地利用总体规划》等要求组织编制试点村改造土地利用规划，按照市、区县、乡镇有关经济、社会、生态等方面的要求组织编制未来新村经济社会发展规划，同时做好试点村水资源优化配置及保护、绿化等专项规划的编制工作。新编制的规划应与试点村的区位条件、资源状况、自然环境、历史文脉等相结合，与新农村建设和迁村并点相结合，与农村产业发展相结合，既要与当地的经济发展水平相适应，又要充分考虑未来的建设与发展，体现规划的适应性与前瞻性。

试点村规划的编制应听取村民的意见，向村民进行公示。市、区县规划、国土资源、水务、绿化、村镇建设主管部门要做好试点村规划的指导工作，对规划方案优先审批，对规划的是实施进行监督，试点村规划一经批复，要严格执行，不得擅自更改，确保规划的连续性。

（二）、加强土地管理，依法办理用地和房屋产权手续。

试点村必须严格执行各级土地利用总体规划和村镇建设规划，新村建设人均用地总量要控制在150平方米以内。

试点村按照规划实施改造确需先占用耕地的，经市国土资源据调查核实和批准后可以与腾退出来的旧村址整理后形成的耕地进行置换。试点村改造前期需要占用农用周转用地的，经市国土资源局批准后进行土地周转，周转期限为1—3年。实施土地置换和周转的，其建设用地不占用年度建设用地占用耕地计划指标。试点村改造后的建设用地规模，不得突破试点村原有建设用地总量。

试点村改造用地，可以依法占用集体土地，也可以依法将集体土地征为国有后又本集体经济组织使用。试点村改造节约出的土地，可以在依法办理用地手续后，又本集体经济组织用于乡镇村产业发展和公共设施、公益事业；用于商品住宅开发用地的，必须征为国有，采取招标、拍卖、挂牌等方式公开上市交易。

试点村改造涉及农用地（含为利用地）转用的，由市政府依法审批。占用经依法取得的

集体存量建设用地，由区县政府依法审批，报市国土资源局备案。涉及征地的要严格依法报批。

对依法占用集体土地进行旧村改造的试点村，农民住宅发放集体土地使用权和房屋产权证书，房屋不得上市交易；对依法采取征用方式进行旧村改造的试点村，农民住宅可按划拨方式供地，发放国有土地使用权证和房屋产权证书，上市交易时须补缴国有土地使用权出让金和有关税费。

（三）、科学改造，依法办理建设施工手续

试点村要结合旧村的实际情况，本着节地、节能、节水、节材的原则，确定科学合理的改造方式和改造规模，既可以采取拆除旧村、重建新村的改造方式，也可以采取保留旧村、整理修缮的改造方式。试点村要研究制定具体的实施办法，做好村民的房屋搬迁安置工作，确保村民的合法权益和本地区的稳定。

试点村改造工作由县建立专家技术指导制度，在试点村规划编制、建筑设计、施工管理、防震防灾、环境保护等方面加强技术支持。试点村新建住宅应当执行北京市《居住建筑节能设计标准》（DBJ01－602－2004），区县建委要做好监督工作。试点村要加强水资源的保护和合理利用，做好绿化美化工程和路政等基础设施建设。积极鼓励和支持试点村使用新材料、新能源、新技术，降低住宅总的资源消耗，建设节约型新村。

在试点村改造过程中，对于农民自建自用两层以下（含两层）的住宅，乡镇政府应当给予技术指导；旧村改造中工程投资额30万元以上的或建筑面积300平方米以上的村内公共设施以及集中建设得多户联栋单元住宅（两层以上），应当纳入基本建设程序，由区县建委给予指导，并从快办理施工许可审批手续。试点村改造中涉及大型经营性的工程的，由区县建委负责办理施工许可审批手续并监督其严格执行基本建设程序，保证工程依法进行。

试点村要选择具备相应的建筑业企业资质并取得安全生产许可证的施工单位进行施工，确保农民住宅的质量和安全。试点村改造工程完工时，建设单位应组织设计、施工、工程监理等有关单位进行竣工验收，验收合格后方可交付使用，建设单位应当自工程验收合格之日起15日内，向工程所在地区县建委备案。

（四）多元投资，带动旧村改造产业发展

试点村既可以依靠本集体经济组织资助改造，也可以吸引各类企业、投资机构、个人等社会资金进行合作改造，实现投资主体多元化。试点村改造的资金主要采取村集体和农民自筹、社会融资、银行贷款、资源盘活、政府适当扶持等方式筹集。

试点村所在乡镇应搞好本乡镇的村庄布局与调整工作，抓好试点村的改造。鼓励试点村带动周边一个以上的村庄联合进行改造，对联合改造的试点村给予重点扶持。

采取合作改造方式的试点村，要确保村集体和农民的经济利益，所获收益要用于旧村改造的实事、农民社会保障的建立和集体经济的发展。试点村应通过旧村改造，利用节约出的土地资源，积极培育和发展农村产业，壮大村集体经济，为农民创造就业岗位，努力增加农民收入。试点村产业要按照“规模发展，相对集中”的原则，逐步向乡镇产业发展区集中。

（五）积极引导，加大旧村改造支持力度

市、区县有关部门列出专项资金，给予试点村改造资金支持，主要用于试点村的规划编制、基础设施建设、生态环境保护以及新材料、新能源、新技术使用等项目建设。积极探索试点村改造的融资渠道和融资方式，加强与各类金融机构、投融资机构的合作。

试点村优先享受国家和市、区县有关扶持政策。市有关部门经一部下放管理审批权限，市、区县有关部门进一步简化旧村改造的相关手续，集中审批，全程办理，缩短审核、审批时间，在立项、规划、土地、建设、资金等方面提供支持。市、区县有关部门应制定试点村改造具体的办理程序，市农委会同市有关部门做好统筹协调工作，确保旧村改造试点工作的顺利实施。

四、旧村改造试点工作的组织实施

试点工作按四个阶段组织实施：

（一）试点村确定阶段

在10个远郊区县确定一批试点。试点村应具备以下条件：

1. 村民有自愿进行旧村改造的愿望，并经村民代表大会决议通过；

2. 村庄领导班子结构合理，团结有利，工作热情高，具有一定的文化知识和工作水平；

3. 村庄所在乡镇的乡镇域总体规划近期得到批复，村庄建设规划、土地利用规划编制完成并依法得到批复，可以节约出土地；

4. 村庄集体经济基础较好，农民就业状况良好，有基础产业支撑；

5. 村庄区位、环境、交通等条件较好，在本区域村庄中可以起到带动作用；

6. 村庄所在乡镇和区县政府高度重视，对旧村改造能够给予大力支持。

（二）方案制订与实施阶段

试点村改造实施方案在市有关部门具体协调指导下，由各区县村镇建设主管部门会同区县有关部门、试点村，结合自身实际情况和发展特点制定；各区县村镇建设主管部门组织召开论证会，市有关部门参加，对试点村改造实施方案进行论证和完善。试点村改造实施方案应包括以下内容：

1. 试点村基本情况；

2. 试点村改在具体实施内容（包括试点村改造规划设计、基础设施规划、水资源优化配置及保护规划、绿化规划与设计、村民意愿与拆迁补偿原则、投资额度与资金来源、住宅造型与住宅造价等）；

3. 试点村产业发展规划；

4. 试点村改造时间计划安排；

5. 试点村改造组织领导机构；

6. 区县对试点村实施旧村改造的意见和支持政策。

试点村所在乡镇会同试点村根据论证后的试点村改造实施方案组织落实，明确工作职责，分阶段、按计划、高标准实施旧村改造。

（三）检查验收阶段

试点村改造进程中，市农委会同市有关部门进行阶段性检查，加强对试点村规划编制、基础设施建设和农民利益维护等方面的指导；试点村改造完成后，市农委组织专家对试点村按以下标准进行检查验收：

1. 村集体年经济总收入增长10%以上，农民年人均纯收入增长10%以上，劳动力就业率在80%以上，生活质量和社会保障水平进一步提高；

2. 新村规划布局合理，村内旧房改建或拆除，农民全部入住新修或新建住宅，农民用于新修或新建住宅的支出不超过当年家庭经济总收入的10倍；

3. 试点村改造完成后，除山区村庄外，应至少节约出40%左右的发展用地；

4. 新村基础设施基本配套齐全，公共服务设施基本满足农民的生产和生活需要；

5. 新村农民住宅建筑密度和容积率科学合理，单体涉及经济适用，节能省地，新颖别致，适应农民未来生产和生活的需要；

6. 新村达到安全供水、装表计量，垃圾、污水做到无害化处理和循环利用，新村内规划绿地率达到30%以上，环境整洁优美，村域生态良好。

（四）总结阶段

组织专家对改造完成的试点村进行论证，对难点问题加以分析，对试点政策加以完善，对试点经验加以总结，并面向全市推广。

五、旧村改造试点工作的组织领导

旧村改造是一项涉及面广、政策性强、影响力大的系统工程，必须狠抓落实，精心组织，确保试点工作的顺利开展。

（一）切实加强领导

市、区县、乡镇各有关部门要高度重视旧村改造试点工作，统一认识，专题研究，统筹安排，周密部署，要将此项工作列入重要议事日程，制定实施和支持计划，抓紧抓实。

（二）建立协调机制

为做好旧村改造试点工作，建立由市农委、市发展改革委、市规划委、市建委、市交通委、首都绿化办、市财政局、市国土资源局、市税务局等部门组成的联系会议制度。市农委牵头组织和统筹协调旧村改造试点工作，定期召开试点工作联系会议，及时通报试点进展情况，协调试点中的有关问题等。联系会议成员单位要根据本部门的职能，制定支持试点村改造的具体措施和配套政策。

各区县也要建立相应的协调机制，各区县村镇建设主管部门负责本区县就村改造试点的组织协调工作，试点村所在乡镇政府负责试点村改造的推进落实、监督管理等工作。各部门要各司其职，密切配合，共同推动试点工作。各区县可根据本区县的实际情况，选择本区县的村庄进行区县就村改造试点，研究制定直到本区县旧村改造试点的具体实施意见。

（三）增强检查监督

市有关部门对试点村实行定期检查监督制度，指导试点村按照规划组织实施。对试点工作领导不力、试点进程缓慢、甚至影响到群众生产和生活问题的试点村，要提出警告，视整改效果决定是否保留试点资格；对出现违反规划要求、违反试点原则、违规建设等行为的试点村，要立即取消试点资格，情节严重的，按照有关法规处理。

北京市农村工作委员会
北京市发展和改革委员会
北京市规划委员会
北京市建设委员会
北京市交通委员会
首都绿化委员会办公室
北京市财政局
北京市国土资源局
北京市水务局
2005年4月11日

参 考 文 献

1. 汪光焘主编．领导干部城乡规划建设知识读本．北京：中国建筑工业出版社．2003
2.《小城镇规划标准研究》编委会编．小城镇规划标准研究．北京：中国建筑工业出版社．2002
3. 中国建筑技术研究院村镇规划设计研究所主编．村镇小康住宅示范小区住宅与规划设计．北京：中国建筑工业出版社．2000
4. 北京土木建筑学会．建筑节能工程设计手册．北京：经济科学出版社．2005
5. 北京土木建筑学会．建筑节能工程施工手册．北京：经济科学出版社．2005
6. 徐占发主编．建筑节能技术实用手册．北京：机械工业出版社．2005
7. 国家经贸委等编．绿色照明工程实施手册．北京：中国建筑工业出版社．2003
8. 中华人民共和国行业标准．采暖居住建筑节能检验标准（JGJ 132—2001）
9. 中华人民共和国行业标准．外墙外保温工程技术规程（JGJ 144—2004）
10. 中华人民共和国行业标准．PVC 塑料门（JG/T 3017—94）
11. 中华人民共和国行业标准．PVC 塑料窗（JG/T 3018—94）
12. 中华人民共和国国家标准．铝合金门（GB/T 8478—2003）
13. 中华人民共和国国家标准．铝合金窗（GB/T 8479—2003）
14. 中华人民共和国国家标准．民用建筑热工设计规范（GB/T 50176—93）
15. 本书编委会编．建筑业 10 项新技术（2005）应用指南．北京：中国建筑工业出版社．2005
16. 建设部村镇建设办公室编．迈向 21 世纪中国村镇住宅设计竞赛优秀方案图集．北京：中国建筑工业出版社．2000
17. 建设部村镇建设办公室、中国建筑设计科学研究院小城镇规划设计研究所编．全国小城镇规划设计优秀方案精选．北京：中国建筑工业出版社．2003
18. 杨嗣信主编．建筑业重点推广新技术应用手册．北京：中国建筑工业出版社．2003
19. 骆中钊、宋效巍、杨谆主编．小城镇房屋建筑构造．北京：化学工业出版社．2005
20. 单德启主编．小城镇公共建筑与住区设计．北京：中国建筑工业出版社．2004